W0253546

ALLE ZEIT WACH
1842

R. Kersten

Das Reduktionsverfahren der Baustatik

Verfahren der Übergangsmatrizen

Mit einer Anleitung zum Programmieren von S. Falk

Zweite, erweiterte und verbesserte Auflage

Mit 168 Abbildungen

Springer-Verlag
Berlin Heidelberg New York 1982

Dipl.-Ing. Roland Kersten
Beratender Ingenieur VBI, Prüfingenieur für Baustatik,
Meerbusch-Lank

Dr.-Ing. Sigurd Falk
Professor an der Technischen Universität Braunschweig

CIP-Kurztitelaufnahme der Deutschen Bibliothek

Kersten, Roland:
Das Reduktionsverfahren der Baustatik: Verfahren der Übergangsmatrizen/R. Kersten. Mit einer Anleitung zum Programmieren von S. Falk. – 2., erw. u. verb. Auflage – Berlin, Heidelberg, New York: Springer, 1982.

ISBN-13:978-3-642-93177-2 e-ISBN-13:978-3-642-93176-5
DOI: 10.1007/978-3-642-93176-5

Softcover reprint of the hardcover 2nd edition 1982

2362/3020-543210

Vorwort zur zweiten Auflage

Seit dem Erscheinen der ersten Auflage dieses Buches, dessen unveränderter Nachdruck inzwischen ebenfalls vergriffen ist, hat das Reduktionsverfahren in der Praxis ein weites Anwendungsgebiet gefunden. Es wird besonders in großen elektronischen Rechenbüros viel eingesetzt, auch für schwierigste Randprobleme der Baustatik.

Das vorliegende Buch soll jedoch nur eine Einführung für die Anwendung des Reduktionsverfahrens zur Ermittlung der Schnitt- und Deformationsgrößen an den gebräuchlichsten Tragwerken der Baustatik (beliebig gestützte Durchlaufträger, Stockwerkrahmen, Vierendeelträger, Kreuzwerke etc.) sein. Es wendet sich an Studierende und an Ingenieure in der Praxis, die das Verfahren kennen- und anwenden lernen wollen.

Ich habe daher in der nun vorliegenden zweiten Auflage die nicht änderungsbedürftigen Kapitel 1 bis 7, die die Anwendung des Verfahrens nach Theorie I. Ordnung behandeln, sowie den Abschnitt von Prof. Falk zur Programmierung aus der ersten Auflage übernommen und Druckfehler korrigiert. Neu sind die Kapitel 8 und 9, in denen das Reduktionsverfahren auf Theorie II. Ordnung erweitert wird, sowie Kapitel 10, in dem die beliebig belasteten Balken auf elastischer Bettung behandelt werden. Auch das Literaturverzeichnis wurde ergänzt.

Ich danke Herrn Dr. Lensing für die guten Anregungen zur Überarbeitung des Buches und Herrn Dr. Ruge für die Ergänzung des Literaturverzeichnisses.

Mein besonderer Dank gebührt dem Springer-Verlag, der mir die Herausgabe der erweiterten zweiten Auflage in der gewohnt sorgfältigen und guten Ausstattung ermöglichte.

Meerbusch, im Juli 1981 R. Kersten

Vorwort zur ersten Auflage

Das in diesem Buch erstmalig in einer auf die Bedürfnisse der Baupraxis zugeschnittenen Form dargestellte *Reduktionsverfahren* ist im Prinzip nicht neu. Es tritt uns in seiner einfachsten Form schon im Ziehen einer Schlußlinie bei der zeichnerischen Integration entgegen und findet sich weiterhin in der gesamten angewandten Physik und Technik, so etwa bei HOLZER-TOLLE (Schwingungen von Kurbelwellen, 1921), H. HERZBERGER (Strahlengang durch Linsensysteme, 1931), Q. KOITER (Durchlaufträger auf elastischen Stützen, 1940) und STEWART-KLEINLOGL (Traversenmethode, 1952).

Praktisch brauchbar und im linearen Bereich nahezu unbegrenzt erweiterungsfähig wurde das Verfahren jedoch erst mit der konsequenten Benutzung des Matrizenkalküls; und in dieser Richtung wurde es an den Technischen Hochschulen Darmstadt (MARGUERRE, FUHRKE, SCHNELL), Hannover (PESTEL, SCHUMPICH) und Braunschweig in den Jahren 1953—1955 in mehreren, zum Teil voneinander unabhängig entstandene Arbeiten so weit vorangetrieben, daß es seitdem die klassischen Eliminationsmethoden mehr und mehr zu verdrängen beginnt; und zwar nicht nur für den in diesem Buch ausschließlich behandelten Fall der Biegung, sondern erst recht für Stabilitäts- und Schwingungsprobleme, die naturgemäß sehr viel schwieriger sind.

Während nun alle bis dahin erschienenen Veröffentlichungen sich auf den Durchlaufträger oder doch auf ihm topologisch gleichwertige Tragwerke beschränkten, stellte ich in meiner 1956/57 verfaßten Habilitationsschrift „*Das Reduktionsverfahren der Baustatik unter besonderer Berücksichtigung der Programmierbarkeit für digitale Rechenautomaten*" eine allgemeine Theorie des Reduktionsverfahrens auf, die jedes beliebige ebene oder räumliche, aus geraden Teilstücken bestehende Tragwerk zu berechnen erlaubt. Diese im Ingenieur-Archiv 1958 auf wenigen Seiten veröffentlichte Arbeit war allerdings viel zu knapp, streckenweise auch zu abstrakt formuliert, um für den mit der Matrizenschreibweise weniger vertrauten Ingenieur ohne weiteres lesbar zu sein. Um so mehr begrüßte und förderte ich vom ersten Augenblick an Herrn KERSTENs Plan zu dem vorliegenden Buch, das aus Vorlesungen hervorgegangen ist, die er vor Ingenieuren der Praxis an einer Bauhochschule gehalten hat. Herr KERSTEN, der sich als einer der ersten mit meiner Habilitationsschrift gründlich auseinandergesetzt hatte, erweist sich mit diesem Werk als ein hervorragender Kenner des Reduktionsverfahrens sowohl wie der klassischen Eliminationsmethoden; für seine gewiß verdienstvolle Tat, dieses lange erwartete Lehrbuch geschrieben zu haben, sei ihm an dieser Stelle herzlich gedankt.

Nun einige Worte zum Verfahren selbst. Zunächst der Name: unter der Reduktion eines ebenen oder räumlichen Kräftesystems versteht man in der Statik des starren Körpers den Ersatz dieses Systems durch eine Kräfte- und Momentensumme in einem vorgegebenen Punkt. Dehnt man nun diesen Begriff der Reduktion auch auf die Verschiebungsgrößen aus, indem man das System der Verschiebungen an einem starren oder elastischen Körper in einem vorgegebenen Reduktionspunkt — zum Beispiel im beliebigen Schnitt eines Tragwerkes — durch eine Verschiebungs- und (infinitesimale) Verdrehungssumme ersetzt, so sind damit jedem Punkt des Tragwerkes je sechs (in der Ebene drei) Kraft- und Verschiebungsgrößen zugeordnet, deren Gesamtheit man zweckmäßig zu einem *Zustandsvektor* von höchstens zwölf (in der Ebene höchstens sechs) Komponenten zusammenfaßt, wobei je eine Kraft- und Verschiebungsgröße ein *konjugiertes Paar* bilden: zum Beispiel gehört zur Verschiebungsgröße w die Querkraft Q_z, die die Richtung von w hat. Legt man nun, wie in der Baustatik üblich, eine lineare Theorie zugrunde, so sind auch irgend zwei Zustandsvektoren verschiedener Schnittpunkte durch eine lineare Transformation, also über eine Matrix miteinander verknüpft; oder anders ausgedrückt: diese Transformationsmatrix überträgt den Zustandsvektor von einem Schnitt zum anderen; sie heißt daher Übertragungsmatrix — im Englischen transfer matrix oder matrix of transmission — und zwar unterscheidet man Feld- und Punktmatrizen, je nachdem, ob der Zustandsvektor über ein Feld oder über einen Knotenpunkt hinweg transportiert werden soll. Doch lassen sich Feld- und Punktmatrix auch zu einer einzigen *Leitmatrix* vereinigen, was den rechnerischen Formalismus erheblich verkürzt. Das ganze Verfahren läuft somit im wesentlichen auf das wiederholte Multiplizieren einer Leitmatrix mit einem Zustandsvektor, hinaus: ein höchst einfacher und monotoner Prozeß, den der Baustatiker nach kurzer Einweisung auch statisch ungeschulten Hilfskräften oder besser noch einem digitalen Rechenautomaten überlassen kann.

Der Transport des Zustandsvektors von Feld zu Feld setzt allerdings voraus, daß man alle seine Komponenten am *linken* Ende des Tragwerkes kennt. Während nun die Hälfte dieser Komponenten — nämlich je eine Größe eines konjugierten Paares — infolge der Randbedingungen *links* verschwindet, müssen die übrigen, als *Freigrößen* bezeichneten Komponenten aus den Randbedingungen rechts erst ermittelt werden. Die Ordnung des dadurch entstehenden linearen Gleichungssystems ist jedoch wesentlich geringer, als die Ordnung jenes Systems, das eine der beiden Eliminationsmethoden zur Berechnung der *Überzähligen* liefern würde. So treten bei dem auf ebene Biegung beanspruchten Durchlaufträger zum Beispiel immer nur zwei Freigrößen auf, das heißt es sind zum Schluß nur zwei lineare Gleichungen mit zwei Unbekannten zu lösen, unabhängig von der Zahl der Felder und auch unabhängig vom Grade der geometrischen oder statischen Unbestimmtheit — ein Begriff übrigens, der dem Reduktionsverfahren von Haus aus völlig fremd ist.

Für Leser, die das Reduktionsverfahren auch programmieren möchten, habe ich eine ausführliche Anleitung wenigstens für Tragwerke mit fehlenden oder regelmäßigen Zwischenbedingungen beigefügt. Das Strukturdiagramm dazu entwarf mein Mitarbeiter, Herr Dipl.-Ing. P. Langemeyer, der auch die Korrekturen zu diesem Buche las. Das umfangreiche Literaturverzeichnis, das hoffentlich alle bislang über das Reduktionsverfahren erschienenen Arbeiten enthält, stammt von Herrn Dipl.-Ing. K. BORGWARDT. Beiden Herren sei hiermit herzlich gedankt.

Besonders danke ich auch im Namen von Herrn KERSTEN dem Springer-Verlag für die gewohnt sorgfältige und schöne Ausstattung des Buches sowie für die Bereitwilligkeit, ein noch relativ junges, doch sicherlich zukunftsreiches Berechnungsverfahren der Baustatik einem größeren Leserkreis zugänglich zu machen.

Braunschweig, Frühjahr 1962

S. Falk

Inhaltsverzeichnis

Anhang

1 Einführung in die Matrizenrechnung[1]

1.1 Begriff der Matrix

In einem Gleichungssystem von der Form

$$\left.\begin{array}{c} a_{11}\,x_1 + a_{12}\,x_2 + \cdots + a_{1n}\,x_n = b_1 \\ a_{21}\,x_1 + a_{22}\,x_2 + \cdots + a_{2n}\,x_n = b_2 \\ \vdots \qquad \vdots \qquad\qquad \vdots \qquad \vdots \\ a_{n1}\,x_1 + a_{n2}\,x_2 + \cdots + a_{nn}\,x_n = b_n \end{array}\right\} \tag{I}$$

sind die zwei Größensysteme $\mathfrak{x} = \{x_1, x_2, \ldots, x_n\}$ und $\mathfrak{b} = \{b_1, b_2, \ldots, b_n\}$ durch die konstanten Koeffizienten a_{ik} linear miteinander verknüpft. Für diese Koeffizienten a_{ik} ist nicht nur ihr Zahlenwert, sondern auch ganz besonders ihre Stellung innerhalb des Gleichungssystems von Bedeutung, so daß es sich als zweckmäßig erweist, die Koeffizienten a_{ik} zu einem geordneten Schema zusammenzufassen:

$$\mathfrak{A} = \begin{vmatrix} a_{11} & a_{12} & \cdots & a_{1n} \\ a_{21} & a_{22} & \cdots & a_{2n} \\ \vdots & \vdots & & \vdots \\ a_{n1} & a_{n2} & \cdots & a_{nn} \end{vmatrix}.$$

Ein solches Schema nennt man *Matrix* und wählt als Abkürzung einen großen deutschen Buchstaben. Die Koeffizienten a_{ik} werden als Elemente der Matrix bezeichnet. Auf den ersten Blick könnte man die Matrix mit einer Determinante verwechseln. Das wäre aber falsch, denn eine Determinante ist eine bestimmte Zahl, die nach genau festgelegter Rechenvorschrift aus ihren Elementen berechnet wird. Eine Matrix dagegen ist keine Zahl, sondern lediglich das geordnete Schema ihrer Elemente, die deshalb auch nicht vertauscht oder umgestellt werden dürfen.

Die beiden Größensysteme des Gleichungssystems (I) lassen sich ebenfalls in Matrizenschreibweise darstellen:

$$\mathfrak{x} = \begin{vmatrix} x_1 \\ x_2 \\ \vdots \\ x_n \end{vmatrix} \quad \text{und} \quad \mathfrak{b} = \begin{vmatrix} b_1 \\ b_2 \\ \vdots \\ b_n \end{vmatrix}.$$

Man nennt sie einreihige Matrizen, Einfachmatrizen, Spaltenmatrizen oder wegen ihrer formalen Ähnlichkeit mit einem Vektor Spaltenvektoren. Als Abkürzung werden für sie zur Unterscheidung von den Koeffizientenmatrizen kleine deutsche Buchstaben verwendet.

[1] Mit der freundlichen Genehmigung von Herrn Dr.-Ing. R. Zurmühl wurden in diesem Kapitel Auszüge aus seinem Buch: Zurmühl, R., Matrizen (Springer 1961) verwendet.

Das Gleichungssystem (I) kann nun in Matrizenform geschrieben werden:

$$\begin{vmatrix} a_{11} & a_{12} & \cdots & a_{1n} \\ a_{21} & a_{22} & \cdots & a_{2n} \\ \vdots & \vdots & & \vdots \\ a_{n1} & a_{n2} & \cdots & a_{nn} \end{vmatrix} \begin{vmatrix} x_1 \\ x_2 \\ \vdots \\ x_n \end{vmatrix} = \begin{vmatrix} b_1 \\ b_2 \\ \vdots \\ b_n \end{vmatrix} \tag{II}$$

oder mit Hilfe der Abkürzungen als Matrizengleichung:

$$\mathfrak{A} \cdot \mathfrak{x} = \mathfrak{b} . \tag{IIa}$$

Diese Matrizengleichung drückt in übersichtlicher und kurzer Form die linearen Beziehungen zwischen den Größensystemen $\mathfrak{x}$ und $\mathfrak{b}$ mit der Koeffizientenmatrix $\mathfrak{A}$ aus. Es ist wohl leicht einzusehen, daß schwierige technische Probleme, deren Lösung in gewöhnlicher Schreibweise undurchsichtige Ausdrücke ergibt, sich in der Matrizenschreibweise klar und übersichtlich formulieren lassen.

Es soll nicht Aufgabe dieses Kapitels sein, eine vollständige Matrizentheorie zu bringen, sondern es wird nur das behandelt, was zum Verständnis des in diesem Buche beschriebenen Matrizenverfahrens der Baustatik unbedingt erforderlich ist. Für ein tieferes Eindringen in die Theorie der Matrizen wird auf die Literatur (ZURMÜHL und andere) verwiesen. In diesem Zusammenhang wird besonders das Matrizenverfahren von GAUSS-BANACHIEWICZ zur Auflösung linearer Gleichungssysteme empfohlen, bei dem die Schreibarbeit und damit der Zeitaufwand gegenüber anderen Verfahren wesentlich herabgesetzt wird.

1.2 Definitionen für Matrizen

m n-Matrix. Eine Matrix braucht nicht quadratisch zu sein, d. h. ebenso viele Zeilen wie Spalten zu haben, sondern sie kann aus m Zeilen und n Spalten bestehen. Eine solche rechteckige Matrix heißt dann $m\,n$-Matrix. Zum Beispiel:

$$\mathfrak{A} = \begin{vmatrix} a_{11} & a_{21} & a_{31} \\ a_{21} & a_{22} & a_{32} \\ a_{31} & a_{23} & a_{33} \\ a_{41} & a_{24} & a_{34} \end{vmatrix} \qquad \begin{matrix} m = 4 \text{ Zeilen} \\ n = 3 \text{ Spalten} \end{matrix}$$

Der erste Index jedes Elementes gibt die Zeilen- und der zweite die Spaltennummer an. Die Elemente können reelle oder komplexe Zahlen sein.

Gleiche Matrizen. Zwei Matrizen sind gleich, wenn sie übereinstimmen in der Zeilenzahl m und in der Spaltenzahl n und außerdem jedes Element der einen Matrix gleich dem entsprechenden der anderen ist.

$$\mathfrak{A} = \mathfrak{B}, \quad \text{wenn} \quad a_{ik} = b_{ik} \qquad (i = 1, 2, \ldots, m)$$
$$(k = 1, 2, \ldots, n).$$

Zum Beispiel:

$$\mathfrak{A} = \begin{bmatrix} 4 & -7 & 0 \\ 5 & 0 & 2 \end{bmatrix} \qquad \mathfrak{B} = \begin{bmatrix} b_{11} & b_{12} & b_{13} \\ b_{21} & b_{22} & b_{23} \end{bmatrix}$$

$$\mathfrak{A} = \mathfrak{B}, \quad \text{wenn} \quad \begin{matrix} b_{11} = 4 & b_{21} = 5 \\ b_{12} = -7 & b_{22} = 0 \\ b_{13} = 0 & b_{23} = 2. \end{matrix}$$

Nullmatrix. Eine Matrix ist Null, wenn alle ihre Elemente Null sind. Man nennt sie auch Nullmatrix und, sofern sie einreihig ist, Nullvektor. Zum Beispiel:

$$\mathfrak{A} = \begin{bmatrix} 0 & 0 \\ 0 & 0 \end{bmatrix} = \mathfrak{O} \qquad \mathfrak{a} = \begin{bmatrix} 0 \\ 0 \end{bmatrix} = \mathfrak{o}.$$

Summe (Differenz) zweier Matrizen. Bei der Addition (Subtraktion) zweier $m\,n$-Matrizen von je m Zeilen und n Spalten entsteht eine neue $m\,n$-Matrix, deren Elemente durch Addition (Subtraktion) der entsprechenden Elemente der Ausgangsmatrizen gebildet werden:

$$\mathfrak{C} = \mathfrak{A} \pm \mathfrak{B}, \quad \text{wenn} \quad c_{ik} = a_{ik} \pm b_{ik} \qquad \begin{matrix} (i = 1, 2, \ldots, m) \\ (k = 1, 2, \ldots, n). \end{matrix}$$

Zum Beispiel:

$$\mathfrak{A} = \begin{bmatrix} 5 & -6 \\ 7 & 8 \end{bmatrix} \qquad \mathfrak{B} = \begin{bmatrix} 4 & 1 \\ -3 & 0 \end{bmatrix},$$

$$\mathfrak{A} + \mathfrak{B} = \begin{bmatrix} 9 & -5 \\ 4 & 8 \end{bmatrix} \qquad \mathfrak{A} - \mathfrak{B} = \begin{bmatrix} 1 & -7 \\ 10 & 8 \end{bmatrix}.$$

Produkt einer Matrix mit einer reinen Zahl. Als Produkt einer Matrix mit einer reinen Zahl k ergibt sich eine Matrix gleicher Zeilen- und Spaltenzahl, in der jedes Element das k-fache des entsprechenden Elementes der ursprünglichen Matrix ist. Zum Beispiel:

$$k \cdot \mathfrak{A} = \mathfrak{A} \cdot k = k \begin{bmatrix} a_{11} & a_{12} & \ldots & a_n \\ a_{21} & a_{22} & \ldots & a_{2n} \\ \vdots & \vdots & & \vdots \\ a_{m1} & a_{m2} & \ldots & a_{mn} \end{bmatrix} = \begin{bmatrix} k\,a_{11} & k\,a_{12} & \ldots & k\,a_{1n} \\ k\,a_{21} & k\,a_{22} & \ldots & k\,a_{2n} \\ \vdots & \vdots & & \vdots \\ k\,a_{m1} & k\,a_{m2} & \ldots & k\,a_{mn} \end{bmatrix}.$$

1.3 Matrizenmultiplikation

Das Produkt einer $m\,n$-Matrix $\mathfrak{A}$ mit einer $n\,p$-Matrix $\mathfrak{B}$ in der Reihenfolge $\mathfrak{A} \cdot \mathfrak{B}$ ist die $m\,p$-Matrix $\mathfrak{C} = \mathfrak{A} \cdot \mathfrak{B}$, deren Element c_{ik} das skalare Produkt der i-ten Zeile der Matrix $\mathfrak{A}$ mit der k-ten Spalte der Matrix $\mathfrak{B}$ ist. Zu beachten ist, daß im allgemeinen $\mathfrak{A} \cdot \mathfrak{B}$ nicht kommutativ ist, d. h. $\mathfrak{A} \cdot \mathfrak{B} \neq \mathfrak{B} \cdot \mathfrak{A}$:

$$c_{ik} = \sum_{r=1}^{n} a_{ir}\, b_{rk} \qquad \begin{matrix} (i = 1, 2, \ldots, m) \\ (k = 1, 2, \ldots, p) \end{matrix}.$$

Zum Beispiel:

$$\mathfrak{A} = \begin{bmatrix} a_{11} & a_{12} \\ a_{21} & a_{22} \\ a_{31} & a_{32} \end{bmatrix} \qquad \mathfrak{B} = \begin{bmatrix} b_{11} & b_{12} & b_{13} & b_{14} & b_{15} \\ b_{21} & b_{22} & b_{23} & b_{24} & b_{25} \end{bmatrix},$$

$$\begin{matrix} \mathfrak{A} & & \mathfrak{B} & = & \mathfrak{C} \\ \begin{bmatrix} a_{11} & a_{12} \\ a_{21} & a_{22} \\ a_{31} & a_{32} \end{bmatrix} & \cdot & \begin{bmatrix} b_{11} & b_{12} & b_{13} & b_{14} & b_{15} \\ b_{21} & b_{22} & b_{23} & b_{24} & b_{25} \end{bmatrix} & = & \begin{bmatrix} c_{11} & c_{12} & c_{13} & c_{14} & c_{15} \\ c_{21} & c_{22} & c_{23} & c_{24} & c_{25} \\ c_{31} & c_{32} & c_{33} & c_{34} & c_{35} \end{bmatrix} \\ m = 3 \text{ Zeilen} & & n = 2 \text{ Zeilen} & & m = 3 \text{ Zeilen} \\ n = 2 \text{ Spalten} & & p = 5 \text{ Spalten} & & p = 5 \text{ Spalten.} \end{matrix}$$

Beispielsweise errechnet sich das Element c_{22} als skalares Produkt der 2. Zeile von $\mathfrak{A}$ und der 2. Spalte von $\mathfrak{B}$:

$$c_{22} = a_{21} \cdot b_{12} + a_{22} \cdot b_{22}.$$

Wie bei jeder Rechnung, so ist auch bei der Matrizenmultiplikation eine Kontrolle möglich, und zwar in Form von Summenproben. Dazu werden beispielsweise in $\mathfrak{A} \cdot \mathfrak{B} = \mathfrak{C}$ die Spaltensummen von $\mathfrak{A}$ zu einer neuen Zeile zusammengefaßt und mit der Matrix $\mathfrak{B}$ multipliziert. Die aus dieser Multiplikation hervorgehende neue Zeile von $\mathfrak{C}$ muß gleich der Spaltensummenzeile von $\mathfrak{C}$ sein. In derselben Weise könnte an Stelle der Spaltensummenprobe eine Zeilensummenprobe ausgeführt werden.

Beispiel zur Spaltensummenprobe:

$$\mathfrak{A} = \begin{bmatrix} 3 & -4 & 1 \\ 2 & 5 & -3 \end{bmatrix} \qquad \mathfrak{B} = \begin{bmatrix} -1 & 5 \\ 4 & 2 \\ 1 & 3 \end{bmatrix}$$

$$\begin{matrix} \mathfrak{A} & \cdot & \mathfrak{B} & = & \mathfrak{C} \\ \begin{bmatrix} 3 & -4 & 1 \\ 2 & 5 & -3 \end{bmatrix} & \cdot & \begin{bmatrix} -1 & 5 \\ 4 & 2 \\ 1 & 3 \end{bmatrix} & = & \begin{bmatrix} -18 & 10 \\ 15 & 11 \end{bmatrix}. \\ \cdots\cdots & & & & \cdots\cdots \\ 5 \quad 1 \quad -2 & & & & -3 \quad 21 \end{matrix}$$

Für die praktische Durchführung von Matrizenmultiplikationen erweist sich folgendes Schema als sehr zweckmäßig:

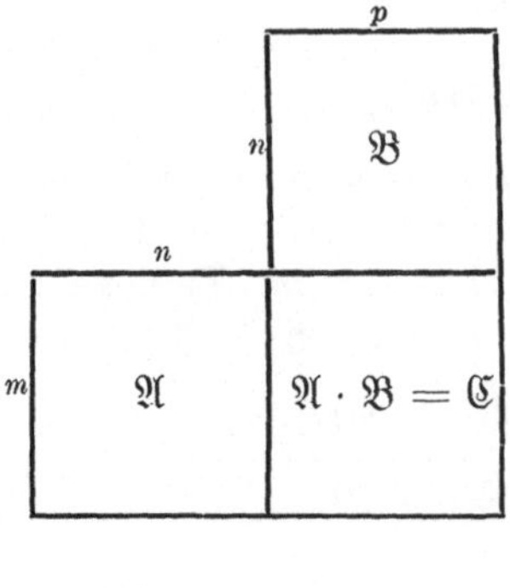

		p
	n	$\mathfrak{B}$
m	$\mathfrak{A}$ (n)	$\mathfrak{A} \cdot \mathfrak{B} = \mathfrak{C}$

Zum Beispiel:

$$\begin{matrix} & \mathfrak{B} = \begin{bmatrix} -1 & 5 \\ 4 & 2 \\ 1 & 3 \end{bmatrix} & \\ \mathfrak{A} = \begin{bmatrix} 3 & -4 & 1 \\ 2 & 5 & -3 \end{bmatrix} & \begin{bmatrix} -18 & 10 \\ 15 & 11 \end{bmatrix} & = \mathfrak{C}. \\ \cdots\cdots & \cdots\cdots & \\ 5 \quad 1 \quad -2 & -3 \quad 21 & \end{matrix}$$

Bei dieser Anordnung steht das Element c_{ik} der Produktmatrix $\mathfrak{A} \cdot \mathfrak{B} = \mathfrak{C}$ genau im Kreuzungspunkt der für seine Berechnung notwendigen i-ten Zeile von $\mathfrak{A}$ und k-ten Spalte von $\mathfrak{B}$. Für die Spaltensummenprobe ist unten im Schema eine zusätzliche Zeile vorgesehen.

Besonders günstig ist das soeben beschriebene Schema beim Bilden von Matrizenprodukten aus mehreren Faktoren, wie z. B.

$$\mathfrak{F} = \mathfrak{A} \cdot \mathfrak{B} \cdot \mathfrak{C} \cdot \mathfrak{D}.$$

Das Schema sieht dann so aus:

	$\mathfrak{D}$
$\mathfrak{C}$	$\mathfrak{C} \cdot \mathfrak{D}$
$\mathfrak{B}$	$\mathfrak{B}\,\mathfrak{C}\,\mathfrak{D}$
$\mathfrak{A}$	$\mathfrak{A} \cdot \mathfrak{B} \cdot \mathfrak{C} \cdot \mathfrak{D}$ $= \mathfrak{F}$.

Man kommt dabei aus mit einem Minimum an Schreibarbeit, weil jede Matrix und jedes Teilprodukt nur ein einziges Mal aufzuschreiben sind. Die Spaltensummenproben für jedes Teilprodukt lassen sich auch hier leicht einfügen.

1.4 Kehrmatrix

Es ist oft wünschenswert, bei dem linearen Gleichungssystem (I) die Lösung für die Unbekannten x_k formelmäßig mit den zunächst noch unbestimmten, in allgemeiner Buchstabenform vorliegenden Größen b_k anzusetzen. Dieser Fall tritt beispielsweise in der Baustatik auf, wenn ein statisch unbestimmtes Tragwerk für mehrere Belastungsfälle zu untersuchen ist. Die Elemente a_{ik} der Koeffizientenmatrix $\mathfrak{A}$ sind nur abhängig von den Steifigkeiten und Längen der Stäbe, während die Belastung lediglich in die Größen b_k eingeht.

Als Lösung von (I) in der gewünschten Form bekommt man folgende lineare Beziehungen:

$$\left.\begin{array}{l} x_1 = \alpha_{11}\, b_1 + \alpha_{12}\, b_2 + \cdots + \alpha_{1n}\, b_n \\ x_2 = \alpha_{21}\, b_1 + \alpha_{22}\, b_2 + \cdots + \alpha_{2n}\, b_n \\ \vdots \qquad \vdots \qquad\quad \vdots \qquad\qquad\quad \vdots \\ x_n = \alpha_{n1}\, b_1 + \alpha_{n2}\, b_2 + \cdots + \alpha_{nn}\, b_n \end{array}\right\} \tag{III}$$

oder in Matrizenform

$$\begin{bmatrix} x_1 \\ x_2 \\ \vdots \\ x_n \end{bmatrix} = \begin{bmatrix} \alpha_{11} & \alpha_{12} & \cdots & \alpha_{1n} \\ \alpha_{21} & \alpha_{22} & \cdots & \alpha_{2n} \\ \vdots & \vdots & & \vdots \\ \alpha_{n1} & \alpha_{n2} & \cdots & \alpha_{nn} \end{bmatrix} \begin{bmatrix} b_1 \\ b_2 \\ \vdots \\ b_n \end{bmatrix} \tag{IV}$$

und kurz

$$\mathfrak{x} = \mathfrak{A}^{-1}\, \mathfrak{b}. \tag{IV a}$$

Die Matrix $\mathfrak{A}^{-1}$ ist die sog. Kehrmatrix oder inverse Matrix zur Koeffizientenmatrix $\mathfrak{A}$. Ihre Elemente α_{ik} nennt man auch Einflußzahlen, weil sie den Einfluß der Größen b_k auf die Unbekannte x_k widerspiegeln. In der Baustatik werden sie im allgemeinen als β-Zahlen bezeichnet.

Die Elemente α_{ik} der Kehrmatrix $\mathfrak{A}^{-1}$ werden zweckmäßigerweise mit Hilfe eines Matrizenverfahrens berechnet, das in der Literatur (z. B. ZURMÜHL, Matrizen, Berlin 1961) beschrieben ist.

Zur Weiterverwendung in einem späteren Abschnitt dieses Buches wird hier noch für die zweireihige Matrix

$$\mathfrak{A} = \begin{bmatrix} a_{11} & a_{12} \\ a_{21} & a_{22} \end{bmatrix}$$

die dazugehörige Kehrmatrix formelmäßig angegeben. Sie lautet

$$\mathfrak{A}^{-1} = \frac{1}{D} \begin{bmatrix} a_{22} & -a_{12} \\ -a_{21} & a_{11} \end{bmatrix} \quad \text{(V)}$$

für $D = a_{11}\, a_{22} - a_{12}\, a_{21}$.

2 Allgemeine Betrachtungen zum Reduktionsverfahren

2.1 Grundprinzip der Verfahrens

Dem Reduktionsverfahren liegen die allgemeinen Lösungen der Differentialgleichungen für Biegung, Torsion und Längsdehnung zugrunde. Das ist im Prinzip nicht neu, denn in der Statik gibt es für Einfeld- und Durchlaufträger Berechnungsverfahren, die ebenfalls diese allgemeinen Lösungen als Grundlage haben. Neu ist hier nur die Anwendung der Matrizenrechnung, speziell der Übertragungsmatrizen, mit deren Hilfe die sich bei der gewöhnlichen Rechnung ergebenden schwerfälligen und umständlichen Ausdrücke in kurzer und übersichtlicher Form darstellen lassen, was die gesamte Rechnung weitgehend schematisiert, somit stark vereinfacht und anschaulicher macht.

Das Prinzip des Verfahrens soll an Hand von Abb. 1 erläutert werden. Der

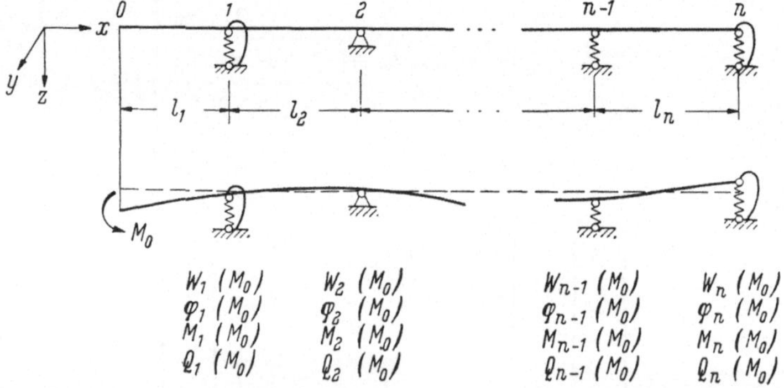

Abb. 1. Beliebig gestützter, am linken Ende durch ein Moment M_0 belasteter Durchlaufträger

Spannungs- und Verformungszustand des beliebig gestützten Durchlaufträgers bei reiner Biegung wird beschrieben durch die beiden Kraftgrößen M und Q sowie durch die beiden Deformationsgrößen w und φ. Wird dieser Träger am linken Ende durch das beliebige Moment M_0 belastet, dann werden sämtliche Deformations- und Kraftgrößen an den Stützen lineare Funktionen dieses Momentes. Ein n-faches Moment M_0 würde also n-fache Kraft- und Deformationsgrößen an den Stützen hervorrufen. Läßt man nacheinander am linken Trägerende die Größen Q_0, w_0, φ_0 und schließlich eine äußere Belastung am Träger selbst angreifen, dann sind wiederum sämtliche Kraft- und Deformationsgrößen an den Stützen lineare Funktionen von Q_0, w_0, φ_0 und der äußeren Belastung. Die Größen M_0, Q_0, w_0 und φ_0 sind willkürlich wählbar; sie werden im folgenden als *Freigrößen* bezeichnet. Genau die Hälfte dieser Freigrößen ist durch die Randbedingungen am linken Trägerende bereits festgelegt. Beispielsweise treten in Abb. 2 am linken Trägerende kein Moment und keine Querkraft auf: somit wird $M_0 = 0$ und $Q_0 = 0$.

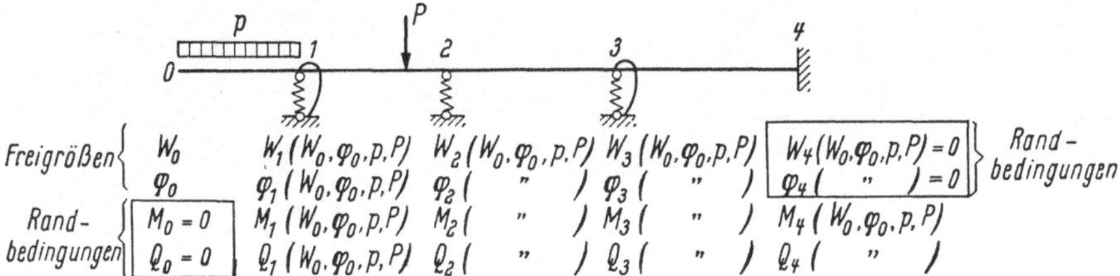

Abb. 2. Beliebig gestützter Durchlaufträger mit Freigrößen und Randbedingungen

Als unbekannte Freigrößen bleiben noch w_0 und φ_0 übrig. Von diesen und von der äußeren Belastung sind sämtliche Kraft- und Deformationsgrößen sowohl an den Stützen wie auch in den Feldern linear abhängig. Die Unbekannten w_0 und φ_0 lassen sich aus den Randbedingungen am rechten Trägerende ermitteln. Da das Trägerende rechts eingespannt ist, lauten die zugehörigen Randbedingungen $w_4 = 0$ und $\varphi_4 = 0$. Das ergibt gerade zwei lineare Gleichungen für die beiden Unbekannten w_0 und φ_0, auch bei beliebig großer Felderzahl n. Hat man die unbekannten Freigrößen ermittelt, so lassen sich die tatsächlichen Werte sämtlicher Kraft- und Deformationsgrößen am Träger ohne weiteres angeben.

Damit ist das Grundprinzip des Verfahrens erklärt, und man braucht nur noch den linearen Zusammenhang zwischen Deformations- und Kraftgrößen am linken und rechten Trägerende herzustellen, was mit Hilfe von *Übertragungsmatrizen* geschieht. Biegesteifigkeit und Belastung dürfen übrigens beliebig variabel sein; Voraussetzung ist die volle Gültigkeit des Balkenmodells nach Bernoulli und des Hookeschen Gesetzes, wie bei vielen anderen Verfahren der Statik auch.

2.2 Vorzeichendefinition

Am räumlichen Stab, der nach allen Richtungen elastisch verformbar sein soll, treten folgende Kraft- und Deformationsgrößen (Abb. 3a) auf:

in x-Richtung	Längsverschiebung	u	[m]
	Längskraft	N	[Mp]
	Längsverdrehung	ϑ	
	Torsionsmoment	M_x	[Mpm]
in y-Richtung	Durchbiegung	v	[m]
	Querkraft	Q_y	[Mp]
	Neigungswinkel	φ	
	Biegemoment	M_y	[Mpm]
in z-Richtung	Durchbiegung	w	[m]
	Querkraft	Q_z	[Mp]
	Neigungswinkel	ψ	
	Biegemoment	M_z	[Mpm].

Davon sind je eine Kraft- und Deformationsgröße einander zugeordnet (konjugiert), so daß sechs konjugierte Paare vorhanden sind: (u, N), (ϑ, M_x), (v, Q_y), (φ, M_y), (w, Q_z) und (ψ, M_z). Die Vorzeichen werden entsprechend Abb. 3a gewählt.

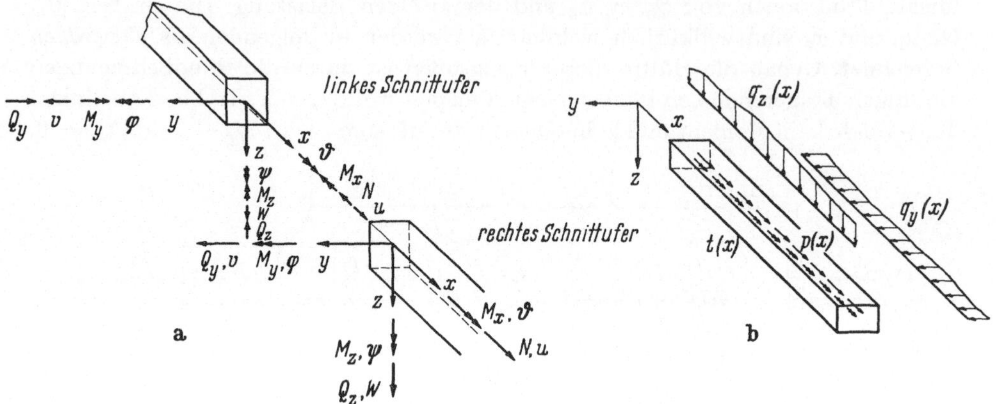

Abb. 3a. Positive Definition der Kraft- und Deformationsgrößen am räumlich beanspruchten Stab

Abb. 3b. Positive Definition der Belastungsfunktion am räumlich beanspruchten Stab

Am rechten Schnittufer haben je zwei Größen eines konjugierten Paares das gleiche Vorzeichen, d. h., einer positiven Querkraft Q_z entspricht eine positive Verschiebung w, einem positiven Moment M_y ein positiver Neigungswinkel φ usw. Gegen die Pfeilrichtung des Momentenvektors gesehen ist ein linksdrehendes Moment positiv. Das gleiche gilt auch für die Drehwinkel.

Die Belastungsfunktionen am räumlichen Stab sind in Abb. 3b angegeben:

x-Richtung	Längsbelastung	$p(x)$	[Mp/m]
	Torsionsbelastung	$t(x)$	[Mpm/m]
y-Richtung	Querbelastung	$q_y(x)$	[Mp/m]
z-Richtung	Querbelastung	$q_z(x)$	[Mp/m].

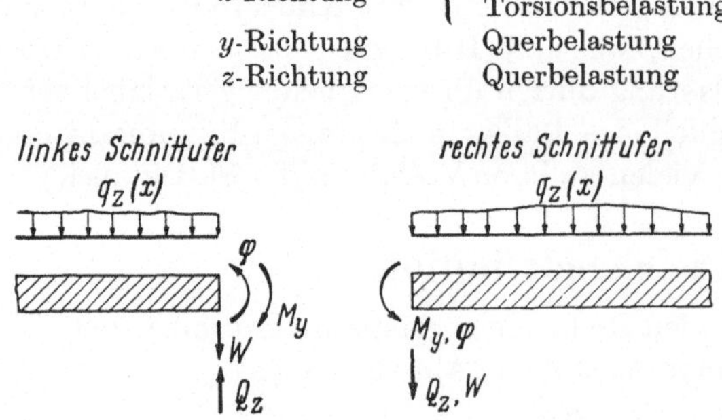

Abb. 4. Positive Definition der Kraft- und Deformationsgrößen sowie der Belastung des in der x—z-Ebene beanspruchten Stabes

In positiver Richtung der Achsen wirkende Belastungsfunktionen sind positiv definiert.

Beim Sonderfall der ebenen Statik (Biegen in der x—z-Ebene) sind somit die positiven Kraft- und Deformationsgrößen sowie die positive Belastungsfunktion entsprechend Abb. 4 definiert.

Die Vorzeichen wurden hier anders definiert als beim Kraftgrößen- oder Deformationsverfahren. Dafür waren folgende Gründe maßgebend: Beim Reduktionsverfahren wird stets nur mit den Kraft- und Deformationsgrößen am *rechten Schnittufer* gerechnet, und da es sich um ein rein mathematisches Verfahren handelt, ist es zweckmäßig, auch eine mathematisch sinnvolle Definition einzuführen:

Konjugierte Größen erhalten am rechten Schnittufer gleiche Richtungen und Vorzeichen.

Besonders bei räumlichen Tragwerken ist diese Definition aus Gründen der Übersichtlichkeit unbedingt vorteilhaft. Die Aufzeichnung der Schnittkraftdiagramme bereitet keine Schwierigkeiten, da die Querkräfte im positiven Wirkungssinn vom Träger aus angetragen werden und die Momente auf der Seite des Trägers, auf der sie Zug erzeugen. Besonders zu beachten ist auch, daß beim Reduktionsverfahren die Druckkraft als positive Längskraft definiert ist.

3 Beliebig gestützter Einfeld- und Durchlaufträger für feldweise konstante Biegesteifigkeit $E \cdot I_y$ nach Theorie I. Ordnung

3.1 Grundlagen

3.1.1 Allgemeines

Bei reiner Biegung in der x—z-Ebene treten die beiden konjugierten Paare M_y und φ sowie Q_z und w auf, außerdem die Belastung $q_z(x)$. Der Einfachheit

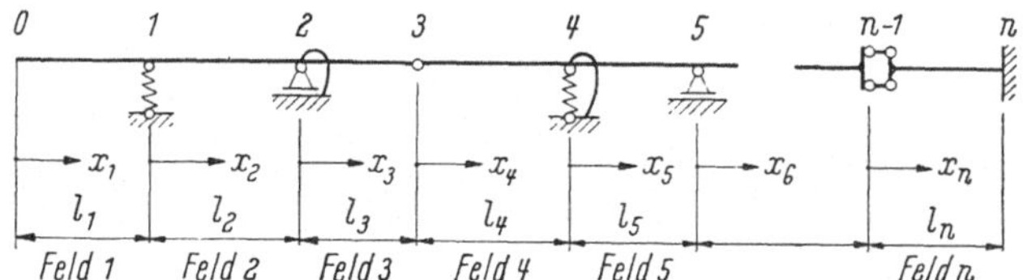

Abb. 5. Einteilung des Durchlaufträgers in Felder und Festlegung der Feldgrenzen

halber werden die Indizes y und z weggelassen. Zu Beginn der Rechnung wird der Durchlaufträger in einzelne Felder eingeteilt (Abb. 5). Feldgrenzen sind freie Trägerenden, Stützen, Momentennullpunkte (Gelenke), Querkraftnullpunkte usw.

3.1.2 Feldmatrix

Abb. 6 zeigt als Teil eines Durchlaufträgers das Feld l_k. Der Träger wird unmittelbar rechts neben Stütze i und unmittelbar links neben Stütze k zerschnitten, und die dort auftretenden Kraft- und Deformationsgrößen werden unter Beachtung der Vorzeichendefinition von Abschn. 2.2 eingetragen. Im folgenden werden nur die Kraft- und Deformationsgrößen am rechten Schnittufer jedes Schnittes betrachtet.

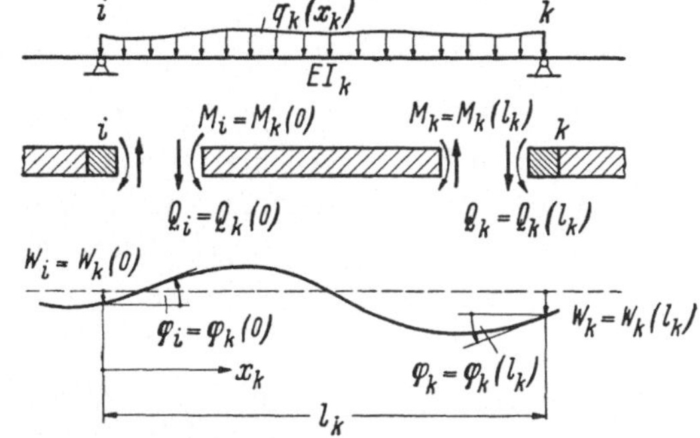

Abb. 6. Reine Biegung in der x—z-Ebene: Positive Definition der Belastung sowie der Randverformung

Nun wird der lineare Zusammenhang zwischen den Deformations- und Kraftgrößen in den beiden Schnitten i und k gesucht. Die Differentialgleichung für die Biegelinie ist

$$[E \cdot I_k \cdot w_k''(x_k)]'' = q_k(x_k). \tag{1}$$

Ihre allgemeine Lösung mitsamt ihren ersten vier Ableitungen lautet unter Berücksichtigung der Vorzeichendefinition:

$$\left.\begin{aligned}
[EI_k\, w_k''(x_k)]'' &= q_k(x_k) && = q_k(x_k)\\
[EI_k\, w_k''(x_k)]' &= Q_k(x_k) && = \int_0^{x_k} q_k(\xi)\, d\xi + c_1\\
& && = Q_{k0}(x_k) + c_1\\
EI_k\, w_k''(x_k) &= M_k(x_k) && = \int_0^{x_k} Q_{k0}(\xi)\, d\xi + c_1 x_k + c_2\\
& && = M_{k0}(x_k) + c_1 x_k + c_2\\
EI_k\, w_k'(x_k) &= -EI_k\, \varphi_k(x_k) && = EI_k \int_0^{x_k} \frac{M_{k0}(\xi)}{EI_k}\, d\xi + c_1 \frac{x_k^2}{2} + c_2 x_k + c_3\\
& && = -EI_k\, \varphi_{k0}(x_k) + c_1 \frac{x_k^2}{2} + c_2 x_k + c_3\\
EI_k\, w_k(x_k) &= && -EI_k \int_0^{x_k} \varphi_{k0}(\xi)\, d\xi + c_1 \frac{x_k^3}{6} + c_2 \frac{x_k^2}{2} + c_3 x_k + c_4\\
& && = EI_k \cdot w_{k0}(x_k) + c_1 \frac{x_k^3}{6} + c_2 \frac{x_k^2}{2} + c_3 x_k + c_4
\end{aligned}\right\} . \qquad (2)$$

Darin ist

$$\left.\begin{aligned}
Q_{k0}(x_k) &= \int_0^{x_k} q_k(\xi)\, d\xi & -\varphi_{k0}(x_k) &= \int_0^{x_k} \frac{M_{k0}(\xi)}{EI_k}\, d\xi\\
M_{k0}(x_k) &= \int_0^{x_k} Q_{k0}(\xi)\, d\xi & +w_{k0}(x_k) &= -\int_0^{x_k} \varphi_{k0}(\xi)\, d\xi
\end{aligned}\right\} \qquad (3)$$

$$\text{für} \quad (0 < \xi < x_k) \qquad (0 \leq x_k \leq l_k);$$

an der linken Feldgrenze gilt für $x_k = 0$ (s. Abb. 6):

$$\begin{aligned}
Q_k(x_k = 0) &= Q_i & &\rightarrow & c_1 &= Q_i = Q_k(0)\\
M_k(x_k = 0) &= M_i & &\rightarrow & c_2 &= M_i = M_k(0)\\
\varphi_k(x_k = 0) &= \varphi_i & &\rightarrow & c_3 &= -EI_k\, \varphi_i = -EI_k\, \varphi_k(0)\\
w_k(x_k = 0) &= w_i & &\rightarrow & c_4 &= EI_k\, w_i = EI_k\, w_k(0).
\end{aligned}$$

Die vier an sich willkürlichen Integrationskonstanten sind hier also die vier Kraft- und Deformationsgrößen am linken Trägerende. Die Konstanten in (2) eingesetzt, neu geordnet und $\varphi_k(x_k)$ und $w_k(x_k)$ durch EI_k dividiert, gibt:

$$\left.\begin{aligned}
w_k(x_k) &= 1 \cdot w_k(0) - x_k\, \varphi_k(0) + \frac{x_k^2}{2EI_k} M_k(0) + \frac{x_k^3}{6EI_k} Q_k(0) + w_{k0}(x_k) \cdot 1\\
\varphi_k(x_k) &= 1 \cdot \varphi_k(0) - \frac{x_k}{EI_k} M_k(0) - \frac{x_k^2}{2EI_k} Q_k(0) + \varphi_{k0}(x_k) \cdot 1\\
M_k(x_k) &= 1 \cdot M_k(0) + x_k\, Q_k(0) + M_{k0}(x_k) \cdot 1\\
Q_k(x_k) &= 1 \cdot Q_k(0) + Q_{k0}(x_k) \cdot 1\\
q_k(x_k) &= q_k(x_k) \cdot 1
\end{aligned}\right\} . \qquad (4)$$

Damit ist bereits der lineare Zusammenhang der Kraft- und Deformationsgrößen zwischen dem linken Trägerende und einem beliebigen Punkt an der Stelle x_k des Feldes l_k bekannt.

Für $x_k = l_k$ erhält man den Zusammenhang zwischen den Kraft- und Deformationsgrößen am linken und rechten Trägerende

$$\left.\begin{aligned}
w_k(l_k) &= 1 \cdot w_k(0) - l_k \varphi_k(0) + \frac{l_k^2}{2EI_k} M_k(0) + \frac{l_k^3}{6EI_k} Q_k(0) + w_{k0}(l_k) \cdot 1 \\
\varphi_k(l_k) &= 1 \cdot \varphi_k(0) - \frac{l_k}{EI_k} M_k(0) - \frac{l_k^2}{2EI_k} Q_k(0) + \varphi_{k0}(l_k) \cdot 1 \\
M_k(l_k) &= 1 \cdot M_k(0) + l_k Q_k(0) + M_{k0}(l_k) \cdot 1 \\
Q_k(l_k) &= 1 \cdot Q_k(0) + Q_{k0}(l_k) \cdot 1 \\
q_k(l_k) &= q_k(l_k)
\end{aligned}\right\}. \tag{4a}$$

Wenn die letzte Zeile durch $q_k(l_k)$ dividiert wird, so schreibt sich dieses Gleichungssystem in folgender Matrizenform:

$$\begin{Vmatrix} w_k(l_k) \\ \varphi_k(l_k) \\ M_k(l_k) \\ Q_k(l_k) \\ 1 \end{Vmatrix} = \begin{Vmatrix} 1 & -l_k & \frac{l_k^2}{2EI_k} & \frac{l_k^3}{6EI_k} & w_{k0}(l_k) \\ 0 & 1 & -\frac{l_k}{EI_k} & -\frac{l_k^2}{2EI_k} & \varphi_{k0}(l_k) \\ 0 & 0 & 1 & l_k & M_{k0}(l_k) \\ 0 & 0 & 0 & 1 & Q_{k0}(l_k) \\ 0 & 0 & 0 & 0 & 1 \end{Vmatrix} \begin{Vmatrix} w_k(0) \\ \varphi_k(0) \\ M_k(0) \\ Q_k(0) \\ 1 \end{Vmatrix} \tag{5}$$

oder noch kürzer:

$$\mathfrak{y}_k(l_k) = \mathfrak{F}_k \, \mathfrak{y}_k(0). \tag{5a}$$

Darin sind

$$\mathfrak{y}_k(l_k) = \begin{Vmatrix} w_k(l_k) \\ \varphi_k(l_k) \\ M_k(l_k) \\ Q_k(l_k) \\ 1 \end{Vmatrix} \qquad \mathfrak{y}_k(0) = \mathfrak{y}_i = \begin{Vmatrix} w_i \\ \varphi_i \\ M_i \\ Q_i \\ 1 \end{Vmatrix} = \begin{Vmatrix} w_k(0) \\ \varphi_k(0) \\ M_k(0) \\ Q_k(0) \\ 1 \end{Vmatrix}$$

und $\mathfrak{F}_k$ die gesuchte Feldmatrix

$$\mathfrak{F}_k = \begin{Vmatrix} 1 & -l_k & \frac{l_k^2}{2EI_k} & \frac{l_k^3}{6EI_k} & w_{k0}(l_k) \\ 0 & 1 & -\frac{l_k}{EI_k} & -\frac{l_k^2}{2EI_k} & \varphi_{k0}(l_k) \\ 0 & 0 & 1 & l_k & M_{k0}(l_k) \\ 0 & 0 & 0 & 1 & Q_{k0}(l_k) \\ 0 & 0 & 0 & 0 & 1 \end{Vmatrix}. \tag{5b}$$

Tabelle 1a. *Belastungsgrößen bei reiner Biegung in der x—z-Ebene für feldweise konst. Biegesteifigkeit* EI_k

	$w_{k0}(l_k)$	$\varphi_{k0}(l_k)$	$M_{k0}(l_k)$	$Q_{k0}(l_k)$
P, K, a_K	$\frac{P a_k^3}{6EI_k}$	$-\frac{P a_k^2}{2EI_k}$	$P \cdot a_k$	P
M, K, b_K	$\frac{M b_k^2}{2EI_k}$	$-\frac{M b_k}{EI_k}$	M	0
q, K, l_K	$\frac{q l_k^4}{24EI_k}$	$-\frac{q l_k^3}{6EI_k}$	$\frac{q l_k^2}{2}$	$q l_k$
q, K, l_K	$\frac{q l_k^4}{120EI_k}$	$-\frac{q l_k^3}{24EI_k}$	$\frac{q l_k^2}{6}$	$\frac{q l_k}{2}$
q, K, l_K	$\frac{q l_k^4}{30EI_k}$	$-\frac{q l_k^3}{8EI_k}$	$\frac{q l_k^2}{3}$	$\frac{q l_k}{2}$
ungleichförmige Temperaturänderung; l_K; t_a [°C], K; t_i [°C]; $\Delta t = t_i - t_a$	$-\frac{\alpha_t \Delta t}{h_k}\frac{l_k^2}{2}$ h_k: Trägerhöhe (konst. über Trägerlänge)	$+\frac{\alpha_t \Delta t}{h_k} l_k$	0	0

Die Elemente der ersten vier Spalten der Feldmatrix sind nur abhängig von Feldlänge l_k und Biegesteifigkeit EI_k. Lediglich die letzte Spalte hängt nach Gl. (3) von der gegebenen Belastung ab. Bei genauerer Betrachtung der Gln. (3) stellt man fest, daß die in ihnen definierten Zahlenwerte $w_{k0}(l_k)$, $\varphi_{k0}(l_k)$, $M_{k0}(l_k)$ und $Q_{k0}(l_k)$ nichts anderes sind als die an die rechte Feldgrenze reduzierten Belastungsfunktionen $q_k(x_k)$ und $M_{k0}(x_k)/EI_k$. Mit anderen Worten: Man stellt sich den betrachteten Träger von der Feldlänge l_k links frei und rechts eingespannt vor und belastet ihn mit diesen Funktionen (Abb. 7). Die sich daraus ergebenden negativen Stützenreaktionen sind — unter Beachtung der Vorzeichen — die in den Gln. (3) definierten festen Werte, die im folgenden Belastungsgrößen genannt werden sollen und zum Zeichen dafür, daß sie aus der Belastung herrühren, den Index 0 erhalten. Die Werte für $Q_{k0}(l_k)$, $M_{k0}(l_k)$, $\varphi_{k0}(l_k)$ und $w_{k0}(l_k)$ sind daher auf einfache Weise nach bekannten Verfahren, entweder graphisch

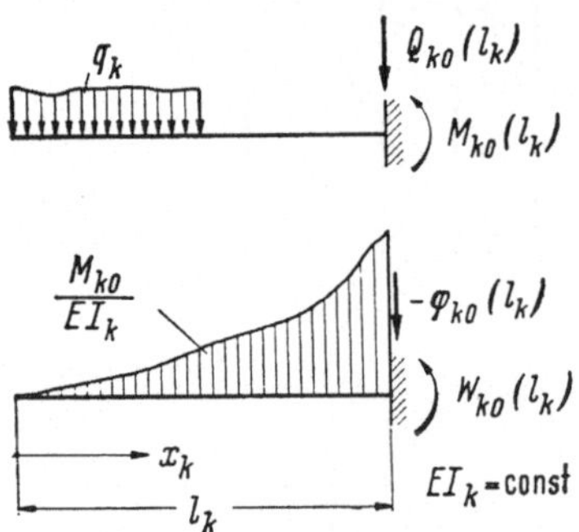

Abb. 7. Darstellung der Belastungsgrößen als an die rechte Feldgrenze reduzierte Funktionen q_k und M_{k0}/EI_k

Tabelle 1b. *Umgerechnete Belastungsgrößen bei reiner Biegung in der x—z-Ebene für feldweise konst. Biegesteifigkrit* EI_k

Vergleichsgrößen: $w = w^* \frac{P_c l_c^3}{EI_c}$ $\quad M = M^* P_c l_c$ $\quad q = q^* \frac{P_c}{l_c}$

$\varphi = \varphi^* \frac{P_c l_c^2}{EI_c}$ $\quad Q = Q^* P_c$

P_c, l_c, I_c beliebig wählbar

	$w_{k0}^*\left(\frac{l_k}{l_c}\right)$	$\varphi_{k0}^*\left(\frac{l_k}{l_c}\right)$	$M_{k0}^*\left(\frac{l_k}{l_c}\right)$	$Q_{k0}^*\left(\frac{l_k}{l_c}\right)$
$\frac{P}{P_c}$, K, $\frac{a_K}{l_c}$	$\frac{1}{6}\frac{P}{P_c}\frac{a_k^3}{l_c^3}\frac{I_c}{I_k}$	$-\frac{1}{2}\frac{P}{P_c}\frac{a_k^2}{l_c^2}\frac{I_c}{I_k}$	$\frac{P}{P_k}\frac{a_k}{l_c}$	$\frac{P}{P_c}$
$\frac{M_K}{P_c l_c}$, K, $\frac{b_K}{l_c}$	$\frac{1}{2}\frac{M}{P_c l_c}\frac{b_k^2}{l_c^2}\frac{I_c}{I_k}$	$-\frac{M}{P_c l_c}\frac{b_k}{l_c}\frac{I_c}{I_k}$	$\frac{M}{P_c l_c}$	0
q^*, K, $\frac{l_K}{l_c}$	$\frac{q^*}{24}\frac{l_k^4}{l_c^4}\frac{I_c}{I_k}$	$-\frac{q^*}{6}\frac{l_k^3}{l_c^3}\frac{I_c}{I_k}$	$\frac{q^*}{2}\frac{l_k^2}{l_c^2}$	$q^*\frac{l_k}{l_c}$
q^*, K, $\frac{l_K}{l_c}$	$\frac{q^*}{120}\frac{l_k^4}{l_c^4}\frac{I_c}{I_k}$	$-\frac{q^*}{24}\frac{l_k^3}{l_c^3}\frac{I_c}{I_k}$	$\frac{q^*}{6}\frac{l_k^2}{l_c^2}$	$\frac{q^*}{2}\frac{l_k}{l_c}$
q^*, K, $\frac{l_K}{l_c}$	$\frac{q^*}{30}\frac{l_k^4}{l_c^4}\frac{I_c}{I_k}$	$-\frac{q^*}{8}\frac{l_k^3}{l_c^3}\frac{I_c}{I_k}$	$\frac{q^*}{3}\frac{l_k^2}{l_c^2}$	$\frac{q^*}{2}\frac{l_k}{l_c}$
ungleichförmige Temperaturänderung, $\frac{l_K}{l_c}$, $t_a[°C]$, $t_i[°C]$, K, $\Delta t = t_i - t_a$	$-\frac{\alpha_t \Delta t}{2h_k}\frac{l_k^2}{l_c^2}\frac{EI_c}{P_c l_c}$	$+\frac{\alpha_t \Delta t}{h_k}\frac{l_k}{l_c}\frac{EI_c}{P_c l_c}$	0	0
	h_k: Trägerhöhe (konst. über Trägerlänge)			

mit Kraft und Seileck oder analytisch [nach Gl. (3)] zu ermitteln, z. B. für eine Einzellast nach Abb. 8.

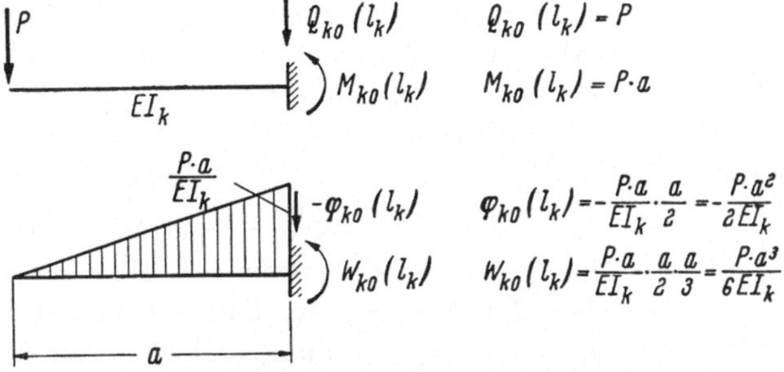

Abb. 8. Ableitung der Belastungsglieder für Einzellast P

In Tab. 1a sind die Belastungsgrößen für die wichtigsten Belastungsfälle angegeben. Aus ihnen lassen sich andere durch Superposition ableiten.

3.1.3 Punktmatrix

Im vorangegangenen Abschnitt wurde gezeigt, wie die Feldmatrix $\mathfrak{F}_k$ Kraft- und Deformationsgrößen vom linken zum rechten Feldende leitet. Nun wird untersucht, wie der Übergang an den Feldgrenzen von einem zum anderen Feld vor sich geht. Die Feldgrenzen waren definiert als Stützen, Gelenke, Querkraftnullfelder oder dergleichen. Je nach Art und konstruktiver Ausbildung der Feldgrenze kann der Wert einer Kraft- und Deformationsgröße links neben dieser Feldgrenze einen anderen Wert haben als rechts von ihr, d. h. das Diagramm der betreffenden Größe kann sich an der Feldgrenze sprunghaft ändern. Der Differenzbetrag dieser sich sprunghaft ändernden Größe wird im folgenden als Sprunggröße bezeichnet. Sie muß an der Stelle des Trägers, an der sie auftritt, neu in die Rechnung eingeführt werden. Praktisch wird dieser Übergang von der Stelle unmittelbar links neben der Feldgrenze zu der Stelle unmittelbar rechts neben der Feldgrenze mit Hilfe der sog. Punktmatrizen vorgenommen. Bevor diese jedoch abgeleitet werden können, müssen noch die verschiedenen Ausbildungsarten der Feldgrenzen mit den dazugehörigen Sprunggrößen untersucht werden.

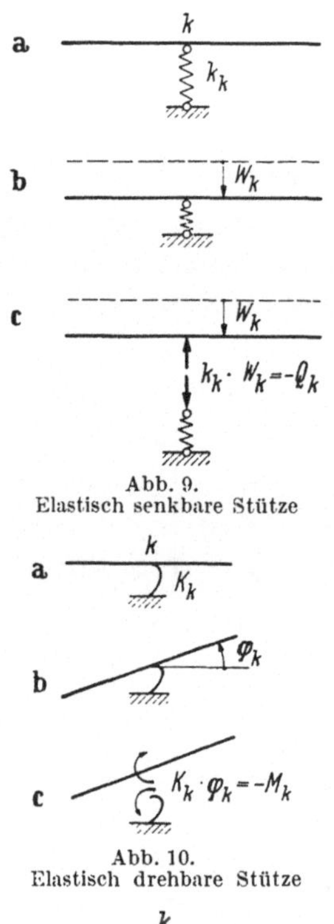

Abb. 9. Elastisch senkbare Stütze

Abb. 10. Elastisch drehbare Stütze

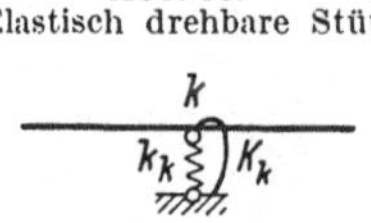

Abb. 11. Elastisch senk- und drehbare Stütze

Elastisch senkbare Stützung (Abb. 9a). Die Feder hat die Federkonstante k_k [Mp/m] und wird um den Betrag w_k zusammengedrückt (Abb. 9b). Es ergibt sich dann nach dem HOOKEschen Gesetz eine auf den Träger wirkende Reaktionskraft (Abb. 9c) von der Größe

$$Q_k = -k_k \cdot w_k. \tag{6a}$$

Das negative Vorzeichen muß stehen, weil die Kraft von unten nach oben auf den Träger wirkt, also nach Abschn. 2.2 negativ definiert ist. Bei dieser Stützungsart ändert sich also das Querkraftdiagramm an der Stütze sprunghaft um den Betrag der Sprunggröße $Q_k = -k_k w_k$. Die übrigen Größen w, φ und M gehen stetig über, d. h. die haben links und rechts von der Stütze den gleichen Wert.

Elastisch drehbare Stützung (Abb. 10a). Die Drehfeder hat die Drehfederkonstante K_k [Mpm] und wird in positiver Richtung verdreht um den Winkel φ_k (Abb. 10b). Das sich nach dem HOOKEschen Gesetz ergebende, auf den Träger wirkende Reaktionsmoment hat die Größe

$$M_k = -K_k \varphi_k. \tag{6b}$$

Das negative Vorzeichen ergibt sich bei der Beachtung der Vorzeichendefinition für Momente. Hier ändert sich der Momentenverlauf sprunghaft um den Wert $M_k = -K_k \varphi_k$. φ, w und Q ändern sich an der Stütze nicht.

Elastisch senk- und drehbare Stützung (Abb. 11). Die Reaktionen der Gln. (6a) und (6b) treten gleichzeitig auf. An dieser Stütze müssen demnach zwei Sprunggrößen berücksichtigt werden.

Festes gelenkiges Lager (Abb. 12). Die an dieser Stütze auftretende Stützkraft verursacht eine sprunghafte Änderung des Querkraftverlaufes. Es muß die Sprunggröße Q_k^s eingeführt werden, die der vertikalen Stützkraftkomponente entspricht. Diese Sprunggröße muß im Gegensatz zu den bei Federn auftretenden Sprunggrößen, die als Funktionen von w_k und φ_k bekannt sind [s. Gln. (6a) und (6b)], als Unbekannte in die Rechnung aufgenommen werden.

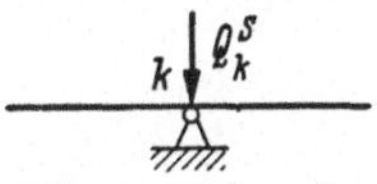

Abb. 12. Festes gelenkiges Lager

Gelenk (Abb. 13). Im Gelenkpunkt tritt die unbekannte Sprunggröße φ_k^s hinzu. w, M und Q ändern sich nicht.

Querkraftnullfeld (Abb. 14). Unbekannte Sprunggröße ist w_k^s. φ, M und Q ändern sich nicht.

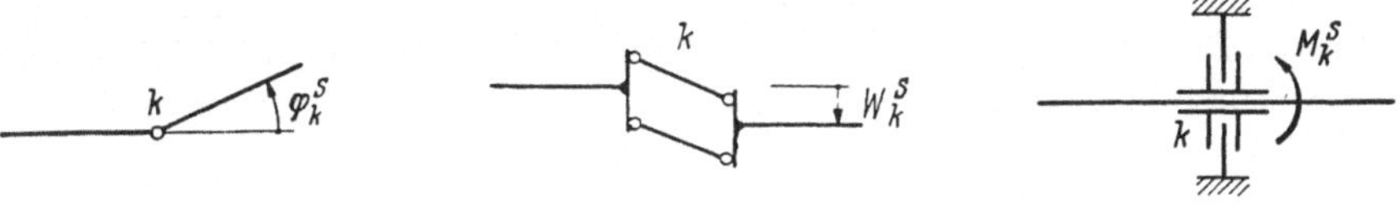

Abb. 13. Gelenk Abb. 14. Querkraftnullfeld Abb. 15. Senkrecht geführtes Lager

Senkrecht geführtes Lager (Abb. 15). Infolge der beweglichen senkrechten Führung kann keine vertikale Stützkraft auftreten; damit ändert sich auch die Querkraft nicht. Die Durchbiegung w und die Verdrehung φ müssen auf Grund der konstruktiven Ausbildung des Lagers auf beiden Seiten gleich sein. Die durch die senkrechte Führung hervorgerufene seitliche Einspannung verursacht ein Stützmoment, das als unbekannte Sprunggröße M_k^s in die Rechnung eingeht.

Nachdem die verschiedenen Ausbildungsarten der Feldgrenzen erläutert wurden, kann nun die Punktmatrix abgeleitet werden. In Abb. 16 ist die Stütze k mit den benachbarten Feldern l_k und l_{k+1} schematisch dargestellt. In zwei unmittelbar rechts und links neben der Stütze geführten Schnitten sind die in Frage kommenden Kraft-, Deformations- und Sprunggrößen eingetragen. Die am rechten Feldende von Feld l_k wirkenden Größen $w_k(l_k)$, $\varphi_k(l_k)$, $M_k(l_k)$ und $Q_k(l_k)$ ergeben sich aus Gl. (5). Es sind die Größen, die unter Berücksichtigung der an der Stütze evtl. hinzukommenden unbekannten Sprunggrößen w_k^s, φ_k^s, M_k^s und Q_k^s sowie der von φ und w linear abhängigen und damit bekannten Federsprunggrößen $M_k = -K_k \varphi_k(l_k)$ und $Q_k = -k_k\, w_k(l_k)$ auf die rechte Seite der Stütze übergeleitet werden sollen. Nach den aus der Statik bekannten Gleichgewichtsbedingungen erhält man aus diesen Größen die neue Kraft- und Deformationsgrößen rechts von der Stütze, d. h. am linken Ende vom Feld l_{k+1}. Die Ableitung des Momentes $M_{k+1}(0)$ soll an Hand von Abb. 17a, in dem allein die Momente eingetragen sind, gezeigt werden. Zunächst ist im Schnitt links neben Stütze k nur das Moment $M_k(l_k)$ als

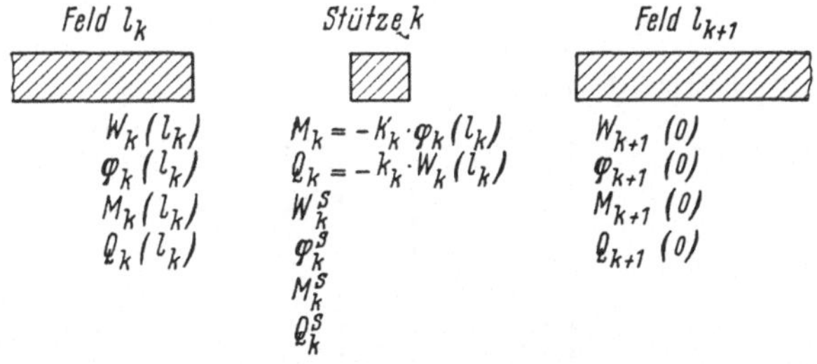

Abb. 16. Zur Ableitung der Punktmatrix erforderliche Kraft- und Deformationsgrößen an Feldgrenze k

Stabendmoment am linken und als Stützenmoment am rechten Schnittufer vorhanden. An den Stützen kommen die Sprunggrößen $M_k = -K_k\,\varphi_k(l_k)$ und M_k^s

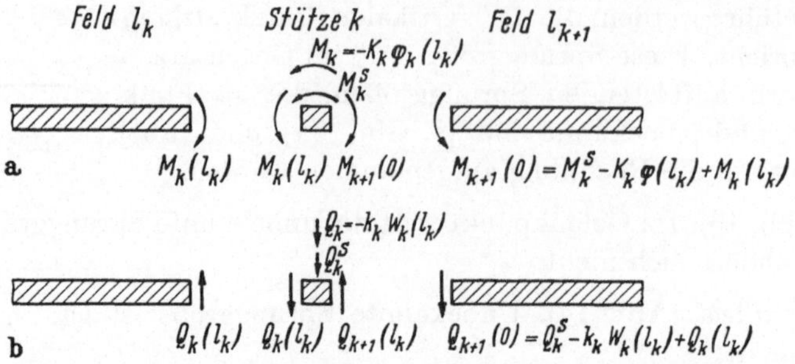

Abb. 17. Positiv definierte Momente und Querkräfte an der Feldgrenze k

neu hinzu. Die Sprunggrößen und das Moment $M_k(l_k)$ müssen mit dem rechts von der Stütze k auftretenden Moment $M_{k+1}(0)$ im Gleichgewicht stehen:

$$M_{k+1}(0) = M_k(l_k) - K_k\,\varphi_k(l_k) + M_k^s.$$

Die Ableitung von $Q_{k+1}(0)$ erfolgt an Hand von Abb. 17b:

$$Q_{k+1}(0) = Q_k(l_k) - k_k\,w_k(l_k) + Q_k^s.$$

Die Größen $w_{k+1}(0)$ und $\varphi_{k+1}(0)$ bekommt man auf die gleiche Weise. Es können nun alle für den Feldübergang maßgebenden Gleichungen angegeben werden:

$$\left.\begin{aligned} w_{k+1}(0) &= w_k(l_k) && && + w_k^s\\ \varphi_{k+1}(0) &= && \varphi_k(l_k) && + \varphi_k^s\\ M_{k+1}(0) &= && -K_k\cdot\varphi_k(l_k) + M_k(l_k) && + M_k^s\\ Q_{k+1}(0) &= -k_k\cdot w_k(l_k) && + Q_k(l_k) && + Q_k^s\\ 1 & && && 1 \end{aligned}\right\}. \tag{7}$$

In Matrizenform

$$\begin{Bmatrix} w_{k+1}(0)\\ \varphi_{k+1}(0)\\ M_{k+1}(0)\\ Q_{k+1}(0)\\ 1 \end{Bmatrix} = \begin{bmatrix} 1 & 0 & 0 & 0 & w_k^s\\ 0 & 1 & 0 & 0 & \varphi_k^s\\ 0 & -K_k & 1 & 0 & M_k^s\\ -k_k & 0 & 0 & 1 & Q_k^s\\ 0 & 0 & 0 & 0 & 1 \end{bmatrix} \begin{Bmatrix} w_k(l_k)\\ \varphi_k(l_k)\\ M_k(l_k)\\ Q_k(l_k)\\ 1 \end{Bmatrix} \tag{8}$$

oder als Matrizengleichung

$$\mathfrak{y}_{k+1}(0) = \mathfrak{U}_k\,\mathfrak{y}_k(l_k). \tag{8a}$$

Darin ist $\mathfrak{U}_k$ die gesuchte Punktmatrix

$$\mathfrak{U}_k = \begin{bmatrix} 1 & 0 & 0 & 0 & w_k^s\\ 0 & 1 & 0 & 0 & \varphi_k^s\\ 0 & -K_k & 1 & 0 & M_k^s\\ -k_k & 0 & 0 & 1 & Q_k^s\\ 0 & 0 & 0 & 0 & 1 \end{bmatrix}. \tag{8b}$$

Gl. (8a) in Gl. (5a) eingesetzt, ergibt

$$\mathfrak{y}_{k+1}(0) = \mathfrak{U}_k \, \mathfrak{F}_k \, \mathfrak{y}_k(0). \tag{8c}$$

Diese Gleichung drückt den linearen Zusammenhang zwischen den Deformations- und Kraftgrößen unmittelbar rechts neben Stütze $k-1$ und unmittelbar rechts neben Stütze k aus (s. Abb. 18). Es bedeuten:

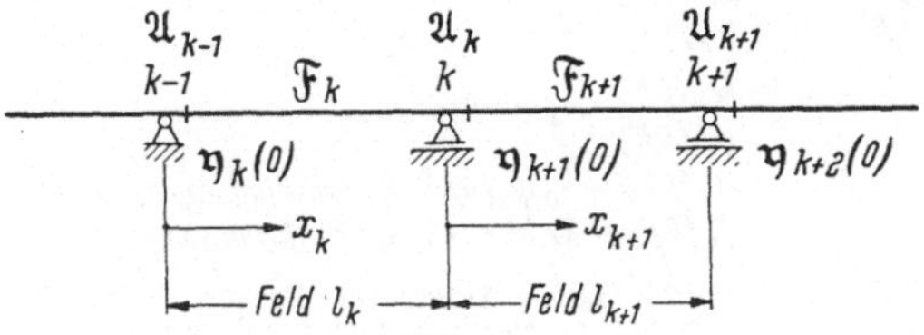

Abb. 18

$\mathfrak{U}_k$: Punktmatrix an der Feldgrenze k;

$\mathfrak{F}_k$: Feldmatrix des Feldes l_k;

$\mathfrak{y}_k(0)$: Vektor mit den Elementen $w_k(0), \varphi_k(0), M_k(0)$, $Q_k(0)$ und 1, ein sog. *Zustandsvektor* an der Stelle $x_k = 0$ des Feldes l_k, also unmittelbar rechts neben Stütze $k-1$;

$\mathfrak{y}_{k+1}(0)$: Zustandsvektor an der Stelle $x_{k+1} = 0$ des Feldes l_{k+1}, also unmittelbar rechts neben Stütze k.

Man bekommt also den Vektor $\mathfrak{y}_{k+1}(0)$ aus einer einfachen Matrizenmultiplikation des Vektors $\mathfrak{y}_k(0)$ mit der Punktmatrix $\mathfrak{U}_k$ und der Feldmatrix $\mathfrak{F}_k$.

3.1.4 Randbedingungen

Durch mehrmalige Anwendung von Gl. (8c) läßt sich bei jedem beliebigen Durchlaufträger der lineare Zusammenhang zwischen den Kraft- und Deformationsgrößen am linken und rechten Ende herstellen. Es bleibt nun noch zu untersuchen, wie die Randbedingungen an beiden Enden des Durchlaufträgers lauten.

Bei Biegung in der x—z-Ebene sind nur die beiden konjugierten Paare M und φ sowie Q und w vorhanden. Die Randbedingungen an jedem Trägerende ergeben sich immer so, daß in jedem konjugierten Paar gerade eine Größe bekannt ist (Null oder const). An jedem Trägerende sind somit stets zwei Randbedingungen zu erfüllen.

Linkes Trägerende. Die beiden Kraft- und Deformationsgrößen, die nicht durch Randbedingungen

Tabelle 2. *Freigrößen am linken und Randbedingungen am rechten Trägerende für reine Biegung in der x—z-Ebene*

linkes Trägerende	0 0	0	0 k_0	0 K_0	0 k_0 K_0	0	0 k_0
Freigrößen	$\varphi_1(0), Q_1(0)$	$M_1(0), Q_1(0)$	$\varphi_1(0), W_1(0)$	$\varphi_1(0), Q_1(0)$	$\varphi_1(0), W_1(0)$	$W_1(0), M_1(0)$	$W_1(0), M_1(0)$
rechtes Trägerende	 n n	n	n k_n	n K_n	n k_n K_n	n	n k_n
Randbedingungen	$W_n(l_n) = \text{const}(=0)$ $M_n(l_n) = 0$	$W_n(l_n) = \text{const}(=0)$ $\varphi_n(l_n) = \text{const}(=0)$	$Q_{n+1}(0) = 0$ $M_{n+1}(0) = 0$	$W_{n+1}(0) = \text{const}(=0)$ $M_{n+1}(0) = 0$	$Q_{n+1}(0) = 0$ $M_{n+1}(0) = 0$	$\varphi_n(l_n) = \text{const}(=0)$ $Q_n(l_n) = 0$	$\varphi_{n+1}(0) = \text{const}(=0)$ $Q_{n+1}(0) = 0$

festgelegt bzw. bekannt sind, gehen als Freigrößen in die Rechnung ein. Sämtliche übrigen Kraft- und Deformationsgrößen am Durchlaufträger ergeben sich als Linearkombination dieser Größen. Beispielsweise lauten bei einem festen gelenkigen Lager (Abb. 19) die Randbedingungen: $w_1(0) = 0$ und $M_1(0) = 0$. Freigrößen sind daher $\varphi_1(0)$ und $Q_1(0)$.

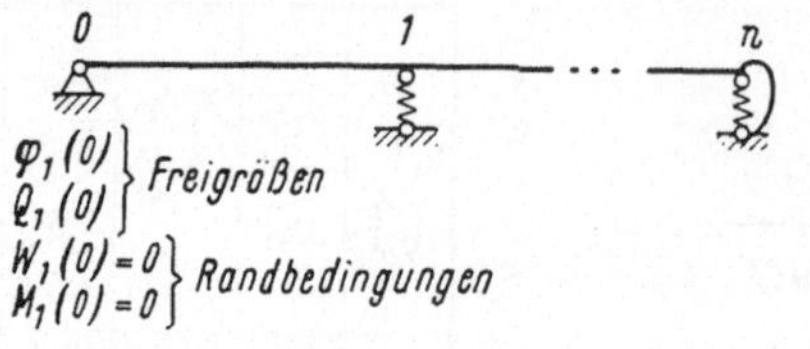

Abb. 19. Linkes Trägerende: Freigrößen und Randbedingungen am festen gelenkigen Lager

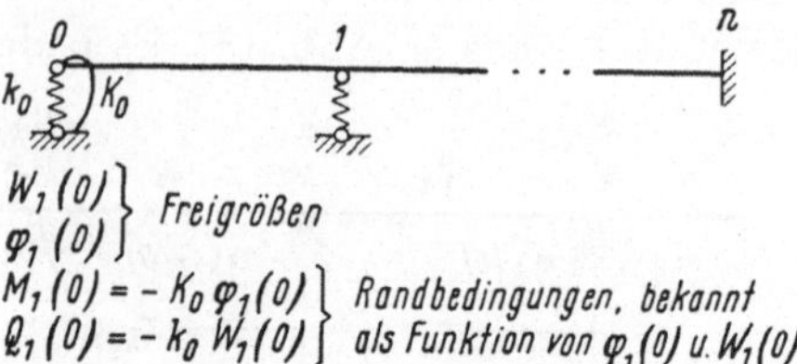

Abb. 20. Linkes Trägerende: Freigrößen und Randbedingungen an elastisch senk- und drehbarer Stützung

Ein elastisch senk- und drehbares Lager dagegen (Abb. 20) kann sich frei verformen; $\varphi_1(0)$ und $w_1(0)$ sind demnach Freigrößen. Die dazugehörenden konjugierten Größen $M_1(0)$ und $Q_1(0)$ sind bekannt als Funktionen von $\varphi_1(0)$ und $w_1(0)$: $M_1(0) = -K_0\,\varphi_1(0)$ und $Q_1(0) = -k_0\,w_1(0)$.

Rechtes Trägerende. Die beiden vorgeschriebenen Randbedingungen werden dazu benutzt, die zwei Freigrößen vom linken Trägerende zu berechnen.

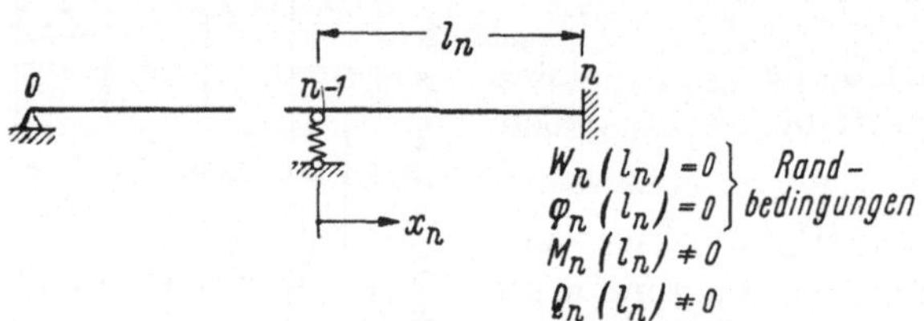

Abb. 21. Rechtes Trägerende: Randbedingungen an fester Einspannung

Beim fest eingespannten Trägerende nach Abb. 21 (auch beim festen gelenkigen Lager) kann die Berechnung im Feld l_n an der Stelle $x_n = l_n$ abgebrochen werden. Der Übergang an der Feldgrenze mit Hilfe der Punktmatrix ist nicht erforderlich, weil an diesem Trägerende keine Sprunggrößen auftreten. Die Randbedingungen lauten: $w_n(l_n) = 0$ und $\varphi_n(l_n) = 0$.

Anders liegen die Verhältnisse beim gefederten Trägerende nach Abb. 22.

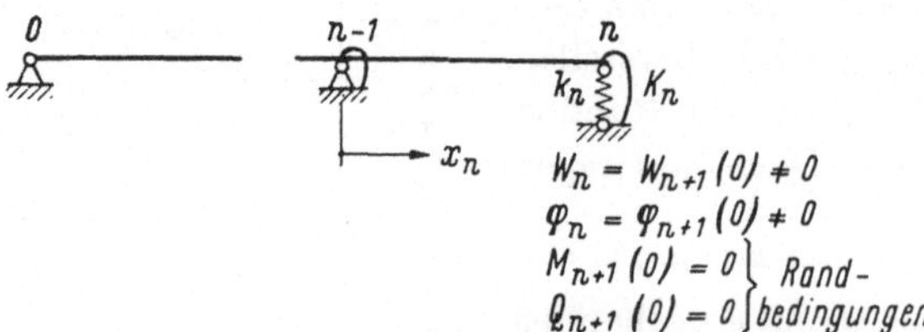

Abb. 22. Rechtes Trägerende: Randbedingungen an elastisch senk- und drehbarer Stützung

Hier wirken an der Stütze n die Größen $M_n = -K_n\,\varphi_n(l_n)$ und $Q_n = -k_n\,w_n(l_n)$ auf den Träger, und es muß der Übergang von der linken zur rechten Seite der Stütze mit Hilfe der Punktmatrix $\mathfrak{U}_n$ durchgeführt werden. Die Randbedingungen lauten dann $M_{n+1}(0) = 0$ und $Q_{n+1}(0) = 0$. In Wirklichkeit existiert das Feld l_{n+1} gar nicht; es wird aber trotzdem eingeführt, um anzuzeigen, daß mit der Punktmatrix $\mathfrak{U}_n$ gerechnet werden muß.

In Tab. 2, S. 17, sind alle möglichen Randbedingungen bei reiner Biegung in der x-z-Ebene zusammengestellt.

3.1.5 Betrachtung am ganzen Tragwerk

Abb. 23 stellt einen beliebig gestützten Durchlaufträger mit n Feldern dar. Es sollen alle Kraft- und Deformationsgrößen unmittelbar rechts neben jeder

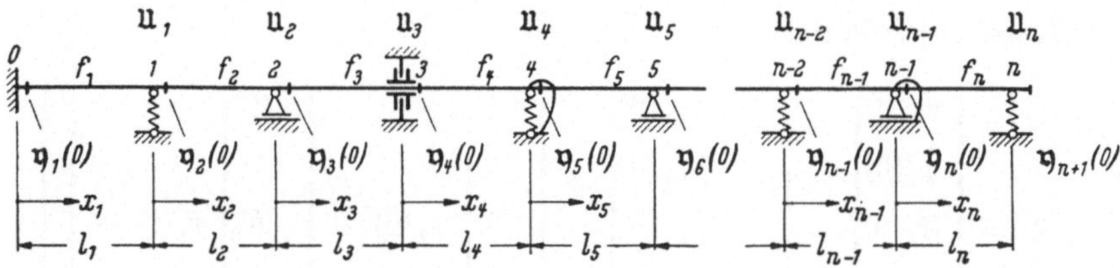

Abb. 23. Beliebig gestützter Durchlaufträger mit Angabe der Feldmatrizen $\mathfrak{F}_k$ und Punktmatrizen $\mathfrak{U}_k$ sowie der Zustandsvektoren $\mathfrak{y}_k(0)$

Stütze ermittelt werden. Die Feldmatrizen $\mathfrak{F}_k$ für alle Felder [Gl. (5b)] und die Punktmatrizen an allen Stützen sind bekannt [Gl. (8b)].

Wir beginnen am linken Ende des Trägers. Der Zustandsvektor $\mathfrak{y}_1(0)$ am linken Trägerende wird als Anfangsvektor bezeichnet. Er hat die Form

$$\mathfrak{y}_1(0) = A\,\mathfrak{x}_1 + B\,\mathfrak{x}_2 + 1\,\mathfrak{x}_3 \tag{9}$$

mit A und B als Freigrößen, die nach Tab. 2 zu ermitteln sind. Die Dreiteilung des Anfangsvektors ist praktisch aus rechentechnischen aber auch aus mathematischen Gründen. Die beiden Vektoren $\mathfrak{x}_1$ und $\mathfrak{x}_2$ sind zwei linear unabhängige Lösungen der homogenen und $\mathfrak{x}_3$ eine Partikularlösung der inhomogenen Differentialgleichung.

Einige Beispiele für die Aufstellung des Anfangsvektors:

a) Festes gelenkiges Lager nach Abb. 19:

Freigrößen $\varphi_1(0)$ Randbedingungen $w_1(0) = 0$

$Q_1(0)$ $M_1(0) = 0.$

Der Anfangsvektor lautet

$$\mathfrak{y}_1(0) = \begin{Bmatrix} w_1(0) = 0 \\ \varphi_1(0) \\ M_1(0) = 0 \\ Q_1(0) \\ 1 \end{Bmatrix} = \begin{Bmatrix} 0 \\ \varphi_1(0) \\ 0 \\ Q_1(0) \\ 1 \end{Bmatrix} = \begin{Bmatrix} 0 \\ 1 \\ 0 \\ 0 \\ 0 \end{Bmatrix} \varphi_1(0) + \begin{Bmatrix} 0 \\ 0 \\ 0 \\ 1 \\ 0 \end{Bmatrix} Q_1(0) + \begin{Bmatrix} 0 \\ 0 \\ 0 \\ 0 \\ 1 \end{Bmatrix} 1$$

$$\mathfrak{y}_1(0) = \varphi_1(0)\,\mathfrak{x}_1 + Q_1(0)\,\mathfrak{x}_2 + \mathfrak{x}_3.$$

b) Gefedertes Lager nach Abb. 20:

Freigrößen $\varphi_1(0)$, $w_1(0)$ bekannte Größen $M_1(0) = - K_{01}(0)$, $Q_1(0) = - k_0\, w_1(0)$.

Der Anfangsvektor lautet

$$\mathfrak{y}_1(0) = \begin{Vmatrix} w_1(0) \\ \varphi_1(0) \\ M_1(0) \\ Q_1(0) \\ 1 \end{Vmatrix} = \begin{Vmatrix} w_1(0) \\ \varphi_1(0) \\ - K_0\,\varphi_1(0) \\ - k_0\, w_1(0) \\ 1 \end{Vmatrix} = \begin{Vmatrix} 1 \\ 0 \\ 0 \\ -k_0 \\ 0 \end{Vmatrix} w_1(0) + \begin{Vmatrix} 0 \\ 1 \\ -K_0 \\ 0 \\ 0 \end{Vmatrix} \varphi_1(0) + \begin{Vmatrix} 0 \\ 0 \\ 0 \\ 0 \\ 1 \end{Vmatrix} 1$$

$$\mathfrak{y}_1(0) = w_1(0)\,\mathfrak{x}_1 + \varphi_1(0)\,\mathfrak{x}_2 + \mathfrak{x}_3.$$

Mit bekanntem Anfangsvektor $\mathfrak{y}_1(0)$ können nun der Reihe nach aus Gl. (8c) die Zustandsvektoren $\mathfrak{y}_2(0)$, $\mathfrak{y}_3(0)$, $\mathfrak{y}_4(0)$ usw. berechnet werden:

$$\begin{aligned} \mathfrak{y}_2(0) &= \mathfrak{U}_1\,\mathfrak{F}_1\,\mathfrak{y}_1(0) \\ \mathfrak{y}_3(0) &= \mathfrak{U}_2\,\mathfrak{F}_2\,\mathfrak{y}_2(0) \\ \mathfrak{y}_4(0) &= \mathfrak{U}_3\,\mathfrak{F}_3\,\mathfrak{y}_3(0) \\ &\vdots \\ \mathfrak{y}_{n-1}(0) &= \mathfrak{U}_{n-2}\,\mathfrak{F}_{n-2}\,\mathfrak{y}_{n-2}(0) \\ \mathfrak{y}_n(0) &= \mathfrak{U}_{n-1}\,\mathfrak{F}_{n-1}\,\mathfrak{y}_{n-1}(0) \\ \mathfrak{y}_{n+1}(0) &= \mathfrak{U}_n\,\mathfrak{F}_n\,\mathfrak{y}_n(0). \end{aligned}$$

Jetzt sind sämtliche Kraft- und Deformationsgrößen rechts neben jeder Stütze bekannt, und zwar als Linearkombination der beiden Freigrößen vom linken Trägerende.

Setzt man die vorstehenden Gleichungen alle ineinander ein, so erhält man den unmittelbaren linearen Zusammenhang zwischen Anfangsvektor $\mathfrak{y}_1(0)$ und Endvektor $\mathfrak{y}_{n+1}(0)$ in der Form:

$$\begin{aligned} \mathfrak{y}_{n+1}(0) &= \mathfrak{U}_n\,\mathfrak{F}_n\,\mathfrak{U}_{n-1}\,\mathfrak{F}_{n-1}\,\mathfrak{y}_{n-1}(0) \\ \mathfrak{y}_{n+1}(0) &= \mathfrak{U}_n\,\mathfrak{F}_n\,\mathfrak{U}_{n-1}\,\mathfrak{F}_{n-1}\,\mathfrak{U}_{n-2}\,\mathfrak{F}_{n-2}\,\mathfrak{y}_{n-2}(0) \\ &\vdots \\ \mathfrak{y}_{n+1}(0) &= \mathfrak{U}_n\,\mathfrak{F}_n\,\mathfrak{U}_{n-1}\,\mathfrak{F}_{n-1}\ldots\mathfrak{U}_2\,\mathfrak{F}_2\,\mathfrak{U}_1\,\mathfrak{F}_1\,\mathfrak{y}_1(0). \end{aligned} \qquad (10)$$

Gl. (10) ist die für die Berechnung des Durchlaufträgers nach dem Reduktionsverfahren maßgebende Gleichung.

3.1.6 Ausführliches Rechenschema

Zur Ausführung der Matrizenmultiplikation von Gl. (10) kann folgendes Rechenschema angegeben werden:

$$\left.\begin{array}{cccccc}
 & A & B & 1 & & \\
 & (\mathfrak{x}_1) & (\mathfrak{x}_2) & (\mathfrak{x}_3) & & \mathfrak{y}_1(0) \\
(\mathfrak{F}_1) & (\downarrow) & (\downarrow) & (\downarrow) & \rightarrow & \mathfrak{y}_1(l_1) \\
(\mathfrak{U}_1) & (\downarrow) & (\downarrow) & (\downarrow) & \rightarrow & \mathfrak{y}_2(0) \\
(\mathfrak{F}_2) & (\downarrow) & (\downarrow) & (\downarrow) & \rightarrow & \mathfrak{y}_2(l_2) \\
(\mathfrak{U}_2) & (\downarrow) & (\downarrow) & (\downarrow) & \rightarrow & \mathfrak{y}_3(0) \\
\vdots & & & & & \vdots \\
(\mathfrak{F}_n) & (\downarrow) & (\downarrow) & (\downarrow) & \rightarrow & \mathfrak{y}_n(l_n) \\
(\mathfrak{U}_n) & \boxed{(\downarrow)} & \boxed{(\downarrow)} & \boxed{(\downarrow)} & \rightarrow & \boxed{\mathfrak{y}_{n+1}(0)}
\end{array}\right\} \begin{array}{l}\text{Randbedingungen}\\ \text{erfüllen} \rightarrow A \text{ und } B.\end{array} \tag{11}$$

Die drei Größen A, B und 1 werden über die drei Anteile $\mathfrak{x}_1$, $\mathfrak{x}_2$, $\mathfrak{x}_3$ des Anfangsvektors $\mathfrak{y}_1(0)$ herausgezogen. Links schreibt man die Feld- und Punktmatrizen untereinander auf und multipliziert nun die drei Spalten des Anfangsvektors unabhängig voneinander mit den Feld- und Punktmatrizen nach unten, was die senkrechten Pfeile andeuten. Die Produktzeilen des Rechenschemas (senkrechte Pfeile) sind entsprechend Gl. (5a) und (8a) die Zustandsvektoren $\mathfrak{y}_k(0)$ (Kraft- und Deformationsgrößen unmittelbar rechts neben Stütze $k-1$) und $\mathfrak{y}_k(l_k)$ (Kraft- und Deformationsgrößen unmittelbar links neben Stütze k), die allerdings noch in ihre drei Teile zerlegt sind. Wenn die Freigrößen aus dem Zustandsvektor $\mathfrak{y}_{n+1}(0)$ (eingerahmte Rechtecke) mit Hilfe der Randbedingungen am rechten Trägerende ermittelt worden sind, dann kann auf zwei verschiedene Arten weitergerechnet werden:

1. Die bekannten Freigrößen werden mit den ihnen beigeordneten ersten beiden Spalten multipliziert, zur dritten Spalte addiert und rechts herausgeschrieben.

2. Man stellt den Anfangsvektor $\mathfrak{y}_1(0)$ mit den bekannten Freigrößen zahlenmäßig in der Form

$$\mathfrak{y}_1(0) = \begin{Bmatrix} w_1(0) \\ \varphi_1(0) \\ M_1(0) \\ Q_1(0) \\ 1 \end{Bmatrix}$$

auf und multipliziert ohne Zerlegung an allen Feld- und Punktmatrizen herunter. Dann müssen die Randbedingungen am rechten Trägerende von selbst erfüllt sein, was gleichzeitig als Kontrolle dient.

Damit sind alle Zustandsvektoren, also die gesuchten Kraft- und Deformationsgrößen M, Q, w, φ, unmittelbar links und rechts neben den Stützen bekannt. Zwischenwerte können sehr einfach nach Gl. (4) berechnet werden.

Als Kontrollen für die Richtigkeit der Ergebnisse sind während der Rechnung die bekannten Summenproben für Matrizenmultiplikationen durchzuführen und am Schluß der Rechnung die Gleichgewichtsbedingungen $\sum V = 0$, $\sum H = 0$ und $\sum M = 0$ an jeder Feldgrenze und am ganzen Tragwerk zu überprüfen.

Wie bereits in der Ableitung des Anfangsvektors angedeutet wurde, sind die ersten beiden Spalten der Vektoren $\mathfrak{y}_k$ zwei linear unabhängige Lösungen der homogenen Differentialgleichung der Biegelinie und die dritte Spalte eine Partikularlösung der inhomogenen Gleichung. Das bedeutet, daß die Belastung nur in die dritte Spalte eingeht, so daß für jeden neuen Belastungsfall nur diese Spalte neu berechnet zu werden braucht. Das Reduktionsverfahren unterscheidet sich also in dieser Hinsicht nicht vom Kraftgrößen- oder Deformationsverfahren.

3.1.7 Verkürztes Rechenschema

Der Rechengang kann wesentlich verkürzt werden, wenn man auf die Berechnung der Kraft- und Deformationsgrößen unmittelbar links neben den Feldgrenzen (Vektoren $\mathfrak{y}_k(l_k)$) zunächst verzichtet und nur die Vektoren $\mathfrak{y}_k(0)$, d. h. unmittelbar rechts neben den Feldgrenzen, berechnet. Das Rechenschema hat dann folgendes Aussehen:

$$\left.\begin{array}{lccccc}
 & A & B & 1 & & \\
 & (\mathfrak{x}_1) & (\mathfrak{x}_2) & (\mathfrak{x}_3) & \rightarrow & \mathfrak{y}_1(0) \\
(\mathfrak{U}_1\,\mathfrak{F}_1) & (\downarrow) & (\downarrow) & (\downarrow) & \rightarrow & \mathfrak{y}_2(0) \\
(\mathfrak{U}_2\,\mathfrak{F}_2) & (\downarrow) & (\downarrow) & (\downarrow) & \rightarrow & \mathfrak{y}_3(0) \\
\vdots & & & & & \\
(\mathfrak{U}_n\,\mathfrak{F}_n) & \multicolumn{3}{|c|}{(\downarrow)\quad(\downarrow)\quad(\downarrow)} & \rightarrow & \boxed{\mathfrak{y}_{n+1}(0)}
\end{array}\right\}\begin{array}{l}\text{Rand-}\\ \text{bedingungen}\\ \text{erfüllen}\\ \rightarrow A \text{ und } B.\end{array} \qquad (12)$$

Es müssen also vorweg die Produktmatrizen $\mathfrak{U}_k\,\mathfrak{F}_k$ berechnet werden. Ansonsten verläuft die Rechnung genau so, wie beim Rechenschema (11). Zum Schluß kann man die Kraft- und Deformationsgrößen unmittelbar links neben den Stützen nach Gl. (7) aus den Größen rechts neben den Stützen auf folgende Weise ermitteln:

$$w_k(l_k) = w_{k+1}(0) - w_k^s$$

$$\varphi_k(l_k) = \varphi_{k+1}(0) - \varphi_k^s$$

$$M_k(l_k) = M_{k+1}(0) + K_k\,\varphi_k(l_k) - M_k^s$$

$$Q_k(l_k) = Q_{k+1}(0) + k_k\,w_k(l_k) - Q_k^s.$$

Die Produktmatrix $\mathfrak{U}_k\,\mathfrak{F}_k$ wird errechnet durch Multiplikation von $\mathfrak{F}_k$ [Gl. (5b)] mit $\mathfrak{U}_k$ Gl. (8b):

$$\mathfrak{F}_k = \begin{bmatrix} 1 & -l_k & \frac{l_k^2}{2EI_k} & \frac{l_k^3}{6EI_k} & w_{k0}(l_k) \\ 0 & 1 & -\frac{l_k}{EI_k} & -\frac{l_k^2}{2EI_k} & \varphi_{k0}(l_k) \\ 0 & 0 & 1 & l_k & M_{k0}(l_k) \\ 0 & 0 & 0 & 1 & Q_{k0}(l_k) \\ 0 & 0 & 0 & 0 & 1 \end{bmatrix}$$

$$\mathfrak{U}_k = \begin{bmatrix} 1 & 0 & 0 & 0 & w_k^s \\ 0 & 1 & 0 & 0 & \varphi_k^s \\ 0 & -K_k & 1 & 0 & M_k^s \\ -k_k & 0 & 0 & 1 & Q_k^s \\ 0 & 0 & 0 & 0 & 1 \end{bmatrix} \cdot \begin{bmatrix} 1 & -l_k & \frac{l_k^2}{2EI_k} & \frac{l_k^3}{6EI_k} & w_{k0}(l_k) + w_k^s \\ 0 & 1 & -\frac{l_k}{EI_k} & -\frac{l_k^2}{2EI_k} & \varphi_{k0}(l_k) + \varphi_k^s \\ 0 & -K_k & 1 + K_k \frac{l_k}{EI_k} & l_k + K_k \frac{l_k^2}{2EI_k} & M_{k0}(l_k) + M_k^s - K_k \cdot \varphi_{k0}(l_k) \\ -k_k & k_k l_k & -k_k \frac{l_k^2}{2EI_k} & 1 - k_k \frac{l_k^3}{6EI_k} & Q_{k0}(l_k) + Q_k^s - k_k \cdot w_{k0}(l_k) \\ 0 & 0 & 0 & 0 & 1 \end{bmatrix} = \mathfrak{U}_k \cdot \mathfrak{F}_k \,.$$

Für den Sonderfall, daß die Sprunggrößen $w_k^s = \varphi_k^s = 0$, erhält die Produktmatrix folgende Form:

$$\mathfrak{U}_k\,\mathfrak{F}_k = \begin{vmatrix} 1 & -l_k & \dfrac{l_k^2}{2EI_k} & \dfrac{l_k^3}{6EI_k} & w_{k0}(l_k) \\ 0 & 1 & -\dfrac{l_k}{EI_k} & -\dfrac{l_k^2}{2EI_k} & \varphi_{k0}(l_k) \\ 0 & -K_k & 1+K_k\dfrac{l_k}{EI_k} & l_k + K_k\dfrac{l_k^2}{2EI_k} & M_{k0}(l_k) - K_k\,\varphi_{k0}(l_k) + M_k^s \\ -k_k & k_k l_k & -k_k\dfrac{l_k^2}{2EI_k} & 1-k_k\dfrac{l_k^3}{6EI_k} & Q_{k0}(l_k) - k_k\,w_{k0}(l_k) + Q_k^s \\ 0 & 0 & 0 & 0 & 1 \end{vmatrix}.$$

Man erkennt, daß diese Produktmatrix entsteht, wenn in der Feldmatrix $\mathfrak{F}_k$ zur 4. Zeile ihre mit $-k_k$ multiplizierte 1. Zeile und zur 3. Zeile ihre mit $-K_k$ multiplizierte 2. Zeile addiert wird. Unter Berücksichtigung dieser Feststellung läßt sich diese Matrix für die praktische Berechnung mit dem Rechenschema (12) in folgende einfache Form umschreiben:

$$\mathfrak{L}_k = \left|\begin{array}{ccccc|cc} 1 & -l_k & \dfrac{l_k^2}{2EI_k} & \dfrac{l_k^3}{6EI_k} & w_{k0}(l_k) & 0 & 0 \\ 0 & 1 & -\dfrac{l_k}{EI_k} & -\dfrac{l_k^2}{2EI_k} & \varphi_{k0}(l_k) & 0 & 0 \\ 0 & 0 & 1 & l_k & M_{k0}(l_k) + M_k^s & 0 & -K_k \\ 0 & 0 & 0 & 1 & Q_{k0}(l_k) + Q_k^s & -k_k & 0 \\ 0 & 0 & 0 & 0 & 1 & 0 & 0 \end{array}\right| \tag{13}$$

für $\varphi_k^s = w_k^s = 0$.

Diese Matrix wird im folgenden als Leitmatrix $\mathfrak{L}_k$ bezeichnet. Sie hat 7 Spalten und 5 Zeilen, d. h., sie ist nicht quadratisch. Der linke quadratische Teil von 5 Spalten und Zeilen ist die bekannte Feldmatrix von Gl. (5b). Die beiden letzten Spalten aber enthalten die Federkonstanten und leisten dasselbe wie die Punktmatrix $\mathfrak{U}_k$. Dabei wird im folgenden die gerasterte zweispaltige quadratische Untermatrix als Federmatrix bezeichnet.

Die Gl. (10) kann man nun kürzer schreiben

$$\mathfrak{y}_{n+1}(0) = \mathfrak{L}_n\,\mathfrak{L}_{n-1}\cdots\mathfrak{L}_2\,\mathfrak{L}_1\,\mathfrak{y}_1(0). \tag{10a}$$

Auch das Rechenschema (12) erhält ein anderes Aussehen

$$\begin{array}{ccccccc|l} & A & B & 1 & & & & \\ & (\mathfrak{x}_1) & (\mathfrak{x}_2) & (\mathfrak{x}_3) & \rightarrow & \mathfrak{y}_1(0) & & \\ (\mathfrak{L}_1) & (\downarrow) & (\downarrow) & (\downarrow) & \rightarrow & \mathfrak{y}_2(0) & & \\ (\mathfrak{L}_2) & (\downarrow) & (\downarrow) & (\downarrow) & \rightarrow & \mathfrak{y}_3(0) & & \\ (\mathfrak{L}_3) & (\downarrow) & (\downarrow) & (\downarrow) & \rightarrow & \mathfrak{y}_4(0) & & \text{Rand-} \\ \vdots & & & & & & & \text{bedingungen} \\ & & & & & & & \text{erfüllen} \\ (\mathfrak{L}_n) & \boxed{(\downarrow)\quad(\downarrow)\quad(\downarrow)} & & & \rightarrow & \boxed{\mathfrak{y}_{n+1}(0)} & & \rightarrow A \text{ und } B. \end{array} \tag{12a}$$

Allerdings ist die Multiplikation jetzt *verschränkt* durchzuführen, d. h. man betrachtet die ersten zwei Zeilen von $\mathfrak{y}_{k+1}(0)$ als die letzten von $\mathfrak{y}_k(0)$ und multipliziert wie gewöhnlich.

3.1.8 Einführung von dimensionslosen Vergleichsgrößen für die praktische Berechnung

Bei der Zahlenrechnung ist es vorteilhaft, die Kraft- und Deformationsgrößen w, φ, M und Q durch dimensionslose Größen w^*, φ^*, M^* und Q^* zu ersetzen. Dazu müssen die Feld- und Produktmatrizen sowie die Federkonstanten mit Hilfe der folgenden Beziehungen umgerechnet werden:

$$\left.\begin{array}{lll} w = w^* \dfrac{P_c l_c^3}{EI_c} & M = M^* P_c l_c & q = q^* \dfrac{P_c}{l_c} \\ \varphi = \varphi^* \dfrac{P_c l_c^2}{EI_c} & Q = Q^* P_c & \end{array}\right\}. \tag{14}$$

Darin sind P_c, l_c und I_c beliebig wählbare Größen. Sie sind nach Möglichkeit so zu wählen, daß alle Elemente der Matrizen nahe bei 1 liegen.

Feldmatrix $\mathfrak{F}_k^*$ (umgerechnete Matrix). Die erste Zeile von Gl. (4a) heißt

$$w_k(l_k) = w_k(0) - l_k \varphi_k(0) + \frac{l_k^2}{2EI_k} M_k(0) + \frac{l_k^3}{6EI_k} Q_k(0) + w_{k0}(l_k).$$

In diese Gleichung werden die Beziehungen (14) eingesetzt

$$w_k^*\left(\frac{l_k}{l_c}\right) \frac{P_c l_c^3}{EI_c} = w_k^*(0) \frac{P_c l_c^3}{EI_c} - l_k \varphi_k^*(0) \frac{P_c l_c^2}{EI_c} + \frac{l_k^2}{2EI_k} M_k^*(0) P_c l_c + \frac{l_k^3}{6EI_k} Q_k^*(0) P_c + w_{k0}^*\left(\frac{l_k}{l_c}\right) \frac{P_c l_c^3}{EI_c}$$

und durch $\dfrac{P_c l_c^3}{EI_c}$ dividiert. Das gibt:

$$w_k^*\left(\frac{l_k}{l_c}\right) = w_k^*(0) - \frac{l_k}{l_c} \varphi_k^*(0) + \frac{1}{2} \frac{l_k^2}{l_c^2} \cdot \frac{I_c}{I_k} M_k^*(0) + \frac{1}{6} \frac{l_k^3}{l_c^3} \frac{I_c}{I_k} Q_k^*(0) + w_{k0}^*\left(\frac{l_k}{l_c}\right).$$

Das gleiche für die anderen Zeilen von Gl. (4a) durchgeführt und in Matrizenform geschrieben, gibt:

$$\begin{bmatrix} w_k^*\left(\frac{l_k}{l_c}\right) \\ \varphi_k^*\left(\frac{l_k}{l_c}\right) \\ M_k^*\left(\frac{l_k}{l_c}\right) \\ Q_k^*\left(\frac{l_k}{l_c}\right) \\ 1 \end{bmatrix} = \begin{bmatrix} 1 & -\frac{l_k}{l_c} & \frac{1}{2}\frac{l_k^2}{l_c^2}\frac{I_c}{I_k} & \frac{1}{6}\frac{l_k^3}{l_c^3}\cdot\frac{I_c}{I_k} & w_{k0}^*\left(\frac{l_k}{l_c}\right) \\ 0 & 1 & -\frac{l_k}{l_c}\frac{I_c}{I_k} & -\frac{1}{2}\frac{l_k^2}{l_c^2}\cdot\frac{I_c}{I_k} & \varphi_{k0}^*\left(\frac{l_k}{l_c}\right) \\ 0 & 0 & 1 & \frac{l_k}{l_c} & M_{k0}^*\left(\frac{l_k}{l_c}\right) \\ 0 & 0 & 0 & 1 & Q_{k0}^*\left(\frac{l_k}{l_c}\right) \\ 0 & 0 & 0 & 0 & 1 \end{bmatrix} \begin{bmatrix} w_k^*(0) \\ \varphi_k^*(0) \\ M_k^*(0) \\ Q_k^*(0) \\ 1 \end{bmatrix} \tag{15}$$

oder als Matrizengleichung

$$\mathfrak{y}_k^*\left(\frac{l_k}{l_c}\right) = \mathfrak{F}_k^* \mathfrak{y}_k^*(0). \tag{15a}$$

Die Matrix $\mathfrak{F}_k^*$ ist die gesuchte dimensionslose Feldmatrix. Die Belastungsgrößen u_{k0}^*, φ_{k0}^*, M_{k0}^* und Q_{k0}^* sind in Tab. 1b (Seite 13) zusammengestellt.

Federkonstanten k_k^* und K_k^*. Nach Gl. (6a) ist $Q_k = -k_k w_k$. Die Beziehung (14) eingesetzt

$$Q_k^* P_c = -k_k w_k^* \frac{P_c l_c^3}{EI_c},$$

durch P_c geteilt

$$Q_k^* = -k_k \frac{l_c^3}{EI_k} w_k^*.$$

Darin ist

$$\left.\begin{aligned} Q_k^* &= -k_k^* w_k^* \\ k_k^* &= k_k \frac{l_c^3}{EI_c} \end{aligned}\right\} \qquad (16\text{a})$$

die umgerechnete Federkonstante.

Nach Gl. (6b) ist

$$M_k = -K_k \varphi_k.$$

Mit den Beziehungen (14)

$$M_k^* P_c l_c = -K_k \varphi_k^* \frac{P_c l_c^2}{EI_c}$$

durch $P_c l_c$ geteilt

$$M_k^* = -K_k \frac{l_c}{EI_k} \varphi_k^*.$$

Darin ist

$$\left.\begin{aligned} M_k^* &= -K_k^* \varphi_k^* \\ K_k^* &= \frac{l_c}{EI_c} K_k \end{aligned}\right\} \qquad (16\text{b})$$

die umgerechnete Federkonstante.

Punktmatrix $\mathfrak{U}_k^*$. Die Matrix (8b) läßt sich sofort in die dimensionslose Form umschreiben:

$$\mathfrak{U}_k^* = \begin{Vmatrix} 1 & 0 & 0 & 0 & w_k^{*s} \\ 0 & 1 & 0 & 0 & \varphi_k^{*s} \\ 0 & -K_k^* & 1 & 0 & M_k^{*s} \\ -k_k^* & 0 & 0 & 1 & Q_k^{*s} \\ 0 & 0 & 0 & 0 & 1 \end{Vmatrix}. \qquad (17)$$

Leitmatrix $\mathfrak{L}_k^*$ (für $w_k^{*s} = \varphi_k^{s*} = 0$). Die Beziehungen (14) werden in Gl. (13) eingesetzt. Das gibt:

$$\mathfrak{L}_k^* = \left\Vert \begin{array}{ccccc|cc} 1 & -\frac{l_k}{l_c} & \frac{1}{2}\frac{l_k^2}{l_c^2}\frac{I_c}{I_k} & \frac{1}{6}\frac{l_k^3}{l_c^3}\frac{I_c}{I_k} & w_{k0}^*\left(\frac{l_k}{l_c}\right) & 0 & 0 \\ 0 & 1 & -\frac{l_k}{l_c}\frac{I_c}{I_k} & -\frac{1}{2}\frac{l_k^2}{l_c^2}\frac{I_c}{I_k} & \varphi_{k0}^*\left(\frac{l_k}{l_c}\right) & 0 & 0 \\ 0 & 0 & 1 & \frac{l_k}{l_c} & M_{k0}^*\left(\frac{l_k}{l_c}\right) & 0 & -K_k^* \\ 0 & 0 & 0 & 1 & Q_{k0}^*\left(\frac{l_k}{l_c}\right) & -k_k^* & 0 \\ 0 & 0 & 0 & 0 & 1 & 0 & 0 \end{array} \right\Vert. \qquad (18)$$

3.2 Berechnung des Einfeldträgers

3.2.1 Allgemeines

Nach dem Reduktionsverfahren berechnet sich der Einfeldträger sehr einfach. Dabei spielt es keine Rolle, wie der Träger an den Stützen gelagert ist. Ein Träger auf zwei gelenkigen Stützen (statisch bestimmt) macht annähernd ebensoviel Arbeit wie ein Träger auf zwei elastisch senk- und drehbaren Stützen (zweifach statisch unbestimmt). Jedesmal sind zwei lineare Gleichungen mit zwei Unbekannten zu lösen.

An zwei Beispielen wird gezeigt, wie mit dem Reduktionsverfahren praktisch zu rechnen ist:

3.2.2 Beispiel 1: Aufgabenstellung und Geometrie (Abb. 24a)

Gesucht sind sämtliche Kraft- und Deformationsgrößen am Träger in allgemeiner Form. Es wird mit den tatsächlichen dimensionsgebundenen Werten gerechnet. Da nur ein Feld vorliegt und an der Stütze 1 keine Sprunggröße auftritt, ist für die Berechnung folgende Beziehung maßgebend [nach Gl. (5a)]:

$$\mathfrak{y}_1(l_1) = \mathfrak{F}_1\, \mathfrak{y}_1(0).$$

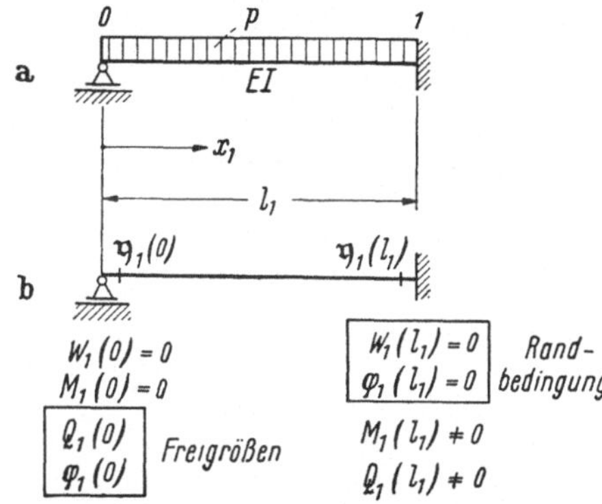

Abb. 24. Beispiel 1: Links gelenkig und rechts fest eingespannter Einfeldträger

Anfangsvektor $\mathfrak{y}_1(0)$. Die Randbedingungen an beiden Enden sind in Abb. 24b eingetragen. Freigrößen sind demnach $Q_1(0)$ und $\varphi_1(0)$ (s. Tab. 2). Damit wird der Anfangsvektor nach Gl. (9)

$$\mathfrak{y}_1(0) = \begin{bmatrix} 0\\ 1\\ 0\\ 0\\ 0 \end{bmatrix} \varphi_1(0) + \begin{bmatrix} 0\\ 0\\ 0\\ 1\\ 0 \end{bmatrix} Q_1(0) + \begin{bmatrix} 0\\ 0\\ 0\\ 0\\ 1 \end{bmatrix} 1 .$$

Feldmatrix. $\mathfrak{F}_1$. Sie wird aufgestellt nach Gl. (5b). Die Belastungsgrößen sind nach Tab. 1:

$$w_{10}(l_1) = \frac{p\, l_1^4}{24 E I_1} \qquad M_{10}(l_1) = \frac{p\, l_1^2}{2}$$

$$\varphi_{10}(l_1) = -\frac{p\, l_1^3}{6 E I_1} \qquad Q_{10}(l_1) = p\, l_1 .$$

Rechenschema R 1 [nach Gl. (11)]. Zu Beispiel 1:

$$\mathfrak{y}_1(0) = \begin{array}{ccc} \varphi_1(0) & Q_1(0) & 1 \end{array}$$
$$\begin{bmatrix} 0 & 0 & 0 \\ 1 & 0 & 0 \\ 0 & 0 & 0 \\ 0 & 1 & 0 \\ 0 & 0 & 1 \end{bmatrix} = \begin{bmatrix} 0 \\ -\frac{1}{48}\frac{p\,l_1^3}{EI_1} \\ 0 \\ -\frac{3}{8}p\,l_1 \\ 1 \end{bmatrix} \begin{matrix} = w_1(0) \\ = \varphi_1(0) \\ = M_1(0) \\ = Q_1(0) \\ \end{matrix} = \mathfrak{y}_1(0)$$

$$\mathfrak{F}_1 = \begin{bmatrix} 1 & -l_1 & \frac{l_1^2}{2EI_1} & \frac{l_1^3}{6EI_1} & \frac{p\,l_1^4}{24EI_1} \\ 0 & 1 & -\frac{l_1}{EI_1} & -\frac{l_1^2}{2EI_1} & -\frac{p\,l_1^3}{6EI_1} \\ 0 & 0 & 1 & l_1 & \frac{p\,l_1^2}{2} \\ 0 & 0 & 0 & 1 & p\,l_1 \\ 0 & 0 & 0 & 0 & 1 \end{bmatrix} \quad \begin{bmatrix} -l_1 & \frac{l_1^3}{6EI_1} & \frac{p\,l_1^4}{24EI_1} \\ 1 & -\frac{l_1^2}{2EI_1} & -\frac{p\,l_1^3}{6EI_1} \\ 0 & l_1 & \frac{p\,l_1^2}{2} \\ 0 & 1 & p\,l_1 \\ 0 & 0 & 1 \end{bmatrix} = \begin{bmatrix} 0 \\ 0 \\ \frac{p\,l_1^2}{8} \\ \frac{5}{8}p\,l_1 \\ 1 \end{bmatrix} \begin{matrix} = w_1(l_1) \\ = \varphi_1(l_1) \\ = M_1(l_1) \\ = Q_1(l_1) \\ \end{matrix} = \mathfrak{y}_1(l_1).$$

Erläuterung zum Rechenschema. Nachdem die Matrizenmultiplikation $\mathfrak{y}_1(l_1) = \mathfrak{F}_1\,\mathfrak{y}_1(0)$ ausgeführt worden ist, werden die Randbedingungen am rechten Ende $w_1(l_1) = 0$ und $\varphi_1(l_1) = 0$ befriedigt. Das führt zu den beiden im Rechenschema eingerahmten Gleichungen:

$$\left.\begin{aligned} w_1(l_1) &= -\,l_1\,\varphi_1(0) + \frac{l_1^3}{6EI_1}\,Q_1(0) + \frac{p\,l_1^4}{24EI_1} = 0 \\ \varphi_1(l_1) &= 1\varphi_1(0) - \frac{l_1^2}{2EI_1}\,Q_1(0) - \frac{p\,l_1^3}{6EI_1} \qquad = 0 \end{aligned}\right\}$$

mit den Lösungen:

$$\varphi_1(0) = -\frac{1}{48}\frac{p\,l_1^3}{EI_1} \qquad Q_1(0) = -\frac{3}{8}\,p\,l_1.$$

Jetzt gibt es zwei Möglichkeiten zur Ermittlung der Komponenten des Zustandsvektors $\mathfrak{y}_1(l_1)$:

1. Man multipliziert die erste Spalte der Vektoren $\mathfrak{y}_1(0)$ und $\mathfrak{y}_1(l_1)$ mit $\varphi_1(0)$, die zweite Spalte mit $Q_1(0)$, addiert beide Produkte zur dritten Spalte und zieht die Summe nach rechts heraus. Zum Beispiel ergibt sich das Moment $M_1(l_1)$ als 3. Komponente von $\mathfrak{y}_1(l_1)$:

$$M_1(l_1) = 0\cdot\varphi_1(0) + l_1\,Q_1(0) + \frac{p\,l_1^2}{2} = -\frac{3}{8}\,p\,l_1^2 + \frac{p\,l_1^2}{2} = \frac{p\,l_1^2}{8}.$$

2. Der Anfangsvektor $\mathfrak{y}_1(0)$ läßt sich mit Hilfe der bekannten Freigrößen leicht aufstellen. Die Komponenten des Zustandsvektors $\mathfrak{y}_1(l_1)$ bekommt man durch Multiplikation des Anfangsvektors $\mathfrak{y}_1(0)$ mit der Feldmatrix $\mathfrak{F}_1$.

Zum Beispiel

$$w_1(l_1) = 0\cdot 1 + \left(-\frac{1}{48}\frac{p_1\,l_1^3}{EI_1}\right)(-\,l_1) + 0\cdot\frac{l_1^2}{2\,EI_1} + \left(-\frac{3}{8}\,p\,l_1\right)\frac{l_1^3}{6\,EI_1} + 1\cdot\frac{p\,l_1^4}{24EI_1} = 0$$

oder

$$M_1(l_1) = 0\cdot 0 + \left(-\frac{1}{48}\frac{p_1\,l_1^3}{EI_1}\right)\cdot 0 + 0\cdot 1 + l_1\left(-\frac{3}{8}\,p\,l_1\right) + 1\cdot\frac{p\,l_1^2}{2} = +\frac{p\,l_1^2}{8}.$$

Damit sind die Komponenten der Vektoren $\mathfrak{y}_1(0)$ und $\mathfrak{y}_1(l_1)$ bekannt.

Auflagerkräfte. Sie lassen sich an Hand von Abb. 25, in der in Schnitten neben den Stützen die positiv definierten Schnittkräfte eingetragen sind, aus den Gleichgewichtsbedingungen an den Stützen ermitteln:

$$A + Q_1(0) = 0 \;\rightarrow\; A = -Q_1(0) = \frac{3}{8}\,p\,l_1$$

$$B - Q_1(l_1) = 0 \;\rightarrow\; B = \quad Q_1(l_1) = \frac{5}{8}\,p\,l_1$$

$$M_B - M_1(l_1) = 0 \;\rightarrow\; M_B = M_1(l_1) = \frac{p\,l_1^2}{8}.$$

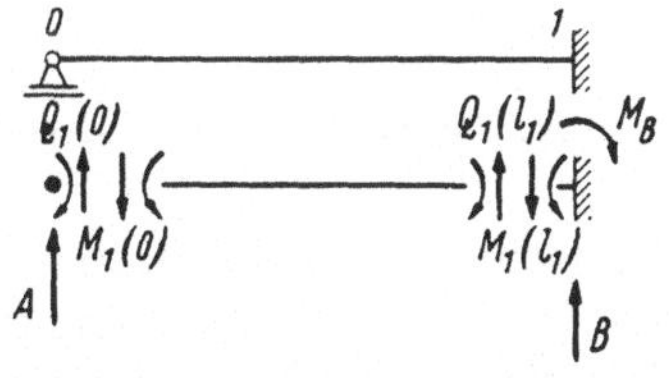

Abb. 25. Ermittlung der Auflagerkräfte aus den Schnittkräften an den Knoten

Gleichungen für M, Q, w und φ in Abhängigkeit von x_1. Man erhält sie durch Einsetzen des Vektors $\mathfrak{y}_1(0)$ in die Gln. (4), wobei die Belastungsglieder jetzt ebenfalls als Funktionen von x_1 anzusehen sind:

$$\begin{aligned}
w_1(x_1) &= -\,x_1\,\varphi_1(0) + \frac{x_1^3}{6EI_1}\,Q_1(0) + \frac{p\,x_1^4}{24EI_1}\\
\varphi_1(x_1) &= \quad\varphi_1(0) - \frac{x_1^2}{2EI_1}\,Q_1(0) - \frac{p\,x_1^3}{6EI_1}\\
M_1(x_1) &= \quad x_1\,Q_1(0) + \frac{p\,x_1^2}{2}\\
Q_1(x_1) &= \quad Q_1(0) + p\,x_1.
\end{aligned}$$

Wir setzen die Lösungen für $\varphi_1(0)$ und $Q_1(0)$ ein und bekommen die endgültigen Gleichungen

$$w_1(x_1) = \frac{p\,l_1^4}{48 EI_1}\left(\frac{x_1}{l_1} - 3\frac{x_1^3}{l_1^3} + 2\frac{x_1^4}{l_1^4}\right)$$

$$\varphi_1(x_1) = -\frac{p\,l_1^3}{48 EI_1}\left(1 - 9\frac{x_1^2}{l_1^2} + 8\frac{x_1^3}{l_1^3}\right)$$

$$M_1(x_1) = \frac{p\,l_1^2}{8}\left(4\frac{x_1^2}{l_1^2} - 3\frac{x_1}{l_1}\right)$$

$$Q_1(x_1) = p\,l_1\left(\frac{x_1}{l_1} - \frac{3}{8}\right).$$

Auf die Aufzeichnung der Schnittkraftdiagramme wird verzichtet, weil sie bei diesem einfachen Träger bekannt sind. Man kontrolliere das Gleichgewicht!

3.2.3 Beispiel 2: Geometrie und Aufgabenstellung (Abb. 26)

	Federkonstanten:
$l_1 = 5$ m	
$EI_1 = 1250$ Mpm^2	$k_1 = 500$ Mp/m
$p = 2$ Mp/m	$K_1 = 5000$ Mpm
$P = 5$ Mp.	

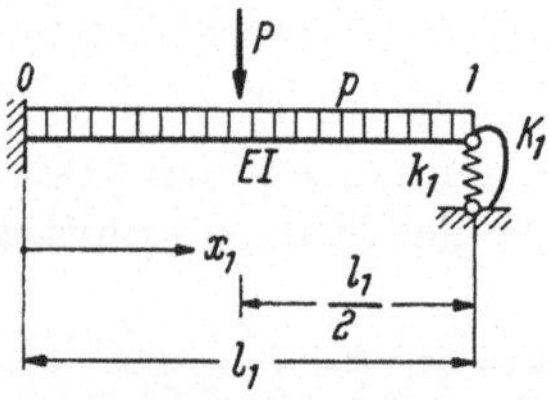

Abb. 26. Beispiel 2: Links fest eingespannter und rechts elastisch senk- und drehbar gelagerter Einfeldträger

Gesucht: Schnittkraftschaubilder und Deformationsgrößen an Stütze 1 infolge äußerer Belastung.

Wegen der elastisch senk- und drehbaren Ausbildung der rechten Stütze muß an ihr der Übergang mit Hilfe der Punktmatrix bzw. Leitmatrix vorgenommen werden. Die Berechnung des Trägers erfolgt nach der Beziehung

$$\mathfrak{y}_2(0) = \mathfrak{L}_1\,\mathfrak{y}_1(0).$$

Dieses Beispiel wird mit Zahlenwerten durchgerechnet. Es empfiehlt sich daher die Einführung dimensionsloser Vergleichsgrößen nach Gl. (14).

Es wird gewählt

$$l_c = 5 \text{ m}$$

$$P_c = 5 \text{ Mp}$$

$$EI_c = 6\,EI_1.$$

Damit wird nach Gln. (16a) und (16b)

$$k_1^* = k_1 \frac{l_c^3}{EI_c} = 500 \frac{125}{6 \cdot 1250} = \frac{25}{3}$$

$$K_1^* = K_1 \frac{l_c}{EI_c} = 5000 \frac{5}{6 \cdot 1250} = \frac{10}{3},$$

ferner für die Belastung

$$p^* = p \frac{l_c}{P_c} = 2 \cdot \frac{5}{5} = 2.$$

Anfangsvektor $\mathfrak{y}_1^*(0)$. Nach Tab. 2 treten am linken Ende, das fest eingespannt ist, die Freigrößen $M_1^*(0)$ und $Q_1^*(0)$ auf. Es sind ebenfalls dimensionslose Größen.

Der Anfangsvektor lautet nach Gl. (9)

$$\mathfrak{y}_1^*(0) = M_1^*(0)\, \mathfrak{x}_1 + Q_1^*(0)\, \mathfrak{x}_2 + \mathfrak{x}_3 \cdot 1$$

oder in seine Komponenten aufgelöst

$$\mathfrak{y}_1^*(0) = \begin{Bmatrix} w_1^*(0) = 0 \\ \varphi_1^*(0) = 0 \\ M_1^*(0) \\ Q_1^*(0) \\ 1 \end{Bmatrix} = \begin{Bmatrix} 0 \\ 0 \\ 1 \\ 0 \\ 0 \end{Bmatrix} M_1^*(0) + \begin{Bmatrix} 0 \\ 0 \\ 0 \\ 1 \\ 0 \end{Bmatrix} Q_1^*(0) + \begin{Bmatrix} 0 \\ 0 \\ 0 \\ 0 \\ 1 \end{Bmatrix} 1.$$

Leitmatrix $\mathfrak{L}_1^*$. Nach Gl. (18) für $\frac{l_k}{l_c} = 1$ und $\frac{I_c}{I_1} = 6$

$$\mathfrak{L}_1^* = \left[\begin{array}{ccccc|cc} 1 & -1 & 3 & 1 & \frac{5}{8} & 0 & 0 \\ 0 & 1 & -6 & -3 & -\frac{11}{4} & 0 & 0 \\ 0 & 0 & 1 & 1 & \frac{3}{2} & 0 & -\frac{10}{3} \\ 0 & 0 & 0 & 1 & 3 & -\frac{25}{3} & 0 \\ 0 & 0 & 0 & 0 & 1 & 0 & 0 \end{array}\right].$$

Beispielsweise die erste Komponente in der Lastspalte entsteht nach Tab. 1 b wie folgt:

$$w_{10}^*\left(\frac{l_1}{l_c}\right) = \frac{1}{6} \cdot \frac{P}{P_c}\left(\frac{a}{l_c}\right)^3 \frac{I_c}{I_1} + \frac{p^*}{24} \frac{l_1^4}{l_2^4} \frac{I_c}{I_1} = \frac{1}{6} \cdot 1 \cdot \frac{1}{8} \cdot 6 + \frac{2}{24} \cdot 1 \cdot 6 = \frac{5}{8}.$$

Rechenschema R 2 [nach Gl. (12a)]. Zu Beispiel 2:

$$\mathfrak{y}_1^*(0) = \begin{array}{c} \begin{matrix} M_1^*(0) & Q_1^*(0) & 1 \end{matrix} \\ \begin{pmatrix} 0 & 0 & 0 \\ 0 & 0 & 0 \\ 1 & 0 & 0 \\ 0 & 1 & 0 \\ 0 & 0 & 1 \end{pmatrix} \end{array} = \begin{pmatrix} 0 & = w_1^*(0) \\ 0 & = \varphi_1^*(0) \\ 0{,}4457 & = M_1^*(0) \\ -1{,}82057 & = Q_1^*(0) \\ 1 & \end{pmatrix} = \mathfrak{y}_1^*(0).$$

$$\mathfrak{L}_1^* = \left(\begin{array}{ccccc|cc} 1 & -1 & 3 & 1 & \frac{5}{8} & 0 & 0 \\ 0 & 1 & -6 & -3 & -\frac{11}{4} & 0 & 0 \\ 0 & 0 & 1 & 1 & \frac{3}{2} & 0 & -\frac{10}{3} \\ 0 & 0 & 0 & 1 & 3 & -\frac{25}{3} & 0 \\ -1 & 0 & 2 & 0 & -\frac{19}{8}+1 & \frac{25}{3} & \frac{10}{3} \end{array}\right) \begin{pmatrix} 3 & 1 & \frac{5}{8} \\ -6 & -3 & -\frac{11}{4} \\ \boxed{21} & \boxed{11} & \boxed{\frac{32}{3}} \\ \boxed{-25} & \boxed{-\frac{22}{3}} & \boxed{-\frac{53}{24}} \\ 0 & 0 & 1 \end{pmatrix} = \begin{pmatrix} +0{,}14153 & = w_2^*(0) \\ +0{,}03751 & = \varphi_2^*(0) \\ \boxed{0} & \boxed{= M_2^*(0)} \\ \boxed{0} & \boxed{= Q_2^*(0)} \\ 0 & \end{pmatrix} = \mathfrak{y}_2^*(0)$$

Erläuterung zum Rechengang im Rechenschema. Hier muß die in Abschn. 3.1.7 beschriebene verschränkte Matrizenmultiplikation angewandt werden. Beispielsweise ergibt sich die 3. Komponente in der ersten Spalte vom

Vektor $\mathfrak{y}_2^*(0)$:

$$0 \cdot 0 + 0 \cdot 0 + 1 \cdot 1 + 1 \cdot 0 + \frac{3}{2} \cdot 0 + 0 \cdot 3 + \left(-\frac{10}{3}\right)(-6) = 21.$$

Die Summenprobe für die Überprüfung der richtigen Durchführung der Matrizenmultiplikationen kann gleich in die Rechnung mit eingebaut werden. Zu diesem Zweck addiert man in der Leitmatrix $\mathfrak{L}_1^*$ die negativen Summen ihrer ersten vier Spaltenelemente zur letzten Zeile und schreibt sie in die Matrix hinein. Zum Beispiel ergibt sich für die Lastspalte: Negative Summe der ersten vier Spaltenelemente

$$-\left(\frac{5}{8} - \frac{11}{4} + \frac{3}{2} + 3\right) = -\frac{19}{8}.$$

Dieses Ergebnis wird zum letzten Spaltenelement dazugeschrieben:

$$1 - \frac{19}{8}.$$

Nun wird mit dieser neuen Zeile, der sog. Kontrollzeile, die Matrizenmultiplikation wie üblich durchgeführt. Die Ergebnisse, die man dabei als letzte Zeile des Vektors $\mathfrak{y}_2^*(0)$ bekommt, werden zu der Summe seiner ersten vier Spaltenelemente addiert. Wenn die Rechnung richtig ist, muß in den ersten beiden Spalten für die letzten Komponenten 0 und in der letzten Spalte 1 als Ergebnis erscheinen.

Diese Kontrolle wird für die erste Spalte des Vektors $\mathfrak{y}_2^*(0)$ vorgeführt: Aus der Matrizenmultiplikation ergibt sich

$$-1 \cdot 0 + 0 \cdot 0 + 2 \cdot 1 + 0 \cdot 0 + \left(-\frac{19}{8} + 1\right) 0 + \frac{25}{3} \cdot 3 + \frac{10}{3}(-6) = +7.$$

Die Summe der Spaltenelemente ist

$$3 - 6 + 21 - 25 = -7.$$

Beide Ergebnisse addiert gibt Null.

Ermittlung der Freigrößen $M_1^*(0)$ und $Q_1^*(0)$. Am rechten Träger lauten die Randbedingungen (Tab. 2)

$$M_2^*(0) = 0 \qquad \text{und} \qquad Q_2^*(0) = 0.$$

Mit den Werten aus dem Rechenschema ergeben sich daraus die beiden Bestimmungsgleichungen

$$\left.\begin{aligned} M_2^*(0) &= 21 \cdot M_1^*(0) + 11 \cdot Q_1^*(0) + \frac{32}{2} = 0 \\ Q_2^*(0) &= -25 \cdot M_1^*(0) - \frac{22}{3} \cdot Q_1^*(0) - \frac{53}{24} = 0 \end{aligned}\right\}$$

mit der Lösung

$$M_1^*(0) = +0{,}44570$$

$$Q_1^*(0) = -1{,}82057.$$

Mit diesen Werten können im Rechenschema die Komponenten der Zustandsvektoren $\mathfrak{y}_1^*(0)$ und $\mathfrak{y}_2^*(0)$ berechnet werden. Sämtliche Werte sind vorläufig noch dimensionslos. Die dimensionsrichtigen Größen erhält man nach den Beziehungen (14) durch Multiplikation mit einem Faktor

$$w = w^* \frac{P_c l_c^3}{EI_c} = w^* \frac{5 \cdot 125}{6 \cdot 1250} = w^* \frac{5}{60} = w^* \cdot 0{,}08333 \quad [\mathrm{m}]$$

$$\varphi = \varphi^* \frac{P_c l_c^2}{EI_c} = \varphi^* \frac{5 \cdot 25}{6 \cdot 1250} = \varphi^* \frac{1}{60} = \varphi^* \cdot 0{,}016666$$

$$M = M^* \cdot P_c l_c = M^* \cdot 5 \cdot 5 = M^* \cdot 25 \quad [\mathrm{Mpm}]$$

$$Q = Q^* \cdot P_c = Q^* \cdot 5 . \quad [\mathrm{Mp}]$$

Damit wird:

$$\mathfrak{y}_1(0) = \begin{vmatrix} w_1(0) = & 0 \\ \varphi_1(0) = & 0 \\ M_1(0) = & 11{,}142 \text{ Mpm} \\ Q_1(0) = & -9{,}102 \text{ Mp} \\ 1 & \end{vmatrix} \qquad \mathfrak{y}_2(0) = \begin{vmatrix} w_2(0) = 0{,}011794 \text{ m} \\ \varphi_2(0) = 0{,}0006251 \\ M_2(0) = 0 \\ Q_2(0) = 0 \\ 1 \end{vmatrix} .$$

Das sind die tatsächlichen Kraft- und Deformationsgrößen unmittelbar rechts neben den Stützen 0 und 1.

Auflagerkräfte. Sie werden aus den Gleichgewichtsbedingungen an den herausgeschnittenen Stützen nach Abb. 27 ermittelt. Dabei ist zu beachten, daß die Federreaktionen $k \cdot w$ und $K \cdot \varphi$ an Stütze 1 in positiver Richtung anzusetzen sind:

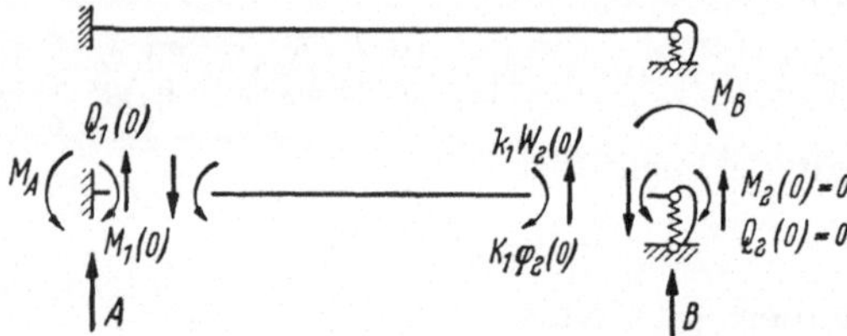

Abb. 27. Ermittlung der Auflagerkräfte aus den Schnittkräften an den Knoten

$$A + Q_1(0) = 0 \to A = -Q_1(0) = \qquad 9{,}102 \text{ Mp}$$

$$B - k_1 w_2(0) = 0 \to B = k_1 w_2(0) = 500 \cdot 0{,}011794 = \underline{\ 5{,}897 \text{ Mp}}$$

$$\Sigma (A + B) = 15{,}000 \text{ Mp}$$

$$M_A - M_1(0) = 0 \to M_A = M_1(0) = 11{,}142 \text{ Mpm}$$

$$M_B - K_2 \varphi_2(0) = 0 \to M_B = K_2 \varphi_2(0) = 5000 \cdot 0{,}0006251 = 3{,}125 \text{ Mpm}.$$

Biegelinie und Diagramme für Moment und Querkraft. Die Biegelinie läßt sich mit den errechneten Verdrehungen und Verschiebungen genügend genau skizzieren. Ihre Gleichung in Abhängigkeit von x bekäme man nach der 1. Zeile von Gl. (4).

Bei der Aufstellung der Schnittkraftdiagramme ist folgendes zu beachten:

Momentendiagramme.

Die beim Reduktionsverfahren positiv definierten Momente erzeugen an der Oberseite der Balken Zug (Vorzeichendefinition nach Abschn. 2.2). Die Momentenwerte sind bei Aufzeichnung des Diagrammes stets auf der Seite des Balkens anzutragen, auf der sie Zug hervorrufen. Die Vorzeichen der Diagramme werden entsprechend den allgemeinen Regeln der Statik bestimmt: Eine Seite des Balkens (meist die Unterseite wird als Zugseite definiert (durch unterbrochene Striche gekennzeichnet), und die Momentendiagrammflächen, die sich auf dieser Seite befinden, erhalten ein positives Vorzeichen.

Querkraftdiagramme.

Positive Querkräfte entsprechend der Definition beim Reduktionsverfahren sind Kräfte, die am rechten Schnittufer eines Schnittes von oben nach unten wirken (s. Abschn. 2.2). Die Querkraftdiagramme zeichnet man auf, indem die Querkräfte des rechten Schnittufers von der Trägersystemlinie aus mit der sich aus der Rechnung ergebenden Richtung nach oben oder unten abgetragen werden. Die Vorzeichen der Diagramme ergeben sich aus dieser Definition.

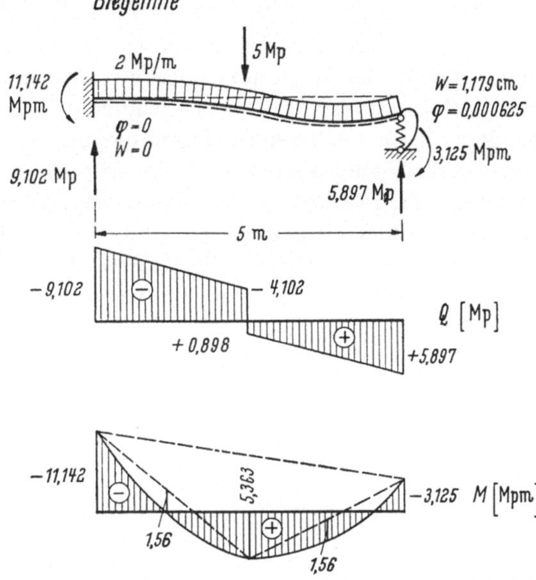

Abb. 28. Biegelinie und Schnittkraftdiagramme für Beispiel 2

Nach diesen Erläuterungen können die Schnittkraftdiagramme des berechneten Trägers angegeben werden (Abb. 28).

3.3 Durchlaufträger ohne Zwischenbedingungen: Durchlaufträger auf elastisch senk- und drehbaren Stützen

3.3.1 Allgemeine Erläuterungen

Dieser Träger kann mit der bis jetzt behandelten Theorie ohne weiteres nach Gl. (10) berechnet werden. Er kann sich frei unter der Belastung verformen, ohne daß ihm von vornherein irgendwelche Zwischenbedingungen an den Feldgrenzen (Stützen) auferlegt werden. Die Querkraft- und Momentendiagramme ändern sich zwar sprunghaft an den Stützen. Die sich daraus ergebenden Sprunggrößen sind aber nach Gl. (6a) und (6b) bekannt als Funktionen der Durchbiegung und Verdrehung an der betreffenden Stütze.

An dem eben Dargelegten ändert sich auch nichts, wenn an einigen oder an allen Stützen eine Drehfeder oder eine Senkfeder fehlt. Voraussetzung für das Fehlen von Zwischenbedingungen ist lediglich, daß im Inneren des Systems keine Verschiebungs- oder Verdrehungsgrößen (oder beides) vorgeschrieben sind. Die Stützen am linken und am rechten Ende des Durchlaufträgers können beliebig ausgebildet sein. Die an ihnen vorgeschriebenen Bedingungen werden durch die

Randbedingungen erfüllt. Unabhängig von der Zahl der Felder ist beim Durchlaufträger ohne Zwischenbedingungen stets ein lineares Gleichungssystem mit zwei Unbekannten zu lösen.

Die äußere Belastung kann auf zwei verschiedene Arten angesetzt werden:

1. Möglichkeit. Die Belastungsgrößen für jedes Feld werden in der bereits angegebenen Weise nach Tab. 1a oder 1b berechnet.

2. Möglichkeit. Die Belastung wird in Form von Knotenkräften und Knotenmomenten in der Rechnung angesetzt. Zur Berechnung dieser Kräfte wird wie beim Deformationsverfahren ein geometrisch bestimmtes Hauptsystem eingeführt, bei dem an allen Stützen die Durchbiegung w und an allen Innenstützen sowie an den elastisch eingespannten Außenstützen die Verdrehungen φ Null sind. Die Stäbe des Tragwerkes sind somit am sog. geometrisch bestimmten Hauptsystem entweder beiderseitig eingespannt oder einseitig eingespannt und andererseits gelenkig gelagert. Durch die äußere Belastung entstehen an ihnen die in Abb. 29b positiv definierten Randschnittkräfte.

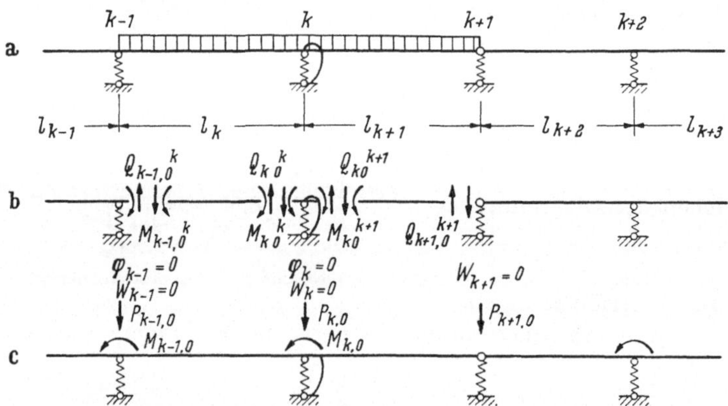

Abb. 29. Belastungseintragung durch Knotenkräfte und Knotenmomente

Die Bezeichnungsweise für diese Kräfte wird folgendermaßen gewählt:

M^{k+1}_{k0} Stabendmoment des Stabes $k+1$ am Knoten k infolge äußerer Belastung;

Q^{k+1}_{k0} Stabendquerkraft des Stabes $k+1$ am Knoten k infolge äußerer Belastung.

In der Literatur (z. B. Betonkalender, PÖRSCHMANN: Bautechnische Berechnungstafeln usw.) sind die Randschnittkräfte für beidseitig eingespannte sowie für einseitig eingespannte und andererseits gelenkig gelagerte Stäbe für viele Lastfälle angegeben. Sie können von dort unter Beachtung des hier positiv definierten Richtungssinnes entnommen werden.

Beispielsweise am beidseitig eingespannten Balken von der Länge l_k für gleichmäßig verteilte Last p ergeben sich folgende Stabendschnittkräfte:

$$Q^k_{k-1,0} = -\frac{p\,l_k}{2} \qquad Q^k_{k0} = \frac{p\,l_k}{2}$$

$$M^k_{k-1,0} = \frac{p\,l_k^2}{12} = M^k_{k0}.$$

Man erhält nun aus den Randschnittkräften in Abb. 29b die positiv definierten Knotenkräfte:

Knoten $k-1$	Knoten k	Gelenk $k+1$
$P_{k-1,0} = -Q^k_{k-1,0}$	$P_{k0} = Q^k_{k0} - Q^{k+1}_{k0}$	$P_{k+1,0} = Q^{k+1}_{k+1,0}$
$M_{k-1,0} = -M^k_{k-1,0}$	$M_{k0} = M^k_{k0} - M^{k+1}_{k0}$	$M_{k+1,0} = 0.$

Mit diesen die gegebene Belastung ersetzenden Kraftgrößen wird das Tragwerk in den Knoten belastet (Abb. 29c) und in der gewohnten Weise berechnet. Bei Verwendung des Rechenschemas (11) stehen sie in der Lastspalte der Punktmatrix (8b). Bei Rechnung nach Rechenschema (12a) erscheinen sie in der Lastspalte der Leitmatrix (13), in der

$$w_{k0}(l_k) = 0 \qquad M_{k0}(l_k) = M_{k0}$$
$$Q_{k0}(l_k) = 0 \qquad Q_{k0}(l_k) = P_{k0}$$

wird.

Wenn das Tragwerk für die Belastung mit den Knotenkräften berechnet worden ist, erhält man die tatsächlichen Randschnittkräfte der Stäbe ebenso wie beim Deformationsverfahren durch Superposition der Schnittkräfte am geometrisch bestimmten Hauptsystem mit den Schnittkräften infolge der Belastung des geometrisch unbestimmten Systems mit den Knotenkräften; z. B. sind die tatsächlichen Randschnittkräfte am Stab l_k:

$$M_k(0) = M^k_{k-1,0} + \overline{M}_k(0) \qquad Q_k(0) = Q^k_{k-1,0} + \overline{Q}_k(0)$$
$$M_k(l_k) = M^k_{k0} + \overline{M}_k(l_k) \qquad Q_k(l_k) = Q^k_{k0} + \overline{Q}_k(l_k).$$

Darin sind

$\overline{M}_k(0)$, $\overline{Q}_k(0)$, $\overline{M}_k(l_k)$, $\overline{Q}_k(l_k)$ die Randschnittkräfte des Stabes l_k bei Belastung des geometrisch unbestimmten Tragwerkes mit den Knotenkräften P_{k0} und M_{k0};

$M_{k-1,0}$, M^k_{k0}, $Q^k_{k-1,0}$, Q^k_{k0} die Randschnittkräfte des beidseitig eingespannten oder einseitig gelenkig gelagerten Stabes l_k infolge äußerer Belastung.

An einem 2-Feldträger wird die Berechnung des Durchlaufträgers ohne Zwischenbedingungen vorgeführt. Dabei werden auch die beiden Möglichkeiten der Lasteintragung gezeigt.

3.3.2 Beispiel 3

3.3.2.1 Geometrie und Aufgabenstellung (Abb. 30)

$EI = \text{const} = \frac{1000}{3}\,\text{Mpm}^2$

$P = 3\,\text{Mp}$

$p = 3\,\text{Mp/m}.$

$l_1 = l_2 = 4\,\text{m}$

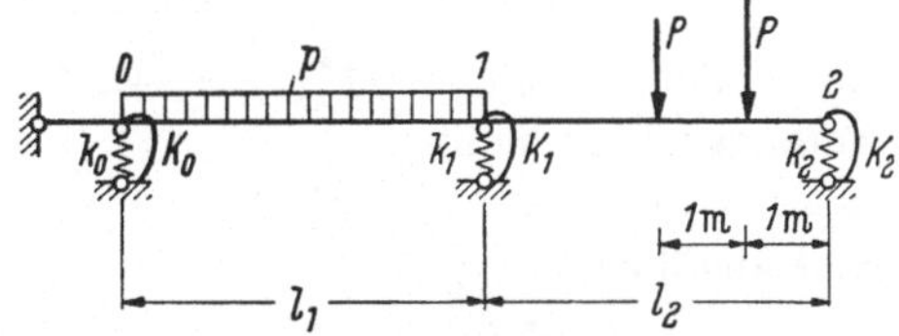

Abb. 30. Beispiel 3: Zweifeldträger auf elastisch senk- und drehbaren Stützen

Federkonstanten

für Verdrehung	für Verschiebung
$K_0 = 2000\,\text{Mpm}$	$k_0 = 300\,\text{Mp/m}$
$K_1 = 3000\,\text{Mpm}$	$k_1 = 200\,\text{Mp/m}$
$K_2 = 2000\,\text{Mpm}$	$k_2 = 300\,\text{Mp/m}.$

Gesucht sind Momenten- und Querkraftdiagramme sowie Deformationsgrößen w und φ an den Stützen.

Der Träger wird berechnet nach Gl. (10a):

$$\mathfrak{y}_3(0) = \mathfrak{L}_2\,\mathfrak{L}_1\,\mathfrak{y}_1(0).$$

Die Kraft- und Deformationsgrößen werden durch dimensionslose Vergleichsgrößen ersetzt mit Hilfe von:

$$l_c = 4\text{ m}$$
$$P_c = 3\text{ Mp}$$
$$EI_c = 6\,EI.$$

Damit ergeben sich folgende umgerechnete Federkonstanten: [nach Gl. (16a) und Gl. (16b)]:

$$K_0^* = K_0\frac{l_c}{EI_c} = 2000\frac{4\cdot 3}{6\cdot 1000} = 4 \qquad k_0^* = k_0\frac{l_c^3}{6EI_c} = 300\frac{64\cdot 3}{6\cdot 1000} = 9{,}6$$

$$K_1^* = 3000\frac{4\cdot 3}{6\cdot 1000} = 6 \qquad k_1^* = 200\frac{64\cdot 3}{6\cdot 1000} = 6{,}4$$

$$K_2^* = 4 \qquad k_2^* = 9{,}6.$$

Die umgerechnete Belastung ist

$$p^* = p\frac{l_c}{P_c} = 3\,\frac{4}{3} = 4.$$

3.3.2.2 Lasteintragung durch Belastungsgrößen nach Tab. 1b

Anfangsvektor $\mathfrak{y}_1^*(0)$. Die Randbedingungen (nach Tab. 2) sind in Abb. 31 dargestellt. Freigrößen sind $\varphi_1^*(0)$ und $w_1^*(0)$. Außerdem treten an der Stütze 0

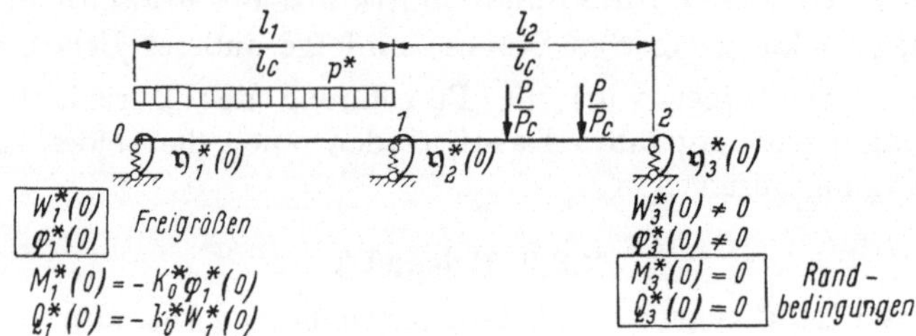

Abb. 31. Freigrößen und Randbedingungen für Träger von Beispiel 3

die Federreaktionen $M_1^*(0) = -K_0^*\,\varphi_1^*(0)$ und $Q_1^*(0) = -k_0^*\,w_1^*(0)$ auf. Der Anfangsvektor heißt

$$\mathfrak{y}_1^*(0) = w_1^*(0)\,\mathfrak{x}_1 + \varphi_1^*(0)\,\mathfrak{x}_2 + \mathfrak{x}_3$$

oder ausführlich

$$\mathfrak{y}_1^*(0) = \begin{Bmatrix} w_1^*(0) \\ \varphi_1^*(0) \\ M_1^*(0) = -K_0^*\,\varphi_1^*(0) \\ Q_1^*(0) = -k_0^*\,w_1^*(0) \\ 1 \end{Bmatrix} = \begin{Bmatrix} 1 \\ 0 \\ 0 \\ -k_0^* \\ 0 \end{Bmatrix} w_1^*(0) + \begin{Bmatrix} 0 \\ 1 \\ -K_0^* \\ 0 \\ 0 \end{Bmatrix} \varphi_1^*(0) + \begin{Bmatrix} 0 \\ 0 \\ 0 \\ 0 \\ 1 \end{Bmatrix} 1.$$

Rechenschema R 3.1

[nach Gl. (12a)]:

$$
\begin{array}{ccc} w_1^*(0) & \varphi_1^*(0) & 1 \end{array}
$$

$$
\begin{pmatrix} 1 & 0 & 1 \\ 0 & 1 & 0 \\ 0 & -4 & 0 \\ -9{,}6 & 0 & 0 \\ 0 & 0 & 1 \end{pmatrix}
= \begin{pmatrix} w_1^*(0) = 0{,}226694 \\ \varphi_1^*(0) = -0{,}099925 \\ M_1^*(0) = 0{,}39969 \\ Q_1^*(0) = -2{,}17626 \\ 1 \end{pmatrix} = \mathfrak{y}_1^*(0)
$$

$$
\mathfrak{L}_1^* = \left(\begin{array}{ccccc|cc} 1 & -1 & 3 & 1 & 1 & 0 & 0 \\ 0 & 1 & -6 & -3 & -4 & 0 & 0 \\ 0 & 0 & 1 & 1 & 2 & 0 & -6 \\ 0 & 0 & 0 & 1 & 4 & -6{,}4 & 0 \\ -1 & 0 & 2 & 0 & 1-3 & 6{,}4 & 6 \end{array}\right)
\begin{pmatrix} -8{,}6 & -13 & 1 \\ 28{,}8 & 25 & -4 \\ -182{,}4 & -154 & 26 \\ 45{,}44 & 83{,}2 & -2{,}4 \\ \left.\begin{matrix} -116{,}76 \\ 116{,}76 \end{matrix}\right\} = 0 & \left.\begin{matrix} -58{,}8 \\ +58{,}8 \end{matrix}\right\} = 0 & \left.\begin{matrix} -19{,}6 \\ +20{,}6 \end{matrix}\right\} = 1 \end{pmatrix}
= \begin{pmatrix} w_2^*(0) = 0{,}34946 \\ \varphi_2^*(0) = 0{,}03066 \\ M_2^*(0) = 0{,}03945 \\ Q_2^*(0) = -0{,}41278 \\ 1 \end{pmatrix} = \mathfrak{y}_2^*(0)
$$

$$
\mathfrak{L}_2^* = \left(\begin{array}{ccccc|cc} 1 & -1 & 3 & 1 & 0{,}140625 & 0 & 0 \\ 0 & 1 & -6 & -3 & -0{,}937505 & 0 & 0 \\ 0 & 0 & 1 & 1 & 0{,}75 & 0 & -4 \\ 0 & 0 & 0 & 1 & 2 & -9{,}6 & 0 \\ -1 & 0 & 2 & 0 & 1-1{,}95315 & 9{,}6 & 4 \end{array}\right)
\begin{pmatrix} -539{,}16 & -416{,}8 & 80{,}7406 \\ 986{,}88 & 699{,}4 & -153{,}7375 \\ \boxed{-4084{,}48} & \boxed{-2868{,}4} & \boxed{639{,}30} \\ \boxed{5221{,}376} & \boxed{4084{,}48} & \boxed{-775{,}50976} \\ \left.\begin{matrix} +1584{,}616 \\ -1584{,}616 \end{matrix}\right\} = 0 & \left.\begin{matrix} -1498{,}68 \\ +1498{,}68 \end{matrix}\right\} = 0 & \left.\begin{matrix} -209{,}2066 \\ +210{,}2066 \end{matrix}\right\} = 1 \end{pmatrix}
= \begin{pmatrix} w_3^*(0) = 0{,}16496 \\ \varphi_3^*(0) = 0{,}09480 \\ \boxed{M_3^*(0) = 0} \\ \boxed{Q_3^*(0) = 0} \\ 1 \end{pmatrix} = \mathfrak{y}_3^*(0)
$$

Leitmatrizen $\mathfrak{L}_1^*$ und $\mathfrak{L}_2^*$. Für jedes der beiden Felder ist nach Gl. (18) eine Leitmatrix aufzustellen. Die Belastungsglieder werden nach Tab. 1b errechnet. In der 6. und 7. Spalte der Leitmatrix $\mathfrak{L}_1^*$ stehen die Federkonstanten k_1^* und K_1^* der Stütze 1 und in der Matrix $\mathfrak{L}_2^*$ die Federkonstanten k_2^* und K_2^* der Stütze 2. Die letzten Spalten der Leitmatrizen sind wie beim Beispiel 2 (Abschn. 3.2.3) die Kontrollzeilen.

Erläuterung zum Rechengang. In der bekannten Weise werden mit Hilfe der verschränkten Matrizenmultiplikation die Elemente der Spalten für die Zustandsvektoren $\mathfrak{y}_2^*(0)$ und $\mathfrak{y}_3^*(0)$ errechnet. Am Ende der Berechnung des Vektors $\mathfrak{L}_1^* \mathfrak{y}_1^*(0) = \mathfrak{y}_2^*(0)$ wird mit Hilfe der Kontrollzeile von Matrix $\mathfrak{L}_1^*$ die Kontrolle durchgeführt. Die Werte aus der Matrizenmultiplikation und die Summe der Spaltenelemente sind nochmals zum besseren Verständnis eingetragen. Ihre Summe gibt, wie erwartet, 0 und 1. Nun wird weiter multipliziert. Beispielsweise ergibt sich das 3. Element der ersten Spalte vom Vektor $\mathfrak{y}_3^*(0)$ aus folgender Produktsumme:

$$0\,(-\,8{,}6) + 0 \cdot 28{,}8 + 1\,(-\,182{,}4) + 1 \cdot 45{,}44 + 0{,}75 \cdot 0 + 0 \cdot (-\,539{,}16) + (-\,4)\,(986{,}88) = -\,4084{,}48\,.$$

Zum Schluß wird wieder mit der Kontrollzeile von Matrix $\mathfrak{L}_2^*$ die Richtigkeit der Matrizenmultiplikation überprüft.

Ermittlung der Freigrößen. Die Randbedingungen am rechten Trägerende (Tab. 2 und Abb. 31) sind

$$M_3^*(0) = 0 \qquad \text{und} \qquad Q_3^*(0) = 0\,.$$

Damit erhält man folgende Bestimmungsgleichungen (im Rechenschema eingerahmt) für die beiden Freigrößen

$$\left.\begin{aligned} M_3^*(0) &= -\,4084{,}48 \cdot w_1^*(0) - 2868{,}40 \cdot \varphi_1^*(0) + 639{,}300 = 0 \\ Q_3^*(0) &= +\,5221{,}37 \cdot w_1^*(0) + 4084{,}48 \cdot \varphi_1^*(0) - 775{,}509 = 0 \end{aligned}\right\}$$

mit der Lösung:

$$\varphi_1^*(0) = -\,0{,}0999249$$

$$w_1^*(0) = +\,0{,}226694\,.$$

Nun können im Rechenschema die Zustandsvektoren $\mathfrak{y}_1^*(0)$, $\mathfrak{y}_2^*(0)$ und $\mathfrak{y}_3^*(0)$ berechnet und rechts herausgeschrieben werden. Die Umrechnungsfaktoren nach den Beziehungen (14) zur Ermittlung der dimensionsrichtigen Werte sind:

$$w = w^* \frac{P_c l_c^3}{EI_c} = w^* \frac{3 \cdot 64 \cdot 3}{6 \cdot 1000} = w^* \cdot 0{,}096 \quad [\mathrm{m}]$$

$$\varphi = \varphi^* \frac{P_c l_c^2}{EI_c} = \varphi^* \frac{0{,}096}{4} = \varphi^* \cdot 0{,}024$$

$$M = M^* P_c l_c = M^* \cdot 3 \cdot 4 = M^* \cdot 12 \quad [\mathrm{Mpm}]$$

$$Q = Q^* P_c = Q^* \cdot 3. \quad [\mathrm{Mp}]$$

Damit bekommt man die wirklichen Kraft- und Deformationsgrößen unmittelbar rechts neben den Stützen 0, 1 und 2:

$$\mathfrak{y}_1(0) = \begin{Bmatrix} w_1(0) \\ \varphi_1(0) \\ M_1(0) \\ Q_1(0) \\ 1 \end{Bmatrix} = \begin{Bmatrix} 0{,}02176 \ \text{m} \\ -0{,}002398 \\ 4{,}796 \ \text{Mpm} \\ -6{,}528 \ \text{Mp} \\ 1 \end{Bmatrix} \quad \mathfrak{y}_2(0) = \begin{Bmatrix} w_2(0) \\ \varphi_2(0) \\ M_2(0) \\ Q_2(0) \\ 1 \end{Bmatrix} = \begin{Bmatrix} 0{,}0335 \ \text{m} \\ 0{,}000735 \\ 0{,}473 \ \text{Mpm} \\ -1{,}238 \ \text{Mp} \\ 1 \end{Bmatrix},$$

$$\mathfrak{y}_3(0) = \begin{Bmatrix} w_3(0) \\ \varphi_3(0) \\ M_3(0) \\ Q_3(0) \\ 1 \end{Bmatrix} = \begin{Bmatrix} 0{,}01583 \ \text{m} \\ 0{,}002275 \\ 0 \\ 0 \\ 1 \end{Bmatrix}.$$

Biegelinie, Querkraft- und Momentendiagramme, Auflagerkräfte. Die Biegelinie wird mit Hilfe der errechneten Formänderungsgrößen an den Stützen skizziert (Abb. 33).

Querkraftdiagramm. Die Querkräfte unmittelbar rechts neben den Stützen $Q_1(0)$ und $Q_2(0)$ sind aus dem Rechenschema bereits bekannt. Die Querkräfte links neben den Stützen erhält man aus der 4. Zeile von Gleichungssystem (7):

$$Q_k(l_k) = Q_{k+1}(0) + k_k\, w_k(l_k).$$

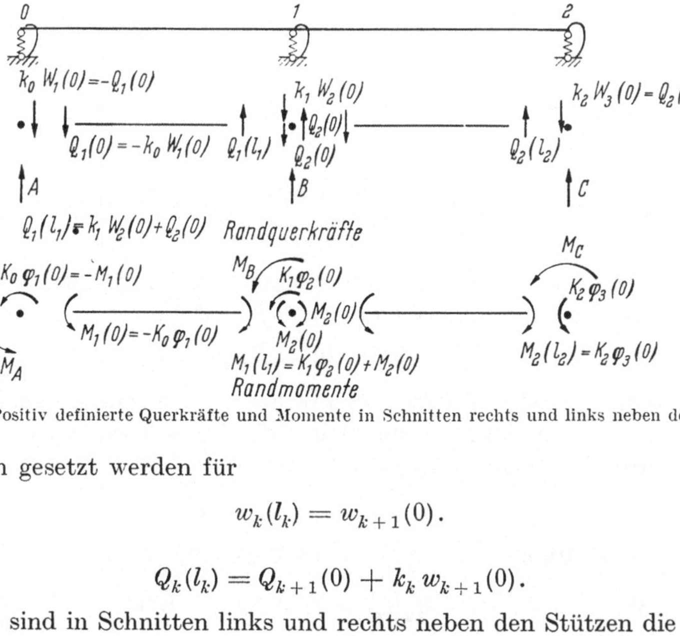

Abb. 32. Positiv definierte Querkräfte und Momente in Schnitten rechts und links neben den Stützen

Darin kann gesetzt werden für

$$w_k(l_k) = w_{k+1}(0).$$

Das gibt

$$Q_k(l_k) = Q_{k+1}(0) + k_k\, w_{k+1}(0).$$

In Abb. 32 sind in Schnitten links und rechts neben den Stützen die Querkräfte so eingezeichnet, daß man sich ein anschauliches Bild über die Herkunft und

Weiterleitung der einzelnen Anteile verschaffen kann (sämtliche Kräfte treten in den Schnitten paarweise auf).

Die Zahlenwerte sind folgende:

$$Q_1(0) = -6{,}528\ \text{Mp} \qquad Q_1(l_1) = Q_2(0) + k_1\, w_2(0)$$
$$Q_2(0) = -1{,}238\ \text{Mp} \qquad\qquad = -1{,}238 + 200 \cdot 0{,}035 = 5{,}472\ \text{Mp}$$
$$Q_3(0) = \quad 0 \qquad Q_2(l_2) = Q_3(0) + k_2\, w_3(0)$$
$$= 0 + 300 \cdot 0{,}01583 = 4{,}746\ \text{Mp}.$$

Abb. 33 zeigt das Diagramm.

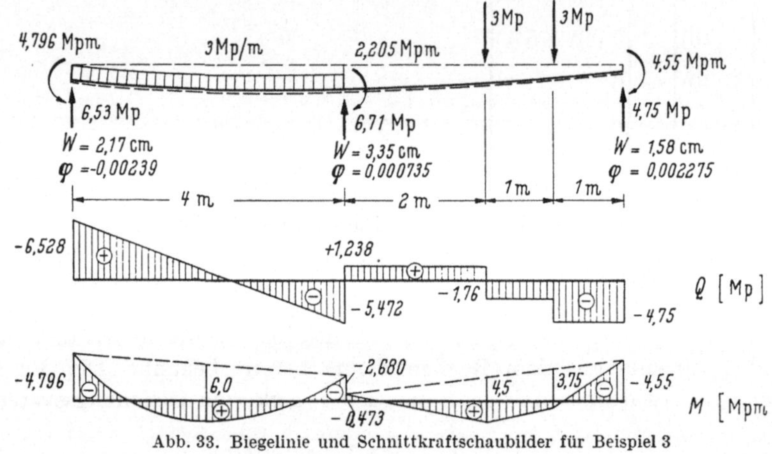

Abb. 33. Biegelinie und Schnittkraftschaubilder für Beispiel 3

Die Auflagerkräfte ergeben sich aus der Gleichgewichtsbedingung $\Sigma V = 0$ an den Stützen (Abb. 32):

$$A = k_0\, w_1(0) = 300 \cdot 0{,}02176 = \quad 6{,}528\ \text{Mp}$$
$$B = k_1\, w_2(0) = 200 \cdot 0{,}03354 = \quad 6{,}708\ \text{Mp}$$
$$C = k_2\, w_3(0) = 300 \cdot 0{,}01583 = \quad \underline{4{,}746\ \text{Mp}}$$
$$\text{Kontrolle:}\quad V \approx \quad 18{,}0 \quad \text{Mp}.$$

Momentendiagramm. Die Momente rechts von den Stützen sind bekannt, links vom Schnitt werden sie errechnet nach Gl. (7):

$$M_k(l_k) = M_{k+1}(0) + K_k\, \varphi_{k+1}(0).$$

Die Momente in den Schnitten links und rechts von den Stützen sind in der gleichen Weise wie die Querkräfte ebenfalls in Abb. 32 veranschaulicht.

Zahlenwerte (Diagramm s. Abb. 33):

$$M_1(0) = 4{,}796\ \text{Mpm} \qquad M_1(l_1) = M_2(0) + K_1\, \varphi_2(0)$$
$$M_2(0) = 0{,}473\ \text{Mpm} \qquad\qquad = 0{,}473 + 3000 \cdot 0{,}000735 = 268\ \text{Mpm}$$
$$M_3(0) = 0 \qquad M_2(l_2) = M_3(0) + K_2\, \varphi_3(0)$$
$$= 0 + 2000 \cdot 0{,}002275 = 4{,}55\ \text{Mpm}.$$

Momente als Stützenreaktionen aus $\Sigma M = 0$ an den Stützen (Abb. 32):

$$M_A = -K_0\,\varphi_1(0) = -2000\,(-0{,}002398) = 4{,}796 \text{ Mpm}$$

$$M_B = -K_1\,\varphi_2(0) = -3000 \cdot 0{,}000735 = -2{,}205 \text{ Mpm}$$

$$M_C = -K_2\,\varphi_3(0) = -2000 \cdot 0{,}002275 = -4{,}550 \text{ Mpm}.$$

3.3.2.3 Lasteinbringung durch Knotenkräfte

Knotenmomente und Knotenkräfte infolge der Belastung. a) Randschnittkräfte am beidseitig eingespannten Balken:

$$Q_{00}^{(1)} = -\frac{p\,l_1}{2} = -\frac{3 \cdot 4}{2} = -6 \text{ Mp} = -Q_{10}^{(1)}(l_1)$$

$$Q_{10}^{(2)} = -\frac{P}{2} - \frac{P}{l_2^2}\left(1 + \frac{2 \cdot 3}{l_2}\right) = -\frac{3}{2} - \frac{3}{16}\left(1 + \frac{2 \cdot 3}{4}\right) = -\frac{63}{32} \text{ Mp}$$

$$Q_{20}^{(2)} = +\frac{P}{2} + \frac{P \cdot 3^2}{l_2^2}\left(1 + \frac{2}{l_c}\right) = \frac{3}{2} + \frac{3 \cdot 9}{16}\left(1 + \frac{2}{4}\right) = \frac{129}{32} \text{ Mp}$$

$$M_{00}^{(1)} = M_{10}^{(1)}(l_1) = \frac{p\,l_1^2}{12} = \frac{3 \cdot 16}{12} = 4 \text{ Mpm}$$

$$M_{10}^{(2)} = \frac{P\,l_2}{8} + \frac{P \cdot 3 \cdot 1}{l_2^2} = \frac{3 \cdot 4}{8} + \frac{3 \cdot 3}{16} = \frac{33}{16} \text{ Mpm}$$

$$M_{20}^{(2)} = \frac{P\,l_2}{8} + \frac{P \cdot 3^2 \cdot 1}{l_2^2} = \frac{3 \cdot 4}{8} + \frac{3 \cdot 9}{16} = \frac{51}{16} \text{ Mpm};$$

mit den Beziehungen (14) umgerechnet

$$Q_{00}^{*(1)} = -Q_{10}^{*(1)} = -\frac{6}{P_c} = -2$$

$$Q_{10}^{*(2)} = -\frac{63}{32 \cdot 3} = -0{,}65625$$

$$Q_{20}^{*(2)} = \frac{129}{32 \cdot 3} = 1{,}34375$$

$$M_{00}^{*(1)} = M_{10}^{*(1)} = \frac{4}{P_c\,l_c} = 0{,}\overline{33}$$

$$M_{10}^{*(2)} = \frac{33}{16 \cdot 12} = \frac{11}{64} = 0{,}171875$$

$$M_{20}^{*(2)} = \frac{51}{16 \cdot 12} = 0{,}265625;$$

b) Knotenmomente

$$M_{00}^{*} = -M_{00}^{*(1)} = -\frac{1}{3} = -0{,}\overline{33}$$

$$M_{10}^{*} = M_{10}^{*(1)} - M_{10}^{*(2)} = 0{,}161458$$

$$M_{20}^{*} = M_{20}^{*(2)} = 0{,}265625;$$

c) Knotenkräfte

$$Q_{00}^* = -Q_{00}^{*(1)} = 2$$

$$Q_{10}^* = Q_{10}^{*(1)} - Q_{10}^{*(2)} = 2{,}65625$$

$$Q_{20}^* = Q_{20}^{*(2)} = \frac{43}{32} = 1{,}34375\,.$$

Anfangsvektor

$$\mathfrak{y}_1^*(0) = \begin{vmatrix} w_1^*(0) \\ \varphi_1^*(0) \\ M_1^*(0) = -K_0^*\,\varphi_1^*(0) + M_{00}^* \\ Q_1^*(0) = -\,k_0^*\,w_1^*(0) + Q_{00}^* \\ 1 \end{vmatrix}$$

$$= \begin{vmatrix} 1 \\ 0 \\ 0 \\ -k_0^* \\ 0 \end{vmatrix} w_1^*(0) + \begin{vmatrix} 0 \\ 1 \\ -K_0^* \\ 0 \\ 0 \end{vmatrix} \varphi_1^*(0) + \begin{vmatrix} 0 \\ 0 \\ M_{00}^* \\ Q_{00}^* \\ 4 \end{vmatrix} 1\,.$$

Leitmatrizen $\mathfrak{L}_1^*$ und $\mathfrak{L}_2^*$. Es sind die gleichen Matrizen wie vorher, lediglich die Lastspalte ändert sich. In der Lastspalte von $\mathfrak{L}_1^*$ erscheinen M_{10}^* und Q_{10}^*, und in der Lastspalte von $\mathfrak{L}_2$ stehen M_{20}^* und Q_{20}^*.

Rechenschema R 3.2 [nach Gl. (12a)]:

Erläuterung. Das Schema ist mit Ausnahme der Lastspalten das gleiche wie R 3.1. Man sieht, daß die Bestimmungsgleichungen für die Freigrößen $w_1^*(0)$ und $\varphi_1^*(0)$ dieselben sind wie unter Abschn. 3.3.2.2. Es wird also wieder

$$w_1^*(0) = \quad 0{,}226696$$

$$\varphi_1^*(0) = -0{,}0999249\,.$$

Damit können die Komponenten der Zustandsvektoren $\mathfrak{y}_1^*(0)$, $\mathfrak{y}_2^*(0)$ und $\mathfrak{y}_3^*(0)$ ermittelt und im Rechenschema rechts herausgeschrieben werden. Die Formänderungsgrößen sind die endgültigen dimensionslosen Größen. Die endgültigen dimensionslosen Schnittkräfte bekommt man durch Superposition:

$$M_1^*(0) = M_{00}^{*(1)} + \overline{M}_1^*(0) = 0{,}\overline{3} + 0{,}066357 = 0{,}39969$$

$$M_2^*(0) = M_{10}^{*(2)} + \overline{M}_2^*(0) = 0{,}171875 - 0{,}132425 = 0{,}03945$$

$$Q_1^*(0) = Q_{00}^{*(1)} + \overline{Q}_1^*(0) = -\,2{,}0 - 0{,}17626 = -\,2{,}17626$$

$$Q_2^*(0) = Q_{10}^{*(1)} + \overline{Q}_2^*(0) = -\,0{,}65625 + 0{,}243424 = -\,0{,}412776\,.$$

Diese Werte stimmen mit den entsprechenden aus Rechenschema R 3.1 überein. Eine weitere Rechnung erübrigt sich.

Rechenschema R 3.2

$$
\begin{array}{ccc} w_1^*(0) & \varphi_1^*(0) & 1 \end{array}
$$

$$
\begin{pmatrix} 1 & 0 & 0 \\ 0 & 1 & 0 \\ 0 & -4 & -0,\bar{3} \\ -9,6 & 0 & 2 \\ 0 & 0 & 1 \end{pmatrix} = \begin{pmatrix} w_1^*(0) = & 0,226694 \\ \varphi_1^*(0) = & -0,099925 \\ \overline{M}_1^*(0) = & 0,066357 \\ \overline{Q}_1^*(0) = & -0,176260 \\ & 1 \end{pmatrix} = \mathfrak{y}_1^*(0)
$$

$$
\mathfrak{L}_1^* = \left(\begin{array}{ccccc|cc} 1 & -1 & 3 & 1 & 0 & 0 & 0 \\ 0 & 1 & -6 & -3 & 0 & 0 & 0 \\ 0 & 0 & 1 & 1 & 0,161458 & 0 & -6 \\ 0 & 0 & 0 & 1 & 2,65625 & -6,4 & 0 \\ -1 & 0 & 2 & 0 & 1-2,81778 & 6,4 & 6 \end{array}\right)
\begin{pmatrix} -8,6 & -13 & 1 \\ 28,8 & 25 & -4 \\ -182,4 & -154 & 25,82812 \\ 45,44 & 83,2 & -1,74375 \\ 0 & 0 & 1 \end{pmatrix} = \begin{pmatrix} w_2^*(0) = & 0,349460 \\ \varphi_2^*(0) = & 0,030660 \\ \overline{M}_2^*(0) = & -0,132425 \\ \overline{Q}_1^*(0) = & 0,243474 \\ & 1 \end{pmatrix} = \mathfrak{y}_2^*(0)
$$

$$
\mathfrak{L}_2^* = \left(\begin{array}{ccccc|cc} 1 & -1 & 3 & 1 & 0 & 0 & 0 \\ 0 & 1 & -6 & -3 & 0 & 0 & 0 \\ 0 & 0 & 1 & 1 & 0,265625 & 0 & -4 \\ 0 & 0 & 0 & 1 & 1,34375 & -9,6 & 0 \\ -1 & 0 & 2 & 0 & 1-1,609375 & 9,6 & 4 \end{array}\right)
\begin{pmatrix} -539,16 & -416,8 & 80,7406 \\ 986,88 & 699,4 & -153,7375 \\ \boxed{-4084,48} & \boxed{-2868,4} & \boxed{639,3000} \\ \boxed{5221,376} & \boxed{4084,48} & \boxed{-775,50976} \\ 0 & 0 & 1 \end{pmatrix} = \begin{pmatrix} w_3^*(0) = & 0,16496 \\ \varphi_3^*(0) = & 0,0948 \\ \boxed{\overline{M}_3^*(0) =} & \boxed{0} \\ \boxed{\overline{Q}_3^*(0) =} & \boxed{0} \\ & 1 \end{pmatrix} = \mathfrak{y}_3^*(0)
$$

3.4 Durchlaufträger mit Zwischenbedingungen

3.4.1 Allgemeine Erläuterungen

Im Abschn. 3.1.3 wurde gezeigt, daß an Feldgrenzen, die nicht voll elastisch gefedert sind, sog. Sprunggrößen (M^s, Q^s, w^s oder φ^s) auftreten können. Diese Größen sind unbekannt und müssen während der Rechnung aus Zwischenbedingungen ermittelt werden. Die zu jeder Sprunggröße gehörende Zwischenbedingung findet man an der betreffenden Feldgrenze, und zwar ist jedesmal die zur Sprunggröße konjugierte Größe an eine bestimmte Bedingung gebunden. Beispielsweise wird beim gelenkigen festen Lager die Sprunggröße Q^s durch die Zwischenbedingung $w = \text{const}$ (oder 0) festgelegt. Die vier möglichen Zwischenbedingungen am in der x—z-Ebene auf Biegung beanspruchten Durchlaufträger sind in Abb. 34 angegeben.

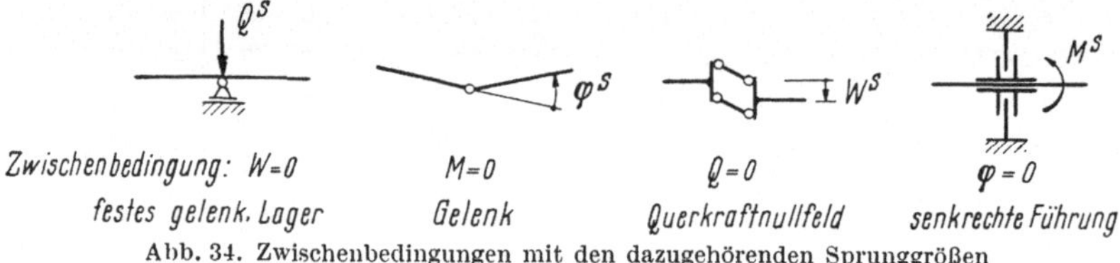

Abb. 34. Zwischenbedingungen mit den dazugehörenden Sprunggrößen

An einem Durchlaufträger mit n Zwischenbedingungen treten somit in der Rechnung $n + 2$ Unbekannte auf. Bei Trägern mit mehreren Zwischenbedingungen — mit Ausnahme des noch zu behandelnden Durchlaufträgers auf lauter festen Stützen — wird sich also der Rechenaufwand im Verhältnis zu Trägern ohne Zwischenbedingungen erheblich erhöhen. Solche Träger mit einer Tischrechenmaschine nach dem Reduktionsverfahren zu berechnen, ist deshalb nicht zweckmäßig, man sollte dann ein anderes Verfahren wählen oder zumindest ein elektronisches Rechengerät verwenden.

Anders ist es bei Durchlaufträgern mit nur einer oder zwei Zwischenbedingungen; hier lohnt sich noch eine Berechnung nach dem Reduktionsverfahren. Solche Träger kommen in der Praxis häufig vor. Zum Beispiel bei der Bestimmung von Einflußlinien wird an der untersuchten Stelle ein Gelenk eingebaut und ein Momentenpaar angesetzt. Im Gelenk muß dann die Bedingung $M = 0$ erfüllt werden. Auch bei durchlaufenden Trägerrosten tritt an den mittleren Stützen die Bedingung $w = 0$ auf. Es werden deshalb im folgenden zwei Wege gezeigt, wie man Träger mit Zwischenbedingungen berechnen kann. Weiterhin wird der Sonderfall des Durchlaufträgers auf lauter festen Stützen behandelt. Obwohl für diesen Träger an jeder Stütze die Bedingung $w = \text{const}$ erfüllt sein muß, läßt sich die Rechnung so weit vereinfachen, daß zum Schluß nur noch eine einzige Unbekannte auftritt.

3.4.2 1. Weg: Ausführliches Verfahren

3.4.2.1 Theorie

Die an den Feldgrenzen mit Zwischenbedingung auftretenden unbekannten Sprunggrößen werden zusätzlich zu den beiden Freigrößen A und B, die vom linken Trägerende herrühren, in die Rechnung aufgenommen. Die Anzahl der

Unbekannten erhöht sich somit während der Rechnung, die wieder nach Schema (11) oder (12a) vorgenommen wird. Will man Schema (12a) benutzen, so muß beim Vorhandensein der Sprunggrößen φ^s oder w^s an der in Frage kommenden Feldgrenze die Leitmatrix in Feld- und Punktmatrix getrennt werden. Die Sprunggrößen stehen in den Lastspalten der Leit- oder Punktmatrizen und gehen automatisch in die Rechnung ein. Zum Schluß sind die beiden Randbedingungen am rechten Trägerende und die Zwischenbedingungen an den Stützen zu erfüllen. Man erhält bei einem Durchlaufträger mit n Zwischenbedingungen ein lineares Gleichungssystem mit $n + 2$ Unbekannten, das aber gestaffelt ist und dessen Auflösung keine große Mühe bereitet. Dieses Verfahren ist am einfachsten, weil nach Aufstellung des Rechenschemas die Matrizenmultiplikation in gewohnter Weise ohne Beachtung irgendwelcher Zwischenbedingungen bis zur letzten Zeile des Schemas ausgeführt werden kann, erfordert aber einen größeren Rechenaufwand als das in Abschn. 3.4.3 geschilderte Ablösen der Freigrößen.

3.4.2.2 Beispiel 4.1

Es soll der Träger nach Abb. 35 berechnet werden. Gesucht sind die Schnittkraftschaubilder sowie die Verformungsgrößen an den Stützen infolge der angegebenen Belastung und der Senkung der Stütze 1 um 2 cm.

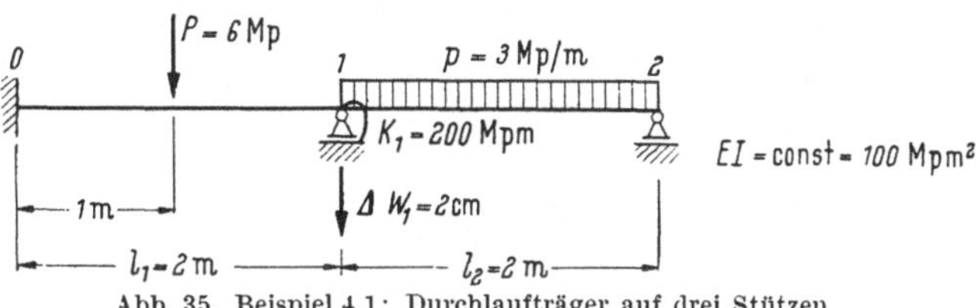

Abb. 35. Beispiel 4.1: Durchlaufträger auf drei Stützen

Die Randbedingungen und die Freigrößen (nach Tab. 2) sowie die Zwischenbedingung $\Delta w_1 = 2$ cm mit der dazugehörenden Sprunggröße Q_1^s (nach Abb. 34) sind in Abb. 36 dargestellt.

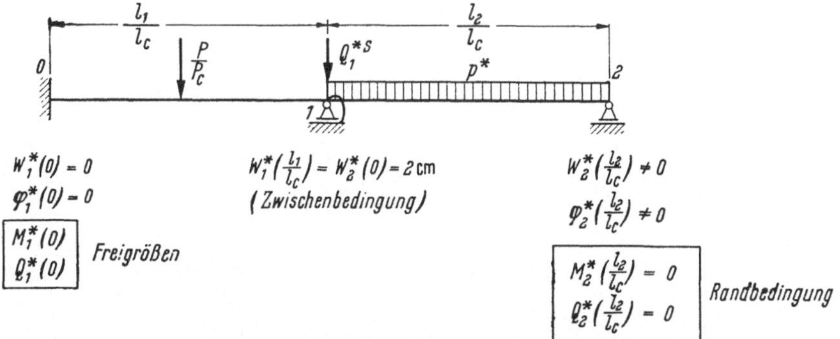

Abb. 36. Freigrößen und Randbedingungen für Träger von Beispiel 4.1

Es wird mit dimensionslosen Größen gerechnet. Dazu wird gewählt:

$$l_c = 1\,\text{m} \qquad EI_c = 6\,EI$$

$$P_c = 6\,\text{Mp} \qquad q^* = q\,\frac{l_c}{P_c} = 3\,\frac{1}{6} = \frac{1}{2}\,.$$

Die Stützensenkung muß ebenfalls in einen dimensionslosen Wert umgerechnet werden:

$$w_2^*\left(\frac{l_1}{l_c}\right) = w_3^*(0) = \Delta w_1 \frac{EI_c}{P_c\, l_c^3} = 0{,}02\, \frac{6 \cdot 100}{6 \cdot 1^3} = 2 .$$

Sie ist positiv, weil nach unten gerichtet (s. Abschn. 2.2).

Die Rechnung soll in diesem Fall mit Rechenschema (11) durchgeführt werden. Die Feldmatrizen $\mathfrak{F}_1^*$ und $\mathfrak{F}_2^*$ sind nach Gl. (15) und die Punktmatrix $\mathfrak{U}_1^*$, in der Q_1^{*s} steht, nach Gl. (17) aufzustellen.

Die Matrizenmultiplikation wird in bekannter Weise einschließlich der Rechenkontrollen mit Hilfe der Kontrollzeilen in den Matrizen $\mathfrak{F}_1^*$, $\mathfrak{U}_1^*$ und $\mathfrak{F}_2^*$ ausgeführt.

Rechenschema R 4.1

$$\begin{matrix} M_1^*(0) & Q_1^*(0) & 1 \end{matrix}$$

$$\begin{pmatrix} 0 & 0 & 0 \\ 0 & 0 & 0 \\ 1 & 0 & 0 \\ 0 & 1 & 0 \\ 0 & 0 & 1 \end{pmatrix}$$

$$\mathfrak{F}_1^* = \begin{pmatrix} 1 & -2 & 12 & 8 & 1 \\ 0 & 1 & -12 & -12 & -3 \\ 0 & 0 & 1 & 2 & 1 \\ 0 & 0 & 0 & 1 & 1 \\ -1 & 1 & -1 & 1 & 1 \end{pmatrix} \quad \begin{pmatrix} 12 & 8 & 1 \\ 12 & -12 & -3 \\ 1 & 2 & 1 \\ 0 & 1 & 1 \\ 0 & 0 & 1 \end{pmatrix}$$

$$\mathfrak{U}_1^* = \begin{pmatrix} 1 & 0 & 0 & 0 & 0 \\ 0 & 1 & 0 & 0 & 0 \\ 0 & -\frac{1}{3} & 1 & 0 & 0 \\ 0 & 0 & 0 & 1 & Q_1^{*s} \\ -1 & -\frac{2}{3} & -1 & -1 & 1-Q_1^{*s} \end{pmatrix} \quad \begin{pmatrix} \boxed{12 \quad 8 \quad 1} \\ -12 \quad -12 \quad -3 \\ 5 \quad 6 \quad 2 \\ 0 \quad 1 \quad 1+Q_1^{*s} \\ 0 \quad 0 \quad 1 \end{pmatrix}$$

$$\mathfrak{F}_2^* = \begin{pmatrix} 1 & -2 & 12 & 8 & 2 \\ 0 & 1 & -12 & -12 & -4 \\ 0 & 0 & 1 & 2 & 1 \\ 0 & 0 & 0 & 1 & 1 \\ -1 & 1 & -1 & 1 & 1 \end{pmatrix} \quad \begin{pmatrix} \boxed{96 \quad 112 \quad 41+8Q_1^{*s}} \\ -72 \quad -96 \quad -43-12Q_1^{*s} \\ \boxed{5 \quad 8 \quad 5+2Q_1^{*s}} \\ 0 \quad 1 \quad 2+Q_1^{*s} \\ 0 \quad 0 \quad 1 \end{pmatrix}$$

Die Randbedingungen am rechten Trägerende sind (Abb. 36) $w_2^*(l_2/l_c) = 0$ und $M_2^*(l_2/l_c) = 0$. Die Zwischenbedingung an der Stütze 1 lautet $w_2^*(0) = 2$ (Stützensenkung). Damit ergeben sich folgende Bestimmungsgleichungen (eingerahmt im Rechenschema):

$$\left.\begin{aligned} w_2^*(0) &= 12\,M_1^*(0) + 8\,Q_1^*(0) \phantom{{}+8\,Q_1^{*s}} + 1 = 2 \\ w_2^*\left(\frac{l_2}{l_c}\right) &= 96\,M_1^*(0) + 112\,Q_1^*(0) + 8\,Q_1^{*s} + 41 = 0 \\ M_2^*\left(\frac{l_2}{l_c}\right) &= 5\,M_1^*(0) + 8\,Q_1^*(0) + 2\,Q_1^{*s} + 5 = 0 \end{aligned}\right\}.$$

$$= \begin{vmatrix} w_1^*(0) = 0 \\ \varphi_1^*(0) = 0 \\ M_1^*(0) = 0{,}70\overline{45} \\ Q_1^*(0) = -0{,}93\overline{18} \\ 1 \end{vmatrix} = \mathfrak{y}_1^*(0) \qquad \begin{vmatrix} w_1(0) = 0 \\ \varphi_1(0) = 0 \\ M_1(0) = 4{,}227\ \text{Mpm} \\ Q_1(0) = -5{,}591\ \text{Mp} \\ 1 \end{vmatrix} = \mathfrak{y}_1(0)$$

$$= \begin{vmatrix} w_1^*\left(\frac{l_1}{l_c}\right) = w_2^*(0) = 2 \\ \varphi_1^*\left(\frac{l_1}{l_c}\right) = -0{,}\overline{27} \\ M_1^*\left(\frac{l_1}{l_c}\right) = -0{,}1590 \\ Q_1^*\left(\frac{l_1}{l_c}\right) = 0{,}0682 \\ 1 \end{vmatrix} = \mathfrak{y}_1^*\left(\frac{l_2}{l_c}\right) \qquad \begin{vmatrix} w_1(l_1) = 0{,}02\ \text{m} \\ \varphi_1(l_1) = -0{,}00\overline{27} \\ M_1(l_1) = -0{,}954\ \text{Mpm} \\ Q_1(l_1) = 0{,}409\ \text{Mp} \\ 1 \end{vmatrix} = \mathfrak{y}_1(l_1)$$

$$= \begin{vmatrix} \boxed{w_2^*(0) = 2} \\ \varphi_2^*(0) = -0{,}\overline{27} \\ M_2^*(0) = -0{,}0681 \\ Q_2^*(0) = -0{,}4659 \\ 1 \end{vmatrix} = \mathfrak{y}_2^*(0) \qquad \begin{vmatrix} w_2(0) = 0{,}02\ \text{m} \\ \varphi_2(0) = -0{,}00\overline{27} \\ M_2(0) = -0{,}409\ \text{Mpm} \\ Q_2(0) = -2{,}795\ \text{Mp} \\ 1 \end{vmatrix} = \mathfrak{y}_2(0)$$

$$= \begin{vmatrix} \boxed{w_2^*\left(\frac{l_2}{l_c}\right) = 0} \\ \varphi_2^*\left(\frac{l_2}{l_c}\right) = 2{,}13632 \\ \boxed{M_2^*\left(\frac{l_2}{l_c}\right) = 0} \\ Q_2^*\left(\frac{l_2}{l_c}\right) = 0{,}53409 \\ 1 \end{vmatrix} = \mathfrak{y}_2^*\left(\frac{l_2}{l_c}\right) \qquad \begin{vmatrix} w_2(l_2) = 0 \\ \varphi_2(l_2) = 0{,}02136 \\ M_2(l_2) = 0 \\ Q_2(l_2) = 3{,}205\ \text{Mp} \\ 1 \end{vmatrix} = \mathfrak{y}_2(l_2)$$

Lösung des Gleichungssystems:

$$M_1^*(0) = -0{,}93\overline{18}$$

$$Q_1^*(0) = +0{,}70\overline{45}$$

$$Q_1^{*s} = -0{,}53409\,.$$

Mit diesen Werten erhält man die dimensionslosen Komponenten der Zustandsvektoren $\mathfrak{y}_1^*(0)$, $\mathfrak{y}_1^*(l_1/l_c)$, $\mathfrak{y}_2^*(0)$ und $\mathfrak{y}_2^*(l_2/l_c)$.

Die wirklichen Kraft- und Deformationsgrößen bekommt man aus diesen durch Umrechnung mit Hilfe der Beziehungen (14):

$$w = w^* \frac{P_c l_c^3}{E I_c} = w^* \frac{6}{600} = w^* \cdot 0{,}01\,. \quad [\mathrm{m}]$$

$$\varphi = \varphi^* \frac{P_c l_c^2}{E I_c} = \varphi^* \cdot 0{,}01$$

$$M = M^* P_c l_c = M^* \cdot 6 \quad [\mathrm{Mpm}]$$

$$Q = Q^* P_c = Q^* \cdot 6 \quad [\mathrm{Mp}]\,.$$

Sie stehen im Rechenschema rechts neben den dimensionslosen Komponenten. Abb. 37 zeigt die positiven Momente und Querkräfte in Schnitten rechts und

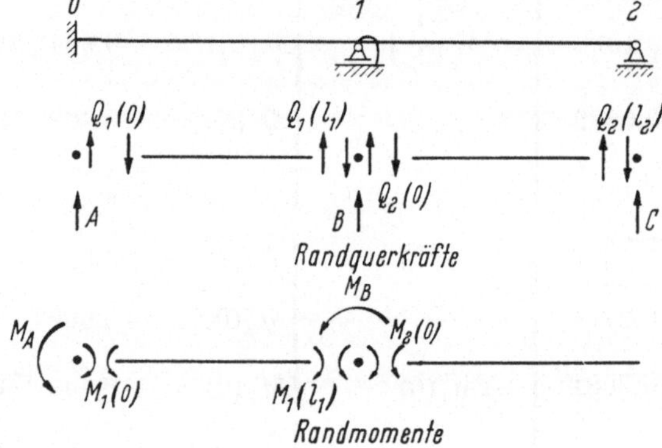

Abb. 37. Positiv definierte Querkräfte und Momente in Schnitten rechts und links neben den Stützen

links neben den Stützen. Danach ergeben sich aus den Gleichgewichtsbedingungen die Auflagerreaktionen

$$A = -Q_1(0) \qquad = 5{,}591\ \mathrm{Mp}$$

$$B = Q_1(l_1) - Q_2(0) = 0{,}409 + 2{,}795 = 3{,}204\ \mathrm{Mp}$$

$$C = Q_2(l_2) \qquad = \underline{3{,}205\ \mathrm{Mp}}$$

$$\text{Kontrolle:}\quad \Sigma V = 12{,}000\ \mathrm{Mp} = 3 \cdot 2 + 6$$

$$M_A = M_1(0) = 4{,}227\ \mathrm{Mpm}$$

$$M_B = M_2(0) - M_1(l_1) = -0{,}409 + 0{,}954 = 0{,}549\ \mathrm{Mpm}\,.$$

Die skizzierte Biegelinie sowie die Schnittkraftschaubilder sind in Abb. 38 dargestellt.

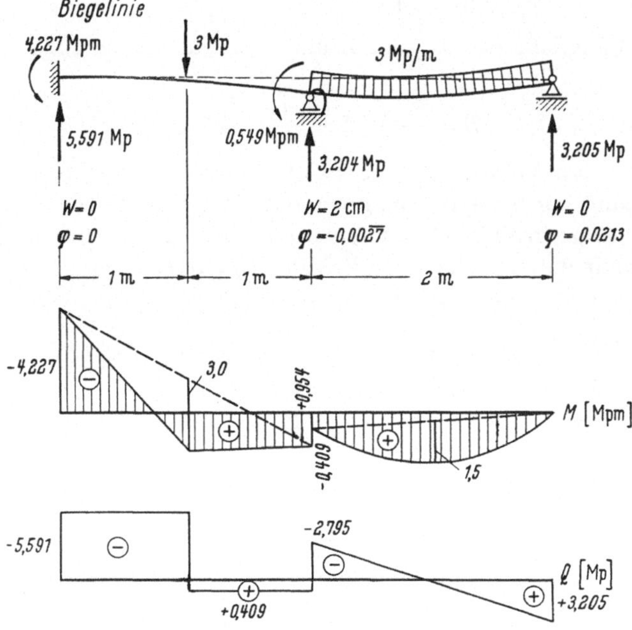

Abb. 38. Schnittkraftschaubilder zu Beispiel 4.1

3.4.3 2. Weg: Ablösung der Freigrößen

3.4.3.1 Theorie

Es wird die Feldgrenze an der Stütze k betrachtet (Abb. 39). An dieser Stelle ist beispielsweise eine bleibende Stützensenkung Δw_k vorhanden, die als Sprung-

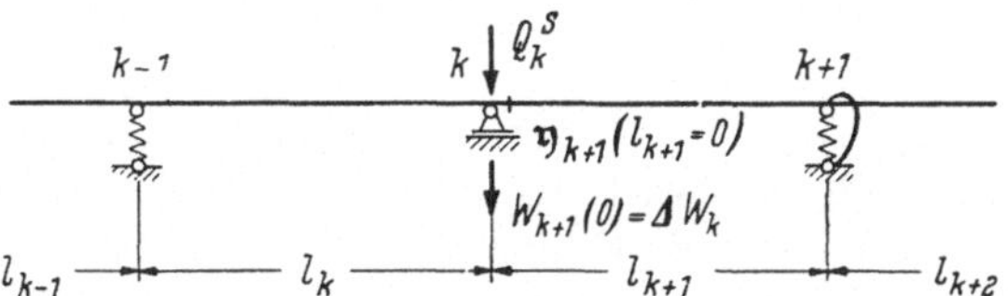

Abb. 39. Stütze k mit Zwischenbedingung $w_{k+1}(0) = \Delta w_k$ und Sprunggröße Q_s

größe die Querkraft Q_k^s hervorruft. Rechts neben der Stütze kann der Zustandsvektor $\mathfrak{y}_{k+1}(l_{k+1} = 0)$ angegeben werden, dessen Komponenten lineare Funktionen der Freigrößen A und B sind:

$$\mathfrak{y}_{k+1}(l_{k+1} = 0) = \begin{vmatrix} w_{k+1}(0) = A\,\alpha_w + B\,\beta_w + \gamma_w \\ \varphi_{k+1}(0) = A\,\alpha_\varphi + B\,\beta_\varphi + \gamma_\varphi \\ M_{k+1}(0) = A\,\alpha_M + B\,\beta_M + \gamma_M \\ Q_{k+1}(0) = A\,\alpha_Q + B\,\beta_Q + \gamma_Q \\ 1 = 1 \end{vmatrix}.$$

Die Durchbiegungskomponente $w_{k+1}(0)$ muß infolge der Zwischenbedingungen den festen Wert Δw_k annehmen:

$$w_{k+1}(0) = A\,\alpha_w + B\,\beta_w + \gamma_w = \Delta w_k.$$

In dieser Gleichung läßt sich die eine Komponente durch die andere ausdrücken, beispielsweise B durch A:

$$B = -\frac{\alpha_w}{\beta_w} A + \frac{\Delta w_k - \gamma_w}{\beta_w}. \tag{19}$$

Gl. (19) wird in den Vektor $\mathfrak{y}_{k+1}(l_{k+1} = 0)$ eingesetzt. Die Komponenten des Vektors sind dann nur noch abhängig von der Freigröße A. Die Sprunggröße Q_k^s, die an dieser Feldgrenze hinzukommt, wird als neue Konstante an Stelle von B eingeführt. Damit entsteht der neue Vektor $\bar{\mathfrak{y}}_{k+1}(l_{k+1} = 0)$:

$$\bar{\mathfrak{y}}_{k+1}(l_{k+1} = 0) = \begin{vmatrix} \bar{w}_{k+1}(0) = 0 \cdot A + 0 \cdot Q_k^s + \Delta w_k \\ \bar{\varphi}_{k+1}(0) = A\left(\alpha_\varphi - \frac{\alpha_w}{\beta_w}\beta_\varphi\right) + 0 \cdot Q_k^s + \left(\frac{\Delta w_k - \gamma_w}{\beta_w}\right)\beta_\varphi + \gamma_\varphi \\ \bar{M}_{k+1}(0) = A\left(\alpha_M - \frac{\alpha_w}{\beta_w}\beta_M\right) + 0 \cdot Q_k^s + \left(\frac{\Delta w_k - \gamma_w}{\beta_w}\right)\beta_M + \gamma_M \\ \bar{Q}_{k+1}(0) = A\left(\alpha_Q - \frac{\alpha_w}{\beta_w}\beta_Q\right) + 1 \cdot Q_k^s + \left(\frac{\Delta w_k - \gamma_w}{\beta_w}\right)\beta_Q + \gamma_Q \\ 1 \end{vmatrix}$$

oder in übersichtlicherer Form:

$$\bar{\mathfrak{y}}_{k+1}(l_{k+1}=0) = \begin{vmatrix} \bar{w}_{k+1}(0) \\ \bar{\varphi}_{k+1}(0) \\ \bar{M}_{k+1}(0) \\ \bar{Q}_{k+1}(0) \\ 1 \end{vmatrix} = \begin{vmatrix} 0 \\ \left(\alpha_\varphi - \frac{\alpha_w}{\beta_w}\beta_\varphi\right) \\ \left(\alpha_M - \frac{\alpha_w}{\beta_w}\beta_M\right) \\ \left(\alpha_Q - \frac{\alpha_w}{\beta_w}\beta_Q\right) \\ 0 \end{vmatrix} \cdot A + \begin{vmatrix} 0 \\ 0 \\ 0 \\ 1 \\ 0 \end{vmatrix} \cdot Q_k^s + \begin{vmatrix} \Delta w_k \\ \frac{\Delta w_k - \gamma_w}{\beta_w}\beta_\varphi + \gamma_\varphi \\ \frac{\Delta w_k - \gamma_w}{\beta_w}\beta_M + \gamma_M \\ \frac{\Delta w_k - \gamma_w}{\beta_w}\beta_Q + \gamma_Q \\ 1 \end{vmatrix} \cdot 1. \tag{19a}$$

Mit dem Vektor $\bar{\mathfrak{y}}_{k+1}(l_{k+1} = 0)$, der eine Funktion der Freigröße A und der neuen Konstanten Q_k^s ist, wird die Rechnung in gewohnter Weise weitergeführt. Wenn an verschiedenen Feldgrenzen Zwischenbedingungen auftreten, ist es vorteilhaft, eine der beiden Freigrößen (hier A) durchweg beizubehalten und die Sprunggrößen stets aufs neue abzulösen.

Die Vorteile dieses Verfahrens sind folgende: Erstens hat man am Ende der Rechnung nur zwei lineare Gleichungen mit zwei Unbekannten zu lösen und zweitens auch nur drei Spalten an allen Leitmatrizen entlang zu multiplizieren.

3.4.3.2 Beispiel 4.2

Das Verfahren wird an Hand des Tragwerkes von Beispiel 4.1 (Abschn. 3.4.2.2, Abb. 35) vorgeführt. Die Rechnung erfolgt nach Rechenschema (12a). Der Anfangsvektor $\mathfrak{y}_1^*(0)$ liegt bereits fertig vor und die Leitmatrizen $\mathfrak{L}_1^*$ und $\mathfrak{L}_2^*$ können sofort aus den ebenfalls bekannten Feldmatrizen $\mathfrak{F}_1^*$ und $\mathfrak{F}_2^*$ sowie der Punktmatrix $\mathfrak{U}_1^*$ (im Beispiel 4.1) entwickelt werden.

Rechenschema R 4.2

$$\mathfrak{y}_1^*(0) = \begin{array}{c} \begin{matrix} M_1^*(0) & Q_1^*(0) & 1 \end{matrix} \\ \begin{pmatrix} 0 & 0 & 0 \\ 0 & 0 & 0 \\ 1 & 0 & 0 \\ 0 & 1 & 0 \\ 0 & 0 & 1 \end{pmatrix} \end{array} = \begin{pmatrix} w_1^*(0) = 0 \\ \varphi_1^*(0) = 0 \\ M_1^*(0) = 0{,}7045 \\ Q_1^*(0) = -0{,}9318 \\ 1 \end{pmatrix} = \mathfrak{y}_1^*(0)$$

$$\mathfrak{L}_1^* = \left(\begin{array}{ccccc|cc} 1 & -2 & 12 & 8 & 1 & 0 & 0 \\ 0 & 1 & -12 & -12 & -3 & 0 & 0 \\ 0 & 0 & 1 & 2 & 1 & 0 & -\frac{1}{3} \\ 0 & 0 & 0 & 1 & 1 & 0 & 0 \\ -1 & 0 & -1 & 1 & 1 & 0 & \frac{1}{3} \end{array}\right) \begin{pmatrix} \boxed{12 \quad 8 \quad 1} \\ -12 \quad -12 \quad -3 \\ 5 \quad 6 \quad 2 \\ 0 \quad 1 \quad 1 \\ 0 \quad 0 \quad 1 \end{pmatrix} = \mathfrak{y}_2^*(0)$$

$$\begin{array}{c} \begin{matrix} M_1^*(0) & Q_1^{*s} & 1 \end{matrix} \\ \begin{pmatrix} 0 & 0 & 2 \\ 6 & 0 & -4{,}5 \\ -4 & 0 & -2{,}75 \\ -\frac{3}{2} & 1 & \frac{9}{8} \\ 0 & 0 & 1 \end{pmatrix} \end{array} = \begin{pmatrix} w_2^*(0) = 2 \\ \varphi_2^*(0) = -0{,}27273 \\ M_2^*(0) = -0{,}06818 \\ Q_2^*(0) = -0{,}46590 \\ 1 \end{pmatrix} = \bar{\mathfrak{y}}_2^*(0)$$

$$\mathfrak{L}_2^* = \left(\begin{array}{ccccc|cc} 2 & -2 & 12 & 8 & 2 & 0 & 0 \\ 0 & 1 & -12 & -12 & -4 & 0 & 0 \\ 0 & 0 & 1 & 2 & 1 & 0 & 0 \\ 0 & 0 & 0 & 1 & 1 & 0 & 0 \\ -1 & 1 & -1 & 1 & 1 & 0 & 0 \end{array}\right) \begin{pmatrix} \boxed{-72 \quad 8 \quad 55} \\ 72 \quad -12 \quad -55 \\ \boxed{-7 \quad 2 \quad 6} \\ -1{,}5 \quad 1 \quad 2{,}125 \\ 0 \quad 0 \quad 1 \end{pmatrix} = \begin{pmatrix} \boxed{w_2^*(l_2) = 0} \\ \varphi_2^*(l_2) = 2{,}13632 \\ \boxed{M_2^*(l_2) = 0} \\ Q_2^*(l_2) = 0{,}53409 \\ 1 \end{pmatrix} = \mathfrak{y}_2^*\left(\frac{l_2}{l_c}\right)$$

Erläuterung zum Rechengang im Rechenschema. Es werden zunächst der Anfangsvektor $\mathfrak{y}_1^*(0)$ sowie die Leitmatrix hingeschrieben und miteinander multipliziert. Die erste Komponente des Vektors $\mathfrak{L}_1^*\,\mathfrak{y}_1^*(0)$ ist die Durchbiegung an der Stütze 1 (im Rechenschema eingerahmt), die laut Zwischenbedingungen den Wert 2 annehmen soll:

$$w_2^*(0) = 12\,M_1^*(0) + 8 \cdot Q_1^*(0) + 1 = 2$$

oder

$$Q_1^*(0) = \frac{2 - 1 - 12\,M_1^*(0)}{8} = \frac{1}{8} - \frac{3}{2}\,M_1^*(0)\,.$$

Damit ist die Größe $Q_1^*(0)$ ausgedrückt durch die Hauptfreigröße $M_1^*(0)$. Mit dieser und der neu hinzutretenden Sprunggröße Q_1^{*s} wird der neue Vektor $\bar{\mathfrak{y}}_2^*(0)$ nach Gl. (19a) aufgebaut und unter den Vektor $\mathfrak{L}_1^*\,\varphi_1^*(0)$ geschrieben.

Beispielsweise ergibt sich die zweite Komponente von $\bar{\mathfrak{y}}_2^*(0)$:

$$\bar{\varphi}_2^*(0) = -12\, M_1^*(0) - 12\, Q_1^*(0) - 3$$
$$= -12\, M_1^*(0) - 12\left(\frac{1}{8} - \frac{3}{2}\, M_1^*(0)\right) - 3 = 6\, M_1^*(0) - 4{,}5.$$

Nun läuft die Rechnung wie üblich weiter. $\bar{\mathfrak{y}}_2^*(0)$ wird mit der Leitmatrix $\mathfrak{L}_2^*$ von Feld 2 multipliziert. Zum Schluß erhält man mit Hilfe der beiden Randbedingungen am rechten Trägerende die zwei Bestimmungsgleichungen für $M_1^*(0)$ und Q_1^* (eingerahmt):

$$\left.\begin{aligned} w_2^*\left(\frac{l_2}{l_c}\right) &= -72\, M_1^*(0) + 8\, Q_1^{*s} + 55 = 0 \\ M_2^*\left(\frac{l_2}{l_c}\right) &= -\ \ 7\, M_1^*(0) + 2\, Q_1^{*s} + \ \ 6 = 0 \end{aligned}\right\}$$

mit der Lösung

$$M_1^*(0) = \ \ 0{,}7045$$
$$Q_1^{*s}(0) = -0{,}53409.$$

Mit diesen beiden Größen werden im Rechenschema die Zahlenwerte der dimensionslosen Komponenten der beiden Zustandsvektoren $\bar{\mathfrak{y}}_2^*(0)$ (rechts von Stütze 1) und $\mathfrak{y}_2^*\left(\frac{l_2}{l_c}\right)$ (links von Stütze 2) errechnet. Bevor der Vektor $\mathfrak{y}_1^*(0)$ aufgestellt werden kann, muß noch $Q_1^*(0)$ ermittelt werden

$$Q_1^*(0) = \frac{1}{8} - \frac{3}{2}\, M_1^*(0) = \frac{1}{8} - \frac{3}{2}\, 0{,}70\overline{45} = -0{,}93\overline{18}.$$

Die Komponenten des Vektors $\mathfrak{y}_1^*\left(\frac{l_1}{l_c}\right)$ werden mit Hilfe von Gl. (7) gefunden.

Ein Vergleich der errechneten Komponenten der Vektoren $\mathfrak{y}_1^*(0)$, $\mathfrak{y}_2^*(0)$ und $\varphi_2^*(l_2/l_c)$ mit denen im Rechenschema R 4.1 vom Abschn. 3.4.2.2 zeigt vollkommene Übereinstimmung in den Werten und Vorzeichen.

3.4.4 Sonderfall: Durchlaufträger auf festen Stützen

3.4.4.1 Theorie

3.4.4.1.1 Feldmatrix

Sowohl beim Kraftgrößen- wie auch beim Deformationsverfahren bestehen vereinfachte exakte Verfahren für die Berechnung von Durchlaufträgern (z. B. CLAPEYRONsche Gleichungen, Festpunktverfahren, Traversenmethode usw.). Auch nach dem Reduktionsverfahren kann man die Berechnung solcher Träger wesentlich verkürzen. An jeder Stütze treten nämlich die gleichen Bedingungen $w = \text{const}$ auf. Dadurch ist es möglich, mit Hilfe der Durchbiegung w die dazu gehörende konjugierte Größe Q aus den Gln. (5a) zu eleminieren. Die Gln. (5a) lauten ausführlich:

$$\left.\begin{aligned} w_k(l_k) &= 1\cdot w_k(0) - l_k\,\varphi_k(0) + \frac{l_k^2}{2EI_k}\, M_k(0) + \frac{l_k^3}{6EI_k}\, Q_k(0) + w_{k0}(l_k) \\ \varphi_k(l_k) &= \qquad\qquad + \varphi_k(0) - \frac{l_k}{EI_k}\, M_k(0) - \frac{l_k^2}{2EI_k}\, Q_k(0) + \varphi_{k0}(l_k) \\ M_k(l_k) &= \qquad\qquad\qquad\qquad + M_k(0) + l_k\, Q_k(0) + M_{k0}(l_k) \\ Q_k(l_k) &= \qquad\qquad\qquad\qquad\qquad\qquad + Q_k(0) + Q_{k0}(l_k) \\ 1 &= \qquad\qquad\qquad\qquad\qquad\qquad\qquad\qquad 1 \end{aligned}\right\}.$$

Die erste Gleichung wird nach $Q_k(0)$ aufgelöst:

$$Q_k(0) = \frac{6EI_k}{l_k^3}[w_k(l_k) - w_k(0)] + \frac{6EI_k}{l_k^2}\varphi_k(0) - \frac{3}{l_k}M_k(0) - \frac{6EI_k}{l_k^3}w_{k0}(l_k). \tag{20}$$

$Q_k(0)$ in die zweite und dritte Gleichung eingesetzt, gibt das neue Gleichungssystem

$$\left.\begin{aligned}\varphi_k(l_k) &= -2\varphi_k(0) + \frac{l_k}{2EI_k}M_k(0) + \frac{3}{l_k}(w_k(0) - w_k(l_k)) + \frac{3}{l_k}w_{k0}(l_k) + \varphi_{k0}(l_k)\\ M_k(l_k) &= \frac{6EI_k}{l_k}\varphi_k(0) - 2M_k(0) + \frac{6EI_k}{l^2}(w_k(l_k) - w_k(0)) - \frac{6EI_k}{l_k}w_{k0}(l_k) + M_{k0}(l_k)\\ 1 &= 1\end{aligned}\right\}$$

Wegen

$$w_{k-1}(l_{k-1}) = w_k(l_k = 0) = w_{k-1} \tag{21}$$

(s. Abb. 40) läßt sich dieses Gleichungssystem in Matrizenform so schreiben:

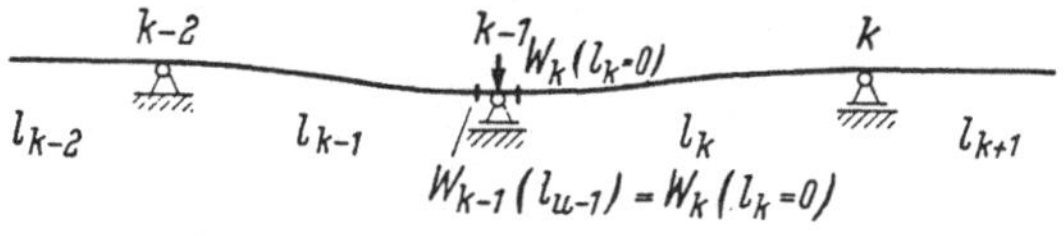

Abb. 40

$$\begin{bmatrix}\varphi_k(l_k)\\ M_k(l_k)\\ 1\end{bmatrix} = \begin{bmatrix}-2 & +\frac{l_k}{2EI_k} & \frac{3}{l_k}(w_{k-1} - w_k) + \bar{\varphi}_{k0}(l_k)\\ \frac{6EI_k}{l_k} & -2 & \frac{6EI_k}{l_k^2}(w_k - w_{k-1}) + \bar{M}_{k0}(l_k)\\ 0 & 0 & 1\end{bmatrix}\begin{bmatrix}\varphi_k(0)\\ M_k(0)\\ 1\end{bmatrix}. \tag{22}$$

Darin bedeuten die Abkürzungen

$$\left.\begin{aligned}\bar{\varphi}_{k0}(l_k) &= \frac{3}{l_k}w_{k0}(l_k) + \varphi_{k0}(l_k)\\ \bar{M}_{k0}(l_k) &= -\frac{6EI_k}{l_k^2}w_{k0}(l_k) + M_{k0}(l_k)\end{aligned}\right\}. \tag{22a}$$

Für Gl. (22) lautet die Kurzform

$$\mathfrak{y}_k(l_k) = \mathfrak{F}_{dk}\,\mathfrak{y}_k(0), \tag{22b}$$

worin $\mathfrak{F}_{dk}$ die Feldmatrix des Feldes k für Durchlaufträger auf festen Stützen ist.

$$\mathfrak{F}_{dk} = \begin{bmatrix}-2 & \frac{l_k}{2EI_k} & \frac{3}{l_k}(w_{k-1} - w_k) + \bar{\varphi}_{k0}(l_k)\\ \frac{6EI_k}{l_k} & -2 & \frac{6EI_k}{l_k^2}(w_k - w_{k-1}) + \bar{M}_{k0}(l_k)\\ 0 & 0 & 1\end{bmatrix}. \tag{22c}$$

Matrizen-Gl. (22) ist die um die Ordnung 2 erniedrigte Gl. (5). Sie drückt den linearen Zusammenhang zwischen den Verdrehungen und Momenten am linken und rechten Feldende des Feldes l_k aus. Die Stützenbedingungen $w_k = \text{const}$ erscheinen in der Lastspalte und bereiten keinerlei zusätzliche Schwierigkeiten.

3.4.4.1.2 Punktmatrix

Für den Übergang über die Stütze k gelten analog zu Gl. (7) folgende Beziehungen

$$\left.\begin{aligned} \varphi_{k+1}(0) &= \varphi_k(l_k) + \varphi_k^s \\ M_{k+1}(0) &= -K_k\,\varphi_k(l_k) + M_k(l_k) + M_k^s \\ 1 &= 1 \end{aligned}\right\} \tag{23}$$

oder als Matrizengleichung geschrieben:

$$\begin{Vmatrix} \varphi_{k+1}(0) \\ M_{k+1}(0) \\ 1 \end{Vmatrix} = \begin{Vmatrix} 1 & 0 & \varphi_k^s \\ -K_k & 1 & M_k^s \\ 0 & 0 & 1 \end{Vmatrix} \begin{Vmatrix} \varphi_k(l_k) \\ M_k(l_k) \\ 1 \end{Vmatrix} \tag{24}$$

und noch kürzer

$$\mathfrak{y}_{k+1}(0) = \mathfrak{U}_{dk}\,\mathfrak{y}_k(l_k). \tag{24a}$$

Darin ist $\mathfrak{U}_{dk}$ die Punktmatrix an der Stütze k für den Durchlaufträger auf festen Stützen:

$$\mathfrak{U}_{dk} = \begin{Vmatrix} 1 & 0 & \varphi_k^s \\ -K_k & 1 & M_k^s \\ 0 & 0 & 1 \end{Vmatrix}. \tag{24b}$$

Setzt man in Gl. (24a) die Gl. (22b) ein, so ergibt sich

$$\mathfrak{y}_{k+1}(0) = \mathfrak{U}_{dk}\,\mathfrak{F}_{dk}\,\mathfrak{y}_k(0). \tag{24c}$$

Diese Gleichung drückt den linearen Zusammenhang zwischen den Momenten und Verdrehungen unmittelbar rechts von Stütze $k-1$ und unmittelbar rechts von Stütze k aus.

Der Rechnungsgang ist also der gleiche wie der beim beliebig gestützten Durchlaufträger (Schema 11 bzw. 12). Man erhält die zu Gl. (10) analoge Gleichung

$$\mathfrak{y}_{n+1}(0) = \mathfrak{U}_{dn}\,\mathfrak{F}_{dn}\,\mathfrak{U}_{dn-1}\,\mathfrak{F}_{dn-1} \ldots \mathfrak{U}_{d2}\,\mathfrak{F}_{d2}\,\mathfrak{U}_{d1}\,\mathfrak{F}_{d1}\,\mathfrak{y}_1(0). \tag{24d}$$

Der Rechenaufwand wird allerdings wesentlich geringer, weil die verwendeten Matrizen nur von der Ordnung 2 sind.

Der Anfangsvektor hat hier die Form

$$\mathfrak{y}_1(0) = A\,\mathfrak{x}_1 + 1 \cdot \mathfrak{x}_2. \tag{25}$$

Es gibt nur noch eine Freigröße A, und zwar je nach den Randbedingungen am linken Trägerende $\varphi_1(0)$ oder $M_1(0)$. Die Freigröße kann nach Tab. 2 bestimmt werden, wenn man darin die unterdrückten konjugierten Größen $w_1(0)$ und $Q_1(0)$ wegläßt.

Auch hier kann man für den Sonderfall, daß $\varphi_k^s = 0$, Feld- und Punktmatrix zusammenfassen und bekommt die Leitmatrix

$$\mathfrak{L}_{dk} = \mathfrak{U}_{dk} \cdot \mathfrak{F}_{dk}$$

oder ausführlich

$$\mathfrak{L}_{dk} = \left\Vert \begin{array}{ccc|c} -2 & \dfrac{l_k}{2EI_k} & \dfrac{3}{l_k}(w_{k-1} - w_k) + \bar{\varphi}_{k0}(l_k) & 0 \\ \dfrac{6EI_k}{l_k} & -2 & \dfrac{6EI_k}{l_k^2}(w_k - w_{k-1}) + \overline{M}_{k0}(l_k) & -K_k \\ 0 & 0 & 1 & 1 \end{array} \right\Vert. \tag{26}$$

Darin sind

$$\bar{\varphi}_{k0}(l_k) = \frac{3}{l_k} w_{k0}(l_k) + \varphi_{k0}(l_k)$$

$$\overline{M}_{k0}(l_k) = -\frac{6EI_k}{l_k^2} w_{k0}(l_k) + M_{k0}(l_k)$$

K_k die Drehfederkonstante.

Gl. (24d) geht in diesem Falle über in

$$\mathfrak{y}_{n+1}(0) = \mathfrak{L}_{dn}\, \mathfrak{L}_{d\,n-1}\, \mathfrak{L}_{d\,n-2} \ldots \mathfrak{L}_{d2}\, \mathfrak{L}_{d1}\, \mathfrak{y}_1(0). \tag{24e}$$

3.4.4.1.3 Wiedergewinnung der unterdrückten Größen Q und w

Das konjugierte Paar Q und w ist aus dem Kern der Feldmatrix entfernt worden. Man nennt es *unterdrückt*. Es ist nun zu untersuchen, wie es sich im Bedarfsfall wiedergewinnen läßt.

Aus der 3. Zeile von Gl. (5) erhält man die Querkraft rechts neben den Feldgrenzen

$$Q_k(0) = [M_k(l_k) - M_k(0) - M_{k0}(l_k)]\,\frac{1}{l_k}. \tag{27}$$

Wenn alle Momente bekannt sind, lassen sich die Querkräfte aber auch auf andere Weise nach den allgemeinen Regeln der Statik ermitteln.

Der Verlauf der Durchbiegung w_k im Feld l_k ergibt sich schließlich aus folgenden Überlegungen:

Die erste Zeile von Gl. (5) in Abhängigkeit von der Veränderlichen x_k heißt

$$w_k(x_k) = w_k(0) - x_k\,\varphi_k(0) + \frac{x_k^2}{2EI_k} M_k(0) + \frac{x_k^3}{6EI_k} Q_k(0) + w_{k0}(x_k).$$

In diese wird für $Q_k(0)$ Gl. (20) eingesetzt, und man bekommt unter Beachtung von Gl. (21) die gesuchte Gleichung der Biegelinie

$$\begin{aligned} w_k(x_k) = &- x_k\left(1-\frac{x_k}{l_k}\right)\left[\left(1+\frac{x_k}{l_k}\right)\varphi_k(0) - \frac{x_k}{2EI_k} M_k(0)\right] \\ &+ \left[w_{k0}(x_k) + w_{k-1} + \frac{x_k^3}{l_k^3}(w_k - w_{k-1}) - \frac{x_k^3}{l_k^3} w_{k0}(l_k)\right]. \end{aligned} \tag{28}$$

Darin sind

w_k und w_{k-1}: Senkung der Stützen k und $k-1$;
$\varphi_k(0)$ und $M_k(0)$: Verdrehung und Moment am linken Feldende ($x_k = 0$);
$w_{k0}(x_k)$ und $w_{k0}(l_k)$: Belastungsgrößen nach Tab. 1 an den Stellen x_k und l_k.

3.4.4.1.4 Einführung von dimensionslosen Vergleichsgrößen

Auch bei der Berechnung des Durchlaufträgers auf festen Stützen ist es zweckmäßig, für die Zahlenrechnung die Kraft- und Deformationsgrößen mit Hilfe der Beziehungen (14) in dimensionslose Zahlen umzuformen.

Feldmatrix: $\mathfrak{F}_{dk}^*$

$$\mathfrak{F}_{dk}^* = \begin{vmatrix} -2 & \frac{1}{2}\frac{l_k}{l_c}\frac{I_c}{I_k} & +3\frac{l_c}{l_k}(w_{k-1}^* - w_k^*) + \bar{\varphi}_{k0}^*\left(\frac{l_k}{l_c}\right) \\ \frac{6I_k}{I_c}\frac{l_c}{l_k} & -2 & 6\frac{l_c^2}{l_k^2}\frac{I_k}{I_c}(w_k^* - w_{k-1}^*) + \overline{M}_{k0}^*\left(\frac{l_k}{l_c}\right) \\ 0 & 0 & 1 \end{vmatrix}. \tag{29}$$

Darin sind

$$\overline{\varphi}^*_{k0}\left(\frac{l_k}{l_c}\right) = \frac{3l_c}{l_k} w^*_{k0}\left(\frac{l_k}{l_c}\right) + \varphi^*_{k0}\left(\frac{l_k}{l_c}\right),$$

$$\overline{M}^*_{k0}\left(\frac{l_k}{l_c}\right) = -6\frac{l_c^2}{l_k^2}\frac{I_k}{I_c} w^*_{k0}\left(\frac{l_k}{l_c}\right) + M^*_{k0}\left(\frac{l_k}{l_c}\right),$$

$w^*_{k0}\left(\frac{l_k}{l_c}\right)$, $\varphi^*_{k0}\left(\frac{l_k}{l_c}\right)$ und $M^*_{k0}\left(\frac{l_k}{l_c}\right)$ sind Belastungsgrößen nach Tab. 1b.

Punktmatrix $\mathfrak{U}^*_{dk}$:

$$\mathfrak{U}^*_{dk} = \begin{bmatrix} 1 & 0 & \varphi^{*s}_k \\ -K^*_k & 1 & M^{*s}_k \\ 0 & 0 & 1 \end{bmatrix}. \tag{30}$$

Darin ist $K^*_k = K_k \frac{l_c}{EI_c}$ [nach Gl. (16b)].

Leitmatrix $\mathfrak{L}^*_{dk}$. Für $\varphi^s_k = 0$

$$\mathfrak{L}^*_{dk} = \left[\begin{array}{ccc|c} -2 & \frac{1}{2}\frac{l_k}{l_c}\frac{I_c}{I_k} & 3\frac{l_c}{l_k}(w^*_{k-1} - w^*_k) + \overline{\varphi}^*_{k0}\left(\frac{l_k}{l_c}\right) & 0 \\ \frac{6I_k}{I_c}\frac{l_c}{l_k} & -2 & 6\frac{I_k}{I_c}\frac{l_c^2}{l_k^2}(w^*_k - w^*_{k-1}) + \overline{M}^*_{k0}\left(\frac{l_k}{l_c}\right) + M^{*s}_k & -K^*_k \\ 0 & 0 & 1 & 1 \end{array}\right]. \tag{31}$$

3.4.4.2 Beispiel 4.3

Es wird noch einmal der Durchlaufträger auf festen Stützen von Beispiel 4.1, Abschn. 3.4.2.2, Abb. 35, berechnet. Die Aufgabenstellung bleibt die gleiche, ebenso werden mit denselben Vergleichsgrößen verwendet.

Anfangsvektor. In Abb. 41 sind die Randbedingungen am Träger eingezeichnet. Freigröße am linken Ende ist $M^*_1(0)$. Nach Gl. (25) lautet der Anfangsvektor

$$\mathfrak{y}^*_1(0) = M^*_1(0)\,\mathfrak{x}_1 + 1 \cdot \mathfrak{x}_2$$

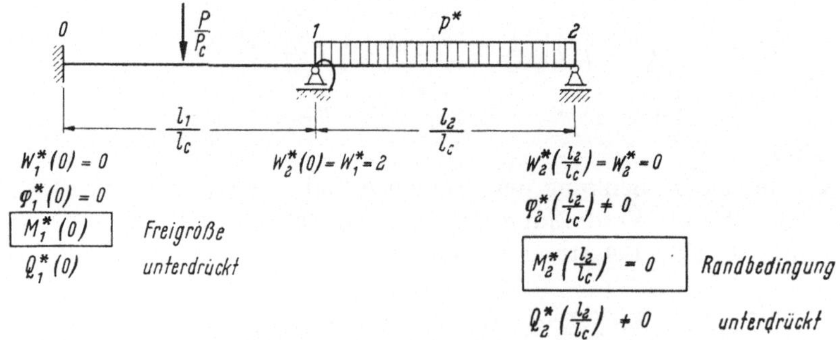

Abb. 41. Freigrößen und Randbedingungen für Beispiel 4.3

oder ausführlich

$$\mathfrak{y}^*_1(0) = \begin{bmatrix} \varphi^*_1(0) = 0 \\ M^*_1(0) \\ 1 \end{bmatrix} = \begin{bmatrix} 0 \\ 1 \\ 0 \end{bmatrix} M^*_1(0) + \begin{bmatrix} 0 \\ 0 \\ 1 \end{bmatrix} 1.$$

Leitmatrizen $\mathfrak{L}^*_{dk}$ [nach Gl. (31)]. Es sind $l_c = 1\,\text{m}$, $P_c = 6\,\text{Mp}$ und $EI_c = 6\,EI_k$. Die dimensionslosen Stützenbedingungen sind: $w^*_0 = 0$, $w^*_1 = 2$, $w^*_2 = 0$; die dimensionslose Federkonstante ist $K^*_1 = \frac{1}{3}$. Damit wird für

Feld 1:

$$\mathfrak{L}^*_{d1} = \left\{\begin{array}{ccc|c} -2 & +6 & \frac{3}{2}(0-2)+\frac{3}{2}\cdot 1-3 & 0 \\ \frac{1}{2} & -2 & \frac{1}{4}(2-0)-\frac{1}{4}\cdot 1+1 & -\frac{1}{3} \\ 0 & 0 & 1 & 0 \end{array}\right\}.$$

Belastungsgrößen nach Tab. 1b:

$$w^*_{10}\left(\frac{l_k}{l_c}\right) = \frac{P}{P_c}\,\frac{a^3}{l_c^3}\,\frac{1}{6}\,\frac{I_c}{I_1} = 1 \qquad \text{für} \quad a = 1\,\text{m}$$

$$\varphi^*_{10}\left(\frac{l_k}{l_c}\right) = -\frac{P}{P_c}\,\frac{a^2}{l_c^2}\,\frac{1}{2}\,\frac{I_c}{I_1} = -3$$

$$M^*_{10}\left(\frac{l_k}{l_c}\right) = \frac{P}{P_c}\,\frac{a}{l_c} = 1.$$

Feld 2:

$$\mathfrak{L}^*_{d2} = \left\{\begin{array}{ccc|c} -2 & +6 & \frac{3}{2}(2-0)+\frac{3}{2}\cdot 2-4 & 0 \\ \frac{1}{2} & -2 & \frac{1}{4}(0-2)+\left(-\frac{1}{2}\right)+1 & 0 \\ 0 & 0 & 1 & 0 \end{array}\right\}.$$

Belastungsgrößen nach Tab. 1b:

$$q^* = q\,\frac{l_c}{P_c} = 3\,\frac{1}{6} = \frac{1}{2}$$

$$w^*_{20}\left(\frac{l_k}{l_c}\right) = q^*\,\frac{l_2^4}{l_c^4}\,\frac{I_c}{I_2}\,\frac{1}{24} = \frac{1}{2}\,\frac{2^4}{1}\,\frac{6}{1}\,\frac{1}{24} = 2$$

$$\varphi^*_{20}\left(\frac{l_k}{l_c}\right) = -q^*\,\frac{l_2^3}{l_c^3}\,\frac{I_c}{I_2}\cdot\frac{1}{6} = -\frac{1}{2}\,\frac{2^3}{1}\,\frac{6}{6} = -4$$

$$M^*_{20}\left(\frac{l_k}{l_c}\right) = q^*\,\frac{l_2^2}{l_c^2}\,\frac{1}{2} = 1.$$

echenschema R 4.3 [nach Gl. (12a)]:

$$\begin{array}{c} M^*_1(0) \quad 1 \end{array}$$

$$\mathfrak{y}^*_1(0) = \left\{\begin{array}{cc} 0 & 0 \\ 1 & 0 \\ 0 & 1 \end{array}\right\} = \left\{\begin{array}{ccc} \varphi^*_1(0) & = & 0 \\ M^*_1(0) & = & 0{,}70\overline{45} \\ & 1 & \end{array}\right\} = \mathfrak{y}^*_1(0)$$

$$^*_{d1} = \left\{\begin{array}{ccc|c} -2 & 6 & -4{,}5 & 0 \\ 0{,}5 & -2 & 1{,}25 & -0{,}\overline{33} \\ 1{,}5 & -4 & 3{,}25+1 & 0{,}\overline{33} \end{array}\right\} \left\{\begin{array}{cc} 6 & -4{,}5 \\ -4 & 2{,}75 \\ 0 & 1 \end{array}\right\} = \left\{\begin{array}{ccc} \varphi^*_2(0) & = & -0{,}\overline{27} \\ M^*_2(0) & = & -0{,}06818 \\ & 1 & \end{array}\right\} = \mathfrak{y}^*_2(0)$$

$$^*_{d2} = \left\{\begin{array}{ccc|c} -2 & 6 & 2 & 0 \\ 0{,}5 & -2 & 0 & 0 \\ 1{,}5 & -4 & -2+1 & 0 \end{array}\right\} \left\{\begin{array}{cc} -36 & 27{,}5 \\ \boxed{11 \quad -7{,}75} \\ 0 & 1 \end{array}\right\} = \left\{\begin{array}{ccc} \varphi^*_2\left(\frac{l_2}{l_c}\right) & = & 2{,}1363 \\ \boxed{M^*_2\left(\frac{l_2}{l_c}\right) = \quad 0} \\ & 1 & \end{array}\right\} = \mathfrak{y}^*_2\left(\frac{l_2}{l_c}\right)$$

Erläuterungen zum Rechenschema. Die letzten Zeilen der Leitmatrizen werden wieder als Kontrollzeilen ausgebildet, d. h. die negativen Spaltensummen der ersten beiden Zeilen werden zur letzten addiert. Die Matrizenmultiplikationen, einschließlich der Kontrollen, können in bekannter Weise durchgeführt werden.

Aus der Randbedingung am rechten Ende $M_2^*(l_2/l_c) = 0$ (s. Abb. 41) folgt die Bestimmungsgleichung für die unbekannte Freigröße $M_1^*(0)$:

$$M_2^*\left(\frac{l_2}{l_c}\right) = 11\, M_1^*(0) - 7{,}75 = 0$$

mit der Lösung:

$$M_1^*(0) = 0{,}70\dot{4}\dot{5}.$$

Damit wird die erste Spalte der Leitmatrizen multipliziert, dann zur letzten addiert und die Summe rechts herausgeschrieben, oder man multipliziert den nun zahlenmäßig bekannten Anfangsvektor an den beiden Leitmatrizen herunter. Die Ergebnisse sind die dimensionslosen Komponenten φ^* und M^* der Zustandsvektoren $\mathfrak{y}_1^*(0)$ (rechts von Stütze 0), $\mathfrak{y}_2^*(0)$ (rechts von Stütze 1) und $\mathfrak{y}_2^*(l_2/l_c)$ (links von Stütze 2). Sie stimmen mit den Ergebnissen im Rechenschema R 4.1 von Abschn. 3.4.2.2 genau überein. Die Komponenten links von Stütze 1 bekommt man mit Gl. (23). Die unterdrückten Querkräfte lassen sich nach Gl. (27) wiedergewinnen. Auf eine weitere Berechnung dieses Beispiels wird verzichtet.

3.5 Ermittlung von Einflußlinien

3.5.1 Allgemeines

Die Bestimmung von Einflußlinien spielt in der Baustatik eine große Rolle bei beweglichen Lasten (Brücken, Kranbahnen usw.). Es werden deshalb hier zwei Verfahren angegeben, mit denen man Einflußlinien aufstellen kann.

3.5.2 Verfahren 1

3.5.2.1 Grundlagen

Bei diesem Verfahren wird eine alte Regel der Statik angewandt, die auf dem Satz von Maxwell-Betti beruht und hier als bekannt vorausgesetzt wird. Danach erhält man die Momenteneinflußlinie für eine wandernde Einzellast wie folgt: An der Stelle des Tragwerkes, für die die Einflußlinie aufgestellt werden soll, wird ein Gelenk (Momentennullpunkt) angebracht. Im Gelenk läßt man nun als Belastung ein Momentenpaar von der Größe 1 angreifen. Infolge der Belastung mit dem Momentenpaar stellt sich am Tragwerk die Biegelinie $w(x)$ ein und im Gelenk selbst tritt die Winkeldifferenz $\Delta\varphi$ auf. Die durch die Winkeldifferenz $\Delta\varphi$ dividierte Biegelinie $w(x)$ ist die gesuchte Einflußlinie.

Die Anwendung dieser Regel auf das Reduktionsverfahren bereitet keinerlei Schwierigkeiten. Beispielsweise soll an dem beliebig gestützten Durchlaufträger von Abb. 42a rechts neben der Stütze k die Einflußlinie für das Moment berechnet werden. Dazu werden rechts von Stütze k ein Gelenk und ein Momentenpaar angebracht (Abb. 42b). Das linke Moment wirkt als Knotenmoment auf Knoten K.

Es muß deshalb in der Rechnung als bekannte Sprunggröße in der Punktmatrix der Stütze k erscheinen. Sein Vorzeichen ist positiv nach der Vorzeichenregel von Abschn. 2.2. Das rechte Moment wirkt nach dieser Vorzeichenregel im negativen Richtungssinn. Es greift am linken Ende von Feld l_{k+1} an ($b = l_{k+1}$ in Tab. 1).

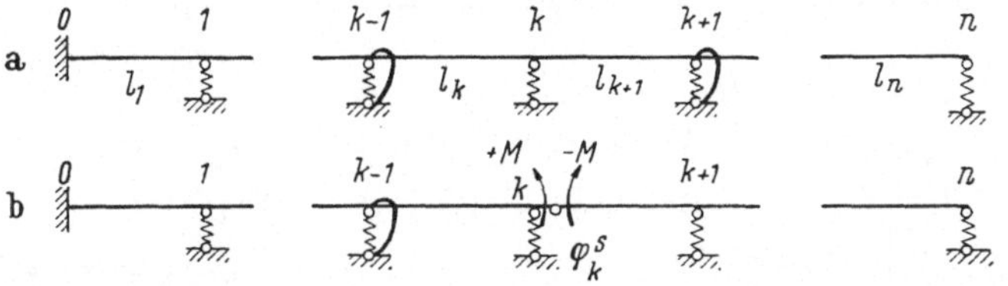

Abb. 42. Belastungsanordnung zur Ermittlung der Momenteneinflußlinien rechts neben Stütze k

Der Träger ist also zum Träger mit Zwischenbedingung geworden. Im Gelenk muß die Bedingung $M_k = 0$ erfüllt werden. Außerdem tritt an dieser Stelle die unbekannte Sprunggröße φ_k^s auf. Sie ist gleich der Winkeldifferenz $\Delta\varphi$ im Gelenk. Die Berechnung kann nach Abschn. 3.4 erfolgen.

Die Einflußlinie für das Moment ergibt sich unter Beachtung der Vorzeichenregel nach der Formel

$$M_k(0) = \frac{w(x_k)}{-\varphi_k^s} P. \tag{32}$$

Darin ist $M_k(0)$: Einflußlinie für das Moment an der Stelle $x = 0$ im Feld k;

$w(x_k)$: Biegelinie des Trägers infolge der Belastung mit dem Momentenpaar. Man erhält sie nach Gl. (4) beim beliebig gestützten Durchlaufträger oder beim Durchlaufträger auf festen Stützen nach Gl. (28);

φ_k^s: Winkeldifferenz im Gelenk, in der Berechnung als Sprunggröße in Erscheinung tretend;

P: Wandernde Einzellast. Meist wird $P = 1$ Mp gewählt.

Es genügt im allgemeinen, die Momenteneinflußlinien an den Stützen aufzustellen. Alle übrigen Einflußlinien für Feldmomente, Querkräfte und Auflagerkräfte können daraus leicht abgeleitet werden.

3.5.2.2 Beispiel 5.1

Für den Träger nach Abb. 43 soll die Einflußlinie des Momentes an der Stelle rechts neben Stütze 1 aufgezeichnet werden. Es handelt sich um einen Durchlaufträger auf festen Stützen. Deshalb wird zur Berechnung das abgekürzte Verfahren von Abschn. 3.4.4 benutzt. In Abb. 44 ist der Träger in der Form dargestellt, in der er berechnet werden muß, einschließlich Rand- und Zwischenbedingung. Es wird nach Schema (11) mit dimensionslosen Vergleichsgrößen gerechnet.

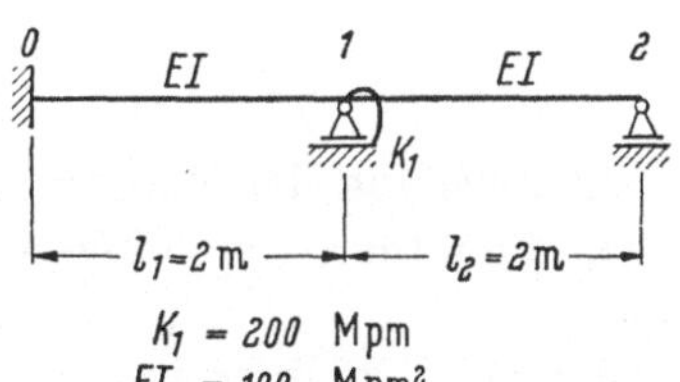

Abb. 43. Beispiel 5.1: Durchlaufträger auf drei vertikal unverschieblichen Stützen

Es sei

$$P_c = 1 \text{ Mp} \qquad l_c = 1 \text{ m} \qquad EI_c = 6\,EI.$$

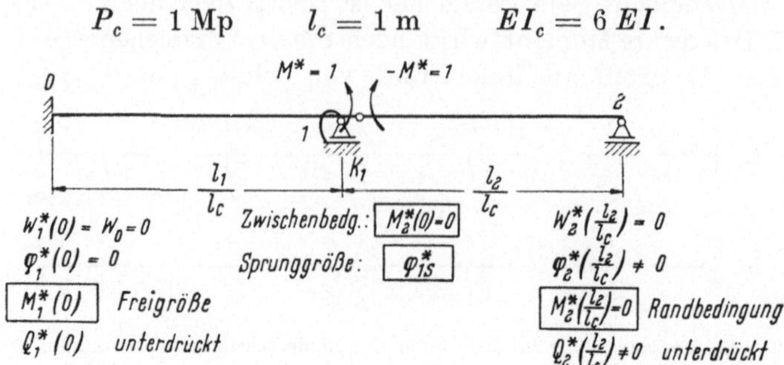

Abb. 44. Freigrößen und Randbedingungen für Beispiel 5.1

Aufstellung der Feldmatrizen nach Gl. (29)

a) Feld 1: Keine Belastung:

$$\mathfrak{F}_{d1}^{*} = \begin{bmatrix} -2 & +6 & 0 \\ 0{,}5 & -2 & 0 \\ 0 & 0 & 0 \end{bmatrix}.$$

b) Feld 2: Als Belastung wirkt am linken Feldende das Moment $M = -1$ Mpm. Die Belastungsgrößen sind daher (für $b = l_2$):

$$w_2^{*}\left(\frac{l_2}{l_c}\right) = \frac{1}{2}\,\frac{M}{P_c l_c}\,\frac{b^2}{l_c^2}\,\frac{I_c}{I} = -\frac{1}{2}\,4\cdot 6 = -12$$

$$\varphi_2^{*}\left(\frac{l_2}{l_c}\right) = -\frac{M}{P_c l_c}\,\frac{b}{l_c}\,\frac{I_c}{I} = +12$$

$$M_2^{*}\left(\frac{l_2}{l_c}\right) = -1$$

$$Q_2^{*}\left(\frac{l_2}{l_c}\right) = 0$$

$$\mathfrak{F}_{d2}^{*} = \begin{bmatrix} -2 & +6 & -6 \\ +0{,}5 & -2 & +2 \\ 0 & 0 & 1 \end{bmatrix}.$$

Aufstellung der Punktmatrix $\mathfrak{U}_{d1}^{*}$ [nach Gl. (30)]. Genaugenommen müßten zwei Punktmatrizen aufgestellt werden. Die eine müßte den Zusammenhang zwischen den Größen φ^{*} und M^{*} unmittelbar links und unmittelbar rechts neben Stütze 1 (aber links vom Gelenk) herstellen und die zweite den Übergang von links vom Gelenk zu rechts vom Gelenk. Da uns aber in diesem Falle nur die Kraft- und Deformationsgrößen links von Stütze 1 und rechts vom Gelenk interessieren, werden beide Punktmatrizen zu einer zusammengefaßt. Sprunggrößen sind die Winkeldifferenz φ_1^{*s} und das linke äußere Moment

$M = 1\,\mathrm{Mpm}\ \left(M_1^* = \frac{M}{P_c l_c} = 1\right)$. Die umgerechnete Federkonstante ist

$$K_1^* = K_1 \frac{l_c}{EI_c} = 200 \frac{1}{6 \cdot 100} = \frac{1}{3},$$

$$\mathfrak{U}_{d1}^* = \begin{bmatrix} 1 & 0 & \varphi_1^{*s} \\ -\frac{1}{3} & 1 & 1 \\ 0 & 0 & 1 \end{bmatrix}.$$

Rechenschema R 5.1

$$\begin{matrix} & M_1^*(0) & 1 \end{matrix}$$

$$\mathfrak{y}_1^*(0) = \begin{bmatrix} 0 & 0 \\ 1 & 0 \\ 0 & 1 \end{bmatrix} = \begin{bmatrix} \varphi_1^*(0) & = & 0 \\ M_1^*(0) & = & 0{,}25 \\ & 1 & \end{bmatrix} = \mathfrak{y}_1^*(0)$$

$$\mathfrak{F}_{d1}^* = \begin{bmatrix} -2 & 6 & 0 \\ 0{,}5 & -2 & 0 \\ 1{,}5 & -4 & 1 \end{bmatrix} \begin{bmatrix} 6 & 0 \\ -2 & 0 \\ 0 & 1 \end{bmatrix} = \begin{bmatrix} \varphi_1^*\left(\frac{l_1}{l_c}\right) = & 1{,}5 \\ M_1^*\left(\frac{l_1}{l_c}\right) = & -0{,}5 \\ 1 & \end{bmatrix} = \mathfrak{y}_1^*\left(\frac{l_1}{l_c}\right)$$

$$\mathfrak{U}_{d1}^* = \begin{bmatrix} 1 & 0 & \varphi_1^{*s} \\ -0{,}33 & 1 & 1 \\ -0{,}66 & -1 & -1-\varphi_1^{*s}+1 \end{bmatrix} \begin{bmatrix} 6 & \varphi_1^{*s} \\ \boxed{-4 \quad 1} \\ 0 & 1 \end{bmatrix} = \begin{bmatrix} \varphi_2^*(0) & = -4 \\ \boxed{M_2^*(0) \quad = \quad 0} \\ 1 & \end{bmatrix} = \mathfrak{y}_2^*(0)$$

$$\mathfrak{F}_{d2}^* = \begin{bmatrix} -2 & 6 & -6 \\ 0{,}5 & -2 & 2 \\ 1{,}5 & -4 & 4+1 \end{bmatrix} \begin{bmatrix} -36 & -2\varphi_1^{*s} \\ \boxed{11 \quad 0{,}5\varphi_1^{*s}} \\ 0 & 1 \end{bmatrix} = \begin{bmatrix} \varphi_2^*\left(\frac{l_2}{l_c}\right) = & 2 \\ \boxed{M_2^*\left(\frac{l_2}{l_c}\right) = \quad 0} \\ 1 & \end{bmatrix} = \mathfrak{y}_2^*\left(\frac{l_2}{l_c}\right)$$

Erläuterung zum Rechenschema. Die Rechnung verläuft in bekannter Weise, ebenso die Rechenkontrollen mit den Kontrollzeilen. Nachdem alle Matrizenmultiplikationen ausgeführt sind, können die Unbekannten $M_1^*(0)$ und φ_1^{*s} ermittelt werden. Dazu stehen uns eine Randbedingung am rechten Trägerende $M_2^*(l_2/l_c) = 0$ und eine Zwischenbedingung im Gelenk $M_2^*(0) = 0$ (s. Abb. 44) zur Verfügung. Man bekommt die Gleichungen

$$\left.\begin{aligned} M_2^*(0) &= 0 = -\,4\,M_1^*(0) + 1 \\ M_2^*\left(\frac{l_2}{l_c}\right) &= 0 = 11\,M_1^*(0) + 0{,}5\,\varphi_1^{*s} \end{aligned}\right\}$$

mit der Lösung

$$M_1^*(0) = +0{,}25$$
$$\varphi_1^{*s} \quad = -5{,}5.$$

Wir setzen die Werte in das Rechenschema ein und erhalten damit die dimensionslosen Komponenten der Zustandsvektoren $\mathfrak{y}_1^*(0)$ (rechts von Stütze 0), $\mathfrak{y}_1^*(l_1/l_c)$ (links von Stütze 1), $\mathfrak{y}_2^*(0)$ (unmittelbar rechts neben dem Gelenk) und $\mathfrak{y}_2^*(l_2/l_c)$ (links neben Stütze 2).

Faktor [nach Gl. (14)] für die Ermittlung der dimensionsrichtigen Werte:

$$\varphi = \varphi^* \frac{P_c l_c}{E I_c} = \frac{1}{600} \varphi^*$$

$$M = M^* P_c l_c = M^* \qquad [\text{Mpm}] .$$

Die dimensionsrichtigen Werte sind:

$$\begin{vmatrix} \varphi_1(0) = 0 \\ M_1(0) = 0{,}25 \text{ Mpm} \\ 1 \end{vmatrix} = \mathfrak{y}_1(0) \qquad \begin{vmatrix} \varphi_1(l_1) = \frac{1}{400} \\ M_1(l_1) = -0{,}5 \text{ Mpm} \\ 1 \end{vmatrix} = \mathfrak{y}_1(l_1)$$

$$\begin{vmatrix} \varphi_2(0) = -\frac{1}{150} \\ M_2(0) = 0 \\ 1 \end{vmatrix} = \mathfrak{y}_2(0) \qquad \begin{vmatrix} \varphi_2(l_2) = \frac{1}{300} \\ M_2(l_2) = 0 \\ 1 \end{vmatrix} = \mathfrak{y}_2(l_2) .$$

Gleichung der Biegelinie [nach Gl. (28)]

a) für Feld 1:

Gl. (28) lautet für Feld 1:

$$w_1(x_1) = -x_1\left(1 - \frac{x_1}{l_1}\right)\left[\left(1 + \frac{x_1}{l_1}\right)\varphi_1(0) - \frac{x_1}{2EI} M_1(0)\right]$$
$$+ \left[w_{10}(x_1) + w_0 + \frac{x_1^3}{l_1^3}(w_1 - w_0) - \frac{x_1^3}{l_1^3} w_{10}(l_1)\right].$$

Darin sind

$$l_1 = 2 \text{ m} \qquad \varphi_1(0) = 0$$
$$EI = 100 \text{ Mpm}^2 \qquad M_1(0) = 0{,}25 \text{ Mpm}$$
$$w_{10}(x_1) = w_{10}(l_1) = 0 \qquad w_0 = w_1 = 0$$

(keine Belastung vorhanden).

Setzt man diese Werte ein, so ergibt sich die Biegelinie für Feld 1:

$$w_1(x_1) = -x_1\left(1 - \frac{x_1}{l_1}\right)\left(-\frac{x_1}{2 \cdot 100} \frac{1}{4}\right) = \frac{1}{200}\left[\left(\frac{x_1}{l_1}\right)^2 - \left(\frac{x_1}{l_1}\right)^3\right]$$
$$= \frac{1}{200}(\xi_1^2 - \xi_1^3) \quad [\text{m}] \qquad \text{für} \qquad \frac{x_1}{l_1} = \xi_1 .$$

b) für Feld 2:

$$w_2(x_2) = -w_2\left(1 - \frac{x_2}{l_2}\right)\left[\left(1 + \frac{x_2}{l_2}\right)\varphi_2(0) - \frac{x_2}{2EI} M_2(0)\right]$$
$$+ \left[w_{20}(x_2) + w_1 + \frac{x_2^3}{l_2^3}(w_2 - w_1) - \frac{x_2^3}{l_2^3} w_{20}(l_2)\right].$$

Darin sind:

$$l_2 = 2\text{ m} \qquad \varphi_2(0) = -\frac{1}{150} \qquad w_1 = w_2 = 0$$

$$EI = 100\text{ Mpm}^2 \quad M_2(0) = 0$$

$$\left.\begin{aligned} w_{20}(x_2) &= \frac{M \cdot x_2^2}{2EI} = \frac{-1 \cdot x_2^2}{200} \\ w_{20}(l_2) &= \frac{M\,l_2^2}{2EI} = \frac{-1 \cdot 4}{200} = -\frac{1}{50} \end{aligned}\right\} \begin{array}{l}\text{Belastung mit} \\ M = -1\text{ Mpm an} \\ \text{Stelle } x_2 = 0.\end{array}$$

Mit diesen Werten erhält man die Biegelinie für Feld 2:

$$\begin{aligned} w_2(x_2) &= -x_2\left(1 - \frac{x_2}{l_2}\right)\left[\left(1 + \frac{x_2}{l_2}\right)\left(-\frac{1}{150}\right)\right] + \left[-\frac{x_2^2}{200} - \left(-\frac{x_2^3}{l_2^3}\,\frac{1}{50}\right)\right] \\ &= \frac{1}{150}\left(2\xi_2 - 3\xi_2^2 + 1\xi_2^3\right)\ [\text{m}] \quad \text{für} \quad \frac{x_2}{l_2} = \xi_2. \end{aligned}$$

Gleichung der Einflußlinie für das Moment rechts neben Stütze 1
[nach Gl. (32)]:

$$M_2(0) = -\frac{w(x)}{\varphi_1^s}\,P.$$

Darin sind:

$$\varphi_1^s = \varphi_1^{*s}\,\frac{1}{600} = -\frac{5{,}5}{600} = -\frac{11}{1200}$$

$$P = \text{Einzellast} \quad [\text{Mp}]$$

$$w(x) = \text{Biegelinien der Felder 1 und 2} \quad [\text{m}].$$

Feld 1:

$$M_1(0) = +\frac{w_1(x_1) \cdot 1200}{11}\,P = \frac{1200}{200 \cdot 11}\left(\xi_1^2 - \xi_1^3\right) P = 0{,}\overline{54}\left(\xi_1^2 - \xi_1^3\right) P \quad [\text{Mpm}].$$

Feld 2:

$$\begin{aligned} M_2(0) &= \frac{w_2(x_2) \cdot 1200}{11}\,P = \frac{1200}{150 \cdot 11}\left(2\xi_2 - 3\xi_2^2 + \xi_2^3\right) P \\ &= 0{,}\overline{72}\left(2\xi_2 - 3\xi_2^2 + \xi_3^3\right) P \quad [\text{Mpm}]. \end{aligned}$$

Diagramm für die Einflußlinie (für wandernde Einzellast $P = 1$ Mp). Die Einflußordinaten werden in den Fünftelpunkten der Felder errechnet:

Für $P = 1$ Mp

ξ	ξ^2	ξ^3	$\xi^2 - \xi^3$	$2\xi - 3\xi^2 + \xi^3$	Feld 1 $M_2(0)$ [Mpm]	Feld 2 $M_2(0)$ [Mpm]
0	0	0	0	0	0	0
0,2	0,04	0,008	0,032	0,282	0,0174	0,2094
0,4	0,16	0,064	0,096	0,384	0,0523	0,2796
0,6	0,36	0,216	0,144	0,336	0,0785	0,2443
0,8	0,64	0,512	0,128	0,192	0,0698	0,1396
1	1	1	0	0	0	0

Die Zugzone wird am Träger unten angenommen. Sämtliche Einflußwerte sind positiv und erzeugen an der positiv definierten Zugzone Druck. Das Diagramm (Abb. 45) hat somit ein negatives Vorzeichen.

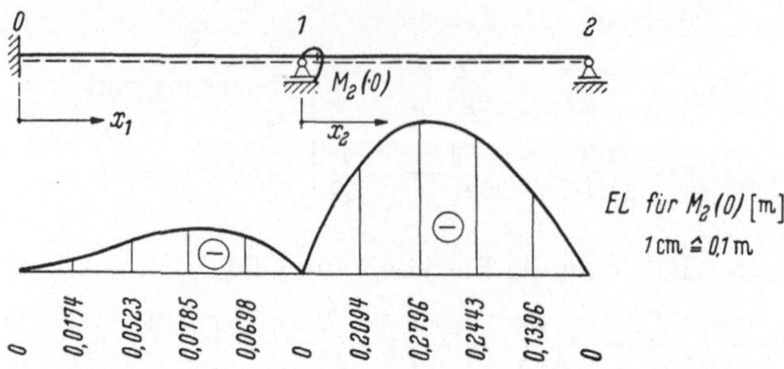

Abb. 45. Einflußlinie für das Moment $M_2(0)$, rechts neben Stütze 1

3.5.3 Verfahren 2

3.5.3.1 Grundlagen

Das Verfahren soll an Hand des Trägers von Abb. 46 erläutert werden. Auf jedes Feld k des Trägers wird eine Einzellast P_k gesetzt, die keinen festen Angriffspunkt hat, sondern über das Feld wandert. Der jeweilige Angriffspunkt wird festgelegt durch den freien Parameter x_k, der von der rechten Feldgrenze (Stütze k) bis zur Kraft zählt. Bei n Feldern hat man also n freie Parameter $x_1, x_2, \ldots, x_n$

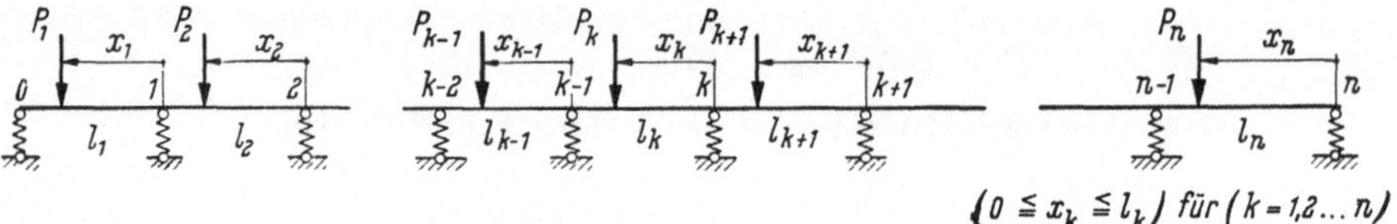

Abb. 46. Belastungsanordnung zur Ermittlung von Einflußlinien nach Verfahren 2

und n Kräfte $P_1, P_2, \ldots, P_n$, die in die Rechnung eingehen. Die weitere Berechnung wird in der üblichen Weise mit dem Rechenschema (11) oder (12a) durchgeführt. Zum Schluß erhält man die Gleichungen jeder gewünschten Einflußlinie der Kraft- und Deformationsgrößen an den Stellen unmittelbar neben den Stützen; beispielsweise die Gleichungen der Einflußlinie im Feld 1 des Momentes $M_3(0)$ an der Stelle rechts neben der Stütze 2, indem man in der Momentenkomponente des Vektors $\mathfrak{y}_3(0)$ die Kraft $P_1 = 1$ und alle übrigen $P_i = 0$ setzt. Die Gleichung in Feld 2 bekommt man, wenn $P_2 = 1$ und alle anderen $P_i = 0$ sind usw.

Dieses Verfahren ist sehr vorteilhaft, wenn an vielen Stellen des Trägers die Einflußlinien aufzustellen sind. Das Rechenschema für den Träger braucht dann nur ein einziges Mal durchgerechnet zu werden, wobei allerdings für jedes Feld k eine Last P_k und ein freier Parameter x_k mitzuführen sind. Das gibt bei vielen Feldern lange Ausdrücke in der Lastspalte.

Die Berechnung kann übersichtlicher gestaltet werden, wenn sie in Abschnitten vorgenommen wird. Man muß nämlich nicht alle Felder gleichzeitig belasten, sondern kann jedes Feld für sich berechnen. Dabei ändert sich jeweils nur die letzte Spalte (Lastspalte) im Rechenschema, und da diese Spalte unabhängig von den unbekannten Freigrößen ist, läßt sich die Lösung des Gleichungssystems so allgemein angeben, daß sie für jedes einzelne Feld benutzt werden kann.

Besonders einfach wird die Rechnung, wenn alle Felder gleiche Biegesteifigkeit und Länge haben. Dann braucht das Rechenschema nur für die Belastung des ersten Feldes durchgerechnet zu werden. Bei der Untersuchung der anderen Felder wird die letzte Spalte (Lastspalte) im Rechenschema um jeweils ein Feld weiter nach unten gerückt. Bei Beachtung der Symmetrie des Tragwerkes kann die Berechnung sogar auf das mittlere Feld beschränkt werden. Alles weitere sieht man am folgenden Beispiel.

3.5.3.2 Beispiel 5.2

Um einen Vergleich mit Verfahren 1 zu ermöglichen, wird der Träger von Abb. 43 (in Abschn. 3.5.2.2) nochmals nach diesem Verfahren berechnet. Sämtliche geometrischen Werte sowie die Aufgabenstellung werden von dort übernommen.

Zur Bestimmung der Einflußlinie wird der Angriffspunkt der wandernden Einzellast $P = 1$ Mp offengelassen. Das Belastungsschema ist in Abb. 47 angegeben.

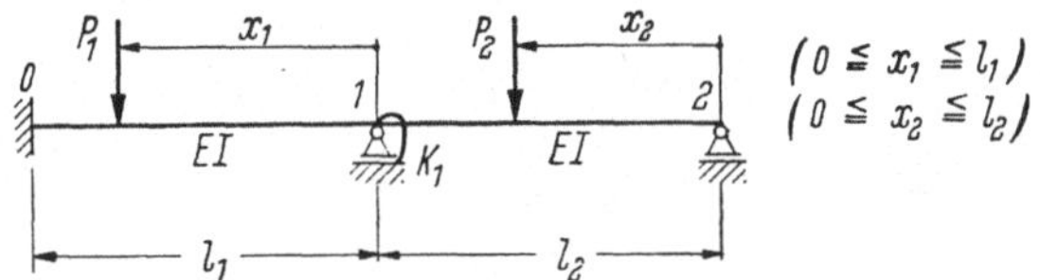

Abb. 47. Beispiel 5.2: Belastungsanordnung zur Ermittlung der Einflußlinie

geben. Auf Feld 1 wandert die Kraft P_1 mit dem freien Parameter $x_1 (0 \leqq x_1 \leqq l_1)$ und auf Feld 2 wirkt die Kraft P_2 mit $x_2 (0 \leqq x_1 \leqq l_1)$. Die Berechnung erfolgt nach dem verkürzten Verfahren von Abschn. 3.4.4 und nach dem Rechenschema (12a).

Leitmatrix $\underset{\sim}{\mathfrak{L}}^*_{d1}$ [nach Gl. (31)]:

$$\underset{\sim}{\mathfrak{L}}^*_{d1} = \left[\begin{array}{ccc|c} -2 & 6 & \frac{3}{2} P_1 x_1^3 - 3 P_1 x_1^2 & 0 \\ \frac{1}{2} & -2 & -\frac{1}{4} P_1 x_1^3 + P_1 x_1 & -\frac{1}{3} \\ 0 & 0 & 1 & 0 \end{array}\right].$$

Die Belastungsgrößen sind nach Tab. 1b für $P = P_1$ und $a = x_1$:

$$w^*_{10}\left(\frac{l_1}{l_c}\right) = \frac{1}{6} \frac{P_1}{P_c} \left(\frac{x_1}{l_c}\right)^3 \frac{I_c}{I_1} = P_1 x_1^3$$

$$\varphi^*_{10}\left(\frac{l_1}{l_c}\right) = -\frac{1}{2} \frac{P_1}{P_c} \left(\frac{x_1}{l_c}\right)^2 \frac{I_c}{I_1} = -3 P_1 x_1^2$$

$$M^*_{10}\left(\frac{l_1}{l_c}\right) = \frac{P_1}{P_c} \frac{x_1}{l_c} = P_1 x_1.$$

Diese Größen gelten auch für Feld 2, wenn der Index 1 durch 2 ersetzt wird.

Feldmatrix $\mathfrak{L}_{d2}^*$ [nach Gl. (31)]:

$$\mathfrak{L}_{d2}^* = \begin{vmatrix} -2 & 6 & \frac{3}{2} P_2 x_2^3 - 3 P_2 x_2^2 \\ \frac{1}{2} & -2 & -\frac{1}{4} P_2 x_2^3 + P_2 x_2 \\ 0 & 0 & 1 \end{vmatrix}.$$

Das Rechenschema R 5.2 wird wie üblich einschließlich der Kontrollen durchgerechnet. Die Bestimmungsgleichung für die Freigröße $M_1^*(0)$ ist

$$M_2^*\left(\frac{l_2}{l_c}\right) = 0 = 11\, M_1^*(0) + A\,.$$

Daraus folgt

$$M_1^*(0) = -\frac{A}{11}$$

als Lösung, worin

$$A = \frac{9}{4} P_1 x_1^3 - \frac{7}{2} P_1 x_1^2 - 2 P_1 x_1 - \frac{1}{4} P_2 x_2^3 + P_2 x_2\,.$$

Gleichung der Einflußlinie des Momentes $M_2^*(0)$ (rechts von Stütze 1). Die Momentenkomponente des Zustandsvektors $\mathfrak{y}_2^*(0)$ aus dem Rechenschema heißt

$$M_2^*(0) = -4\, M_1^*(0) - \frac{3}{4} P_1 x_1^3 + P_1 x_1^2 + P_1 x_1\,.$$

Mit $\quad M_1^*(0) = -\frac{A}{11}$ wird

$$M_2^*(0) = \frac{4}{11} A - \frac{3}{4} P_1 x_1^3 + P_1 x_1^2 + P_1 x_1$$

und für A der obenstehende Ausdruck eingesetzt, gibt

$$M_2^*(0) = \frac{3}{44} P_1 x_1^3 - \frac{3}{11} P_1 x_1^2 + \frac{3}{11} P_1 x_1 - \frac{1}{11} P_2 x_2^3 + \frac{4}{11} P_2 x_2\,.$$

Um jetzt die Gleichungen der Einflußlinie in den einzelnen Feldern zu bekommen, hat man in dieser Gleichung zu setzen für

Feld 1: $\quad P_1 = 1, \quad P_2 = 0,$

Feld 2: $\quad P_1 = 0, \quad P_2 = 1.$

Das gibt:

Feld 1: $\quad M_2^*(0) = \frac{3}{44} x_1^3 - \frac{3}{11} x_1^2 + \frac{3}{11} x_1 = \frac{3}{11}\left(\frac{x_1^3}{4} - x_1^2 + x_1\right),$

Feld 2: $\quad M_2^*(0) = \frac{1}{11}(4 x_2 - x_2^3).$

Zahlenwerte für die Ordinaten der Einflußlinie des Momentes $M_2(0)$ (für wandernde Einzellast $P = 1$ Mp). Die Ordinaten sind mit $P_c\, l_c$ zu multiplizieren:

$$M = M^*\, P_c\, l_c = M^*. \qquad [\text{Mpm}]$$

Es werden Werte für die Ordinaten in den Fünftelpunkten jedes der beiden Felder angegeben. Die Parameter x_1 und x_2 zählen von den Stützen aus nach links (s. Abb. 47).

Rechenschema R 5.2

$$
\begin{array}{ll}
M_1^*(0) & 1
\end{array}
$$

$$
\begin{pmatrix} 0 & 0 \\ 1 & 0 \\ 0 & 1 \end{pmatrix} = \begin{pmatrix} \varphi_1^*(0) \\ M_1^*(0) \\ 1 \end{pmatrix} = \mathfrak{y}_1^*(0)
$$

$$
\mathfrak{L}_{d1}^* = \left(\begin{array}{llll|l}
-2 & 6 & \frac{3}{2} P_1 x_1^3 - 3 P_1 x_1^2 & & 0 \\
\frac{1}{2} & -2 & -\frac{1}{4} P_1 x_1^3 & + P_1 x_1 & -\frac{1}{3} \\
\frac{3}{2} & -4 & -\frac{5}{4} P_1 x_1^3 + 3 P_1 x_1^2 & - P_1 x_1 + 1 & +\frac{1}{3}
\end{array}\right)
\begin{pmatrix} 6 & \frac{3}{2} P_1 x_1^3 - 3 P_1 x_1^2 \\ -4 & -\frac{3}{4} P_1 x_1^3 + P_1 x_1^2 + P_1 x_1 \\ 0 & 1 \end{pmatrix}
= \begin{pmatrix} \varphi_2^*(0) \\ M_2^*(0) \\ 1 \end{pmatrix} = \mathfrak{y}_2^*(0)
$$

$$
\mathfrak{L}_{d2}^* = \left(\begin{array}{llll|l}
-2 & 6 & \frac{3}{2} P_2 x_2^3 - 3 P_2 x_2^2 & & 0 \\
\frac{1}{2} & -2 & -\frac{1}{4} P_2 x_2^3 & + P_2 x_2 & 0 \\
\frac{3}{2} & -4 & -\frac{5}{4} P_2 x_2^3 + 3 P_2 x_2^2 & - P_2 x_2 + 1 & 0
\end{array}\right)
\begin{pmatrix} -36 & -\frac{15}{2} P_1 x_1^3 + 12 P_1 x_1 + 6 P_1 x_1 + \frac{3}{2} P_2 x_2^3 - 3 P_2 x_2^2 \\ \boxed{11 \quad \left[\frac{9}{4} P_1 x_1^3 - \frac{7}{2} P_1 x_1^2 - 2 P_1 x_1 - \frac{1}{4} P_2 x_2^3 + P_2 x_2\right] = A} \\ 0 \qquad\qquad 1 \end{pmatrix}
$$

$$
= \begin{pmatrix} \varphi_2^*\left(\frac{l_2}{l_c}\right) \\ \boxed{M_2^*\left(\frac{l_2}{l_c}\right) = (0)} \\ 1 \end{pmatrix} = \mathfrak{y}_2^*\left(\frac{l_2}{l_c}\right)
$$

Einflußlinie im Feld 1

x_1[m]	x_1^2	x_1^3	$\frac{x_1^3}{4} - x_1^2 + x_1$	$M_2(0)$ [Mpm]
0	0	0	0	0
0,4	0,16	0,064	0,256	0,0698
0,8	0,64	0,512	0,288	0,0785
1,2	1,44	1,728	0,192	0,0523
1,6	2,56	4,096	0,064	0,0174
2,0	4,00	8,000	0	0

Einflußlinie im Feld 2

x_2 [m]	$4x_2 - x_2^3$	$M_2(0)$ [Mpm]
0	0	0
0,4	1,536	0,1396
0,8	2,688	0,2443
1,2	3,072	0,2792
1,6	2,304	0,2094
2,0	0	0

Die Ergebnisse stimmen mit denen von Beispiel 5.1 überein.

4 Ebene offene Rahmentragwerke nach Theorie I. Ordnung

4.1 Grundlagen

4.1.1 Allgemeines

Als offene Rahmentragwerke werden die in Abb. 48 dargestellten Systeme bezeichnet. Sie sind nach allen Seiten offen, d. h. die Tragwerksstäbe bilden keine geschlossenen Vielecke. Bei der Berechnung solcher Tragwerke entstehen neue, noch nicht behandelte Probleme.

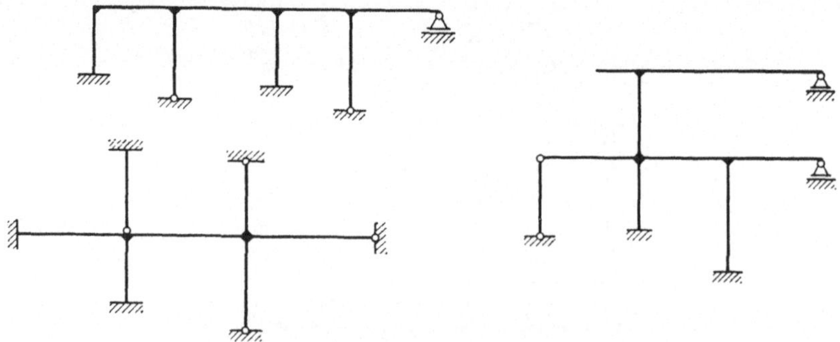

Abb. 48. Offene Rahmentragwerke

Bisher haben wir uns nur beschäftigt mit reiner Biegung in der x—z-Ebene. Jetzt tritt aber auch die Längsdehnung in x-Richtung (in Richtung der Stabachse) auf. Die Rechnung muß deshalb nicht nur mit zwei, sondern mit drei konjugierten Paaren durchgeführt werden, nämlich:

Biegung in x—z-Richtung

(M_y, φ) sowie (Q_z, w),

Längsdehnung in x-Richtung

(N, u) (Längskraft und Längsdehnung).

Für die Biegung gelten die alten Beziehungen; jedoch für das konjugierte Paar N und u sind neue Feld- und Punktmatrizen sowie Randbedingungen aufzustellen. Die Indizes bei M_y und Q_z werden wieder weggelassen.

Ein weiteres Problem ist das sog. *Anfedern* von Rahmenteilen. Die Berechnung der Rahmen erfolgt jetzt an einem sog. Hauptstrang des Tragwerkes, an den die übrigen Tragwerksteile angefedert sind. Das sieht beispielsweise beim Durchlaufrahmen von Abb. 49 folgendermaßen aus: Der horizontale durchlaufende Biegeträger wird zum Hauptstrang erklärt und die Rahmenstiele werden an ihn angefedert. Man erhält dabei, wenn die Längsdehnung der Stiele unendlich groß gesetzt wird, einen Durchlaufträger auf festen Stützen. Die Rahmenstiele sind an den Stützen ersetzt durch Drehfedern und Längsfedern. Natürlich können nicht nur einzelne Stäbe angefedert werden, sondern — wie später gezeigt wird — auch Tragwerksteile, die aus mehreren Stäben bestehen.

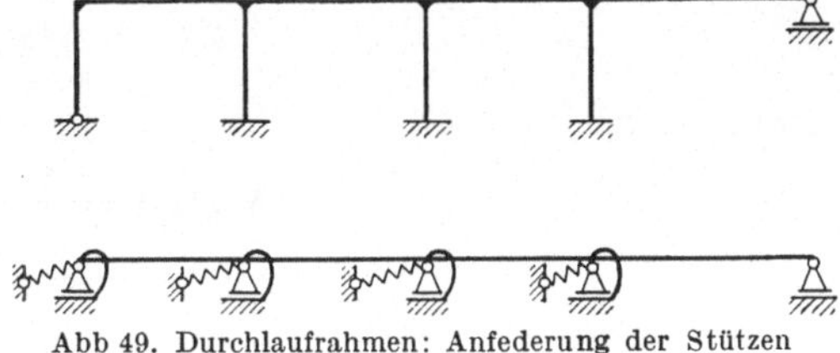

Abb 49. Durchlaufrahmen: Anfederung der Stützen

4.1.2 Längsdehnung in x-Richtung

4.1.2.1 Feldmatrix

Ausgangsgleichung für die Ableitung der Feldmatrix ist die Differentialgleichung der Längsdehnung

$$-[EF_k\, u_k'(x_k)]' = p_k(x_k).$$

In Abb. 50 sind die in Frage kommenden positiven Größen N und u in Schnitten rechts neben Stütze i und links neben Stütze k eines Stabes von der Länge l_k

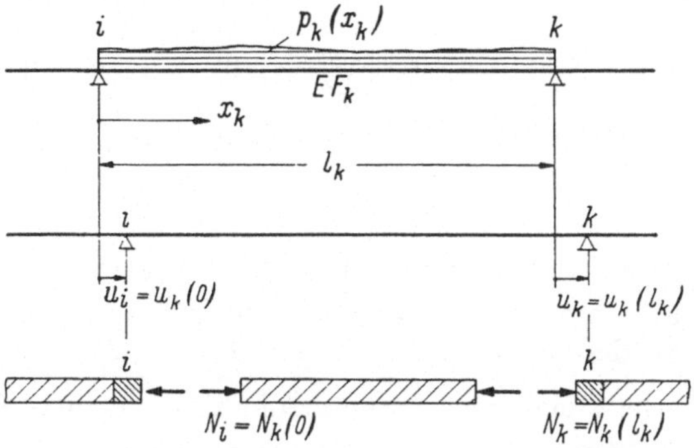

Abb. 50. Reine Längsdehnung in x-Richtung: Positive Definition der Längsbelastung $p(x)$ sowie der Randverschiebung u und der Randlängskräfte N am Stab von der Länge l_k

unter Berücksichtigung der Vorzeichendefinition von Abschn. 2.2 eingetragen. Im weiteren interessieren uns nur noch die am rechten Schnittufer wirkenden Größen.

Die allgemeine Lösung der Differentialgleichung (33) lautet unter Beachtung der Vorzeichendefinition

$$\left.\begin{aligned}
&-[EF_k\,u_k'(x_k)]' = p_k(x_k)\\
&-EF_k\,u_k'(x_k) = N_k(x_k) = \int_0^{x_k} p_k(\xi)\,d\xi + c_1 \quad = N_{k0}(x_k) + c_1\\
&-EF_k\,u_k(x_k) = - = EF_k\int_0^{x_k}\frac{N_{k0}(\xi)}{EF_k}\,d\xi + c_1\,x_k + c_2\\
&\qquad = -u_{k0}(x_k)\,EF_k + c_1\,x_k + c_2
\end{aligned}\right\}. \tag{34}$$

Darin sind

$$\left.\begin{aligned}
N_{k0}(x_k) &= \int_0^{x_k} p_k(\xi)\,d\xi\\
-u_{k0}(x_k) &= \int_0^{x_k}\frac{N_{k0}(\xi)}{EF_k}\,d\xi\\
\text{für}\quad &(0<\xi<x_k)
\end{aligned}\right\}. \tag{35}$$

Am linken Feldende gilt für $x_k = 0$ (s. Abb. 50)

$$\begin{aligned}
N_k(x_k = 0) &= N_i\\
u_k(x_k = 0) &= u_i .
\end{aligned}$$

Daraus folgt mit Gl. (34) für die Konstanten

$$\begin{aligned}
c_1 &= N_i = N_k(0)\\
c_2 &= -u_i\cdot EF_k = -u_k(0)\,EF_k .
\end{aligned}$$

Diese in Gl. (34) eingesetzt und die Gleichung etwas umgeformt, gibt

$$\left.\begin{aligned}
u_k(x_k) &= u_k(0) - \frac{x_k}{EF_k}N_k(0) + u_{k0}(x_k)\\
N_k(x_k) &= \qquad\qquad\quad N_k(0) + N_{k0}(x_k)\\
p_k(x_k) &= p(x_k)
\end{aligned}\right\}. \tag{36}$$

Darin ist der Zusammenhang zwischen Längskraft $N_i = N_k(0)$ und Längsdehnung $u_i = u_k(0)$ am linken Trägerende sowie Längskraft $N_k(x_k)$ und Längsdehnung $u_k(x_k)$ an der Stelle x_k des Trägers hergestellt.

Für $x_k = l_k$ erhält man den Zusammenhang an beiden Trägerenden:

$$\left.\begin{aligned}
u_k(l_k) &= u_k(0) - \frac{l_k}{EF_k}N_k(0) + u_{k0}(l_k)\\
N_k(l_k) &= \qquad\qquad\quad N_k(0) + N_{k0}(l_k)\\
p_k(x_k) &= p_k(x_k)
\end{aligned}\right\}. \tag{36a}$$

Die letzte Zeile wird durch $p_k(x_k)$ dividiert. Dann kann das Gleichungssystem in Matrizenform geschrieben werden

$$\begin{Bmatrix} u_k(l_k) \\ N_k(l_k) \\ 1 \end{Bmatrix} = \begin{bmatrix} 1 & -\frac{l_k}{EF_k} & +\,u_{k0}(l_k) \\ 0 & 1 & +\,N_{k0}(l_k) \\ 0 & 0 & 1 \end{bmatrix} \begin{Bmatrix} u_k(0) \\ N_k(0) \\ 1 \end{Bmatrix} \tag{37}$$

oder kurz

$$\mathfrak{y}_{uk}(l_k) = \mathfrak{F}_{uk}\,\mathfrak{y}_{uk}(0). \tag{37a}$$

In dieser Gleichung sind

$$\mathfrak{y}_{uk}(l_k) = \begin{Bmatrix} u_k(l_k) \\ N_k(l_k) \\ 1 \end{Bmatrix} \qquad \mathfrak{y}_{uk}(0) = \mathfrak{y}_{ui} = \begin{Bmatrix} u_k(0) \\ N_k(0) \\ 1 \end{Bmatrix} = \begin{Bmatrix} u_i \\ N_i \\ 1 \end{Bmatrix}$$

die Zustandsvektoren mit Längsdehnung und Längskraft als Komponenten, und es ist

$$\mathfrak{F}_{uk} = \begin{bmatrix} 1 & -\frac{l_k}{EF_k} & u_{k0}(l_k) \\ 0 & 1 & N_{k0}(l_k) \\ 0 & 0 & 1 \end{bmatrix} \tag{37b}$$

die gesuchte Feldmatrix.

In der letzten Spalte von $\mathfrak{F}_{uk}$ stehen die Belastungsglieder. Sie werden errechnet nach Gl. (35). Die durch sie definierten Zahlenwerte sind die an die rechte Feldgrenze reduzierten Belastungsfunktionen $p(x)$ und $N_{k0}(x)/EF_k$ (s. Abb. 51).

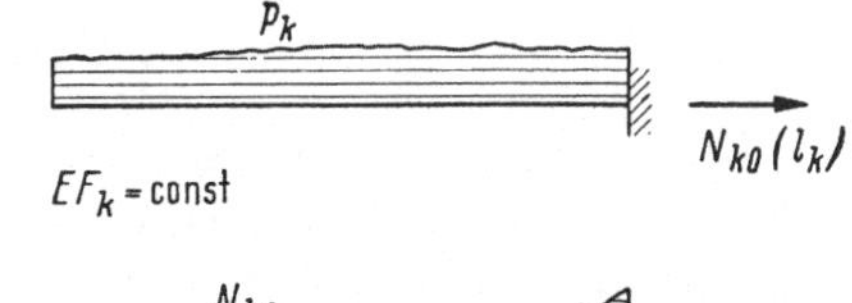

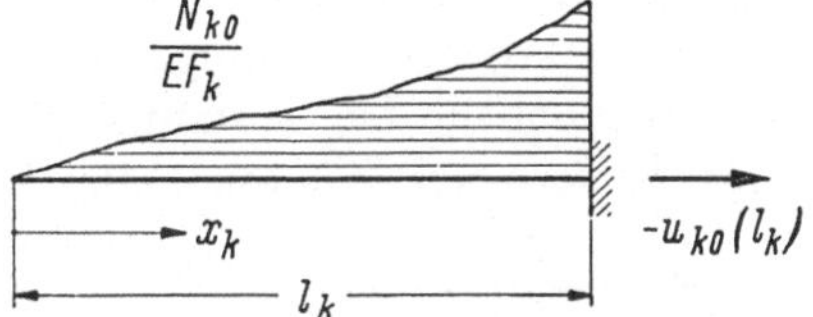

Abb. 51. Darstellung der Belastungsgrößen als an die rechte Feldgrenze reduzierte Funktion p_k und N_{k0}/EF_k

Für einige Belastungsfälle sind diese Lastgrößen in Tab. 3a angegeben.

Tabelle 3a. *Belastungsgrößen bei Längsdehnung in x-Richtung für feldweise konst. Längssteifigkeit EF_k*

	$u_{k0}(l_k)$	$N_{k0}(l_k)$
P, K, a_K	$-\frac{P\,a_k}{EF_k}$	P
p, K, l_K	$-\frac{p \cdot l_k^2}{2EF_k}$	$p\,l_k$
gleichförmige Temperaturänderung; l_K, K, t [°C]	$-\alpha_t \cdot t \cdot l_k$	0

Tabelle 3b. *Umgerechnete Belastungsgrößen bei Längsdehnung in x-Richtung für feldweise konst. Längssteifigkeit EF_k*

Vergleichsgrößen:

$u = u^* \frac{P_c l_c^3}{EI_c}$ $\quad N = N^* P_c \quad$ $p = p^* \frac{P_c}{l_c}$ $\quad P_c, l_c, I_c$ beliebig wählbar

	$u^*_{k0}\left(\frac{l_k}{l_c}\right)$	$N^*_{k0}\left(\frac{l_k}{l_c}\right)$
$\frac{P}{P_c}$, K, $\frac{a_K}{l_c}$	$-\frac{P}{P_c}\cdot\frac{a_k}{l_c}\cdot\frac{I_c}{F_k l_c^2}$	$\frac{P}{P_c}$
p^*, K, $\frac{l_K}{l_c}$	$-\frac{p^*}{2}\frac{l_k^2}{l_c^2}\frac{I_c}{F_k l_c^2}$	$p^* \frac{l_k}{l_c}$
gleichförmige Temperaturänderung, $\frac{l_K}{l_c}$, t[°C], K	$-\alpha_t t \frac{l_k}{l_c}\cdot\frac{EI_c}{P_c l_c^2}$	0

4.1.2.2 Punktmatrix $\mathfrak{U}_{uk}$

Beim Vorhandensein eines festen Lagers ($u = 0$) oder eines Längskraftnullfeldes ($N = 0$) zerfällt der Träger an dieser Feldgrenze in zwei Teile, die unabhängig voneinander berechnet werden können. Sind die Feldgrenzen Querkraftnullfelder, senkrechte Führungen oder in x-Richtung bewegliche und in y-Richtung unverschiebliche Lager, dann ändert sich an diesen Feldgrenzen weder die Längskraft (sofern am Knoten keine äußere Belastung angreift) noch die Längsverschiebung.

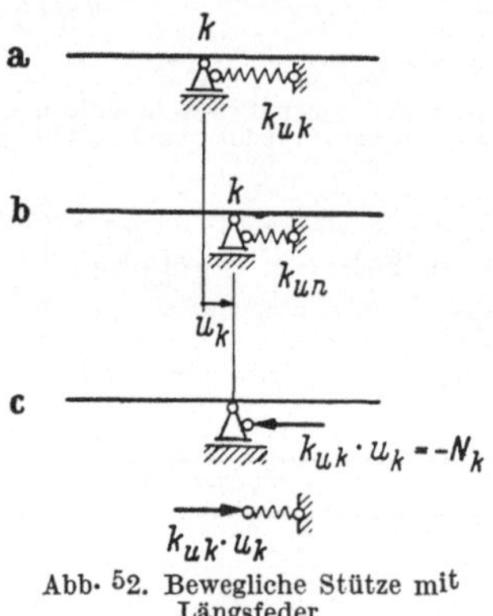

Abb. 52. Bewegliche Stütze mit Längsfeder

Beim Übergang von einem Feld zum anderen können also keine unbekannten Sprunggrößen vorkommen.

Es bleibt hier nur noch zu untersuchen, wie der Feldübergang aussieht, wenn an der Feldgrenze eine Längsfeder (nach Abb. 52) auftritt. Die Feder mit der Federkonstante k_{uk} [Mp/m] wird um die positiv definierte Strecke u_k zusammengedrückt. Die dabei auftretende Reaktion ist die Kraft $k_{uk}\cdot u_k$ (s. Abb. 52c). Diese wirkt auf den Träger von links nach rechts, also im negativen Sinn. Somit gilt

$$N_k = -k_{uk}\, u_k. \tag{38}$$

Diese Kraft muß beim Feldübergang berücksichtigt werden.

Für den Übergang von links neben Stütze k zu rechts neben Stütze k können nun folgende Gleichungen aufgestellt werden:

$$\left.\begin{aligned} u_{k+1}(0) &= u_k(l_k) \\ N_{k+1}(0) &= -k_{uk}\, u_k(l_k) + N_k(l_k) \\ 1 &= 1 \end{aligned}\right\}. \tag{39}$$

In Matrizenform geschrieben:

$$\begin{Bmatrix} u_{k+1}(0) \\ N_{k+1}(0) \\ 1 \end{Bmatrix} = \begin{Bmatrix} 1 & 0 & 0 \\ -k_{uk} & 1 & 0 \\ 0 & 0 & 1 \end{Bmatrix} \begin{Bmatrix} u_k(l_k) \\ N_k(l_k) \\ 1 \end{Bmatrix} \tag{40}$$

oder kurz

$$\mathfrak{y}_{uk+1}(0) = \mathfrak{U}_{uk}\, \mathfrak{y}_{uk}(l_k). \tag{40a}$$

Darin ist

$$\mathfrak{U}_{uk} = \begin{Bmatrix} 1 & 0 & 0 \\ -k_{uk} & 1 & 0 \\ 0 & 0 & 1 \end{Bmatrix} \tag{40b}$$

die gesuchte Punktmatrix. In Gl. (40a) wird Gl. (37a) eingesetzt, und man erhält

$$\mathfrak{y}_{uk+1}(0) = \mathfrak{U}_{uk}\, \mathfrak{F}_{uk}\, \mathfrak{y}_{uk}(0). \tag{40c}$$

Diese Gleichung entspricht der von Gl. (8c) beim auf Querkraftbiegung ohne Längskraft beanspruchten Durchlaufträger.

4.1.2.3 Zusammenhang am ganzen Träger

Der lineare Zusammenhang zwischen den Längskräften und Längsverschiebungen am linken und rechten Ende eines aus n Feldern bestehenden Trägers wird analog zu Gl. (10) durch folgende Gleichung ausgedrückt

$$\mathfrak{y}_{u,n+1}(0) = \mathfrak{U}_{un}\, \mathfrak{F}_{un}\, \mathfrak{U}_{u,n-1}\, \mathfrak{F}_{u,n-1} \ldots \mathfrak{U}_{u2}\, \mathfrak{F}_{u2}\, \mathfrak{U}_{u1}\, \mathfrak{F}_{u1}\, \mathfrak{y}_{u1}(0). \tag{41}$$

Die Untersuchung eines Trägers bei reiner Längsdehnung kann demnach in gleicher Form erfolgen wie die eines Trägers bei reiner Biegung. Man benutzt lediglich andere Matrizen.

Der Anfangsvektor hat jetzt die Form

$$\mathfrak{y}_{u1}(0) = \mathfrak{x}_1 A + \mathfrak{x}_2. \tag{42}$$

Darin ist A je nach konstruktiver Ausbildung des Lagers die Anfangskonstante $u_1(0)$ oder $N_1(0)$. Der Vektor $\mathfrak{x}_1$ ist die allgemeine Lösung der homogenen Differentialgleichung und der Vektor $\mathfrak{x}_2$ eine Partikularlösung der inhomogenen Differentialgleichung.

In Tab. 4 sind für verschiedene Stützenausbildungen die Freigröße am linken Trägerende und die Randbedingung am rechten Trägerende zusammengestellt.

Tabelle 4: *Freigrößen am linken u. Randbedingungen am rechten Trägerende für Längsdehnung in x-Richtung*

linkes Trägerende	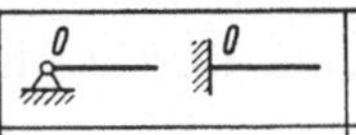	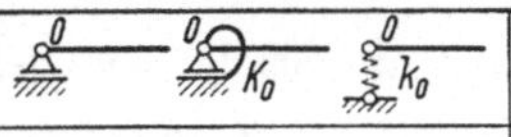	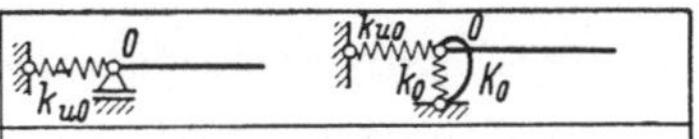
Freigrößen	$N_1(0)$	$u_1(0)$	$u_1(0)$
rechtes Trägerende	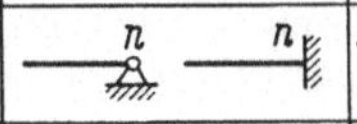	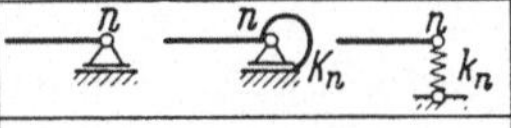	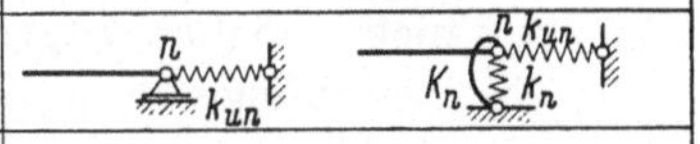
Randbedingung	$u_n(l_n) = \text{const}(=0)$	$N_n(l_n) = 0$	$N_{n+1}(0) = 0$

Die praktische Berechnung wird mit Hilfe von Rechenschema (11) oder (12a) durchgeführt. Bei Anwendung von Rechenschema (12a) kann die Produktmatrix wieder als rechteckige Leitmatrix geschrieben werden:

$$\mathfrak{L}_{uk} = \left\{\begin{array}{ccc|c} 1 & -\frac{l_k}{EF_k} & u_{k0}(l_k) & 0 \\ 0 & 1 & N_{k0}(l_k) & -k_{uk} \\ 0 & 0 & 1 & 0 \end{array}\right\}. \tag{43}$$

4.1.2.4 Einführung von dimensionslosen Vergleichsgrößen

Für die Zahlenrechnung empfiehlt sich auch hier die Verwendung dimensionsloser Vergleichsgrößen u^* und N^*. Dazu werden die Feldmatrix und die Leitmatrix mit Hilfe folgender Beziehungen umgerechnet:

$$u = u^* \frac{P_c l_c^3}{EI_c} \qquad N = N^* P_c \qquad p = p^* \frac{P_c}{l_c} \tag{44}$$

P_c, l_c, I_c sind beliebig wählbare Größen.

Umgerechnete Feldmatrix

$$\mathfrak{F}^*_{uk} = \left\{\begin{array}{ccc} 1 & -\frac{l_k}{l_c}\frac{I_c}{F_k l_c^2} & u^*_{k0}\left(\frac{l_k}{l_c}\right) \\ 0 & 1 & N^*_{k0}\left(\frac{l_k}{l_c}\right) \\ 0 & 0 & 1 \end{array}\right\}. \tag{45}$$

Umgerechnete Leitmatrix

$$\mathfrak{L}^*_{uk} = \left\{\begin{array}{ccc|c} 1 & -\frac{l_k}{l_c}\frac{I_c}{F_k l_c^2} & u^*_{k0}\left(\frac{l_k}{l_c}\right) & 0 \\ 0 & 1 & N^*_{k0}\left(\frac{l_k}{l_c}\right) & -k^*_{uk} \\ 0 & 0 & 1 & 0 \end{array}\right\}. \tag{45a}$$

Darin sind $u^*_{k0}(l_k/l_c)$ und $N^*_{k0}(l_k/l_c)$ die umgerechneten Belastungsgrößen. Sie sind in Tab. 3b zusammengestellt.

Die *umgerechnete Federkonstante* ist

$$k^*_{uk} = k_{uk} \frac{l_c^2}{EI_c}.$$

4.1.3 Anfedern von Rahmenteilen

1.1.3.1 Stiele von unverschieblichen Rahmen bei $EF = \infty$

Es handelt sich hierbei um Stiele, wie sie am Durchlaufrahmen von Abb. 53 auftreten. Unter der angegebenen Belastung verformt sich der Rahmen. Die Knoten werden dabei um die Winkel φ verdreht. Eine Verschiebung w der Knoten ist nicht möglich wegen $EF = \infty$. Die Rahmenstiele setzen der Verdrehung am Knoten infolge ihrer Biegesteifigkeit EI einen Widerstand entgegen. Ein Maß für diesen Widerstand liefern die Momente, die an jedem Stielkopf entstehen und die man sich aus zwei Anteilen zusammengesetzt denken kann:

a) Anteil, der infolge der Biegesteifigkeit EI_k des Stieles von der Länge h_k bei Verdrehung des Knotens k um den Winkel φ_k entsteht, wobei die äußere Belastung Null gesetzt ist;

b) Anteil infolge äußerer Belastung des Stieles h_k bei $\varphi_k = 0$ (geometrisch bestimmtes Hauptsystem).

Es werden eingespannte und gelenkig gelagerte Stiele untersucht. Dabei ist zu unterscheiden zwischen Stielen, die unterhalb, und Stielen, die oberhalb des Rahmenriegels liegen.

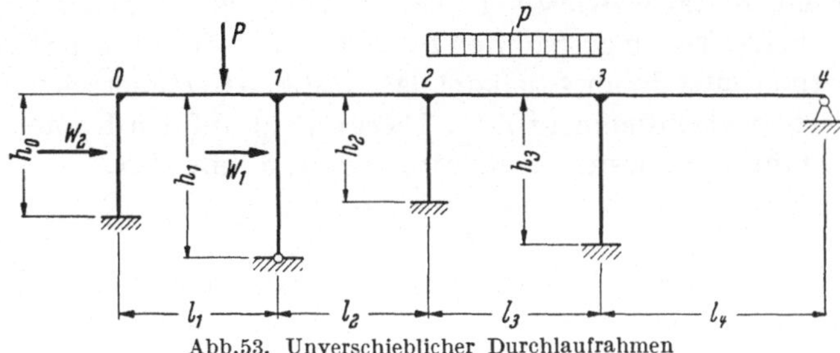

Abb.53. Unverschieblicher Durchlaufrahmen

a) Fest eingespannter Stiel, unterhalb des Rahmenriegels liegend (Abb. 54a)

Anteil der Knotenverdrehung (Abb. 54b und c). Bei einer Verdrehung des Knotens k um den positiven Winkel φ_k entsteht nach den bekannten Ansätzen des Deformationsverfahrens am Kopf eines Stieles von der Länge h_k und der Biegesteifigkeit EI_k bei Beachtung der Vorzeichendefinition von Abschn. 2.2 (linksdrehendes Moment am rechten Schnittufer und rechtsdrehendes Moment am linken Schnittufer positiv) das Stabendmoment

$$M_k^{h_k} = -\frac{4EI_k}{h_k}\varphi_k. \tag{46}$$

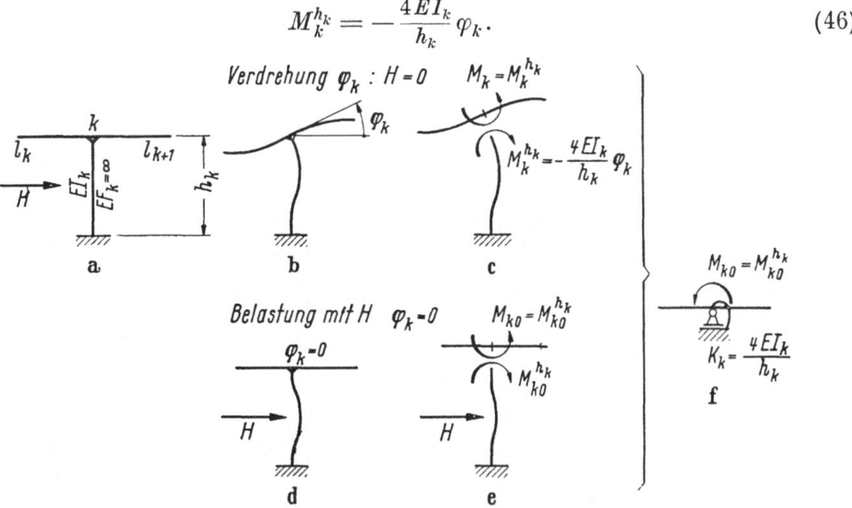

Abb. 54. Anfederung des unten fest eingespannten Stieles: Knoten k unverschieblich

Dieses Moment wirkt auf den Knoten k vom Trägerriegel im positiven Richtungssinn. Das positive Knotenmoment M_k ist somit

$$M_k = M_k^{h_k} = -\frac{4EI_k}{h_k}\varphi_k. \tag{46a}$$

Ein Vergleich dieses Momentes mit Gl. (6b) zeigt, daß $4EI_k/h_k$ als Drehfederkonstante angesehen werden kann:

$$K_k = \frac{4EI_k}{h_k}. \tag{46b}$$

Das bedeutet aber, daß der eingespannte Stiel durch ein gelenkiges, in horizontaler Richtung bewegliches Lager nach Abb. 54f, an dem eine Feder mit der Drehfederkonstanten K_k angebracht ist, ersetzt werden kann.

Anteil der horizontalen Belastung (Abb. 54d und e). Wegen $\varphi_k = 0$ wird der Stiel zu einem beidseitig eingespannten Stab. Infolge der auf den Stiel wirkenden äußeren Belastung entsteht am Stielkopf das in Abb. 54e entsprechend Abschn. 2.2 positiv definierte Stabendmoment $M_{k0}^{h_k}$. Dieses wirkt auf den Knoten k nach dem Reduktionsverfahren im positiven Richtungssinn; es gilt also

$$M_{k0} = M_{k0}^{h_k},$$

d. h. die Belastung auf den Stiel kann ersetzt werden durch das Knotenmoment, das bei beiderseitig fester Einspannung des Stieles entsteht (Abb. 54f). Die Stabend- bzw. Knotenmomente können unter Beachtung der Vorzeichendefinition von Abschn. 2.2 den bereits zitierten Tabellen entnommen werden.

b) Gelenkig gelagerter Stiel, unterhalb des Rahmenriegels liegend (Abb. 55a)

Anteil der Verdrehung φ_k (Abb. 55b und c). Die Verdrehung des Knotens bewirkt das Stabendmoment

$$M_k^{h_k} = -\frac{3EI_k}{h_k}\varphi_k. \tag{47}$$

Das Knotenmoment am Knoten k ist

$$M_k = M_k^{h_k} = -\frac{3EI_k}{h_k}\varphi_k. \tag{47a}$$

Darin ist

$$K_k = \frac{3EI_k}{h_k} \tag{47b}$$

die Drehfederkonstante.

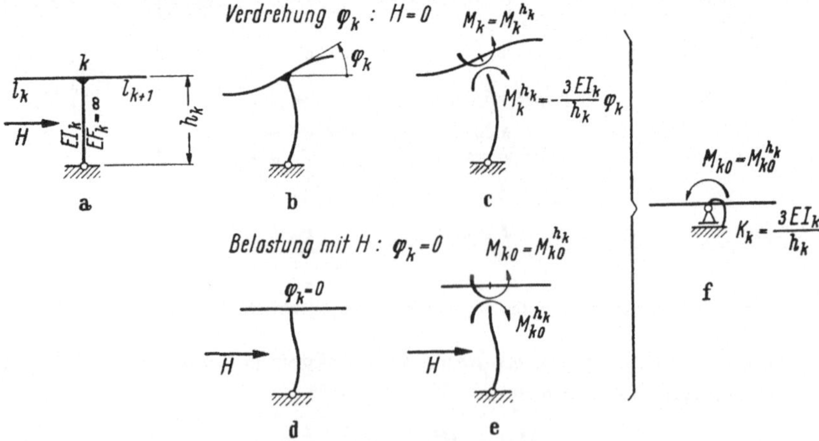

Abb. 55. Anfederung des unten gelenkig gelagerten Stieles: Knoten k unverschieblich

An Stelle des gelenkig gelagerten Stieles können also hier ebenfalls ein gelenkiges, horizontal bewegliches Lager und eine Feder mit der Drehfederkonstanten K_k (Abb. 55f) angebracht werden.

Einfluß der horizontalen Belastung (Abb. 55d bis f). Die Belastung am Stiel wird durch das bei $\varphi_k = 0$ entstehende Knotenmoment $M_{k0} = M_{k0}$ im Knoten k ersetzt. Für $\varphi_k = 0$ ist der Stiel ein einseitig eingespannter und einseitig gelenkig gelagerter Stab. Die Momente $M_{k0}^{h_k}$ infolge beliebiger Belastung sind wieder unter Beachtung der Vorzeichendefinition den bereits erwähnten Tabellen zu entnehmen.

c) Fest eingespannter Stiel, oberhalb des Rahmenriegels liegend

Abb. 56 zeigt diesen Fall getrennt für Belastung und Verdrehung φ_k. Infolge der positiven Verdrehung φ_k des Knotens k entsteht — unter Beachtung der Vorzeichendefinition — das Stabendmoment

$$M_k^{h_k} = \frac{4EI_k}{h_k}\varphi_k .$$

Auf den Knoten k des Trägerriegels wirkt dieses Moment im Uhrzeigersinn, d. h. es ist negativ. Das Knotenmoment M_k am Knoten des Trägers wird deshalb

$$M_k = -M_k^{h_k} = -\frac{4EI_k}{h_k}\varphi_k . \tag{48}$$

Darin ist

$$K_k = \frac{4EI_k}{h_k} \tag{48a}$$

die Drehfederkonstante des Stieles. Sie unterscheidet sich also nicht von der des unten eingespannten Stabes. Das Stabendmoment $M_{k0}^{h_k}$ infolge der Belastung des

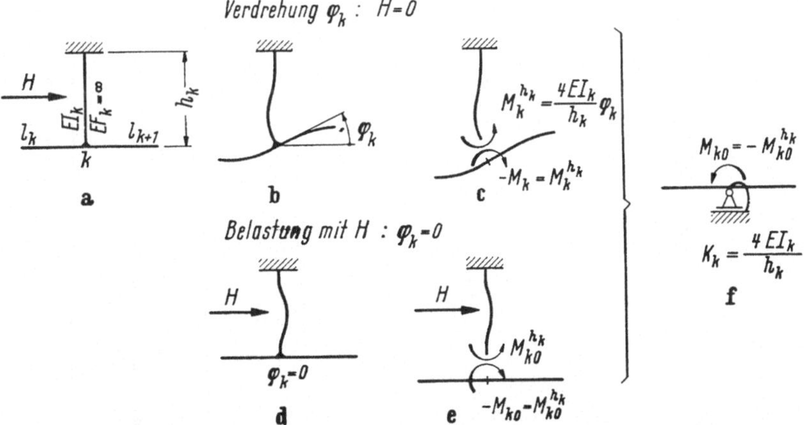

Abb. 56. Anfederung des oben fest eingespannten Stieles: Knoten k unverschieblich

Stieles wird unter Beachtung der Vorzeichendefinition am beidseitig eingespannten Stiel berechnet und wirkt bei Übertragung auf den Knoten des Trägers im negativen Sinn:

$$M_{k0} = -M_{k0}^{h_k}.$$

Der Stiel von Abb. 56a kann also ersetzt werden durch ein gelenkiges, aber horizontal bewegliches Lager, an dem eine Feder mit der Drehfederkonstanten $K_k = \frac{EI_k}{h_k}$ vorhanden ist und das Knotenmoment $M_{k0} = -M_{k0}^{h_k}$ wirkt.

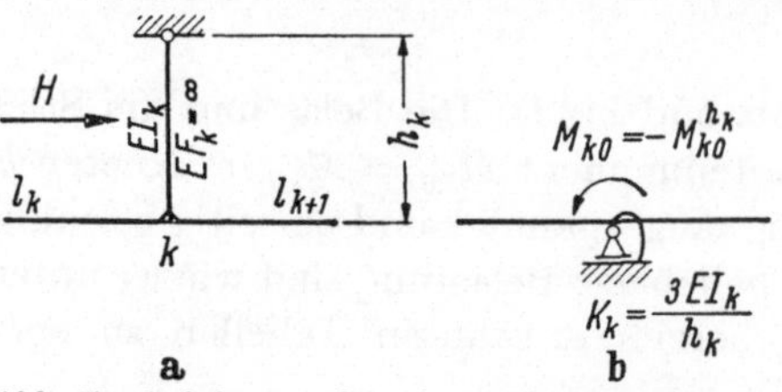

Abb. 57. Anfederung des oben gelenkig gelagerten Stieles: Knoten k unverschieblich

d) Gelenkig gelagerter Stab, oberhalb des Rahmenriegels liegend

Hier gelten die gleichen Überlegungen wie beim oben fest eingespannten Stab. Der in Abb. 57a aufgezeichnete Stiel wird ersetzt durch das Lager von Abb. 57b.

4.1.3.2 Stiele von horizontal unverschieblichen Rahmen bei Berücksichtigung der Dehnsteifigkeit EF_k der Stiele

a) Unterhalb des Rahmenriegels gelegene Stiele

Die Längssteifigkeit EF_k der Stiele wird nur selten berücksichtigt, weil ihr Einfluß in den meisten Fällen vernachlässigbar klein ist. Es soll aber trotzdem hier gezeigt werden, wie sie im Bedarfsfall in die Rechnung eingeht.

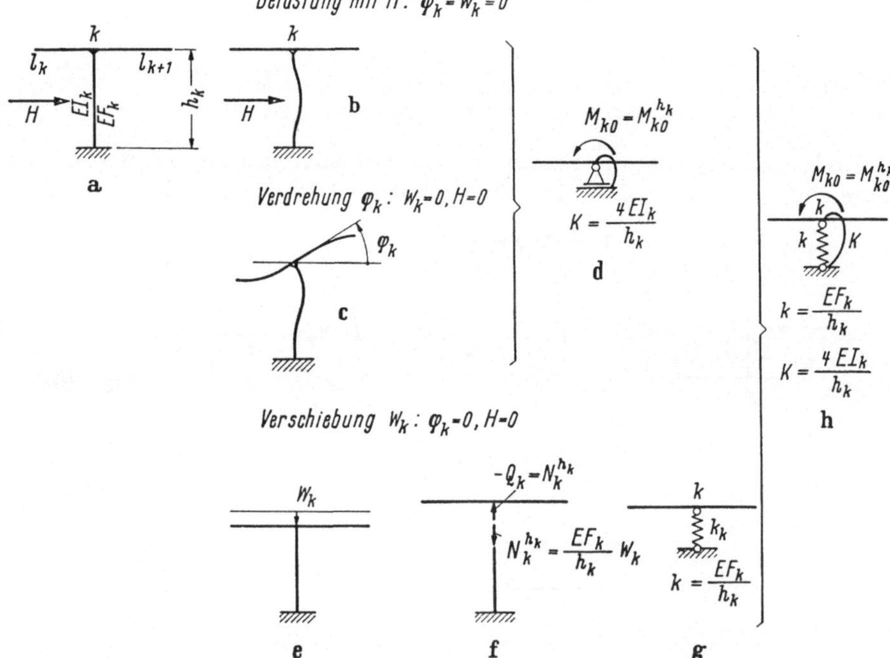

Abb. 58. Anfederung des unten fest eingespannten Stieles: Knoten k horizontal unverschieblich

Der Riegelknoten k des in Abb. 58a dargestellten Rahmenstieles kann sich bei Einwirkung der Belastung um den Winkel φ_k verdrehen und außerdem infolge der Längselastizität des Stieles um den Betrag w_k senken. Eine Verschiebung in horizontaler Richtung soll ausgeschlossen sein ($u_k = 0$). Das für die Anfederung dieses Stieles maßgebende Moment am Stielkopf besteht jetzt aus drei Anteilen, die wieder unabhängig voneinander untersucht werden können.

Der *Anteil der horizontalen Belastung* (für $\varphi_k = 0$ und $w_k = 0$) und der *Anteil der Verdrehung* φ_k (für $w_k = 0$ und Belastung gleich Null) werden genauso berücksichtigt wie im Abschn. 4.1.3.1. Nach der Anfederung bekommt man für diese beiden Anteile ein Lager nach Abb. 58d.

Anteil der Knotenverschiebung w_k (für $\varphi_k = 0$, Belastung gleich Null) (Abb. 58e bis g). Bei Verschiebung des Knotens k um den positiv definierten Betrag w_k entstehen im Schnitt am Stielkopf nach dem HOOKEschen Gesetz die Längskräfte $\frac{EF_k}{h_k} w_k = N_k^{h_k}$ (Abb. 58f), die abhängig sind von der Längssteifigkeit EF_k und der Länge h_k des Stieles. Unter Berücksichtigung der Vorzeichendefinition (nach unten wirkende Querkräfte sind positiv) wirkt auf den Knoten k die Knotenkraft

$$Q_k = -N_k^{h_k} = -\frac{EF_k}{h_k} w_k. \qquad (49)$$

Bei einer Gegenüberstellung dieser Kraft mit der von Gl. (6a) sieht man, daß EF_k/h_k der Senkfederkonstanten entspricht

$$k_k = \frac{EF_k}{h_k}. \qquad (49a)$$

Die Stütze von Abb. 58e läßt sich also durch eine Senkfeder mit der Federkonstanten k_k ersetzen (Abb. 58g). Es spielt dabei keine Rolle, ob die Stütze gelenkig oder eingespannt gelagert ist.

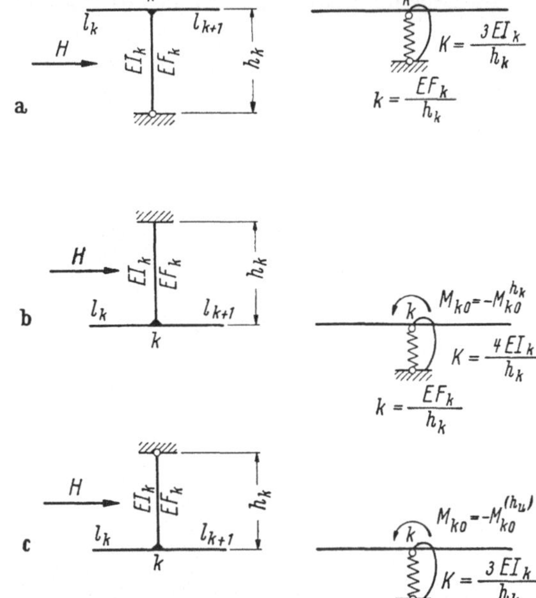

Abb. 59. Anfederung verschieden ausgebildeter Stiele bei horizontal unverschieblichem Knoten k

Nunmehr können die drei Anteile zusammengefaßt werden, und es entsteht eine elastisch senk- und drehbare Stütze nach Abb. 58h. Das an ihr angreifende Knotenmoment berücksichtigt die auf die Stütze wirkende Belastung, die Senkfederkonstante $k_k = EF_k/h_k$ die Längssteifigkeit EF_k und die Drehfederkonstante $K_k = 4\,EI_k/h_k$ die Biegesteifigkeit EI_k des Stieles.

Falls der Stiel gelenkig gelagert ist, ändert sich nur die Drehfederkonstante. Sie heißt dann $K_k = 3EI_k/h_k$ (Abb. 59a).

b) Oberhalb des Rahmenriegels gelegene Stiele

Abb. 59b zeigt die Anfederung des eingespannten Stieles und Abb. 59c die des gelenkig gelagerten Stieles.

4.1.3.3 Stiele von horizontal verschieblichen Durchlaufrahmen ($EF_{\text{Stiel}} = \infty$)

Bei verschieblichen Rahmen nach Abb. 60 können sich die Knoten um den Winkel φ verdrehen und in Richtung der Riegelachse um die Länge u verschieben. Eine vertikale Verschiebung w ist wegen $EF_{\text{Stiel}} = \infty$ nicht möglich.

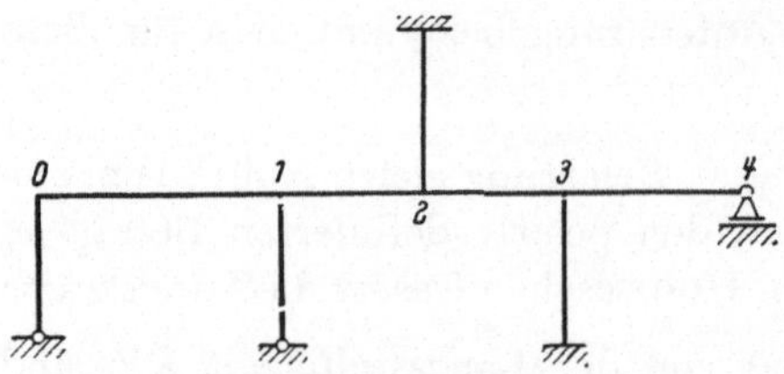

Abb. 60. Horizontal verschieblicher Durchlaufrahmen

Im folgenden wird nun untersucht, welche Kraftgrößen in Abhängigkeit von der Belastung und den Größen φ und u bei der Anfederung der Stiele am Knoten des Riegels wirken. Dabei muß wieder unterschieden werden zwischen Stielen, die unterhalb, und Stielen, die oberhalb des Trägerriegels liegen.

Eingespannter Stiel unterhalb des Rahmenriegels (Abb. 61). Die Einflüsse der Belastung, der Verschiebung u_k und der Verdrehung φ_k werden getrennt untersucht. Dazu sind in einem Schnitt am Stiel unmittelbar unterhalb des Knotens k die entsprechenden Schnittkräfte eingetragen. Die Vorzeichen ergeben sich nach Abschn. 2.2. Als rechtes Schnittufer gilt das am Knoten k.

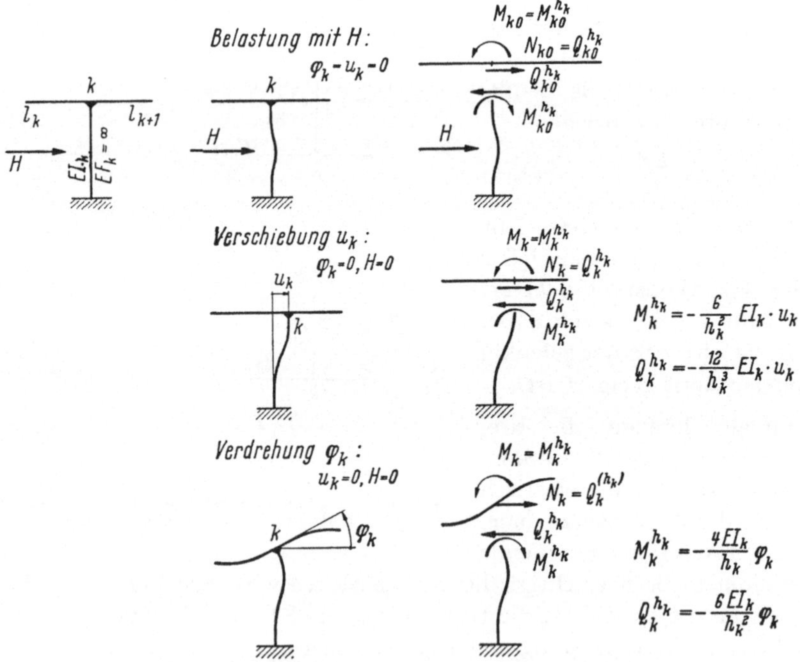

Abb. 61. Anfederung des unten eingespannten Stieles ($EF = \infty$)

Infolge der äußeren Belastung auf den Stiel entstehen im Schnitt die Kräfte $Q_{k0}^{h_k}$ und $M_{k0}^{h_k}$. Sie werden berechnet unter Beachtung der Vorzeichendefinition am beidseitig fest eingespannten Stab mit Hilfe von Tabellen. Die Schnittkräfte infolge der Verschiebung u_k und der Verdrehung φ_k bekommt man nach den bekannten Ansätzen des Deformationsverfahrens. Alle drei Einflüsse werden zusammengefaßt und man erhält:

$$\left.\begin{aligned} M_k^{h_k} &= -\frac{6}{h_k^2} EI_k \cdot u_k - \frac{4}{h_k} EI_k \varphi_k + M_{k0}^{h_k} \\ Q_k^{h_k} &= -\frac{12}{h_k^3} EI_k \cdot u_k - \frac{6}{h_k^2} EI_k \varphi_k + Q_{k0}^{h_k} \end{aligned}\right\}. \tag{50}$$

Die Kräfte $M_k^{h_k}$ und $Q_k^{h_k}$ wirken auf den Knoten k des Trägers in positiver Richtung. Sie sind deshalb identisch mit den Knotenkräfte am Rahmenriegel:

$$M_k = M_k^{h_k}, \qquad N_k = Q_k^{h_k}.$$

Gl. (50) läßt sich nun — unter Beachtung obiger Beziehung — in Matrizenform schreiben

$$\begin{Bmatrix} M_k \\ N_k \end{Bmatrix} = \begin{Bmatrix} M_k^{h_k} \\ Q_k^{h_k} \end{Bmatrix} = \left[\begin{array}{cc|c} -\frac{6EI_k}{h_k^2} & -\frac{4EI_k}{h_k} & M_{k0}^{h_k} \\ -\frac{12EI_k}{h_k^3} & -\frac{6EI_k}{h_k^2} & Q_{k0}^{h_k} \end{array}\right] \cdot \begin{Bmatrix} u_k \\ \varphi_k \\ 1 \end{Bmatrix}. \tag{50a}$$

Darin ist

$$= EI_k \begin{bmatrix} -\frac{6}{h_k^2} & -\frac{4}{h_k} \\ -\frac{12}{h_k^3} & -\frac{6}{h_k^2} \end{bmatrix} \mathfrak{C}_k^{h_k}(u_k, \varphi_k) \tag{50b}$$

die sog. Federmatrix des Stieles h_k in Abhängigkeit von den Deformationsgrößen φ_k und u_k. In ihr ist die lineare Abhängigkeit zwischen den Kraft- und Deformationsgrößen im Anschlußpunkt des Stieles an den Riegel ausgedrückt. Der Stiel von Abb. 61 läßt sich also nicht mehr durch eine einfache Senk- oder Drehfeder ersetzen, sondern die Feder ist jetzt ein komplizierteres Gebilde, das durch eine zweizeilige quadratische Matrix beschrieben wird. Das Symbol für eine solche Feder wählen wir nach Abb. 62. Die Belastung des Stieles wird wie bisher durch das Knotenmoment $M_{k0}^{h_k}$ und die Knotenkraft $Q_{k0}^{h_k}$ berücksichtigt, die als äußere Belastung am Knoten angebracht werden. Neben das Federsymbol wird die Kurzbezeichnung der Feder geschrieben, in diesem Falle $\mathfrak{C}_k(u_k, \varphi_k)$. Dadurch weiß man sofort, wie die Feder beschaffen ist. In unserem Falle zeigt das Fehlen der Durchbiegung w_k an, daß die Längssteifigkeit des Stieles $EF_k = \infty$ ist und damit der Knotenpunkt k sich in vertikaler Richtung nicht verschieben kann.

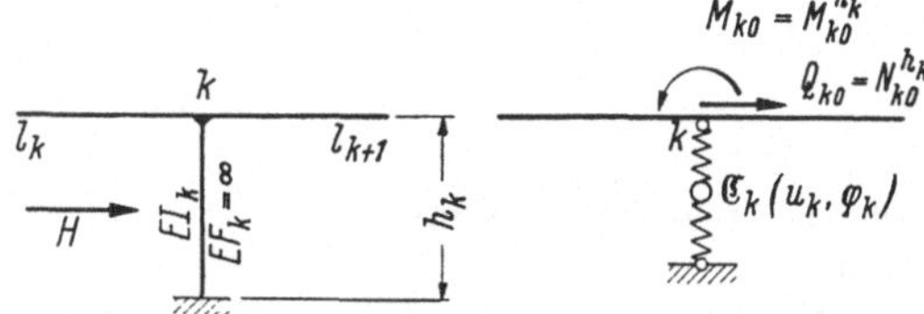

Abb. 62. Symbol für die Anfederung des Stieles

Eingespannter Stiel oberhalb des Rahmenriegels (Abb. 63). Die Untersuchung dieses Stieles erfolgt in der gleichen Weise wie die vom Stiel der Abb. 61. Rechtes Schnittufer ist das Stabende und linkes Schnittufer der Knoten. Die Schnittkräfte infolge Belastung, Verschiebung u_k und Verdrehung φ_k sind in Abb. 63 getrennt für jeden Fall dargestellt.

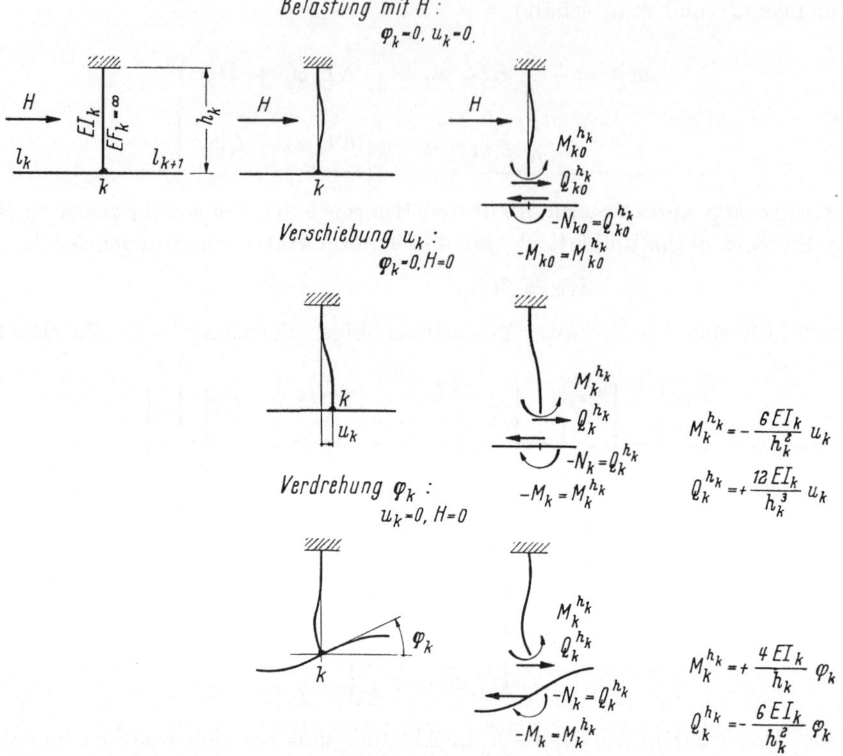

Abb. 63. Anfederung des oben eingespannten Stieles ($EF = \infty$)

Durch Superposition der einzelnen Belastungszustände folgt

$$\left.\begin{aligned} M_k^{h_k} &= -\frac{6}{h_k^2} EI_k\, u_k + \frac{4}{h_k} EI_k\, \varphi_k + M_{k0}^{h_k} \\ Q_k^{k_k} &= +\frac{12}{h_k^3} EI_k\, u_k - \frac{6}{h_k^2} EI_k\, \varphi_k + Q_{k0}^{h_k} \end{aligned}\right\} . \tag{51}$$

Bezogen auf den Knoten k am Trägerriegel wirken die Kräfte (51) im negativen Sinn.

Bei Aufstellung der Knotenkräfte müssen deshalb sämtliche Vorzeichen umgekehrt werden:

$$\left.\begin{aligned} M_k &= -M_k^{h_k} = +\frac{6}{h_k^2} EI_k\, u_k - \frac{4}{h_k} EI_k\, \varphi_k - M_{k0}^{h_k} \\ N_k &= -Q_k^{h_k} = -\frac{12}{h_k^3} EI_k\, u_k + \frac{6}{h_k^2} EI_k\, \varphi_k - Q_{k0}^{h_k} \end{aligned}\right\} \tag{51a}$$

oder in Matrizenform

$$\begin{pmatrix} M_k \\ N_k \end{pmatrix} = \begin{pmatrix} -M_k^{h_k} \\ -Q_k^{h_k} \end{pmatrix} = \left(\begin{array}{cc|c} \dfrac{6EI_k}{h_k^2} & -\dfrac{4EI_k}{h_k} & -M_{k0}^{h_k} \\ -\dfrac{12EI_k}{h_k^3} & \dfrac{6EI_k}{h_k^2} & -Q_{k0}^{h_k} \end{array}\right) \cdot \begin{pmatrix} u_k \\ \varphi_k \\ 1 \end{pmatrix} . \tag{51b}$$

Tabelle 5a. *Federmatrizen für einfeldrige Rahmenstiele* (EI_{st} = const, $EF_{st} = \infty$)

Fall a: Stiel unterhalb Riegel

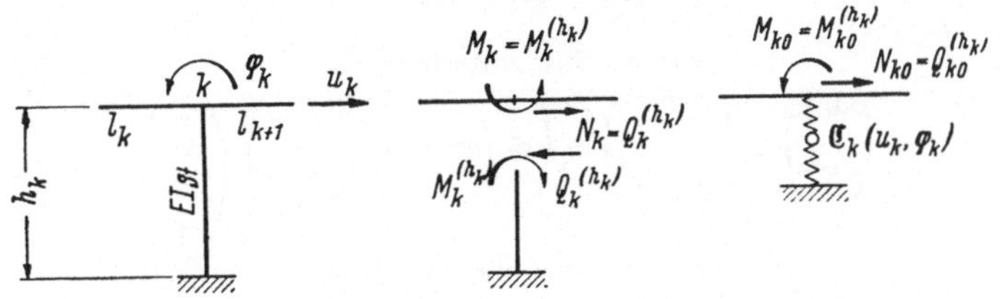

$$\begin{pmatrix} M_k \\ N_k \end{pmatrix} = \begin{pmatrix} M_k^{(h_k)} \\ Q_k^{(h_k)} \end{pmatrix} = \left(\mathfrak{C}_k(u_k, \varphi_k) \;\middle|\; \begin{matrix} M_{k0}^{(h_k)} \\ Q_{k0}^{(h_k)} \end{matrix} \right) \begin{pmatrix} u_k \\ \varphi_k \\ 1 \end{pmatrix}$$

Fall b: Stiel oberhalb Riegel

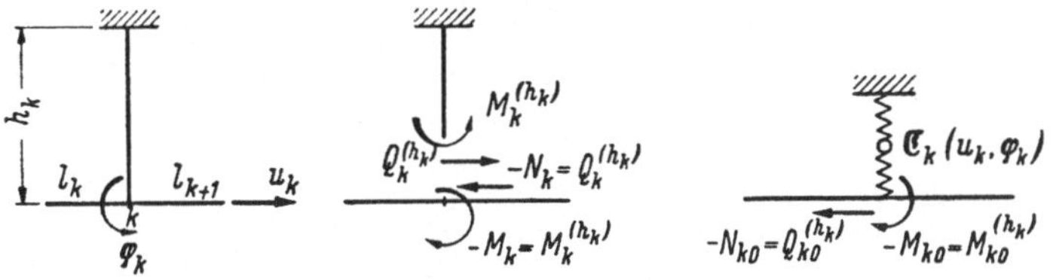

$$\begin{pmatrix} M_k \\ N_k \end{pmatrix} = \begin{pmatrix} -M_k^{(h_k)} \\ -Q_k^{(h_k)} \end{pmatrix} = \left(\mathfrak{C}_k(u_k, \varphi_k) \;\middle|\; \begin{matrix} -M_{k0}^{(h_k)} \\ -Q_{k0}^{(h_k)} \end{matrix} \right) \begin{pmatrix} u_k \\ \varphi_k \\ 1 \end{pmatrix}$$

$M_{k0}^{(h_k)}$, $Q_{k0}^{(h_k)}$: Randschnittkräfte am Knoten k des beidseitig fest eingespannten oder einseitig gelenkig gelagerten Stieles von der Länge h_k. (Vorzeichendefinition nach Abschn. 2.2)

	$\mathfrak{C}_k(u_k, \varphi_k)$		$\mathfrak{C}_k(u_k, \varphi_k)$
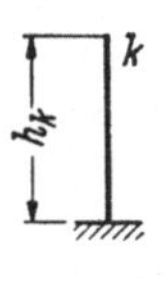	$EI_{st}\begin{pmatrix} -\frac{6}{h_k^2} & -\frac{4}{h_k} \\ -\frac{12}{h_k^3} & -\frac{6}{h_k^2} \end{pmatrix}$	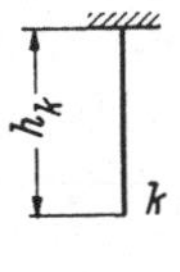	$EI_{st}\begin{pmatrix} +\frac{6}{h_k^2} & -\frac{4}{h_k} \\ -\frac{12}{h_k^3} & +\frac{6}{h_k^2} \end{pmatrix}$
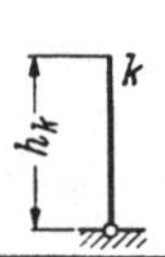	$EI_{st}\begin{pmatrix} -\frac{3}{h_k^2} & -\frac{3}{h_k} \\ -\frac{3}{h_k^3} & -\frac{3}{h_k^2} \end{pmatrix}$	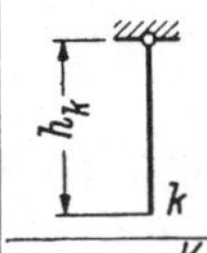	$EI_{st}\begin{pmatrix} +\frac{3}{h_k^2} & -\frac{3}{h_k} \\ -\frac{3}{h_k^3} & +\frac{3}{h_k^2} \end{pmatrix}$
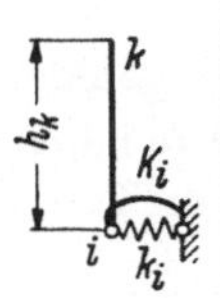	$\begin{pmatrix} 0 & -K_i \\ -k_i & 0 \end{pmatrix}$	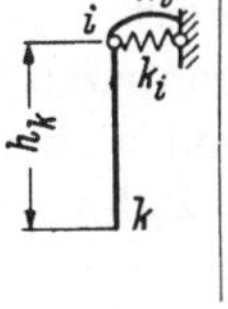	$\begin{pmatrix} 0 & -K_i \\ -k_i & 0 \end{pmatrix}$

Tabelle 5b. *Mit (14) und (44) umgerechnete Federmatrizen für einfeldrige Rahmenstiele*

$$\left(\frac{I_{st}}{I_c} = \text{const} \quad EF_{st} = \infty\right)$$

Fall a: Stiel unterhalb Riegel

$$\begin{pmatrix} M_k^* \\ N_k^* \end{pmatrix} = \begin{pmatrix} M_k^{*(h_k)} \\ Q_k^{*(h_k)} \end{pmatrix} = \left(\mathfrak{C}_k(u_k^*, \varphi_k^*) \;\middle|\; \begin{matrix} M_{k0}^{*(h_k)} \\ Q_{k0}^{*(h_k)} \end{matrix}\right) \begin{pmatrix} u_k^* \\ \varphi_k^* \\ 1 \end{pmatrix}$$

Fall b: Stiel oberhalb Riegel

$$\begin{pmatrix} M_k^* \\ N_k^* \end{pmatrix} = \begin{pmatrix} -M_k^{*(h_k)} \\ -Q_k^{*(h_k)} \end{pmatrix} = \left(\mathfrak{C}_k(u_k^*, \varphi_k^*) \;\middle|\; \begin{matrix} -M_{k0}^{*(h_k)} \\ -Q_{k0}^{*(h_k)} \end{matrix}\right) \begin{pmatrix} u_k^* \\ \varphi_k^* \\ 1 \end{pmatrix}$$

	$\mathfrak{C}_k(u_k^*, \varphi_k^*)$		$\mathfrak{C}_k(u_k^*, \varphi_k^*)$
h_k, l_c, k	$\frac{I_{st}}{I_c}\begin{pmatrix} -6\frac{l_c^2}{h_k^2} & -4\frac{l_c}{h_k} \\ -12\frac{l_c^3}{h_k^3} & -6\frac{l_c^2}{h_k^2} \end{pmatrix}$	h_k, l_c, k	$\frac{I_{st}}{I_c}\begin{pmatrix} +6\frac{l_c^2}{h_k^2} & -4\frac{l_c}{h_k} \\ -12\frac{l_c^3}{h_k^3} & +6\frac{l_c^2}{h_k^2} \end{pmatrix}$
h_k, l_c, k	$\frac{I_{st}}{I_c}\begin{pmatrix} -3\frac{l_c^2}{h_k^2} & -3\frac{l_c}{h_k} \\ -3\frac{l_c^3}{h_k^3} & -3\frac{l_c^2}{h_k^2} \end{pmatrix}$	h_k, l_c, k	$\frac{I_{st}}{I_c}\begin{pmatrix} +3\frac{l_c^2}{h_k^2} & -3\frac{l_c}{h_k} \\ -3\frac{l_c^3}{h_k^3} & +3\frac{l_c^2}{h_k^2} \end{pmatrix}$
h_k, l_c, k, i, K_i'', k_i''	$\begin{pmatrix} 0 & -K_i^* \\ -k_i^* & 0 \end{pmatrix}$	h_k, l_c, k, i, k_i'', K_i''	$\begin{pmatrix} 0 & -K_i^* \\ -k_i^* & 0 \end{pmatrix}$

Darin ist

$$\mathfrak{C}_k(u_k, \varphi_k) = EI_k \begin{vmatrix} \frac{6}{h_k^2} & -\frac{4}{h_k} \\ -\frac{12}{h_k^3} & \frac{6}{h_k^2} \end{vmatrix} \tag{51c}$$

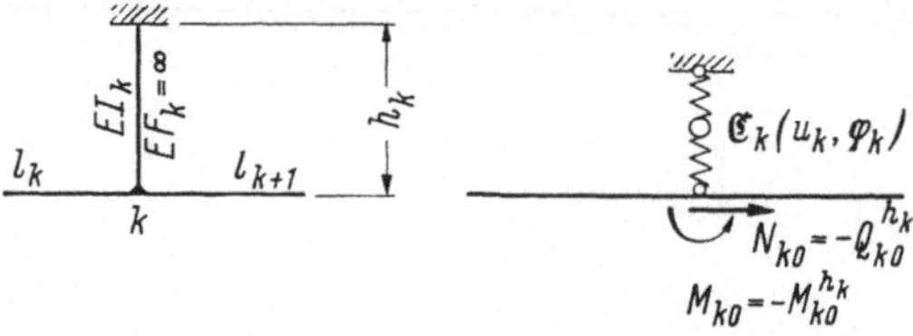

Abb. 64. Symbol für die Anfederung des Stieles

die gesuchte Federmatrix des Stieles h_k von Abb. 63 in Abhängigkeit von den Deformationsgrößen u_k und φ_k. Das Symbol für diese Feder zeigt Abb. 64. Die Belastung des Stieles wird in bekannter Weise ersetzt durch die Knotenmomente M_{k0} und die Knotenquerkräfte Q_{k0} des beidseitig eingespannten Stieles. Linksdrehende Knotenmomente und von links nach rechts wirkende Knotenquerkräfte sind dabei positiv definiert.

Es müßten noch die Federmatrizen für gelenkig angeschlossene und gefederte Stiele abgeleitet werden. Darauf wird verzichtet. In Tab. 5a sind alle möglichen Federmatrizen für einfeldrige Rahmenstiele zusammengestellt, und in Tab. 5b sind sie mit den Beziehungen (14) und (44) umgerechnet.

4.1.3.4 Stiele von horizontal verschieblichen Durchlaufrahmen bei Berücksichtigung der Dehnsteifigkeit EF_k der Stiele

Der Einfluß der Dehnsteifigkeit der Stiele kann leicht in der Rechnung berücksichtigt werden, indem zu den die Biegesteifigkeit EI_k berücksichtigenden Federn nach Tab. 5 zusätzlich elastische Senkfedern nach Gl. (49) eingeführt werden.

Zum Beispiel würde die Anfederung eines unten eingespannten, unbelasteten Stieles dann wie folgt aussehen:

$$\left.\begin{aligned} M_k &= M_k^{h_k} = EI_k\left(-\frac{6}{h_k^2}\,u_k - \frac{4}{h_k}\,\varphi_k\right) \\ N_k &= Q_k^{h_k} = EI_k\left(-\frac{12}{h_k^3}\,u_k - \frac{6}{h_k^2}\,\varphi_k\right) \end{aligned}\right\} \text{nach Tab. 5a,}$$

$$Q_k = -N_k^{h_k} = -EI_k\frac{1}{h_k}\,w_k \qquad \text{nach Gl. (49).}$$

Diese Gleichungen, in Matrizenform geschrieben, lauten:

$$\begin{Bmatrix} M_k \\ N_k \\ Q_k \end{Bmatrix} = \begin{bmatrix} 0 & -\dfrac{6EI_k}{h_k^2} & -\dfrac{4EI_k}{h_k} \\ 0 & -\dfrac{12EI_k}{h_k^3} & -\dfrac{6EI_k}{h_k^2} \\ -\dfrac{EF_k}{h_k} & 0 & 0 \end{bmatrix} \begin{Bmatrix} u_k \\ \varphi_k \\ w_k \end{Bmatrix}.$$

Darin ist die Koeffizientenmatrix die gesuchte Federmatrix $\mathfrak{C}_k(u_k, \varphi_k, w_k)$.

4.1.3.5 Federmatrizen für Tragwerksstränge

Soll der in Abb. 65a aus den Feldern 1 bis k bestehende Tragwerksstrang (im folgenden Nebenstrang genannt) an das übrigbleibende Tragwerk (im folgenden Hauptstrang genannt) angefedert werden, so muß man den Zusammenhang

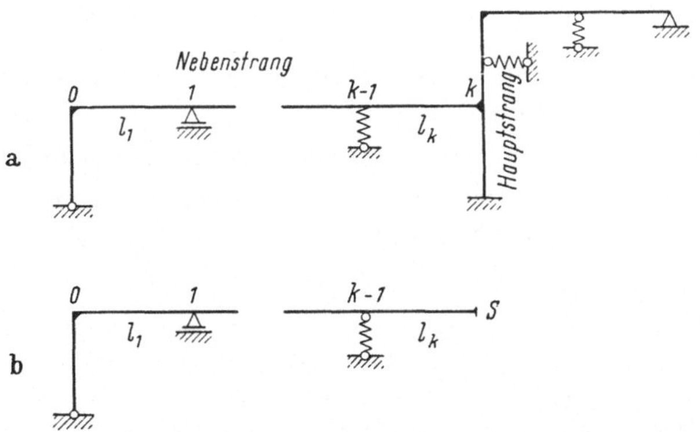

Abb. 65. Anfederung eines Tragwerksstranges

zwischen den Kraft- und Deformationsgrößen im Anschlußpunkt des Nebenstranges an den Hauptstrang untersuchen. Dazu ist der Nebenstrang unmittelbar links vom Knoten k durch einen Schnitt S vom Hauptstrang zu trennen und nach den bekannten Regeln mit Rechenschema (12a) bis zu diesem Schnitt durchzurechnen.

Im vorliegenden Fall, bei Biegung mit Längskraft, treten drei Freigrößen auf, und man bekommt folgendes Rechenschema:

$$
\begin{array}{cccccccc}
 & A_1 & A_2 & A_3 & 1 & & \\
 & \mathfrak{x}_1 & \mathfrak{x}_2 & \mathfrak{x}_3 & \mathfrak{x}_4 & \rightarrow & \mathfrak{y}_1(0) \\
\mathfrak{L}_1 & (\downarrow) & (\downarrow) & (\downarrow) & (\downarrow) & \rightarrow & \mathfrak{y}_2(0) \\
\mathfrak{L}_2 & (\downarrow) & (\downarrow) & (\downarrow) & {}_k\downarrow) & \rightarrow & \mathfrak{y}_3(0) \\
\vdots & & \vdots & \vdots & \vdots & & \\
\mathfrak{L}_{k-1} & (\downarrow) & (\downarrow) & (\downarrow) & (\downarrow) & \rightarrow & \mathfrak{y}_k(0) \\
\mathfrak{L}_k & \multicolumn{4}{|c|}{(\downarrow) \quad (\downarrow) \quad (\downarrow) \quad (\downarrow)} & \rightarrow & \mathfrak{y}_s .
\end{array}
$$

Am unteren Ende des Rechenschemas (eingerahmt) erscheint der Vektor $\mathfrak{y}_s$, dessen Komponenten noch in ihre vier Teile zerlegt sind:

$$
\begin{array}{c}
\begin{array}{cccc} A_1 & A_2 & A_3 & 1 \end{array} \\
\left(\begin{array}{c|c}
\left(\begin{array}{ccc} \times & & \times \quad \times \\ \times & \mathfrak{R} & \times \quad \times \\ \times & & \times \quad \times \end{array}\right) & \begin{array}{c} u_{s0} \\ w_{s0} \\ \varphi_{s0} \end{array} \\
\left(\begin{array}{ccc} \times & & \times \quad \times \\ \times & \mathfrak{S} & \times \quad \times \\ \times & & \times \quad \times \end{array}\right) & \begin{array}{c} M_{s0} \\ Q_{s0} \\ N_{s0} \end{array} \\
\begin{array}{ccc} 0 & & 0 \quad 0 \end{array} & 1
\end{array}\right)
\end{array}
=
\left(\begin{array}{c} u_s \\ w_s \\ \varphi_s \\ M_s \\ Q_s \\ L_s \\ 1 \end{array}\right) = \mathfrak{y}_s . \tag{52}
$$

Wir bilden die Vektoren

$\mathfrak{a} = (A_1, A_2, A_3)$	aus den Freigrößen,
$\mathfrak{d}_{s0} = (u_{s0}, w_{s0}, \varphi_{s0})$	aus den Belastungsanteilen der Komponenten der Deformationsgrößen,
$\mathfrak{d}_s = (u_s, w_s, \varphi_s)$	aus den Deformationsgrößen im Schnitt S,
$\mathfrak{k}_{s0} = (M_{s0}, Q_{s0}, N_{s0})$	aus den Belastungsanteilen der Komponenten der Kraftgrößen,
$\mathfrak{k}_s = (M_s, Q_s, N_s)$	aus den Kraftgrößen im Schnitt S,

und fassen die Koeffizienten der ersten drei Spalten der Komponenten der Deformationsgrößen zu der Matrix $\mathfrak{R}$ und die Koeffizienten der ersten drei Spalten der Komponenten der Kraftgrößen zu der Matrix $\mathfrak{S}$ zusammen.

Mit diesen Abkürzungen läßt sich Gl. (52) kürzer schreiben:

$$
\left.\begin{array}{l} \mathfrak{R} \cdot \mathfrak{a} + \mathfrak{d}_{s0} = \mathfrak{d}_s \\ \mathfrak{S} \cdot \mathfrak{a} + \mathfrak{k}_{s0} = \mathfrak{k}_s \end{array}\right\}, \tag{52a}
$$

$\mathfrak{R}$ ist immer regulär. Dadurch kann man den Vektor $\mathfrak{a}$ aus der ersten Zeile von Gl. (52a) eliminieren:

$$
\mathfrak{a} = \mathfrak{R}^{-1}(\mathfrak{d}_s - \mathfrak{d}_{s0})
$$

und in die zweite Zeile einsetzen

$$\mathfrak{k}_s - \mathfrak{k}_{s0} = \mathfrak{S} \cdot \mathfrak{R}^{-1}(\mathfrak{d}_s - \mathfrak{d}_{s0}). \tag{53}$$

$\mathfrak{R}^{-1}$ ist die Kehrmatrix von $\mathfrak{R}$.

In Gl. (53) ist der Zusammenhang zwischen den Kraft- und Deformationsgrößen im Schnitt S ausgedrückt. Ein Vergleich mit Gl. (6a) und Gl. (6b) zeigt, daß

$$\mathfrak{S}\,\mathfrak{R}^{-1} = \mathfrak{C} \tag{53a}$$

die Federmatrix des anzufedernden Stranges sein muß.

Für den hier behandelten Fall der Biegung mit Längskraft lautet Gl. (53) ausführlich geschrieben

$$\begin{pmatrix} M_s - M_{s0} \\ Q_s - Q_{s0} \\ N_s - N_{s0} \end{pmatrix} = \begin{pmatrix} c_{13} & c_{12} & c_{11} \\ c_{23} & c_{22} & c_{12} \\ c_{33} & c_{23} & c_{13} \end{pmatrix} \begin{pmatrix} u_s - u_{s0} \\ w_s - w_{s0} \\ \varphi_s - \varphi_{s0} \end{pmatrix}. \tag{53b}$$

Darin ist die Koeffizientenmatrix die Federmatrix

$$\mathfrak{C} = \mathfrak{S}\,\mathfrak{R}^{-1} = \begin{pmatrix} c_{13} & c_{12} & c_{11} \\ c_{23} & c_{22} & c_{12} \\ c_{33} & c_{23} & c_{13} \end{pmatrix}. \qquad (c_{ii} \leqq 0)$$

Die Glieder c_{ii} der Nebendiagonale müssen immer negativ oder Null werden. Außerdem ist die Federmatrix nach dem Satz von MAXWELL-BETTI stets zur Nebendiagonale symmetrisch. Diese Tatsachen können beim Aufstellen der Federmatrizen als Kontrolle benutzt werden (vergleiche hierzu Federmatrizen von Tab. 5).

4.2 Berechnung der unverschieblichen Durchlaufrahmen

4.2.1 Dehnsteifigkeit $EF = \infty$

Die Berechnung eines solchen Rahmens bietet keine Schwierigkeiten. Die Stiele werden nach Abschn. 4.1.3.1 angefedert. Es entsteht dabei ein Durchlaufträger auf festen, aber elastisch drehbaren Stützen, an dessen Knoten die Momente M_{k0} und die Längskräfte N_{k0} als Ersatz für die Belastung an den Stielen angreifen. Dieser Träger, der im folgenden Ersatzträger des Rahmens genannt wird, kann nach Abschn. 3.4.4 mit dem verkürzten Verfahren berechnet werden. Die Knotenlängskräfte N_{k0} braucht man dabei zunächst in der Rechnung nicht mitzuführen. Es tritt nur eine unbekannte Freigröße auf, und zwar, entsprechend der konstruktiven Ausbildung der Stütze, entweder $\varphi_1(0)$ oder $M_1(0)$.

Nachdem die Momente und Knotenverdrehungen am Ersatzträger bekannt sind, können dann auch die Momente an den Stielen nach den Ansätzen von Abschn. 4.1.3.1 aus den Knotenverdrehungen und der Stielbelastung ermittelt werden.

Aus den Momenten lassen sich nach den allgemeinen Regeln der Statik die Querkräfte und aus diesen die Längs- und Stützkräfte berechnen.

Zum Schluß müssen sämtliche Gleichgewichtsbedingungen an den Knoten und am ganzen Rahmen überprüft werden.

Beispiel. Für den Rahmen von Abb. 66a soll der Ersatzträger bestimmt werden. Die geometrischen Werte der Stützen unterhalb des Trägerriegels sind durch den hochgestellten Index u und die Stützen oberhalb des Trägerriegels durch den Index o von den Werten des Riegels unterschieden. Der Ersatzträger ist in Abb. 66b dargestellt.

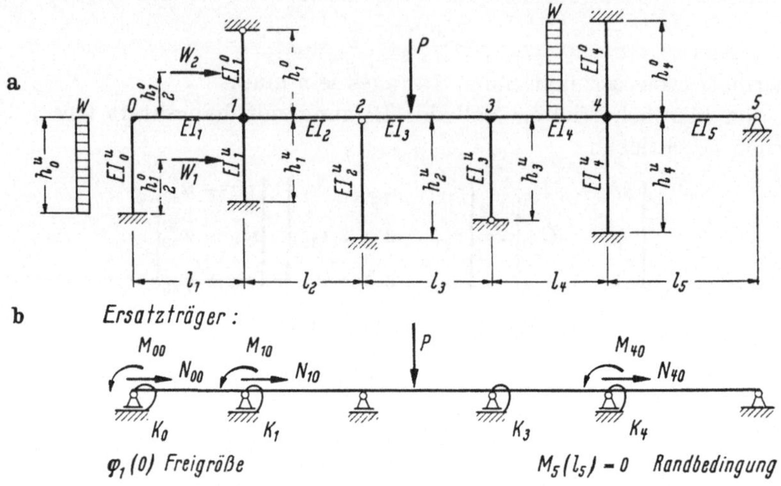

Abb. 66a u. b. Anfederung der Stiele eines horizontal unverschieblichen Durchlaufrahmens ($EF = \infty$) an den Riegelstrang

An den einzelnen Stützen ergeben sich folgende Federkonstanten K_k sowie die Knotenkräfte M_{k0} und N_{k0}:

Stütze 0:

$$K_0 = \frac{4EI_0^u}{h_0^u} \qquad M_{00} = M_{00}^u = \frac{w(h_0^u)^2}{12} \qquad N_{00} = Q_{00}^u = \frac{w \cdot h_0^u}{2}.$$

Stütze 1:

$$K_1 = K_1^u + K_1^o$$

$$K_1 = \frac{4EI_1^u}{h_1^u} + \frac{3EI_1^o}{h_1^o} \qquad M_{10} = M_{10}^u - M_{10}^o = \frac{W_1 h_1^u}{8} - \frac{3}{16} W_2 h_1^o$$

$$N_{10} = Q_{10}^u - Q_{10}^o = \frac{W_1}{2} + \frac{11}{16} W_2.$$

Stütze 2:

$$K_2 = 0 \qquad M_{20} = N_{20} = 0.$$

Stütze 3:

$$K_3 = \frac{3EI_3^u}{h_3^u} \qquad M_{30} = N_{30} = 0.$$

Stütze 4:

$$K_4 = K_4^u + K_4^o = \frac{4EI_4^u}{h_4^u} + \frac{4EI_4^o}{h_4^o} \qquad M_{40} = -M_{40}^o = -\frac{w(h_4^o)^2}{8}$$

$$N_{40} = -Q_{40}^o = \frac{5}{8} w h_4^o.$$

4.2.2 Berücksichtigung der Längssteifigkeit der Stiele ($EF_{\text{Riegel}} = \infty$)

Die Stiele des Rahmens werden nach Abschn. 4.1.3.2 an den Rahmenriegel angefedert. Es entsteht dabei als Ersatzträger ein Durchlaufträger auf elastisch senk- und drehbaren Stützen. Da die Riegellängskräfte auf den Verformungszustand des Rahmens keinen Einfluß haben, können sie zunächst wieder unterdrückt werden, so daß die Rechnung nur mit den zwei konjugierten Paaren (w, Q) und (φ, M) durchzuführen ist. Der Ersatzträger kann somit nach Abschn. 3.3 mit Hilfe der Rechenschemas (11) oder (12a) berechnet werden.

Die Ermittlung der Kraft- und Deformationsgrößen am Riegel und an den Stielen (nach Abschn. 4.1.3.2) ist nun einfach. Zum Schluß müssen alle Gleichgewichtsbedingungen erfüllt sein.

Beispiel. Vom Rahmen nach Abb. 67a soll der Ersatzträger ermittelt werden. Der Ersatzträger ist in Abb. 67b dargestellt. Die Federkonstanten K_k und k_k sowie die Knotenkräfte M_{k0} und N_{k0} an den Stützen ergeben sich wie folgt:

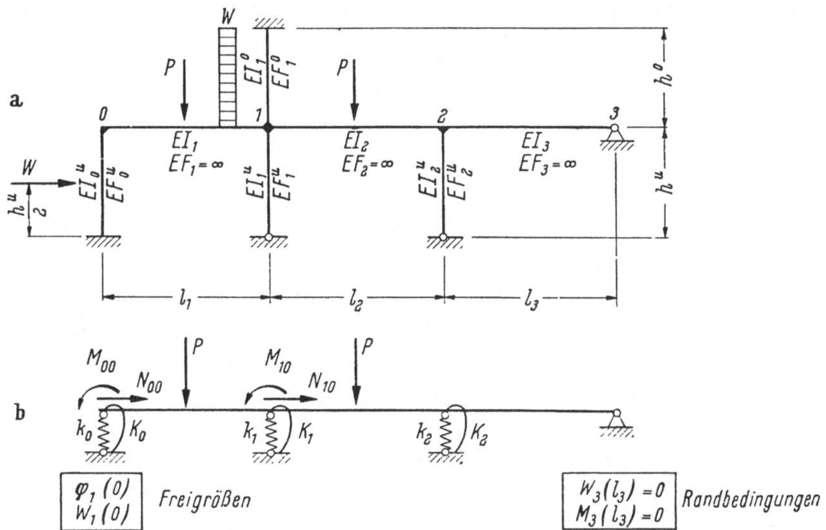

Abb. 67. Anfederung der Stiele eines horizontal unverschieblichen Durchlaufrahmens an den Riegelstrang bei Berücksichtigung der Längssteifigkeit EF_k der Stiele

Stütze 0:

$$K_0 = \frac{4EI_0^u}{h^u} \qquad M_{00} = M_{00}^u = \frac{Wh^u}{8}$$

$$k_0 = \frac{EF_0^u}{h^u} \qquad N_{00} = Q_{00}^u = \frac{W}{2}.$$

Stütze 1:

$$K_1 = K_1^u + K_1^o = \frac{3EI_1^u}{h^u} + \frac{4EI_1^o}{h^o} \qquad M_{10} = -M_{10}^o = -\frac{w(h^o)^2}{12}$$

$$k_1 = k_1^u + k_1^o = \frac{EF_1^u}{h^u} + \frac{EF_1^o}{h^o} \qquad N_{10} = -Q_{10}^o = \frac{w\,h^o}{2}.$$

Stütze 2:

$$K_2 = \frac{3EI_2^u}{h^u} \qquad k_2 = \frac{EF_2^u}{h^u} \qquad M_{20} = N_{20} = 0.$$

4.3 Verschiebliche Durchlaufrahmen

4.3.1 Allgemeines

Verschiebliche Rahmen müssen auf Biegung in der x—z-Ebene und auf Längsdehnung in der x-Richtung untersucht werden. Die Rechnung wird an einem Ersatzträger durchgeführt, an den die Stiele des Rahmens in bekannter Weise angefedert sind.

Bei Berücksichtigung der Längssteifigkeit ist mit den drei konjugierten Paaren (w, Q), (φ, M) und (u, N) zu rechnen. Die Federmatrizen der Stiele setzen sich zusammen aus den Federmatrizen infolge der Biegesteifigkeit nach Tab. 5 und aus der Federkonstante infolge der Längssteifigkeit $k_u = \frac{EF_{k\,\mathrm{St}}}{h_k}$ (s. Abschn. 4.1.3.4). Bei $EF = \infty$ werden die Stützen des Ersatzträgers in vertikaler Richtung unverschieblich, d. h. $w_k =$ const oder Null. Auf Grund dieser Tatsache ist es möglich, wie beim Durchlaufträger auf festen Stützen die Größen w und Q zu unterdrücken und allein mit den beiden Paaren (φ, M) und (u, N) zu rechnen.

Wie schon erwähnt wird die Längssteifigkeit wegen des vernachlässigbar kleinen Einflusses auf den Verformungszustand des Tragwerkes in den meisten Fällen nicht berücksichtigt.

4.3.2 Theorie

4.3.2.1 Berücksichtigung der Dehnsteifigkeit EF_k

Feldmatrix. Für die praktische Rechnung werden stets dimensionslose Größen verwendet. Die Feldmatrix wird deshalb gleich für diese Größen aufgestellt.

Der Zusammenhang zwischen den dimensionslosen Kraft- und Deformationsgrößen am linken und rechten Ende des Feldes l_k/l_c wird beschrieben durch Gl. (15) (Biegung) und Gl. (45) (Längsdehnung). Da die Gleichungen für Biegung unabhängig von denen für die Längsdehnung sind, lassen sich alle Gleichungen neugeordnet zu einem einzigen Gleichungssystem zusammenfassen:

$$\left.\begin{aligned}
u_k^*\left(\frac{l_k}{l_c}\right) &= 1\cdot u_k^*(0) - \frac{l_k}{l_c}\frac{I_c}{F_k l_k^2} N_k^*(0) + u_{k0}^*\left(\frac{l_k}{l_c}\right)\\
w_k^*\left(\frac{l_k}{l_c}\right) &= 1\cdot w_k^*(0) - \frac{l_k}{l_c}\varphi_k^*(0) + \frac{1}{2}\frac{l_k^2}{l_c^2}\frac{I_c}{I_k}M_k^*(0) + \frac{1}{6}\frac{l_k^3}{l_c^3}\frac{I_c}{I_k}Q_k^*(0) + w_{k0}^*\left(\frac{l_k}{l_c}\right)\\
\varphi_k^*\left(\frac{l_k}{l_c}\right) &= +1\cdot\varphi_k^*(0) - \frac{l_k}{l_c}\frac{I_c}{I_k}M_k^*(0) - \frac{1}{2}\frac{l_k^2}{l_c^2}\frac{I_c}{I_k}Q_k^*(0) + \varphi_{k0}^*\left(\frac{l_k}{l_c}\right)\\
M_k^*\left(\frac{l_k}{l_c}\right) &= +1\cdot M_k^*(0) + \frac{l_k}{l_c}Q_k^*(0) + M_{k0}^*\left(\frac{l_k}{l_c}\right)\\
Q_k^*\left(\frac{l_k}{l_c}\right) &= +1\cdot Q_k^*(0) + Q_{k0}^*\left(\frac{l_k}{l_c}\right)\\
N_k^*\left(\frac{l_k}{l_c}\right) &= +1\cdot N_k^*(0) + N_{k0}^*\left(\frac{l_k}{l_c}\right)\\
1 &= 1
\end{aligned}\right\}. \tag{54}$$

Dieses Gleichungssystem kann in Matrizenform geschrieben werden:

$$\begin{Bmatrix} u_k^*\left(\frac{l_k}{l_c}\right) \\ w_k^*\left(\frac{l_k}{l_c}\right) \\ \varphi_k^*\left(\frac{l_k}{l_c}\right) \\ M_k^*\left(\frac{l_k}{l_c}\right) \\ Q_k^*\left(\frac{l_k}{l_c}\right) \\ N_k^*\left(\frac{l_k}{l_c}\right) \\ 1 \end{Bmatrix} = \begin{bmatrix} 1 & 0 & 0 & 0 & 0 & -\frac{l_k}{l_c}\frac{I_c}{F_k l_c^2} & u_{k0}^*\left(\frac{l_k}{l_c}\right) \\ 0 & 1 & -\frac{l_k}{l_c} & \frac{1}{2}\frac{l_k^2}{l_c^2}\frac{I_c}{I_k} & \frac{1}{6}\frac{l_k^3}{l_c^3}\frac{I_c}{I_k} & 0 & w_{k0}^*\left(\frac{l_k}{l_c}\right) \\ 0 & 0 & 1 & -\frac{l_k}{l_c}\frac{I_c}{I_k} & -\frac{1}{2}\frac{l_k^2}{l_c^2}\frac{I_c}{I_k} & 0 & \varphi_{k0}^*\left(\frac{l_k}{l_c}\right) \\ 0 & 0 & 0 & 1 & \frac{l_k}{l_c} & 0 & M_{k0}^*\left(\frac{l_k}{l_c}\right) \\ 0 & 0 & 0 & 0 & 1 & 0 & Q_{k0}^*\left(\frac{l_k}{l_c}\right) \\ 0 & 0 & 0 & 0 & 0 & 1 & N_{k0}^*\left(\frac{l_k}{l_c}\right) \\ 0 & 0 & 0 & 0 & 0 & 0 & 1 \end{bmatrix} \begin{Bmatrix} u_k^*(0) \\ w_k^*(0) \\ \varphi_k^*(0) \\ M_k^*(0) \\ Q_k^*(0) \\ N_k^*(0) \\ 1 \end{Bmatrix} \tag{54a}$$

oder kurz

$$\mathfrak{y}_k^*\left(\frac{l_k}{l_c}\right) = \mathfrak{F}_k^*\,\mathfrak{y}_k^*(0).$$

In Gl. (54) ist die Koeffizientenmatrix die Feldmatrix $\mathfrak{F}_k^*$ für Biegung und Längsdehnung

$$\mathfrak{F}_k^* = \begin{bmatrix} 1 & 0 & 0 & 0 & 0 & -\frac{l_k}{l_c}\frac{I_c}{F_k l_c^2} & u_{k0}^*\left(\frac{l_k}{l_c}\right) \\ 0 & 1 & -\frac{l_k}{l_c} & \frac{1}{2}\frac{l_k^2}{l_c^2}\frac{I_c}{I_k} & \frac{1}{6}\frac{l_k^3}{l_c^3}\frac{I_c}{I_k} & 0 & w_{k0}^*\left(\frac{l_k}{l_c}\right) \\ 0 & 0 & 1 & -\frac{l_k}{l_c}\frac{I_c}{I_k} & -\frac{1}{2}\frac{l_k^2}{l_c^2}\frac{I_c}{I_k} & 0 & \varphi_{k0}^*\left(\frac{l_k}{l_c}\right) \\ 0 & 0 & 0 & 1 & \frac{l_k}{l_c} & 0 & M_{k0}^*\left(\frac{l_k}{l_c}\right) \\ 0 & 0 & 0 & 0 & 1 & 0 & Q_{k0}^*\left(\frac{l_k}{l_c}\right) \\ 0 & 0 & 0 & 0 & 0 & 1 & N_{k0}^*\left(\frac{l_k}{l_c}\right) \\ 0 & 0 & 0 & 0 & 0 & 0 & 1 \end{bmatrix} \tag{55}$$

Wenn die Längssteifigkeit der Trägerriegel vernachlässigt werden soll, wird in der Feldmatrix $F_k = \infty$ gesetzt.

Punktmatrix. Beim Übergang von der linken zur rechten Seite der Feldgrenze k müssen folgende Größen berücksichtigt werden, wobei einige Null sein können:

a) unbekannte Sprunggrößen w_k^{*s}, φ_k^{*s}, M_k^{*s}, Q_k^{*s};

b) eine vollkommen elastische Feder, als Ersatz für einen an der Feldgrenze k vorhandenen Stiel (Länge l_k, Biegesteifigkeit EI_k, Dehnsteifigkeit EF_k). Die Federgrößen setzen sich dabei zusammen aus der Senkfederkonstanten $k_k^* = \frac{F_{k\,\mathrm{st}}}{h_k}\frac{l_c^3}{I_c}$ und einer Federmatrix nach Tab. 5b;

c) Knotenmoment M^*_{k0} und Knotenlängskraft N^*_{k0}, die sich infolge einer vorhandenen Stielbelastung am beidseitig eingespannten oder einseitig gelenkig gelagerten Stiel ergeben;

d) äußere am Knoten angreifende Belastungen M^*_{k0}, N^*_{k0}, Q^*_{k0}.

Unter Berücksichtigung aller dieser Einflüsse gelten an der Feldgrenze k folgende Beziehungen:

$$\begin{Bmatrix} u^*_{k+1}(0) \\ w^*_{k+1}(0) \\ \varphi^*_{k+1}(0) \\ M^*_{k+1}(0) \\ Q^*_{k+1}(0) \\ N^*_{k+1}(0) \\ 1 \end{Bmatrix} = \begin{bmatrix} 1 & 0 & 0 & 0 & 0 & 0 & 0 \\ 0 & 1 & 0 & 0 & 0 & 0 & w^{*s}_k \\ 0 & 0 & 1 & 0 & 0 & 0 & \varphi^{*s}_k \\ a^* & 0 & b^* & 1 & 0 & 0 & M^*_{k0} + M^{*s}_k \\ 0 & -k^*_k & 0 & 0 & 1 & 0 & Q^*_{k0} + Q^{*s}_k \\ c^* & 0 & d^* & 0 & 0 & 1 & N^*_{k0} \\ 0 & 0 & 0 & 0 & 0 & 0 & 1 \end{bmatrix} \begin{Bmatrix} u^*_k\left(\frac{l_k}{l_c}\right) \\ w^*_k\left(\frac{l_k}{l_c}\right) \\ \varphi^*_k\left(\frac{l_k}{l_c}\right) \\ M^*_k\left(\frac{l_k}{l_c}\right) \\ Q^*_k\left(\frac{l_k}{l_c}\right) \\ N^*_k\left(\frac{l_k}{l_c}\right) \\ 1 \end{Bmatrix} \qquad (56)$$

oder kurz

$$\mathfrak{y}^*_{k+1}(0) = \mathfrak{U}^*_k\, \mathfrak{y}^*_k\left(\frac{l_k}{l_c}\right) = \mathfrak{U}^*_k\, \mathfrak{F}^*_k\, \mathfrak{y}^*_k(0).$$

Darin ist die Punktmatrix

$$\mathfrak{U}^*_k = \begin{bmatrix} 1 & 0 & 0 & 0 & 0 & 0 & 0 \\ 0 & 1 & 0 & 0 & 0 & 0 & w^{*s}_k \\ 0 & 0 & 1 & 0 & 0 & 0 & \varphi^{*s}_k \\ a^* & 0 & b^* & 1 & 0 & 0 & M^*_{k0} + M^{*s}_k \\ 0 & -k^*_k & 0 & 0 & 1 & 0 & Q^*_{k0} + Q^{*s}_k \\ c^* & 0 & d^* & 0 & 0 & 1 & N^*_{k0} \\ 0 & 0 & 0 & 0 & 0 & 0 & 1 \end{bmatrix}, \qquad (56\text{a})$$

a^*, b^*, c^* und d^* sind die Koeffizienten der Federmatrix des an der Feldgrenze vorhandenen Stieles (nach Tab. 5b).

Leitmatrix. Die Rechnung kann nach Rechenschema (11) oder (12a) ausgeführt werden. Bei Verwendung von Rechenschema (12a) ist es wieder zweckmäßig, das Produkt $\mathfrak{U}_k^* \, \mathfrak{F}_k^*$ zur Leitmatrix $\mathfrak{L}_k^*$ umzuformen (für $w_k^{*s} = \varphi_k^{*s} = 0$)

$$\left[\begin{array}{ccccccc|ccc}
1 & 0 & 0 & 0 & 0 & -\frac{l_k}{l_c}\frac{I_c}{F_k l_c^2} & u_{k0}^*\left(\frac{l_k}{l_c}\right) & 0 & 0 & 0 \\
0 & 1 & -\frac{l_k}{l_c} & +\frac{1}{2}\frac{l_k^2}{l_c^2}\frac{I_c}{I_k} & +\frac{1}{6}\frac{l_k^3}{l_c^3}\frac{I_c}{I_k} & 0 & w_{k0}^*\left(\frac{l_k}{l_c}\right) + w_k^{*s} & 0 & 0 & 0 \\
0 & 0 & 1 & -\frac{l_k}{l_c}\frac{I_c}{I_k} & -\frac{1}{2}\frac{l_k^2}{l_c^2}\frac{I_c}{I_k} & 0 & \varphi_{k0}^*\left(\frac{l_k}{l_c}\right) + \varphi_k^{*s} & 0 & 0 & 0 \\
0 & 0 & 0 & 1 & +\frac{l_k}{l_c} & 0 & M_{k0}^*\left(\frac{l_k}{l_c}\right) + M_{k0}^* + M_k^{s*} & a^* & 0 & b^* \\
0 & 0 & 0 & 0 & 1 & 0 & Q_{k0}^*\left(\frac{l_k}{l_c}\right) + Q_{k0}^* + Q_k^{*s} & 0 & -k_k^* & 0 \\
0 & 0 & 0 & 0 & 0 & 1 & N_{k0}^*\left(\frac{l_k}{l_c}\right) + N_{k0}^* & c^* & 0 & d^* \\
0 & 0 & 0 & 0 & 0 & 0 & 1 & 0 & 0 & 0
\end{array}\right]. \tag{57}$$

Die Knotenmomente M_{k0}^* sowie die Knotenkräfte N_{k0}^* und Q_{k0}^* erscheinen jetzt mit in der Lastspalte.

Randbedingungen. Am linken Trägerende treten drei unbekannte Größen auf, die als Freigrößen in der Rechnung mitgeführt werden müssen. Sie sind zu bestimmen auf Grund von einfachen Überlegungen oder mit Hilfe der Tab. 2 und 4. Der Anfangsvektor hat die Form

$$\mathfrak{y}_1^*(0) = \mathfrak{x}_1 A_1^* + \mathfrak{x}_2 A_2^* + \mathfrak{x}_3 A_3^* + \mathfrak{x}_4 1. \tag{58}$$

Die drei Bestimmungsgleichungen für die Berechnung der unbekannten Freigrößen A_1^*, A_2^* und A_3^* erhält man aus den drei Randbedingungen am rechten Ende, die ebenfalls mit Tab. 2 und 4 oder schneller an Hand einer einfachen Überlegung festgestellt werden können.

Die Berechnung des verschieblichen Rahmens bei Berücksichtigung der Dehnsteifigkeit EF_k verläuft also in der gleichen Weise wie die eines Durchlaufträgers auf Federn. Man hat es lediglich mit Matrizen höherer Ordnung zu tun und muß drei Unbekannte mitführen.

4.3.2.2 Dehnsteifigkeit $EF = \infty$

Feldmatrix. Der lineare Zusammenhang zwischen den konjugierten Paaren (φ^*, M^*) und (N^*, u^*) am linken und am rechten Feldende des Feldes l_k/l_c ergibt sich unter Zuhilfenahme der Gln. (29) und (45) wie folgt:

$$\left.\begin{array}{l}
\left(\frac{l_k}{l_c}\right) = 1 u_k^*(0) \\
\left(\frac{l_k}{l_c}\right) = \qquad -2\varphi_k^*(0) + \frac{1}{2}\frac{l_k I_c}{l_c I_k} M_k^*(0) \qquad + 3\frac{l_c}{l_k}(w_{k-1}^* - w_k^*) + \bar{\varphi}_{k0}^*\left(\frac{l_k}{l_c}\right) \\
\left(\frac{l_k}{l_c}\right) = \quad + \frac{6 l_c I_k}{l_k I_c}\varphi_k^*(0) \qquad - 2 M_k^*(0) \qquad + 6\frac{l_c^2}{l_k^2}\frac{I_k}{I_c}(w_k^* - w_{k-1}^*) + \overline{M}_{k0}^*\left(\frac{l_k}{l_c}\right) \\
\left(\frac{l_k}{l_c}\right) = \qquad\qquad + 1 N_k^*(0) \quad + N_{k0}^*\left(\frac{l_k}{l_c}\right) \\
\qquad\qquad\qquad 1
\end{array}\right\} \tag{59}$$

mit

$$\overline{\varphi}^*_{k0}\left(\frac{l_k}{l_c}\right) = \frac{3l_c}{l_k}\, w^*_{k0}\left(\frac{l_k}{l_c}\right) + \varphi^*_{k0}\left(\frac{l_k}{l_c}\right),$$

$$\overline{M}^*_{k0}\left(\frac{l_k}{l_c}\right) = -\,6\,\frac{l_c^2}{l_k^2}\,\frac{I_c}{I_k}\, w^*_{k0}\left(\frac{l_k}{l_c}\right) + M^*_{k0}\left(\frac{l_k}{l_c}\right).$$

Gl. (59) wird in Matrizenform geschrieben:

$$\begin{Bmatrix} u_k^*\left(\frac{l_k}{l_c}\right) \\ \varphi_k^*\left(\frac{l_k}{l_c}\right) \\ M_k^*\left(\frac{l_k}{l_c}\right) \\ N_k^*\left(\frac{l_k}{l_c}\right) \\ 1 \end{Bmatrix} = \begin{bmatrix} 1 & 0 & 0 & 0 & 0 \\ 0 & -2 & \frac{1}{2}\frac{l_k}{l_c}\frac{I_c}{I_k} & 0 & \frac{3l_c}{l_k}(w^*_{k-1} - w^*_k) + \overline{\varphi}^*_{k0}\left(\frac{l_k}{l_c}\right) \\ 0 & \frac{6l_c}{l_k}\frac{I_k}{I_c} & -2 & 0 & 6\,\frac{l_c^2}{l_k^2}\,\frac{I_k}{I_c}(w^*_k - w^*_{k-1}) + \overline{M}^*_{k0}\left(\frac{l_k}{l_c}\right) \\ 0 & 0 & 0 & 1 & N^*_{k0}\left(\frac{l_k}{l_c}\right) \\ 0 & 0 & 0 & 0 & 1 \end{bmatrix} \begin{Bmatrix} u_k^*(0) \\ \varphi_k^*(0) \\ M_k^*(0) \\ N_k^*(0) \\ 1 \end{Bmatrix} \tag{59a}$$

oder kurz

$$\mathfrak{y}_k^*\left(\frac{l_k}{l_c}\right) = \mathfrak{F}^*_{dk}\, \mathfrak{y}_k^*(0).$$

Darin ist $\mathfrak{F}^*_{dk}$ die Feldmatrix

$$\mathfrak{F}^*_{dk} = \begin{bmatrix} 1 & 0 & 0 & 0 & 0 \\ 0 & -2 & \frac{1}{2}\frac{l_k}{l_c}\frac{I_c}{I_k} & 0 & \frac{3l_c}{l_k}(w^*_{k-1} - w^*_k) + \overline{\varphi}^*_{k0}\left(\frac{l_k}{l_c}\right) \\ 0 & \frac{6l_c}{l_k}\frac{I_k}{I_c} & -2 & 0 & 6\,\frac{l_c^2}{l_k^2}\,\frac{I_k}{I_c}(w^*_k - w^*_{k-1}) + \overline{M}^*_{k0}\left(\frac{l_k}{l_c}\right) \\ 0 & 0 & 0 & 1 & N^*_{k0}\left(\frac{l_k}{l_c}\right) \\ 0 & 0 & 0 & 0 & 1 \end{bmatrix}. \tag{59b}$$

Punktmatrix. Beim Übergang von der linken zur rechten Seite der Feldgrenze k gelten folgende Gleichungen:

$$\begin{Bmatrix} u^*_{k+1}(0) \\ \varphi^*_{k+1}(0) \\ M^*_{k+1}(0) \\ N^*_{k+1}(0) \\ 1 \end{Bmatrix} = \begin{bmatrix} 1 & 0 & 0 & 0 & 0 \\ 0 & 1 & 0 & 0 & \varphi_k^{*s} \\ & & 1 & 0 & M_k^{*s} + M^*_{k0} \\ \multicolumn{2}{c}{\mathfrak{G}_k(l_k^*, \varphi_k^*)} & 0 & 1 & N^*_{k0} \\ 0 & 0 & 0 & 0 & 1 \end{bmatrix} \begin{Bmatrix} u_k^*\left(\frac{l_k}{l_c}\right) \\ \varphi_k^*\left(\frac{l_k}{l_c}\right) \\ M_k^*\left(\frac{l_k}{l_c}\right) \\ N_k^*\left(\frac{l_k}{l_c}\right) \\ 1 \end{Bmatrix} \tag{60}$$

oder kurz

$$\mathfrak{y}^*_{k+1}(0) = \mathfrak{U}^*_{dk}\, \mathfrak{y}_k^*\left(\frac{l_k}{l_c}\right) = \mathfrak{U}^*_{dk}\, \mathfrak{F}^*_{dk}\, \mathfrak{y}_k^*(0).$$

$\mathfrak{U}_{dk}^*$ ist die Punktmatrix

$$\mathfrak{U}_{dk}^* = \begin{vmatrix} 1 & 0 & 0 & 0 & 0 \\ 0 & 1 & 0 & 0 & \varphi_k^{*s} \\ \multicolumn{2}{c}{\mathfrak{C}_k(u_k^*, \varphi_k^*)} & 1 & 0 & M_k^{*s} + M_{k0}^* \\ & & 0 & 1 & N_{k0}^* \\ 0 & 0 & 0 & 0 & 1 \end{vmatrix}. \tag{60a}$$

Darin ist $\mathfrak{C}_k(u_k^*, \varphi_k^*)$ die Federmatrix des angefederten Stieles nach Tab. 5b;
M_k^{*s} und φ_k^{*s} sind unbekannte Sprunggrößen, die beim Vorhandensein von Zwischenbedingungen auftreten können;
M_{k0}^* und N_{k0}^* sind Knotenkräfte infolge äußerer Kräfte an den Knoten oder Ersatz für die Belastung an dem angefederten Stiel.

Alle Größen sind mit Hilfe der Beziehungen (14) und (44) dimensionslos gemacht.

Leitmatrix. Im allgemeinen ist es bei verschieblichen Rahmen günstiger, nach Schema (11) zu rechnen. Man erhält dann sofort sämtliche in der Rechnung mitgeführten Größen links und rechts von den Stützen.

Es kann hier aber auch Rechenschema (12a) verwendet werden. Die Momente und Längskräfte links von den Stützen sind dann mit Hilfe einer Zusatzrechnung aus der 3. und 4. Zeile der Gl. (60) zu ermitteln.

Für $\varphi_k^{*s} = 0$ bekommt die Leitmatrix $\mathfrak{L}_{dk}^* = \mathfrak{U}_{dk}^* \mathfrak{F}_{dk}^*$ folgende Form:

$$\mathfrak{L}_{dk}^* = \left\{\begin{array}{ccccc|cc} 1 & 0 & 0 & 0 & 0 & 0 & 0 \\ 0 & -2 & \frac{1}{2}\frac{l_k}{l_c}\frac{I_c}{I_k} & 0 & \frac{3l_c}{l_k}(w_{k-1}^* - w_k^*) + \overline{\varphi}_{k0}^*\left(\frac{l_k}{l_c}\right) & 0 & 0 \\ 0 & \frac{6l_c I_k}{l_k I_c} & -2 & 0 & 6\,\frac{l_c^2}{l_k^2}\,\frac{I_k}{I_c}\,(w_k^* - w_{k-1}^*) + \overline{M}_{k0}^*\left(\frac{l_k}{l_c}\right) + M_k^{*s} & \multicolumn{2}{c}{\mathfrak{C}_k(u_k^* \varphi_k^*)} \\ 0 & 0 & 0 & 1 & N_{k0}^*\left(\frac{l_k}{l_c}\right) & & \\ 0 & 0 & 0 & 0 & 1 & 0 & 0 \end{array}\right\}. \tag{61}$$

Randbedingungen. Da in der Rechnung lediglich zwei konjugierte Paare vorkommen, treten am linken Trägerende infolge der vorgeschriebenen Randbedingungen nur die beiden Freigrößen A_1^* und A_2^* auf. Der Anfangsvektor lautet somit

$$\mathfrak{y}_1^*(0) = \mathfrak{x}_1 A_1^* + \mathfrak{x}_2 A_2^* + \mathfrak{x}_3 \cdot 1. \tag{62}$$

Die Freigrößen am linken sowie die zwei Randbedingungen am rechten Trägerende können nach Tab. 2 und 4 bestimmt werden. Sonst verläuft die Rechnung in bekannter Weise.

Zusammenfassend kann gesagt werden, daß sich die Berechnung eines verschieblichen Rahmens bei $EF = \infty$ an einem Ersatzträger durchführen läßt, der ein Durchlaufträger auf festen Stützen ist. An diesen Stützen können von φ und u abhängige Federn vorhanden sein. In der Rechnung werden — unabhängig von der Felderzahl — nur zwei unbekannte Größen mitgeführt, so daß zum Schluß lediglich ein lineares Gleichungssystem mit zwei Unbekannten zu lösen ist.

4.3.3 Beispiele

Die Berechnung verschieblicher Durchlaufrahmen wird an zwei einfachen Rahmen mit zwei Feldern für $EF = \infty$ vorgeführt. Man kann an diesen Beispielen alles Wesentliche erkennen. Bei mehr als zwei Feldern erhöht sich der Rechenaufwand nur insofern, als das Rechenschema entsprechend länger wird; die Zahl der in der Rechnung mitgeführten unbekannten Größen aber bleibt die gleiche.

4.3.3.1 Beispiel 6

Aufgabenstellung. Für den verschieblichen Durchlaufrahmen nach Abb. 68 sind die Schnittkraftschaubilder und die Deformationsgrößen an den Knotenpunkten gesucht.

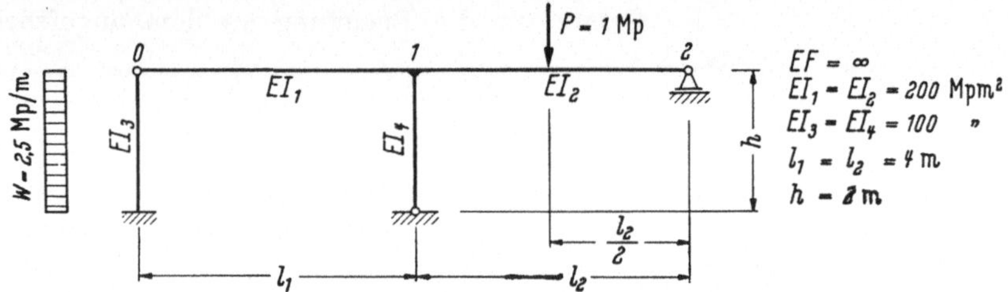

Abb. 68. Beispiel 6: Verschieblicher Durchlaufrahmen

Vergleichsgrößen. Gewählt:

$$EI_c = 6EI_1$$

$$l_c = 2 \text{ m}$$

$$P_c = 1 \text{ Mp}.$$

Ersatzträger. Er ist in Abb. 69 dargestellt. Die Freigrößen am linken Trägerende und die Randbedingungen am rechten Trägerende sind mit angegeben.

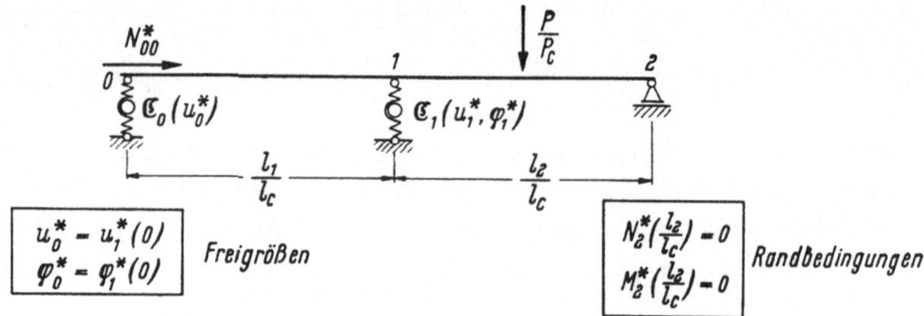

Abb. 69. Ersatzträger zu Beispiel 6

Anfederung des Stieles 3:

Nach Tab. 5b

$$M_0^* = M_0^{(3)*} = \frac{I_3}{I_c}\left[-6\left(\frac{l_c}{h}\right)^2 u_0^* - 4\frac{l_c}{h}\varphi_0^*\right] + M_{00}^{(3)*}$$

$$N_0^* = Q_0^{(3)*} = \frac{I_3}{I_c}\left[-12\left(\frac{l_c}{h}\right)^3 u_0^* - 6\left(\frac{l_c}{h}\right)^2 \varphi_0^*\right] + Q_{00}^{(3)*}.$$

Darin sind wegen des Gelenkes im Knoten 0

$$M_0^* = 0 \quad \text{und} \quad M_{00}^{(3)*} = 0 .$$

φ_0^* hat auf die Anfederung der Stütze keinen Einfluß. Es wird deshalb die erste Gleichung nach φ_0^* aufgelöst und in die zweite eingesetzt:

$$\varphi_0^* = -\frac{3}{2}\frac{l_c}{h}u_0^* \quad \rightarrow \quad N_0^* = -\frac{I_3}{I_c}\cdot 3\left(\frac{l_c}{h}\right)^3 u_0^* + Q_{00}^{(3)*} .$$

Es ist

$$u_0^* = u_1^*(0) .$$

Nun kann die Federmatrix des Stieles 3 aufgestellt werden:

$$\mathfrak{C}_0(u_0^*, \varphi_0^*) = \begin{pmatrix} 0 & 0 \\ -\frac{I_3}{I_c}\cdot 3\left(\frac{l_c}{h}\right)^3 & 0 \end{pmatrix} .$$

Die Knotenkraft im Knoten 0 des Riegels ist

$$N_{00}^* = Q_{00}^{(3)*} = \frac{3}{8}\cdot w\,h\,\frac{1}{P_c}$$

mit Zahlen

$$\mathfrak{C}_0(u_0^*, \varphi_0^*) = \begin{pmatrix} 0 & 0 \\ -\frac{1}{4} & 0 \end{pmatrix}$$

$$N_{00}^* = \frac{3}{8}\cdot 2{,}5\cdot 2 = \frac{15}{8} .$$

Anfederung des Stieles 4:

$$u_1^* = u_2^*(0) \qquad \varphi_1^* = \varphi_2^*(0) .$$

Belastung liegt nicht vor. Nach Tab. 5b wird die Federmatrix

$$\mathfrak{C}_1(u_1^*, \varphi_1^*) = \frac{I_4}{I_c}\begin{pmatrix} -3\left(\frac{l_c}{h}\right)^2 & -3\left(\frac{l_c}{h}\right) \\ -3\left(\frac{l_c}{h}\right)^3 & -3\left(\frac{l_c}{h}\right)^2 \end{pmatrix} = \begin{pmatrix} -\frac{1}{4} & -\frac{1}{4} \\ -\frac{1}{4} & -\frac{1}{4} \end{pmatrix} .$$

Anfangsvektor. Im Anfangsvektor müssen außer den Freigrößen $u_0^* = u_1^*(0)$ und $\varphi_0^* = \varphi_1^*(0)$ die Federbeziehungen von Stütze 3 und die Knotenkraft infolge der Belastung von Stütze 0 stehen.

$$\mathfrak{y}_1^*(0) = \begin{Bmatrix} u_1^*(0) \\ \varphi_1^*(0) \\ M_1^*(0) = 0 \\ N_1^*(0) = -3\frac{I_3}{I_c}\left(\frac{l_c}{h}\right)^3 u_1^*(0) + N_{00}^* \\ 1 \end{Bmatrix} = \begin{Bmatrix} 1 \\ 0 \\ 0 \\ -\frac{1}{4} \\ 0 \end{Bmatrix} u_1^*(0) + \begin{Bmatrix} 0 \\ 1 \\ 0 \\ 0 \\ 0 \end{Bmatrix} \varphi_1^*(0) + \begin{Bmatrix} 0 \\ 0 \\ 0 \\ \frac{15}{8} \\ 1 \end{Bmatrix} 1 .$$

Rechenschema R 6. Es wird nach Schema (11) gerechnet. Die Feldmatrizen wurden nach Gl. (59b) und die Punktmatrizen nach Gl. (60) aufgestellt. Stützensenkung liegt nicht vor, damit ist $w_0 = w_1 = w_2 = 0$.

Rechenschema R 6

$$
\begin{array}{ccc}
u_1^*(0) & \varphi_1^*(0) & 1
\end{array}
$$

$$
\begin{pmatrix}
1 & 0 & 0 \\
0 & 1 & 0 \\
0 & 0 & 0 \\
-\frac{1}{4} & 0 & +\frac{15}{8} \\
0 & 0 & 1
\end{pmatrix}
$$

$$
\mathfrak{F}_1^* = \begin{pmatrix}
1 & 0 & 0 & 0 & 0 \\
0 & -2 & +6 & 0 & 0 \\
0 & +\frac{1}{2} & -2 & 0 & 0 \\
0 & 0 & 0 & 1 & 0 \\
-1 & +\frac{2}{3} & -4 & -1 & 1
\end{pmatrix}
\begin{pmatrix}
1 & 0 & 0 \\
0 & -2 & 0 \\
0 & +\frac{1}{2} & 0 \\
-\frac{1}{4} & 0 & +\frac{15}{8} \\
0 & 0 & 1
\end{pmatrix}
$$

$$
\mathfrak{U}_1^* = \begin{pmatrix}
1 & 0 & 0 & 0 & 0 \\
0 & 1 & 0 & 0 & 0 \\
-\frac{1}{4} & -\frac{1}{4} & 1 & 0 & 0 \\
-\frac{1}{4} & -\frac{1}{4} & 0 & 1 & 0 \\
-\frac{1}{2} & -\frac{1}{2} & -1 & -1 & 1
\end{pmatrix}
\begin{pmatrix}
1 & 0 & 0 \\
0 & -2 & 0 \\
-\frac{1}{4} & +1 & 0 \\
-\frac{1}{2} & +\frac{1}{2} & +\frac{15}{8} \\
0 & 0 & 1
\end{pmatrix}
$$

$$
\mathfrak{F}_2^* = \begin{pmatrix}
1 & 0 & 0 & 0 & 0 \\
0 & -2 & +6 & 0 & -\frac{3}{2} \\
0 & +\frac{1}{2} & -2 & 0 & +\frac{3}{4} \\
0 & 0 & 0 & 1 & 0 \\
-1 & +\frac{3}{2} & -4 & -1 & 1+\frac{3}{4}
\end{pmatrix}
\begin{pmatrix}
1 & 0 & 0 \\
-\frac{3}{2} & +10 & -\frac{3}{2} \\
\boxed{+\frac{1}{2}} & \boxed{-3} & \boxed{+\frac{3}{4}} \\
\boxed{-\frac{1}{2}} & \boxed{+\frac{1}{2}} & \boxed{+\frac{15}{8}} \\
0 & 0 & 1
\end{pmatrix}
$$

$$
= \begin{pmatrix} u_1^*(0) = \frac{24}{5} \\ \varphi_1^*(0) = \frac{21}{20} \\ M_1^*(0) = 0 \\ N_1^*(0) = \frac{27}{40} \\ 1 \end{pmatrix} = \mathfrak{y}_1^*(0) \qquad \begin{pmatrix} u_1(0) = 0{,}0319\ \text{m} \\ \varphi_1(0) = 0{,}0035 \\ M_1(0) = 0 \\ N_1(0) = 0{,}675\ \text{Mp} \\ 1 \end{pmatrix} = \mathfrak{y}_1(0)
$$

$$
= \begin{pmatrix} u_1^*\left(\frac{l_1}{l_c}\right) = \frac{24}{5} \\ \varphi_1^*\left(\frac{l_1}{l_c}\right) = -\frac{21}{20} \\ M_1^*\left(\frac{l_1}{l_c}\right) = +\frac{21}{40} \\ N_1^*\left(\frac{l_1}{l_c}\right) = +\frac{27}{40} \\ 1 \end{pmatrix} = \mathfrak{y}_1^*\left(\frac{l_1}{l_c}\right) \qquad \begin{pmatrix} u_1(l_1) = 0{,}0319\ \text{m} \\ \varphi_1(l_1) = -0{,}007 \\ M_1(l_1) = 1{,}050\ \text{Mpm} \\ N_1(l_1) = 0{,}675\ \text{Mp} \\ 1 \end{pmatrix} = \mathfrak{y}_1(l_1)
$$

$$
= \begin{pmatrix} u_2^*(0) = \frac{24}{5} \\ \varphi_2^*(0) = -\frac{21}{10} \\ M_2^*(0) = -\frac{3}{20} \\ N_2^*(0) = 0 \\ 1 \end{pmatrix} = \mathfrak{y}_2^*(0) \qquad \begin{pmatrix} u_2(0) = 0{,}0319\ \text{m} \\ \varphi_2(0) = -0{,}007 \\ M_2(0) = -0{,}300\ \text{Mpm} \\ N_2(0) = 0 \\ 1 \end{pmatrix} = \mathfrak{y}_2(0)
$$

$$
= \begin{pmatrix} u_2^*\left(\frac{l_2}{l_c}\right) = \frac{24}{5} \\ \varphi_2^*\left(\frac{l_2}{l_c}\right) = \frac{9}{5} \\ \boxed{\begin{matrix} M_2^*\left(\frac{l_2}{l_c}\right) = 0 \\ N_2^*\left(\frac{l_2}{l_c}\right) = 0 \end{matrix}} \\ 1 \end{pmatrix} = \mathfrak{y}_2^*\left(\frac{l_2}{l_c}\right) \qquad \begin{pmatrix} u_2(l_2) = 0{,}0319\ \text{m} \\ \varphi_2(l_2) = +0{,}006 \\ \boxed{\begin{matrix} M_2(l_2) = 0 \\ N_2(l_2) = 0 \end{matrix}} \\ 1 \end{pmatrix} = \mathfrak{y}_2(l_2)
$$

Aus den Randbedingungen am rechten Trägerende (Abb. 69) folgt das Gleichungssystem

$$\left.\begin{aligned} M_2^*\left(\frac{l_2}{l_c}\right) &= 0 = \frac{1}{2}\,u_1^*(0) - 3\varphi_1^*(0) + \frac{3}{4} \\ N_2^*\left(\frac{l_2}{l_c}\right) &= 0 = -\frac{1}{2}\,u_1^*(0) + \frac{1}{2}\,\varphi_1^*(0) + \frac{15}{8} \end{aligned}\right\}$$

mit der Lösung

$$\varphi_1^*(0) = \frac{21}{20} \qquad u_1^*(0) = \frac{24}{5}\,.$$

Mit diesen Werten können die dimensionslosen Komponenten der Zustandsvektoren $y_1^*(0)$, $\mathfrak{y}_1^*(l_1/l_c)$, $\mathfrak{y}_2^*(0)$ und $\mathfrak{y}_2^*(l_2/l_c)$ bestimmt werden.

Umrechnungsfaktoren für die dimensionsrichtigen u, φ, M und N:

$$u = u^*\,\frac{P_c\,l_c^3}{EI_c} = u^*\,\frac{1\cdot 8}{1200} = u^*\cdot 0{,}00\overline{66} \qquad [\mathrm{m}]$$

$$\varphi = \varphi^*\,\frac{P_c\,l_c^2}{EI_c} = \varphi^*\cdot 0{,}0033$$

$$N = N^*\,P_c = N^* \qquad [\mathrm{Mp}]$$

$$M = M^*\,P_c\,l_c = M^*\cdot 2. \qquad [\mathrm{Mpm}]$$

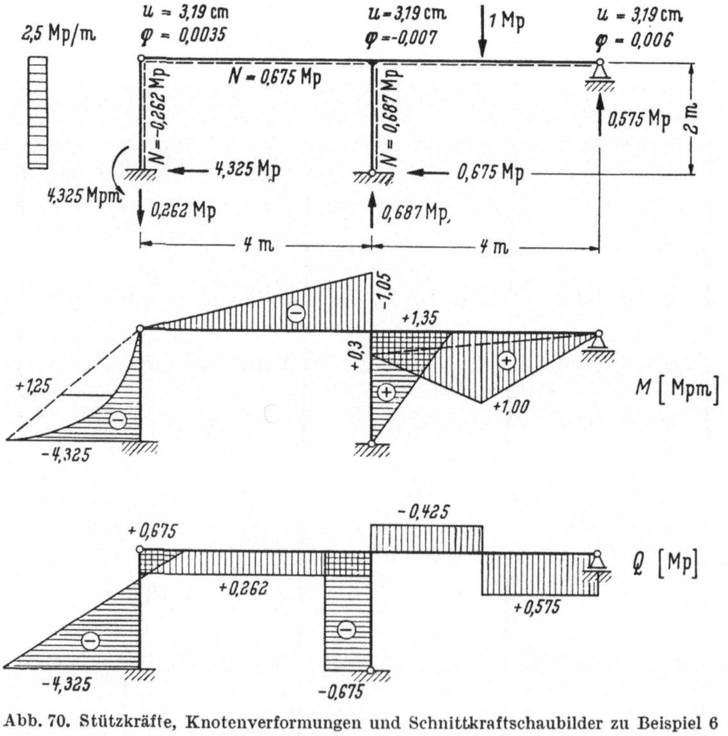

Abb. 70. Stützkräfte, Knotenverformungen und Schnittkraftschaubilder zu Beispiel 6

Stützkräfte und Schnittkraftschaubilder (Abb. 70). Nachdem die Momente und Längskräfte im Riegel bekannt sind, lassen sich alle übrigen Schnittkräfte und die Stützkräfte nach den allgemeinen Regeln der Statik mit Hilfe von Gleichgewichtsbedingungen berechnen. Druckkräfte sind positiv definiert.

4.3.3.2 Beispiel 7

Aufgabenstellung. Das Tragwerk ist für die angegebene Belastung zu berechnen.

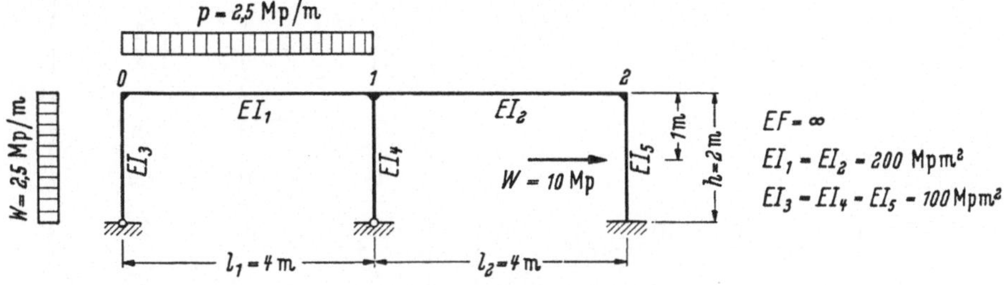

Abb. 71. Beispiel 7: Verschieblicher Rahmen

Vergleichsgrößen. Gewählt:

$$EI_c = 6\,EI_1$$
$$l_c = 2\text{ m}$$
$$P_c = 5\text{ Mp}.$$

Ersatzträger:

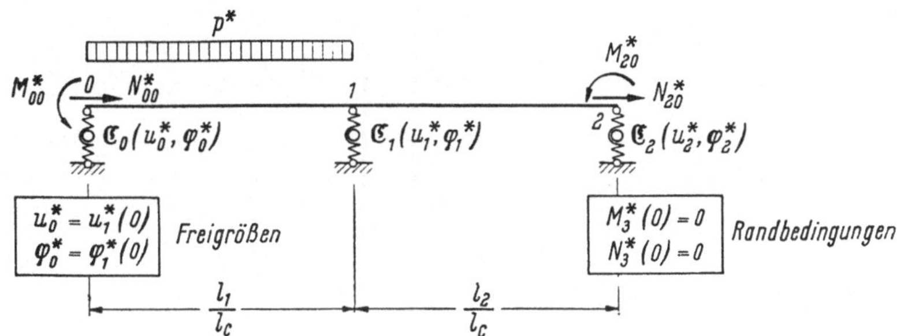

Abb. 72. Ersatzträger zu Beispiel 7

Anfederung der Stiele:

Stiel 3 (nach Tab. 5b): $u_0^* = u_1^*(0) \quad \varphi_0^* = \varphi_1^*(0)$

$$M_0^* = M_0^{*(3)} = \frac{I_3}{I_c}\left[-3\left(\frac{l_c}{h}\right)^2 u_0 - \frac{3l_c}{h}\varphi_0\right] + M_{00}^{*(3)}$$

$$N_0^* = N_0^{*(3)} = \frac{I_3}{I_c}\left[-3\left(\frac{l_c}{h}\right)^3 u_0 - 3\left(\frac{l_c}{h}\right)^2 \varphi_0\right] + Q_{00}^{*(3)}.$$

Darin sind die Knotenkräfte

$$M_{00}^{*(3)} = M_{00}^* = \frac{w \cdot h^2}{8 \cdot P_c\, l_c} = \frac{1}{8}$$

$$Q_{00}^{*(3)} = N_{00}^* = \frac{5}{8}\, w \cdot h\,\frac{1}{P_c} = \frac{5}{8}.$$

Die Federmatrix wird mit Zahlen

$$\mathfrak{C}_0(u_0^*, \varphi_0^*) = \begin{pmatrix} -\frac{1}{4} & -\frac{1}{4} \\ -\frac{1}{4} & -\frac{1}{4} \end{pmatrix}.$$

Rechenschema R 7

$$
\begin{array}{ccc}
u_1^*(0) & \varphi_1^*(0) & 1
\end{array}
$$

$$
\begin{vmatrix}
1 & 0 & 0 \\
0 & 1 & 0 \\
-\frac{1}{4} & -\frac{1}{4} & +\frac{1}{8} \\
-\frac{1}{4} & -\frac{1}{4} & +\frac{5}{8} \\
0 & 0 & 1
\end{vmatrix}
$$

$$
\mathfrak{F}_1^* = \begin{pmatrix}
1 & 0 & 0 & 0 & 0 \\
0 & -2 & +6 & 0 & -2 \\
0 & +\frac{1}{2} & -2 & 0 & +1 \\
0 & 0 & 0 & 1 & 0 \\
-1 & +\frac{3}{2} & -4 & -1 & 1+1
\end{pmatrix}
\begin{pmatrix}
1 & 0 & 0 \\
-\frac{3}{2} & -\frac{7}{2} & -\frac{5}{4} \\
+\frac{1}{2} & 1 & +\frac{3}{4} \\
-\frac{1}{4} & -\frac{1}{4} & +\frac{5}{8} \\
0 & 0 & 1
\end{pmatrix}
$$

$$
\mathfrak{U}_1^* = \begin{pmatrix}
1 & 0 & 0 & 0 & 0 \\
0 & 1 & 0 & 0 & 0 \\
-\frac{1}{4} & -\frac{1}{4} & 1 & 0 & 0 \\
-\frac{1}{4} & -\frac{1}{4} & 0 & 1 & 0 \\
-\frac{1}{2} & -\frac{1}{2} & -1 & -1 & 1
\end{pmatrix}
\begin{pmatrix}
1 & 0 & 0 \\
-\frac{3}{2} & -\frac{7}{2} & -\frac{5}{4} \\
+\frac{5}{8} & +\frac{15}{8} & +\frac{17}{16} \\
-\frac{1}{8} & +\frac{5}{8} & +\frac{15}{16} \\
0 & 0 & 1
\end{pmatrix}
$$

$$
\mathfrak{F}_2^* = \begin{pmatrix}
1 & 0 & 0 & 0 & 0 \\
0 & -2 & +6 & 0 & 0 \\
0 & +\frac{1}{2} & -2 & 0 & 0 \\
0 & 0 & 0 & 1 & 0 \\
-1 & +\frac{3}{2} & -4 & -1 & 1
\end{pmatrix}
\begin{pmatrix}
1 & 0 & 0 \\
+6{,}75 & +18{,}25 & +8{,}875 \\
-2 & -5{,}50 & -2{,}75 \\
-0{,}125 & +0{,}625 & +0{,}9375 \\
0 & 0 & 1
\end{pmatrix}
$$

$$
\mathfrak{U}_2^* = \begin{pmatrix}
1 & 0 & 0 & 0 & 0 \\
0 & 1 & 0 & 0 & 0 \\
-\frac{1}{2} & -\frac{1}{3} & 1 & 0 & \frac{1}{4} \\
-1 & -\frac{1}{2} & 0 & 1 & 1 \\
+\frac{1}{2} & -\frac{1}{6} & -1 & -1 & 1-\frac{5}{4}
\end{pmatrix}
\begin{pmatrix}
1 & 0 & 0 \\
+6{,}75 & +18{,}25 & +8{,}875 \\
\hline
-4{,}75 & -11{,}583 & -5{,}4583 \\
-4{,}50 & -8{,}50 & -2{,}50 \\
\hline
0 & 0 & 1
\end{pmatrix}
$$

$$= \begin{Bmatrix} u_1^*(0) = 1{,}48404 \\ \varphi_1^*(0) = -1{,}079789 \\ M_1^*(0) = +0{,}02393 \\ N_1^*(0) = +0{,}52393 \\ 1 \end{Bmatrix} = \mathfrak{y}_1^*(0) \qquad \begin{Bmatrix} u_1(0) = +0{,}0494 \text{ m} \\ \varphi_1(0) = -0{,}017996 \\ M_1(0) = +0{,}239 \text{ Mpm} \\ N_1(0) = +2{,}619 \text{ Mp} \\ 1 \end{Bmatrix} = \mathfrak{y}_1(0)$$

$$= \begin{Bmatrix} u_1^*(l_1/l_c) = +1{,}48404 \\ \varphi_1^*(l_1/l_c) = +0{,}30320 \\ M_1^*(l_1/l_c) = +0{,}41224 \\ N_1^*(l_1/l_c) = +0{,}52393 \\ 1 \end{Bmatrix} = \mathfrak{y}_1^*\left(\frac{l_1}{l_c}\right) \qquad \begin{Bmatrix} u_1(l_1) = +0{,}0494 \text{ m} \\ \varphi_1(l_1) = +0{,}005053 \\ M_1(l_1) = +4{,}122 \text{ Mpm} \\ N_1(l_1) = +2{,}619 \text{ Mp} \\ 1 \end{Bmatrix} = \mathfrak{y}_1(l_1)$$

$$= \begin{Bmatrix} u_2^*(0) = +1{,}48404 \\ \varphi_2^*(0) = +0{,}30320 \\ M_2^*(0) = -0{,}03458 \\ N_2^*(0) = +0{,}07714 \\ 1 \end{Bmatrix} = \mathfrak{y}_2^*(0) \qquad \begin{Bmatrix} u_2(0) = +0{,}0494 \text{ m} \\ \varphi_2(0) = +0{,}005053 \\ M_2(0) = -0{,}345 \text{ Mpm} \\ N_2(0) = +0{,}385 \text{ Mp} \\ 1 \end{Bmatrix} = \mathfrak{y}_2(0)$$

$$= \begin{Bmatrix} u_2^*(l_2/l_c) = +1{,}48404 \\ \varphi_2^*(l_2/l_c) = -1{,}55589 \\ M_2^*(l_2/l_c) = +0{,}22075 \\ N_2^*(l_2/l_c) = +0{,}07714 \\ 1 \end{Bmatrix} = \mathfrak{y}_2^*\left(\frac{l_2}{l_c}\right) \qquad \begin{Bmatrix} u_2(l_2) = +0{,}0494 \text{ m} \\ \varphi_2(l_2) = -0{,}02593 \\ M_2(l_2) = +2{,}207 \text{ Mpm} \\ N_2(l_2) = +0{,}385 \text{ Mp} \\ 1 \end{Bmatrix} = \mathfrak{y}_2(l_2)$$

$$= \begin{Bmatrix} u_3^*(0) = +1{,}48404 \\ \varphi_3^*(0) = -1{,}55589 \\ \boxed{\begin{matrix} M_3^*(0) = 0 \\ N_3^*(0) = 0 \end{matrix}} \\ 1 \end{Bmatrix} = \mathfrak{y}_3^*(0) \qquad \begin{Bmatrix} u_3(0) = +0{,}0494 \text{ m} \\ \varphi_3(0) = -0{,}02593 \\ \boxed{\begin{matrix} M_3(0) = 0 \\ N_3(0) = 0 \end{matrix}} \\ 1 \end{Bmatrix} = \mathfrak{y}_3(0).$$

Stiel 4: $u_1^* = u_2^*(0) \quad \varphi_1^* = \varphi_2^*(0)$

$$M_{10}^* = N_{10}^* = 0\,.$$

$$\mathfrak{C}_1(u_1^*, \varphi_1^*) = \mathfrak{C}_0(u_0^*, \varphi_0^*) = \begin{pmatrix} -\frac{1}{4} & -\frac{1}{4} \\ -\frac{1}{4} & -\frac{1}{4} \end{pmatrix}.$$

Stiel 5 (nach Tab. 5b): $u_2^* = u_3^*(0) \quad \varphi_2^* = \varphi_3^*(0)$

$$M_2^* = M_2^{*(5)} = \frac{I_5}{I_c}\left[-6\left(\frac{l_c}{h}\right)^2 u_2^* - 4\,\frac{l_c}{h}\,\varphi_2^*\right] + M_{20}^{*(5)}$$

$$N_2^* = Q_2^{*(5)} = \frac{I_5}{I_c}\left[-12\left(\frac{l_c}{h}\right)^3 u_2^* - 6\left(\frac{l_c}{h}\right)^2 \varphi_2^*\right] + Q_{20}^{*(5)}\,.$$

Knotenkräfte

$$M_{20}^* = M_{20}^{*(5)} = \frac{w\,h}{8}\,\frac{1}{P_c\,l_c} = \frac{1}{4}$$

$$N_{20}^* = Q_{20}^{*(5)} = \frac{w}{2}\,\frac{1}{P_c} = 1\,.$$

Federmatrix

$$\mathfrak{C}_2(u_2^*, \varphi_2^*) = \begin{pmatrix} -\frac{1}{2} & -\frac{1}{3} \\ -1 & -\frac{1}{2} \end{pmatrix}.$$

Anfangsvektor. Freigrößen sind $u_0^* = u_1^*(0)$ und $\varphi_0^* = \varphi_1^*(0)$. Die Federmatrix $\mathfrak{C}_0(u_0^*, \varphi_0^*)$ und die Knotenkräfte M_{00}^* und N_{00}^* erscheinen im Anfangsvektor

$$\mathfrak{y}_1^*(0) = \begin{Bmatrix} u_1^*(0) \\ \varphi_1^*(0) \\ M_1^*(0) = M_0^* \\ N_1^*(0) = N_0^* \\ 1 \end{Bmatrix} = \begin{Bmatrix} 1 \\ 0 \\ -\frac{1}{4} \\ -\frac{1}{4} \\ 0 \end{Bmatrix} u_1^*(0) + \begin{Bmatrix} 0 \\ 1 \\ -\frac{1}{4} \\ -\frac{1}{4} \\ 0 \end{Bmatrix} \varphi_1^*(0) + \begin{Bmatrix} 0 \\ 0 \\ \frac{1}{8} = M_{00}^* \\ \frac{5}{8} = N_{00}^* \\ 1 \end{Bmatrix} 1\,.$$

Rechenschema R 7 [nach Gl. (11)], (siehe Seite 105)

Aus den Randbedingungen am rechten Trägerende ergeben sich die Bestimmungsgleichungen für die Freigrößen

$$M_3(0)^* = 0 = -4{,}75 \cdot u_1^*(0) - 11{,}58\overline{33}\,\varphi_1^*(0) - 5{,}458\overline{33}$$

$$N_3(0)^* = 0 = -4{,}50 \cdot u_1^*(0) - 8{,}5\quad \varphi_1^*(0) - 2{,}5$$

---

mit der Lösung

$$\varphi_1^*(0) = -1{,}079789$$

$$u_1^*(0) = +1{,}48404\,.$$

Umrechnungsfaktoren für die dimensionsrichtigen Werte u, φ, M, N:

$$u = u^* \frac{P_c l_c^3}{E I_c} = u_1^* \frac{5 \cdot 8}{1200} = u^* \cdot 0{,}0\bar{3} \qquad [\mathrm{m}].$$

$$\varphi = \varphi^* \frac{P_c l_c^2}{E I_c} = \varphi^* \frac{5 \cdot 4}{1200} = \varphi^* \cdot 0{,}01\bar{6}$$

$$M = M^* P_c l_c = M^* \cdot 10 \qquad [\mathrm{Mpm}]$$

$$N = N^* P_c \quad = N^* \cdot 5. \qquad [\mathrm{Mp}]$$

Schnittkraftdiagramme und Stützkräfte:

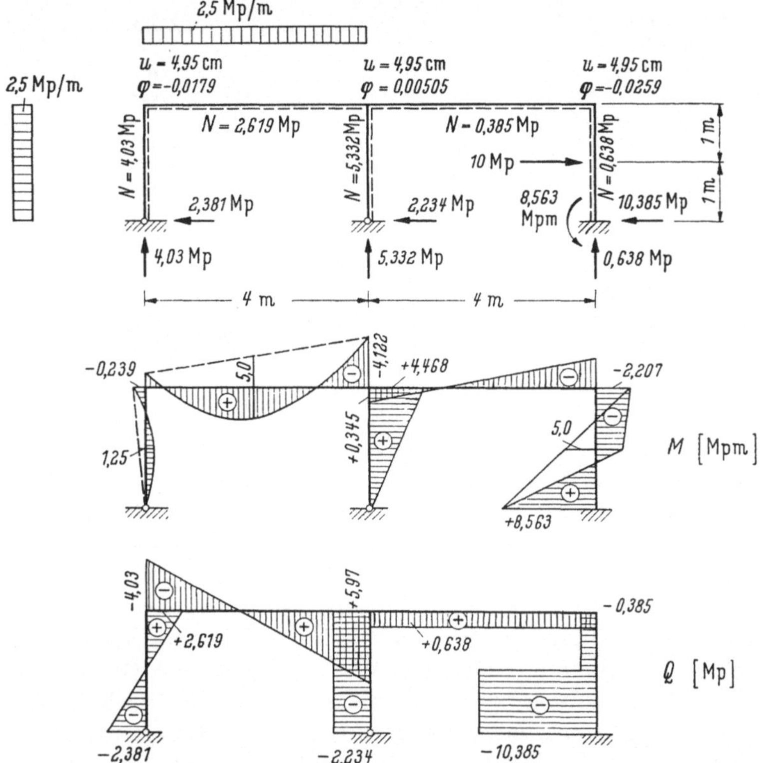

Abb. 73. Stützkräfte, Knotenverformungen und Schnittkraftschaubilder zu Beispiel 7

4.4 Offene Rahmentragwerke mit orthogonalen Strängen

4.4.1 Theorie

Die Berechnung von beliebig offenen Rahmentragwerken mit orthogonalen Strängen nach Abb. 74a kann nicht in einem Rechengang erfolgen, sondern muß in Abschnitten durchgeführt werden. Dazu ist es notwendig, das Tragwerk zu zergliedern in sog. Nebenstränge und in einen Hauptstrang, an den die Nebenstränge angefedert werden können. Beim Tragwerk von Abb. 74a soll der vertikale Strang Hauptstrang sein. Die Berechnung geht in folgender Form vonstatten:

1. Durchrechnung des Nebenstranges 1 bis zum Anschlußpunkt (Abb. 74b) an den Hauptstrang. Man erhält dann nach Abschn. 4.1.3.5 und Gl. (53) die Federmatrix $\mathfrak{C}^{(1)}$ des Nebenstranges 1, in der das Moment $M^{(1)}$ und die Längskraft $N^{(1)}$ ausgedrückt sind in Abhängigkeit von der Längsverschiebung $u^{(1)}$ des Nebenstranges, der Verdrehung $\varphi^{(1)}$ des Anschlußpunktes sowie der Belastung $p^{(1)}$ auf dem Nebenstrang. Das Moment $M^{(1)}$ und die Verdrehung $\varphi^{(1)}$ sind identisch mit den entsprechenden positiven Größen des Hauptstranges in diesem Punkt.

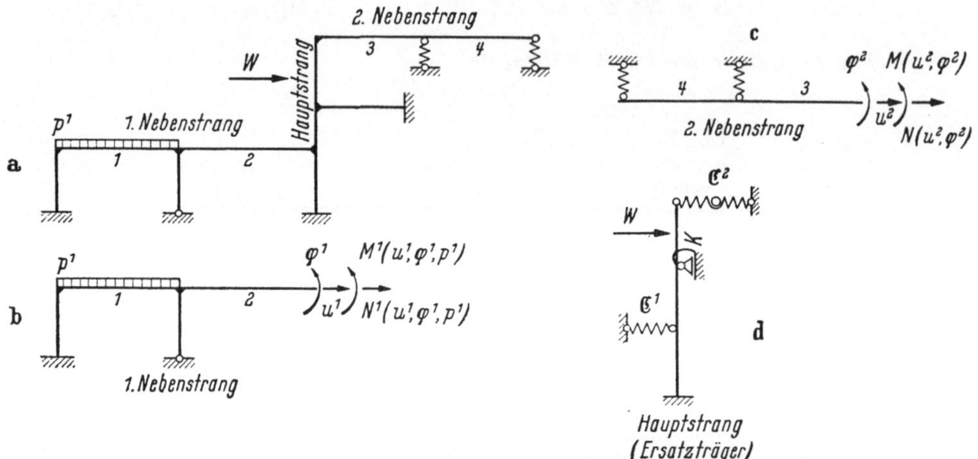

Abb. 74. Anfederung des Nebenstranges eines beliebig offenen Rahmens an den Hauptstrang

Die Längskraft $N^{(1)}$ entspricht der positiven Querkraft Q und die Längsverschiebung $u^{(1)}$ der positiven Durchbiegung w des Hauptstranges im Anschlußpunkt. Nachdem $u^{(1)}$ durch w und $N^{(1)}$ durch Q ersetzt sind, kann die Federmatrix an Stelle des Nebenstranges 1 am Hauptstrang angebracht werden.

2. Berechnung des Nebenstranges 2 nach Abschn. 4.1.3.5. Dazu wird der abgeschnittene Strang auf den Kopf gestellt, damit das freie Ende rechts zu liegen kommt. Durch diese Operation läßt sich die Rechnung anschaulich in der üblichen Weise durchführen (Abb. 74c). Man bekommt nach Gl. (53) die Federmatrix $\mathfrak{C}^{(2)}$ des Nebenstranges 2. Das Moment $M^{(2)}$ und die Verdrehung $\varphi^{(2)}$ sind wieder gleich den entsprechenden positiven Größen des Hauptstranges an dieser Stelle. $N^{(2)}$ und $u^{(2)}$ haben jetzt aber anderen Richtungssinn als die ihnen entsprechende Querkraft Q und Durchbiegung w des Hauptstranges. In der Feldmatrix $\mathfrak{C}^{(2)}$ nach Gl. (53) muß deshalb $N^{(2)} = -Q$ und $u^{(2)} = -w$ gesetzt werden.

3. Berechnung des Hauptstranges (Abb. 74d). Man erhält sämtliche endgültigen Kraft- und Deformationsgrößen am Hauptstrang infolge der Belastung des Gesamttragwerkes.

4. Ermittlung der Kraft- und Deformationsgrößen an den Nebensträngen. Die jetzt bekannten Deformationsgrößen des Hauptstranges an den Anschlußpunkten sind dabei die Randbedingungen am geschnittenen Ende der Nebenstränge.

5. Überprüfung der Gleichgewichtsbedingungen: $\Sigma V = 0, \Sigma H = 0, \Sigma M = 0$ an allen Knoten und am ganzen Tragwerk.

4.4.2 Beispiele

An Hand des Tragwerkes von Abb. 75 wird gezeigt, wie der Nebenstrang (Feld 1 und 2) an den Hauptstrang (Feld 5, 6, 7) angefedert wird. Auf die Berech-

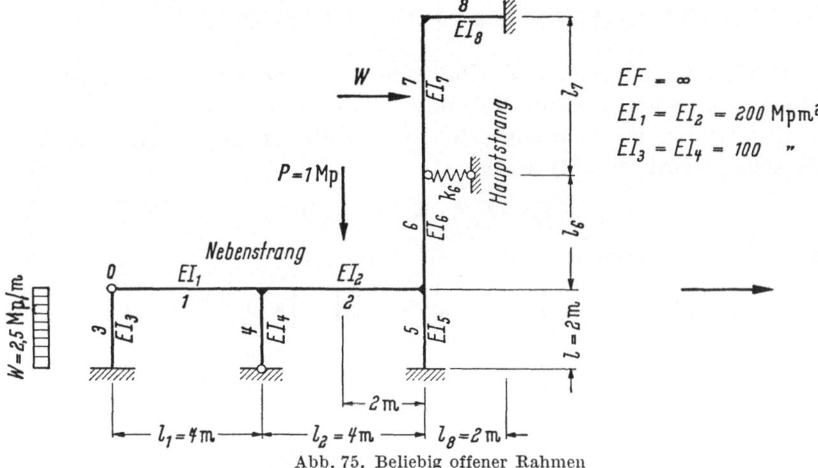

Abb. 75. Beliebig offener Rahmen

nung des Hauptstranges und die Ermittlung der Kraft- und Deformationsgrößen am Nebenstrang wird verzichtet, weil sie nichts Neues bieten.

Der Nebenstrang wird vom Hauptstrang gelöst (Abb. 76). Seine geometrischen Werte, einschließlich der Belastung, sind die gleichen wie beim Tragwerk des Beispieles 6. Die Rechnung braucht deshalb hier nicht wiederholt zu werden, sondern wir können die Werte des Rechenschemas R 6 von Beispiel 6 der Anfederung zugrunde legen. Die Anfederung erfolgt nach Abschn. 4.1.3.5.

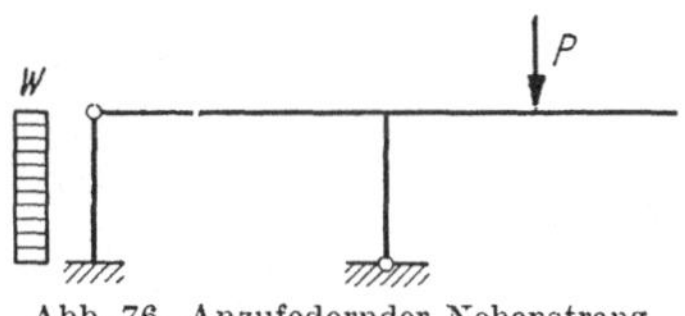

Abb. 76. Anzufedernder Nebenstrang

Entsprechend Gl. (52) wird im Rechenschema R 6 das letzte Matrizenprodukt betrachtet:

$u_1^*(0)$	$\varphi_1^*(0)$	1
1	0	0
$-\frac{3}{2}$	$+10$	$-\frac{3}{2}$
$\frac{1}{2}$	-3	$+\frac{3}{4}$
$-\frac{1}{2}$	$+\frac{1}{2}$	$+\frac{15}{8}$
0	0	1

Darin ist

$$\mathfrak{R} = \begin{vmatrix} 1 & 0 \\ -\frac{3}{2} & +10 \end{vmatrix} \quad \text{und} \quad \mathfrak{S} = \begin{vmatrix} \frac{1}{2} & -3 \\ -\frac{1}{2} & +\frac{1}{2} \end{vmatrix}.$$

Die Umkehrmatrix $\mathfrak{R}^{-1}$ von $\mathfrak{R}$ wird mit (V) aus Abschn. 1.4:

$$\mathfrak{R}^{-1} = \begin{vmatrix} 1 & 0 \\ \frac{3}{20} & \frac{1}{10} \end{vmatrix}.$$

Die Federmatrix $\mathfrak{C}^*$ ergibt sich nun nach Gl. (53a)

$$\mathfrak{C}^* = \mathfrak{S}\,\mathfrak{R}^{-1} = \begin{pmatrix} \frac{1}{2} & -3 \\ -\frac{1}{2} & +\frac{1}{2} \end{pmatrix} \begin{pmatrix} 1 & 0 \\ \frac{3}{20} & \frac{1}{10} \end{pmatrix} = \begin{pmatrix} \frac{1}{20} & -\frac{3}{10} \\ -\frac{17}{40} & \frac{1}{20} \end{pmatrix}.$$

Die in Abschn. 4.1.3.5 erwähnte Kontrolle (negative Elemente in der Nebendiagonale und symmetrisch zur Nebendiagonale) ist erfüllt.

Zur Ermittlung der Knotenkräfte, die die Belastung auf den Hauptstrang ersetzen sollen, wird Gl. (53) angesetzt:

$$\mathfrak{k}_s - \mathfrak{k}_{s0} = \mathfrak{C}(\mathfrak{d}_s - \mathfrak{d}_{s0}).$$

Mit Zahlenwerten bekommt man

$$\begin{pmatrix} M_2^*\left(\frac{l_2}{l_c}\right) - \frac{3}{4} \\ N_2^*\left(\frac{l_2}{l_c}\right) - \frac{15}{8} \end{pmatrix} = \begin{pmatrix} \frac{1}{20} & -\frac{3}{10} \\ -\frac{17}{40} & \frac{1}{20} \end{pmatrix} \begin{pmatrix} u_2^*\left(\frac{l_2}{l_c}\right) - 0 \\ \varphi_2^*\left(\frac{l_2}{l_c}\right) + \frac{3}{2} \end{pmatrix}.$$

Das wird ausführlich geschrieben

$$M_2^*\left(\frac{l_2}{l_c}\right) - \frac{3}{4} = \frac{1}{20}\,u_2^*\left(\frac{l_2}{l_c}\right) - \frac{3}{10}\left[\varphi_2^*\left(\frac{l_2}{l_c}\right) + \frac{3}{2}\right]$$
$$N_2^*\left(\frac{l_2}{l_c}\right) - \frac{15}{8} = -\frac{17}{40}\,u_2^*\left(\frac{l_2}{l_c}\right) + \frac{1}{20}\left[\varphi_2^*\left(\frac{l_2}{l_c}\right) + \frac{3}{2}\right].$$

Daraus ergeben sich die für die Anfederung maßgebenden Größen

$$M_2^*\left(\frac{l_2}{l_c}\right) = \frac{1}{20}\,u_2^*\left(\frac{l_2}{l_c}\right) - \frac{3}{10}\,\varphi_2^*\left(\frac{l_2}{l_c}\right) - \frac{3}{10}$$
$$N_2^*\left(\frac{l_2}{l_c}\right) = -\frac{17}{40}\,u_2^*\left(\frac{l_2}{l_c}\right) + \frac{1}{20}\,\varphi_2^*\left(\frac{l_2}{l_c}\right) + \frac{39}{20}.$$

Es sind

$$M_{20}^* = -\frac{3}{10} \quad \text{das Knotenmoment,}$$
$$N_{20}^* = \frac{39}{20} \quad \text{die Knotenlängskraft.}$$

Damit sind sämtliche Federgrößen des Nebenstranges bekannt. Der Knoten 2 vom Nebenstrang ist gleichzeitig Knoten 5 vom Hauptstrang. Es gelten die Beziehungen:

$$N_2^*\left(\frac{l_2}{l_c}\right) = Q_6^*(0)$$
$$M_2^*\left(\frac{l_2}{l_c}\right) = M_6^*(0)$$
$$u_2^*\left(\frac{l_2}{l_c}\right) = w_6^*(0)$$
$$\varphi_2^*\left(\frac{l_2}{l_c}\right) = \varphi_6^*(0).$$

Nunmehr kann der Ersatzträger des Rahmens angegeben werden (Abb. 77). Am Knoten sind eine Feder mit der Matrix

$$\mathfrak{C}_5\,[w_6^*(0), \varphi_6^*(0)] = \begin{pmatrix} \frac{1}{20} & -\frac{3}{10} \\ -\frac{17}{40} & +\frac{1}{20} \end{pmatrix}$$

und die Knotenkräfte

$$M_{50}^* = M_{20}^* = -\frac{3}{10}$$

$$Q_{50}^* = N_{20}^* = \frac{39}{20}$$

vorhanden.

Die Berechnung der Ersatzträger bietet keine Schwierigkeiten. Sie wird nach Abschn. 3.3 mit den Größen w, φ, Q und M durchgeführt.

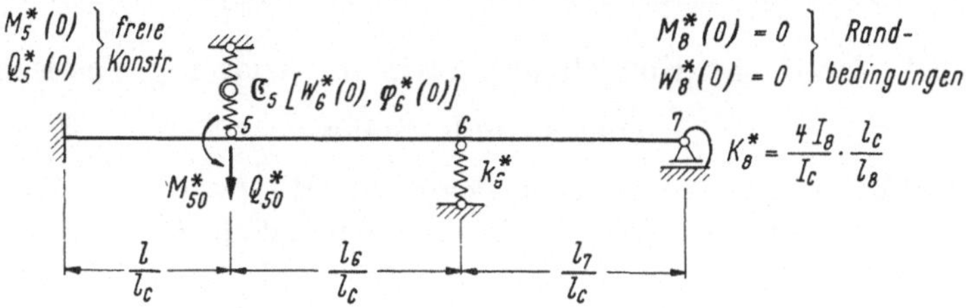

Abb. 77. Ersatzträger zum Rahmen von Bild 75

5 Ebene geschlossene Rahmentragwerke nach Theorie I. Ordnung

5.1 Allgemeines

In diesem Abschnitt werden die in Abb. 78 dargestellten Tragwerkssysteme behandelt. Diese Tragwerke lassen sich nach dem Reduktionsverfahren berechnen, wenn man sie in mehrere Hauptstränge zerlegt, an die die übrigen Tragwerksteile angefedert sind. An jedem Hauptstrang sind soviel unbekannte Freigrößen vor-

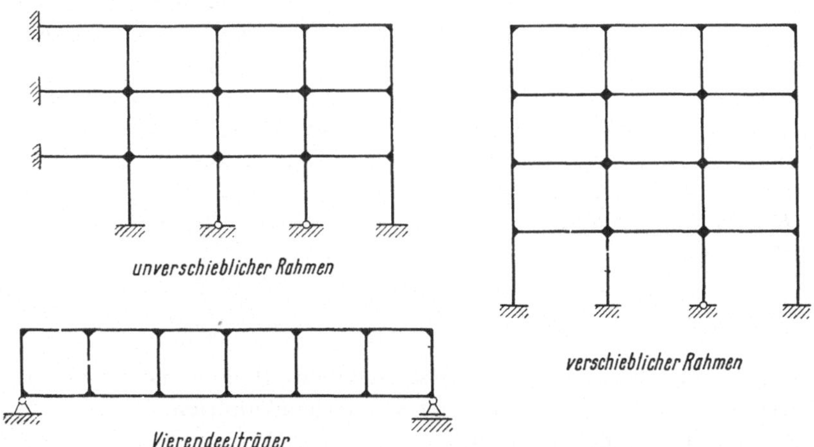

Abb. 78. Systeme von geschlossenen Rahmentragwerken

handen, wie konjugierte Paare in der Rechnung mitgeführt werden. Da diese Hauptstränge nicht unabhängig voneinander existieren, sondern durch die sie verbindenden, angefederten Tragwerksteile zum Zusammenwirken gezwungen werden, wird ihre Berechnung gemeinsam durchgeführt (gemeinsame Reduktion). Dazu faßt man sie zu einem sog. Ersatzsystem zusammen.

Im folgenden ist nun zu untersuchen, wie die Feld- und Punktmatrizen für dieses Ersatzsystem bei unverschieblichen und bei verschieblichen Rahmen aufgebaut sind. Außerdem sind die Federmatrizen abzuleiten, die die Hauptstränge miteinander verkoppeln und deshalb Koppelfedermatrizen genannt werden.

5.2 Koppelfedermatrizen

Je nachdem, ob 2, 3, 4, ... Hauptstränge miteinander verkoppelt werden, wird die Matrix zweifache, dreifache, vierfache, ... Koppelfedermatrix genannt.

5.2.1 Zweifache Koppelfedermatrix für beidseitig elastisch eingespannte Stäbe

a) Koppelfeder mit den konjugierten Paaren (φ, M), (w, Q), (u, N). An einem einfeldrigen Stab von der Länge l_k, der Biegesteifigkeit $EI_k = \text{const}$ und der Dehnsteifigkeit $EF_k = \text{const}$ können die in Abb. 79 positiv definierte Belastung, Randverformungen und Randschnittkräfte auftreten. Bei der Untersuchung der Koppelfeder besteht die Aufgabe darin, die Randschnittkräfte als Funktion der Randverformung und der Belastung auszudrücken. Zwecks besserer Übersichtlichkeit werden die einzelnen Einflüsse am geometrisch bestimmten Hauptsystem zunächst getrennt betrachtet und erst zum Schluß superponiert. Die Werte für die einzelnen Einflüsse ergeben sich nach den Ansätzen des Deformationsverfahrens, dessen Kenntnis vorausgesetzt wird:

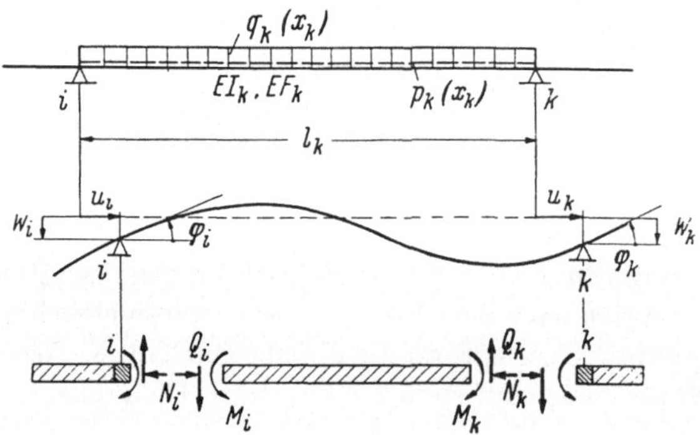

Abb. 79. Positiv definierte Randschnittkräfte und Randverformungen eines Stabes von der Länge l_k mit den Steifigkeiten EI_k und E_k

1. Belastung für $u_i = w_i = \varphi_i = u_k = w_k = \varphi_k = 0$. Sie verursacht die Randschnittkräfte

$$M_i = M_{i0} \qquad Q_i = Q_{i0} \qquad N_i = N_{i0}$$

$$M_k = M_{k0} \qquad Q_k = Q_{k0} \qquad N_k = N_{k0}.$$

$M_{i0}, M_{k0}, Q_{i0}, Q_{k0}, N_{i0}, N_{k0}$ sind die Randschnittkräfte am beidseitig eingespannten Balken entsprechend der positiven Vorzeichendefinition.

Zum Beispiel für Belastung $q_k(x) = q_k = \text{const}$

$$M_{i0} = M_{k0} = \frac{q_k \cdot l_k^2}{12} \qquad Q_{i0} = -\,q_k \frac{l_k}{2}$$

$$Q_{k0} = +\,q_k \frac{l_k}{2},$$

für Belastung $p_k(x) = p_k = \text{const}$

$$N_{i0} = -\,p_k \frac{l_k}{2} \qquad N_{k0} = p_k \frac{l_k}{2}.$$

2. *Verschiebung* w_i für $w_k = \varphi_k = \varphi_i = u_k = u_i = p_k(x) = q_k(x) = 0$:

$$M_i = \frac{-6EI_k}{l_k^2} w_i \qquad Q_k = \frac{12EI_k}{l_k^3} w_i \qquad N_i = N_k = 0$$

$$M_k = \frac{6EI_k}{l_k^2} w_i \qquad Q_i = \frac{12EI_k}{l_k^3} w_i.$$

3. *Verschiebung* w_k für $w_i = \varphi_k = \varphi_i = u_k = u_i = p_k(x) = q_k(x) = 0$:

$$M_i = \frac{6EI_k}{l_k^2} w_k \qquad Q_k = -\frac{12EI_k}{l_k^3} w_k \qquad N_i = N_k = 0$$

$$M_k = -\frac{6EI_k}{l^2} w_k \qquad Q_i = -\frac{12EI_k}{l_k^3} w_k.$$

4. *Verdrehung* φ_i für $w_i = w_k = \varphi_k = u_i = u_k = p_k(x) = q_k(x) = 0$:

$$M_i = \frac{4EI_k}{l_k} \varphi_i \qquad Q_i = -\frac{6EI_k}{l_k^2} \varphi_i \qquad N_i = N_k = 0$$

$$M_k = -\frac{2EI_k}{l_k} \varphi_i \qquad Q_k = -\frac{6EI_k}{l_k^2} \varphi_i.$$

5. *Verdrehung* φ_k für $w_i = w_k = \varphi_i = u_i = u_k = p_k(x) = q_k(x) = 0$:

$$M_i = \frac{2EI_k}{l_k} \varphi_k \qquad Q_i = -\frac{6EI_k}{l_k^2} \varphi_k \qquad N_i = N_k = 0$$

$$M_k = -\frac{4EI_k}{l_k} \varphi_k \qquad Q_k = -\frac{6EI_k}{l_k^2} \varphi_k.$$

6. *Verschiebung* u_i für $w_i = w_k = \varphi_i = \varphi_k = u_k = p_k(x) = q_k(x) = 0$:

$$M_i = M_k = Q_i = Q_k = 0 \qquad N_i = \frac{EF_k}{l_k} u_i$$

$$N_k = \frac{EF_k}{l_k} u_i.$$

7. *Verschiebung* u_k für $w_i = w_k = \varphi_i = \varphi_k = u_i = p_k(x) = q_k(x) = 0$:

$$M_i = M_k = Q_i = Q_k = 0 \qquad N_i = -\frac{EF_k}{l_k} u_k$$

$$N_k = -\frac{EF_k}{l_k} u_k.$$

Die einzelnen Einflüsse werden superponiert:

$$\left.\begin{aligned}
M_i &= EI_k\left(\frac{6}{l_k^2} w_k + \frac{2}{l_k}\varphi_k - \frac{6}{l_k^2} w_i + \frac{4}{l_k}\varphi_i\right) + M_{i0}\\
Q_i &= EI_k\left(-\frac{12}{l_k^3} w_k - \frac{6}{l_k^2}\varphi_k + \frac{12}{l_k^3} w_i - \frac{6}{l_k^2}\varphi_i\right) + Q_{i0}\\
M_k &= EI_k\left(-\frac{6}{l_k^2} w_k - \frac{4}{l_k}\varphi_k + \frac{6}{l_k^2} w_i - \frac{2}{l_k}\varphi_i\right) + M_{k0}\\
Q_k &= EI_k\left(-\frac{12}{l_k^3} w_k - \frac{6}{l_k^2}\varphi_k + \frac{12}{l_k^3} w_i - \frac{6}{l_k^2}\varphi_i\right) + Q_{k0}\\
N_i &= EF_k\left(-\frac{1}{l_k} u_k + \frac{1}{l_k} u_i\right) + N_{i0}\\
N_k &= EF_k\left(-\frac{1}{l_k} u_k + \frac{1}{l_k} u_i\right) + N_{k0}
\end{aligned}\right\}. \qquad (63)$$

In diesen Gleichungen sind die Randschnittkräfte des Stabes l_k dargestellt in Abhängigkeit von den Randverformungen und der Belastung.

Bei der Anfederung des Stabes sind seine Randschnittkräfte am Knoten der Hauptstränge anzusetzen. Die Randschnittkräfte von Gl. (63) wirken am Knoten k im positiven Richtungssinn (s. Abb. 79), dagegen am Knoten i im negativen Sinn.

Nach Umkehrung der Vorzeichen von M_i, Q_i und N_i können die Gln. (63) in der für die Anfederung maßgebenden Form als Matrizengleichung aufgeschrieben werden

$$\begin{Bmatrix} -M_i \\ -Q_i \\ +M_k \\ +Q_k \\ -N_i \\ +N_k \end{Bmatrix} = \left\{\begin{array}{cccccc|c} 0 & 0 & -\frac{6EI_k}{l_k^2} & -\frac{2EI_k}{l_k} & +\frac{6EI_k}{l_k^2} & -\frac{4EI_k}{l_k} & -M_{i0} \\ 0 & 0 & +\frac{12EI_k}{l_k^3} & +\frac{6EI_k}{l_k^2} & -\frac{12EI_k}{l_k^3} & +\frac{6EI_k}{l_k^2} & -Q_{i0} \\ 0 & 0 & -\frac{6EI_k}{l_k^2} & -\frac{4EI_k}{l_k} & +\frac{6EI_k}{l_k^2} & -\frac{2EI_k}{l_k} & +M_{k0} \\ 0 & 0 & -\frac{12EI_k}{l_k^3} & -\frac{6EI_k}{l_k^2} & +\frac{12EI_k}{l_k^3} & -\frac{6EI_k}{l_k^2} & +Q_{k0} \\ \frac{EF_k}{l_k} & -\frac{EF_k}{l_k} & 0 & 0 & 0 & 0 & -N_{i0} \\ -\frac{EF_k}{l_k} & \frac{EF_k}{l_k} & 0 & 0 & 0 & 0 & +N_{k0} \end{array}\right\} \begin{Bmatrix} u_i \\ u_k \\ w_k \\ \varphi_k \\ w_i \\ \varphi_i \\ 1 \end{Bmatrix}. \tag{64}$$

Darin ist die Koeffientenmatrix die gesuchte Koppelfedermatrix $\mathfrak{C}_{ik}$ des geraden Balkens mit konstanter Biege- und Längssteifigkeit:

$$\mathfrak{C}_{ik} = EI_k \begin{Bmatrix} 0 & 0 & -\frac{6}{l_k^2} & -\frac{2}{l_k} & +\frac{6}{l_k^2} & -\frac{4}{l_k} \\ 0 & 0 & +\frac{12}{l_k^3} & +\frac{6}{l_k^2} & -\frac{12}{l_k^3} & +\frac{6}{l_k^2} \\ 0 & 0 & -\frac{6}{l_k^2} & -\frac{4}{l_k} & +\frac{6}{l_k^2} & -\frac{2}{l_k} \\ 0 & 0 & -\frac{12}{l_k^3} & -\frac{6}{l_k^2} & +\frac{12}{l_k^3} & -\frac{6}{l_k^2} \\ \frac{F_k}{I_k}\frac{1}{l_k} & -\frac{F_k}{I_k}\frac{1}{l_k} & 0 & 0 & 0 & 0 \\ -\frac{F_k}{I_k}\frac{1}{l_k} & \frac{F_k}{I_k}\frac{1}{l_k} & 0 & 0 & 0 & 0 \end{Bmatrix}. \tag{64a}$$

Die Matrix ist nach dem Satz von Maxwell-Betti symmetrisch zur Nebendiagonale. Die Glieder der Nebendiagonale sind wieder alle negativ.

Nach Einführung der Beziehungen (14) und (44) bekommt die Matrix folgende Form:

$$\mathfrak{C}_{ik}^{*} = \frac{I_k}{I_c} \begin{Bmatrix} 0 & 0 & -6\left(\frac{l_c}{l_k}\right)^2 & -2\frac{l_c}{l_k} & +6\left(\frac{l_c}{l_k}\right)^2 & -4\frac{l_c}{l_k} \\ 0 & 0 & +12\left(\frac{l_c}{l_k}\right)^3 & +6\left(\frac{l_c}{l_k}\right)^2 & -12\left(\frac{l_c}{l_k}\right)^3 & +6\left(\frac{l_c}{l_k}\right)^2 \\ 0 & 0 & -6\left(\frac{l_c}{l_k}\right)^2 & -4\frac{l_c}{l_k} & +6\left(\frac{l_c}{l_k}\right)^2 & -2\frac{l_c}{l_k} \\ 0 & 0 & -12\left(\frac{l_c}{l_k}\right)^3 & -6\left(\frac{l_c}{l_k}\right)^2 & +12\left(\frac{l_c}{l_k}\right)^3 & -6\left(\frac{l_c}{l_k}\right)^2 \\ \frac{F_k}{I_k}\frac{l_c^3}{l_k} & -\frac{F_k}{I_k}\frac{l_c^3}{l_k} & 0 & 0 & 0 & 0 \\ -\frac{F_k}{I_k}\frac{l_c^3}{l_k} & \frac{F_k}{I_k}\frac{l_c^3}{l_k} & 0 & 0 & 0 & 0 \end{Bmatrix}. \tag{64b}$$

b) Sonderfall: Koppelfedermatrix mit dem konjugierten Paar (φ, M). Bei unverschieblichen Rahmen, an denen die Dehnsteifigkeit der Stäbe unendlich groß gesetzt wird, können die Knoten sich nur verdrehen, aber nicht verschieben ($w_k = w_i = u_k = u_i = 0$). Dieser Fall kann leicht aus Gl. (64) gewonnen werden, indem man die Spalten für w_k, w_i, u_k und u_i sowie die Zeilen für Q_k, Q_i, N_k und N_i streicht:

$$\begin{Bmatrix} -M_i \\ +M_k \end{Bmatrix} = \left[\begin{array}{cc|c} -\frac{2EI_k}{l_k} & -\frac{4EI_k}{l_k} & -M_{i0} \\ -\frac{4EI_k}{l_k} & -\frac{2EI_k}{l_k} & M_{k0} \end{array}\right] \begin{Bmatrix} \varphi_k \\ \varphi_i \\ 1 \end{Bmatrix}. \tag{65}$$

Darin ist

$$\mathfrak{C}_{ik} = EI_k \begin{bmatrix} -\frac{2}{l_k} & -\frac{4}{l_k} \\ -\frac{4}{l_k} & -\frac{2}{l_k} \end{bmatrix} \tag{65a}$$

die Koppelfedermatrix. Umgeformt mit den Beziehungen (14) heißt sie

$$\mathfrak{C}_{ik}^* = \frac{I_k}{I_c} \begin{bmatrix} -2\frac{l_c}{l_k} & -4\frac{l_c}{l_k} \\ -4\frac{l_c}{l_k} & -2\frac{l_c}{l_k} \end{bmatrix}. \tag{65b}$$

c) Sonderfall: Koppelfedermatrix mit den konjugierten Paaren (φ, M) und (w, Q). Für den Fall, daß die Dehnsteifigkeit des anzufedernden Stabes unendlich groß ist, wird $u_k = u_i = 0$. Man findet die Matrix aus Gl. (64a), wenn die ersten beiden Spalten und letzten beiden Zeilen gestrichen werden:

$$\mathfrak{C}_{ik} = EI_k \begin{bmatrix} -\frac{6}{l_k^2} & -\frac{2}{l_k} & +\frac{6}{l_k^2} & -\frac{4}{l_k} \\ +\frac{12}{l_k^3} & +\frac{6}{l_k^2} & -\frac{12}{l_k^3} & +\frac{6}{l_k^2} \\ -\frac{6}{l_k^2} & -\frac{4}{l_k} & +\frac{6}{l_k^2} & -\frac{2}{l_k} \\ -\frac{12}{l_k^3} & -\frac{6}{l_k^2} & +\frac{12}{l_k^3} & -\frac{6}{l_k^2} \end{bmatrix} \tag{66}$$

oder mit den Beziehungen (14)

$$\mathfrak{C}_{ik}^* = \frac{I_k}{I_c} \begin{bmatrix} -6\left(\frac{l_c}{l_k}\right)^2 & -2\frac{l_c}{l_k} & +6\left(\frac{l_c}{l_k}\right)^2 & -4\frac{l_c}{l_k} \\ +12\left(\frac{l_c}{l_k}\right)^3 & +6\left(\frac{l_c}{l_k}\right)^2 & -12\left(\frac{l_c}{l_k}\right)^3 & +6\left(\frac{l_c}{l_k}\right)^2 \\ -6\left(\frac{l_c}{l_k}\right)^2 & -4\frac{l_c}{l_k} & +6\left(\frac{l_c}{l_k}\right)^2 & -2\frac{l_c}{l_k} \\ -12\left(\frac{l_c}{l_k}\right)^3 & -6\left(\frac{l_c}{l_k}\right)^2 & +12\left(\frac{l_c}{l_k}\right)^3 & -6\left(\frac{l_c}{l_k}\right)^2 \end{bmatrix} \tag{66a}$$

für

$$\mathfrak{k}_{ik}^* = \begin{Bmatrix} -M_i^* \\ -Q_i^* \\ +M_k^* \\ +Q_k^* \end{Bmatrix} \quad \text{und} \quad \mathfrak{d}_{ik}^* = \begin{Bmatrix} w_k^* \\ \varphi_k^* \\ w_i^* \\ \varphi_i^* \end{Bmatrix}.$$

5.2.2 Zweifache Koppelfeder für einseitig eingespannten Stab

5.2.2.1 Links gelenkig gelagerter und rechts elastisch eingespannter Stab

a) Konjugierte Paare (φ, M), (w, Q). Zur Ableitung der Matrix muß man in Gl. (66) für $M_i = 0$ und $M_{i0} = 0$ setzen:

$$\begin{Bmatrix} 0 \\ -Q_i \\ +M_k \\ +Q_k \end{Bmatrix} = \left\{\begin{array}{cccc|c} -\frac{6EI_k}{l_k^2} & -\frac{2EI_k}{l_k} & +\frac{6EI_k}{l_k^2} & -\frac{4EI_k}{l_k} & 0 \\ +\frac{12EI_k}{l_k^3} & +\frac{6EI_k}{l_k^2} & -\frac{12EI_k}{l_k^3} & +\frac{6EI_k}{l_k^2} & Q_{i0} \\ -\frac{6EI_k}{l_k^2} & -\frac{4EI_k}{l_k} & +\frac{6EI_k}{l_k^2} & -\frac{2EI_k}{l_k} & M_{k0} \\ -\frac{12EI_k}{l_k^3} & -\frac{6EI_k}{l_k^2} & +\frac{12EI_k}{l_k^3} & -\frac{6EI_k}{l_k^2} & Q_{k0} \end{array}\right\} \begin{Bmatrix} w_k \\ \varphi_k \\ w_i \\ \varphi_i \\ 1 \end{Bmatrix}.$$

Die gesuchte Matrix bekommt man nun, indem die erste Zeile nacheinander zu den anderen Zeilen so addiert wird, daß die φ_i zugeordnete Spalte verschwindet:

$$\begin{Bmatrix} -Q_i \\ +M_k \\ +Q_k \end{Bmatrix} = \left\{\begin{array}{ccc|c} +\frac{3EI_k}{l_k^3} & +\frac{3EI_k}{l_k^2} & -\frac{3EI_k}{l_k^3} & -Q_{i0} \\ -\frac{3EI_k}{l_k^2} & -\frac{3EI_k}{l_k} & +\frac{3EI_k}{l_k^2} & +M_{k0} \\ -\frac{3EI_k}{l_k^3} & -\frac{3EI_k}{l_k^2} & +\frac{3EI_k}{l_k^3} & +Q_{k0} \end{array}\right\} \begin{Bmatrix} w_k \\ \varphi_k \\ w_i \\ 1 \end{Bmatrix}. \tag{67}$$

Die Randschnittkräfte Q_{i0}, M_{k0} und Q_{k0} werden in diesem Fall am einseitig gelenkig gelagerten und andererseits elastisch eingespannten Balken berechnet.

Gl. (67) wird umgeformt mit den Beziehungen (14):

$$\begin{Bmatrix} -Q_i^* \\ +M_k^* \\ +Q_k^* \end{Bmatrix} = \left\{\begin{array}{ccc|c} +3\left(\frac{l_c}{l_k}\right)^3\frac{I_k}{I_c} & +3\left(\frac{l_c}{l_k}\right)^2\frac{I_k}{I_c} & -3\left(\frac{l_c}{l_k}\right)^3\frac{I_k}{I_c} & -Q_{i0}^* \\ -3\left(\frac{l_c}{l_k}\right)^2\frac{I_k}{I_c} & -3\left(\frac{l_c}{l_k}\right)\frac{I_k}{I_c} & +3\left(\frac{l_c}{l_k}\right)^2\frac{I_k}{I_c} & +M_{k0}^* \\ -3\left(\frac{l_c}{l_k}\right)^3\frac{I_k}{I_c} & -3\left(\frac{l_c}{l_k}\right)^2\frac{I_k}{I_c} & +3\left(\frac{l_c}{l_k}\right)^3\frac{I_k}{I_c} & +Q_{k0}^* \end{array}\right\} \begin{Bmatrix} w_k^* \\ \varphi_k^* \\ w_i^* \\ 1 \end{Bmatrix}. \tag{67a}$$

b) Konjugiertes Paar (φ, M). Nach Streichen der Zeilen für Q_k und Q_i und der Spalten für w_k und w_i in Gl. (67) erhält man die bekannte Beziehung des einseitig gelenkig angeschlossenen Stabes:

$$M_k = -\frac{3EI_k}{l_k}\varphi_k + M_{k0} \qquad \text{oder} \qquad M_k^* = -3\frac{l_c}{l_k}\frac{I_k}{I_c}\varphi_k^* + M_{k0}^*.$$

5.2.2.2 Links elastisch eingespannter und rechts gelenkig gelagerter Stab

a) Konjugierte Paare (φ, M) und (w, Q). Die Matrix ergibt sich auf die gleiche Weise wie die Matrix (67), wenn in (66) für $M_k = 0$ und $M_{k0} = 0$ gesetzt und die φ_k zugeordnete Spalte zum Verschwinden gebracht werden:

$$\begin{Bmatrix} -M_i \\ -Q_i \\ +Q_k \end{Bmatrix} = \left\{\begin{array}{ccc|c} -\frac{3EI_k}{l_k^2} & +\frac{3EI_k}{l_k^2} & -\frac{3EI_k}{l_k} & -M_{i0} \\ +\frac{3EI_k}{l_k^3} & -\frac{3EI_k}{l_k^3} & +\frac{3EI_k}{l_k^2} & -Q_{i0} \\ -\frac{3EI_k}{l_k^3} & +\frac{3EI_k}{l_k^3} & -\frac{3EI_k}{l_k^2} & +Q_{k0} \end{array}\right\} \begin{Bmatrix} w_k \\ w_i \\ \varphi_i \\ 1 \end{Bmatrix} \tag{68}$$

oder

$$\begin{Bmatrix} -M_i^* \\ -Q_i^* \\ +Q_k^* \end{Bmatrix} = \begin{bmatrix} -3\left(\frac{l_c}{l_k}\right)^2 \frac{I_k}{I_c} & +3\left(\frac{l_c}{l_k}\right)^2 \frac{I_k}{I_c} & -3\frac{l_c}{l_k}\frac{I_k}{I_c} & -M_{i0}^* \\ +3\left(\frac{l_c}{l_k}\right)^3 \frac{I_k}{I_c} & -3\left(\frac{l_c}{l_k}\right)^3 \frac{I_k}{I_c} & +3\left(\frac{l_c}{l_k}\right)^2 \frac{I_k}{I_c} & -Q_{i0}^* \\ -3\left(\frac{l_c}{l_k}\right)^3 \frac{I_k}{I_c} & +3\left(\frac{l_c}{l_k}\right)^3 \frac{I_k}{I_c} & -3\left(\frac{l_c}{l_k}\right)^2 \frac{I_k}{I_c} & +Q_{k0}^* \end{bmatrix} \begin{Bmatrix} w_k^* \\ w_i^* \\ \varphi_i^* \\ 1 \end{Bmatrix}. \quad (68\text{a})$$

b) Konjugiertes Paar (φ, M):

$$-M_i = -\frac{3EI_k}{l_k}\varphi_i - M_{i0} \qquad \text{oder} \qquad -M_i^* = -3\frac{l_c}{l_k}\frac{I_k}{I_c}\varphi_i^* - M_{i0}^*.$$

5.2.3 Mehrfache Koppelfedermatrizen

Die mehrfachen Koppelfedern $\mathfrak{C}_s$ findet man durch Addition der zweifachen Koppelfedermatrizen $\mathfrak{C}_{ik}$ der zu dem anzufedernden Strang gehörenden Felder. Also bei einem Strang mit n Feldern wird:

$$\mathfrak{C}_s = \sum_n \mathfrak{C}_{ik}.$$

Zum Beispiel kann die dreifache Koppelfedermatrix für die konjugierten Paare (w, Q) und (φ, M) eines Riegels mit zwei Feldern (Abb. 80) wie folgt abgeleitet werden:

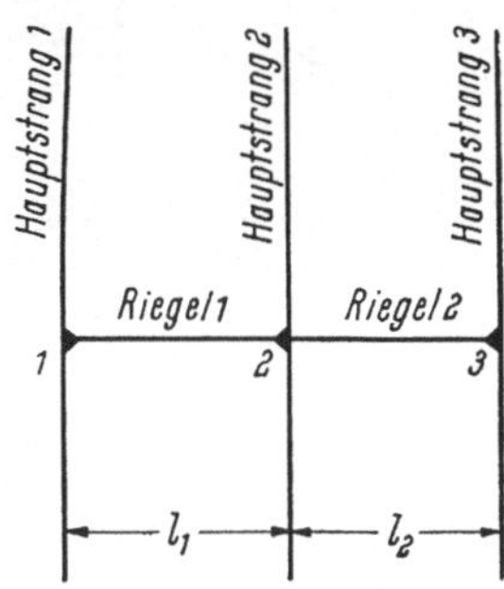

Abb. 80. Anfederung des Riegelstranges

Die für die Anfederung maßgebenden Beziehungen am Riegel 1 lauten:

$$\begin{Bmatrix} -M_1^{(l_1)} \\ -Q_1^{(l_1)} \\ +M_2^{(l_1)} \\ +Q_2^{(l_1)} \end{Bmatrix} = \begin{bmatrix} -\frac{6EI_1}{l_1^2} & -\frac{2EI_1}{l_1} & +\frac{6EI_1}{l_1^2} & -\frac{4EI_1}{l_1} & -M_{10}^{(l_1)} \\ +\frac{12EI_1}{l_1^3} & +\frac{6EI_1}{l_1^2} & -\frac{12EI_1}{l_1^3} & +\frac{6EI_1}{l_1^2} & -Q_{10}^{(l_1)} \\ -\frac{6EI_1}{l_1^2} & -\frac{4EI_1}{l_1} & +\frac{6EI_1}{l_1^2} & -\frac{2EI_1}{l_1} & M_{20}^{(l_1)} \\ -\frac{12EI_1}{l_1^3} & -\frac{6EI_1}{l_1^2} & +\frac{12EI_1}{l_1^3} & -\frac{6EI_1}{l_1^2} & Q_{20}^{(l_1)} \end{bmatrix} \begin{Bmatrix} w_2 \\ \varphi_2 \\ w_1 \\ \varphi_1 \\ 1 \end{Bmatrix}$$

Der Index l_1 an den Kraftgrößen zeigt an, daß die Schnittkräfte am Riegel 1 auftreten. Die gleichen Beziehungen für Riegel 2 sind:

$$\begin{Bmatrix} -M_2^{(l_2)} \\ -Q_2^{(l_2)} \\ +M_3^{(l_2)} \\ +Q_3^{(l_2)} \end{Bmatrix} = \begin{bmatrix} -\frac{6EI_2}{l_2^2} & -\frac{2EI_2}{l_2} & +\frac{6EI_2}{l_2^2} & -\frac{4EI_2}{l_2} & -M_{20}^{(l_2)} \\ +\frac{12EI_2}{l_2^3} & +\frac{6EI_2}{l_2^2} & -\frac{12EI_2}{l_2^3} & +\frac{6EI_2}{l_2^2} & -Q_{20}^{(l_2)} \\ -\frac{6EI_2}{l_2^2} & -\frac{4EI_2}{l_2} & +\frac{6EI_2}{l_2^2} & -\frac{2EI_2}{l_2} & +M_{30}^{(l_2)} \\ -\frac{12EI_2}{l_2^3} & -\frac{6EI_2}{l_2^2} & +\frac{12EI_2}{l_2^3} & -\frac{6EI_2}{l_2^2} & +Q_{30}^{(l_2)} \end{bmatrix} \begin{Bmatrix} w_3 \\ \varphi_3 \\ w_2 \\ \varphi_2 \\ 1 \end{Bmatrix}.$$

Die Knotenkräfte an den Knoten 1, 2 und 3 ergeben sich aus der Addition der Randschnittkräfte der Riegel 1 und 2:

$$M_1 = -M_1^{(l_1)} \qquad M_2 = +M_2^{(l_1)} - M_2^{(l_2)} \qquad M_3 = M_3^{(l_2)}$$
$$Q_1 = -Q_1^{(l_1)} \qquad Q_2 = +Q_2^{(l_1)} - Q_2^{(l_2)} \qquad Q_3 = Q_3^{(l_2)}.$$

Damit bekommt man:

$$\begin{Bmatrix} M_1 = -M_1^{(l_1)} \\ Q_1 = -Q_1^{(l_1)} \\ M_2 = +M_2^{(l_1)} - M_2^{(l_2)} \\ Q_2 = +Q_2^{(l_1)} - Q_2^{(l_2)} \\ M_3 = +M_3^{(l_2)} \\ Q_3 = +Q_3^{(l_2)} \end{Bmatrix} = \left(\begin{array}{cccccc|c} 0 & 0 & -\frac{6EI_1}{l_1^2} & -\frac{2EI_1}{l_1} & +\frac{6EI_1}{l_1^2} & -\frac{4EI_1}{l_1} & -M_{10}^{(l_1)} \\ 0 & 0 & +\frac{12EI_1}{l_1^3} & +\frac{6EI_1}{l_1^2} & -\frac{12EI_1}{l_1^3} & +\frac{6EI_1}{l_1^2} & -Q_{10}^{(l_1)} \\ 0 & 0 & -\frac{6EI_1}{l_1^2} & -\frac{4EI_1}{l_1} & +\frac{6EI_1}{l_1^2} & -\frac{2EI_1}{l_1} & +M_{20}^{(l_1)} \\ 0 & 0 & -\frac{12EI_1}{l_1^3} & -\frac{6EI_1}{l_1^2} & +\frac{12EI_1}{l_1^3} & -\frac{6EI_1}{l_1^2} & +Q_{20}^{(l_1)} \\ 0 & 0 & 0 & 0 & 0 & 0 & 0 \\ 0 & 0 & 0 & 0 & 0 & 0 & 0 \end{array}\right) \begin{Bmatrix} 0 \\ 0 \\ w_2 \\ \varphi_2 \\ w_1 \\ \varphi_1 \\ 1 \end{Bmatrix} + \left(\begin{array}{cccccc|c} 0 & 0 & 0 & 0 & 0 & 0 & 0 \\ 0 & 0 & 0 & 0 & 0 & 0 & 0 \\ -\frac{6EI_2}{l_2^2} & -\frac{2EI_2}{l_2} & +\frac{6EI_2}{l_2^2} & -\frac{4EI_2}{l_2} & 0 & 0 & -M_{20}^{(l_2)} \\ +\frac{12EI_2}{l_2^3} & +\frac{6EI_2}{l_2^2} & -\frac{12EI_2}{l_2^3} & +\frac{6EI_2}{l_2^2} & 0 & 0 & -Q_{20}^{(l_2)} \\ -\frac{6EI_2}{l_2^2} & -\frac{4EI_2}{l_2} & +\frac{6EI_2}{l_2^2} & -\frac{2EI_2}{l_2} & 0 & 0 & +M_{30}^{(l_2)} \\ -\frac{12EI_2}{l_2^3} & +\frac{6EI_2}{l_2^2} & -\frac{12EI_2}{l_2^3} & +\frac{6EI_2}{l_2^2} & 0 & 0 & +Q_{30}^{(l_2)} \end{array}\right) \begin{Bmatrix} w_3 \\ \varphi_3 \\ w_2 \\ \varphi_2 \\ 0 \\ 0 \\ 1 \end{Bmatrix}$$

$$= \left(\begin{array}{cccccc|c} 0 & 0 & -\frac{6EI_1}{l_1^2} & -\frac{2EI_1}{l_1} & +\frac{6EI_1}{l_1^2} & -\frac{4EI_1}{l_1} & -M_{10}^{(l_1)} \\ 0 & 0 & +\frac{12EI_1}{l_1^3} & +\frac{6EI_2}{l_1^2} & -\frac{12EI_1}{l_1^3} & +\frac{6EI_1}{l_1^2} & -Q_{10}^{(l_1)} \\ -\frac{6EI_2}{l_2^2} & -\frac{2EI_2}{l_2} & E\left(-\frac{6I_1}{l_1^2}+\frac{6I_2}{l_2^2}\right) & E\left(-\frac{4I_1}{l_1}-\frac{4I_2}{l_2}\right) & +\frac{6EI_1}{l_1^2} & -\frac{2EI_1}{l_1} & +M_{20}^{(l_1)} - M_{20}^{(l_2)} \\ +\frac{12EI_2}{l_2^3} & +\frac{6EI_2}{l_2^2} & E\left(-\frac{12I_1}{l_1^3}-\frac{12I_2}{l_2^3}\right) & E\left(-\frac{6I_1}{l_1^2}+\frac{6I_2}{l_2^2}\right) & +\frac{12EI_2}{l_1^3} & -\frac{6EI_2}{l_1^2} & +Q_{20}^{(l_1)} - Q_{20}^{(l_2)} \\ -\frac{6EI_2}{l_2^2} & -\frac{4EI_2}{l_2} & +\frac{6EI_2}{l_2^2} & -\frac{2EI_2}{l_2} & 0 & 0 & +M_{30}^{(l_2)} \\ -\frac{12EI_2}{l_2^3} & -\frac{6EI_2}{l_2^2} & +\frac{12EI_2}{l_2^3} & -\frac{6EI_2}{l_2^2} & 0 & 0 & +Q_{30}^{(l_2)} \end{array}\right) \begin{Bmatrix} w_3 \\ \varphi_3 \\ w_2 \\ \varphi_2 \\ w_1 \\ \varphi_1 \\ 1 \end{Bmatrix}. \quad (69a)$$

Darin ist die Koeffizientenmatrix die gesuchte dreifache Koppelfedermatrix für die Paare (w, Q) und (φ, M). Sind die Knotenpunkte unverschieblich $(w = 0)$, dann erhält man nach Streichung der Zeilen für Q und der Spalten für w die dreifache Koppelfedermatrix für die konjugierten Paare (φ_k, M_k):

$$\begin{Bmatrix} M_1 = -M_1^{(l_1)} \\ M_2 = M_2^{(l_1)} - M_2^{(l_2)} \\ M_3 = M_3^{(l_2)} \end{Bmatrix} = \left\{\begin{array}{ccc|c} 0 & -\frac{2EI_1}{l_1} & -\frac{4EI_1}{l_1} & M_{10}^{(l_1)} \\ -\frac{2EI_2}{l_2} & +E\left(-\frac{4I_1}{l_1} - \frac{4I_2}{l_2}\right) & -\frac{2\,EI_1}{l_1} & M_{20}^{(l_1)} - M_{20}^{(l_2)} \\ -\frac{4EI_2}{l_2} & -\frac{2EI_2}{l_2} & 0 & M_{30}^{(l_3)} \end{array}\right\} \begin{Bmatrix} \varphi_3 \\ \varphi_2 \\ \varphi_1 \\ 1 \end{Bmatrix}. \quad (69\,\mathrm{b})$$

5.2.4 Koppelfedermatrizen für Stielstränge

Rahmenstiele nach Abb. 81 werden angefedert, indem zur Koppelfedermatrix des die beiden Hauptstränge verbindenden Stielfeldes die Federmatrix des eingespannten Stieles addiert wird. Zum Beispiel bekommt man für den Rahmenstiel nach Abb. 81a bei unverschieblichen Knotenpunkten:

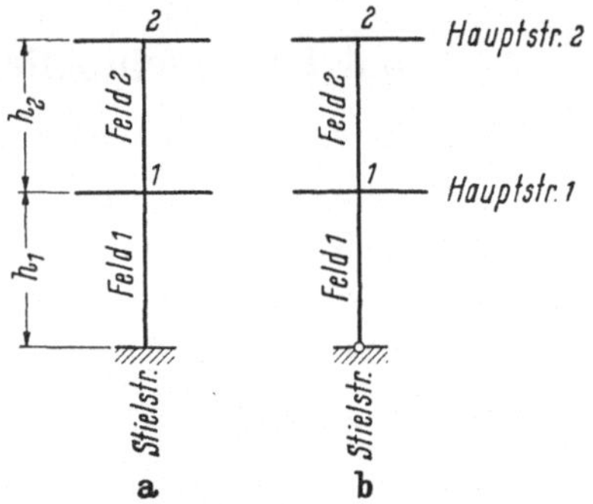

Abb. 81. Anfederung der Stielstränge

Federbeziehungen für Feld 2 [nach Gl. (65)]:

$$\begin{Bmatrix} -M_1^{(h_2)} \\ +M_2^{(h_2)} \end{Bmatrix} = \left\{\begin{array}{cc|c} -\frac{2EI_2}{h_2} & -\frac{4EI_2}{h_2} & -M_{10}^{(h_2)} \\ -\frac{4EI_2}{h_2} & -\frac{2EI_2}{h_2} & M_{20}^{(h_2)} \end{array}\right\} \begin{Bmatrix} \varphi_2 \\ \varphi_1 \\ 1 \end{Bmatrix}.$$

Federbeziehungen des Feldes 1:

$$M_1^{(h_1)} = -\frac{4EI_1}{h_1}\varphi_1 + M_{10}^{(h_1)}.$$

Nach Addition beider Beziehungen erhält man:

$$\begin{Bmatrix} M_1^{(h_1)} - M_1^{(h_2)} \\ M_2^{(h_2)} \end{Bmatrix} = \left\{\begin{array}{cc|c} -\frac{2EI_2}{h_2} & -\left(\frac{4EI_1}{h_1} + \frac{4EI_2}{h_2}\right) & M_{10}^{(h_1)} - M_{10}^{(h_2)} \\ -\frac{4EI_2}{h_2} & -\frac{2EI_2}{h_2} & M_{20}^{(h_2)} \end{array}\right\} \begin{Bmatrix} \varphi_2 \\ \varphi_1 \\ 1 \end{Bmatrix} \quad (70\,\mathrm{a})$$

und umgerechnet mit den Beziehungen (14)

$$\begin{Bmatrix} M_1^{*(h_1)} - M_1^{*(h_2)} \\ M_2^{*(h_2)} \end{Bmatrix} = \left\{\begin{array}{cc|c} -2\frac{l_c}{h_2}\frac{I_2}{I_c} & -4\left(\frac{l_c}{h_1}\frac{I_1}{I_c} + \frac{l_c}{h_2}\frac{I_2}{I_c}\right) & M_{10}^{*(h_1)} - M_{10}^{*(h_2)} \\ -4\frac{l_c}{h_2}\frac{I_2}{I_c} & -2\frac{l_c}{h_2}\frac{I_2}{I_c} & M_{20}^{*(h_2)} \end{array}\right\} \begin{Bmatrix} \varphi_2^* \\ \varphi_1^* \\ 1 \end{Bmatrix}.$$

Darin ist die Koeffizientenmatrix die gesuchte Koppelfedermatrix. Für den Rahmenstiel nach Abb. 81b, bei dem der abstehende Stiel gelenkig angeschlossen ist, bekommt man die Koppelfedermatrix auf die gleiche Weise:

$$\begin{bmatrix} M_1^{(h_1)} - M_1^{(h_2)} \\ + M_2^{(h_2)} \end{bmatrix} = \left[\begin{matrix} -\dfrac{2EI_2}{h_2} & -\left(\dfrac{3EI_1}{h_1} + \dfrac{4EI_2}{h_2}\right) \\ -\dfrac{4EI_2}{h_2} & -\dfrac{2EI_2}{h_2} \end{matrix}\;\middle|\; \begin{matrix} M_{10}^{(h_1)} - M_{10}^{(h_2)} \\ M_{20}^{(h_2)} \end{matrix}\right] \begin{bmatrix} \varphi_2 \\ \varphi_1 \\ 1 \end{bmatrix} \tag{70b}$$

oder umgeformt:

$$\begin{bmatrix} M_1^{(h_1)} - M_1^{*(h_2)} \\ M_2^{*(h_2)} \end{bmatrix} = \left[\begin{matrix} -2\dfrac{l_c}{h_2}\dfrac{I_2}{I_c} & -\left(3\dfrac{l_c}{h_1}\dfrac{I_1}{I_c} + 4\dfrac{l_c}{h_2}\dfrac{I_2}{I_c}\right) \\ -4\dfrac{l_c}{h_2}\dfrac{I_2}{I_c} & -2\dfrac{l_c}{h_2}\dfrac{I_2}{I_c} \end{matrix}\;\middle|\; \begin{matrix} M_{10}^{*(h_1)} - M_{10}^{*(h_2)} \\ M_{20}^{*(h_2)} \end{matrix}\right] \begin{bmatrix} \varphi_2^* \\ \varphi_1^* \\ 1 \end{bmatrix}.$$

5.3 Unverschiebliche Stockwerkrahmen ($EF = \infty$)

5.3.1 Feldmatrix des Ersatzsystems

Die Knotenpunkte des Rahmens sind unverschieblich ($u = w = 0$), weil die Dehnsteifigkeit EF der Stäbe unendlich groß angenommen wird. Die Hauptstränge des Rahmens können somit als Durchlaufträger auf festen, aber elastisch drehbaren Stützen angesehen werden. Die Berechnung solcher Träger läßt sich mit dem einen konjugierten Paar (φ, M) allein durchführen. Die Paare (u, N) und (w, Q) können unterdrückt werden.

Für die Berechnung des gesamten Stockwerkrahmens faßt man die Größen φ und M aller vorhandenen Hauptstränge zu einem einzigen Vektor zusammen, d. h. aus sämtlichen Hauptsträngen wird ein Ersatzsystem gebildet.

Die dazugehörige Feldmatrix läßt sich aufbauen aus den Feldmatrizen des Durchlaufträgers auf festen Stützen nach Abschn. 3.4.4. Sind z. B. die beiden Hauptstränge 1 und 2 mit den Steifigkeiten EI_{k1} und EI_{k2} vorhanden, und sollen Vergleichsgrößen nach Gl. (14) verwendet werden, dann bekommt man mit Gl. (29) für

$$w_{k1} = w_{k2} = w_{k-1,1} = w_{k-1,2} = 0$$

$$\begin{bmatrix} \varphi_{k2}^*\left(\frac{l_{k2}}{l_c}\right) \\ \varphi_{k1}^*\left(\frac{l_{k1}}{l_c}\right) \\ M_{k1}^*\left(\frac{l_{k1}}{l_c}\right) \\ M_{k2}^*\left(\frac{l_{k2}}{l_c}\right) \\ 1 \end{bmatrix} = \begin{bmatrix} -2 & 0 & 0 & \frac{1}{2}\frac{l_k}{l_c}\frac{I_c}{I_{k2}} & \overline{\varphi}_{k0,2}^*\left(\frac{l_{k2}}{l_c}\right) \\ 0 & -2 & \frac{1}{2}\frac{l_k}{l_c}\frac{I_c}{I_{k1}} & 0 & \overline{\varphi}_{k0,1}^*\left(\frac{l_{k1}}{l_c}\right) \\ 0 & \frac{6 l_c I_{k1}}{l_k I_c} & -2 & 0 & \overline{M}_{k0,1}^*\left(\frac{l_{k1}}{l_c}\right) \\ \frac{6 l_c I_{k2}}{l_k I_c} & 0 & 0 & -2 & \overline{M}_{k0,2}^*\left(\frac{l_{k2}}{l_c}\right) \\ 0 & 0 & 0 & 0 & 1 \end{bmatrix} \begin{bmatrix} \varphi_{k2}^*(0) \\ \varphi_{k1}^*(0) \\ M_{k1}^*(0) \\ M_{k2}^*(0) \\ 1 \end{bmatrix}, \tag{71}$$

mit

$$\overline{\varphi}_{k0,i}^*\left(\frac{l_k}{l_c}\right) = \frac{3l_c}{l_k} w_{k0,i}^*\left(\frac{l_k}{l_c}\right) + \varphi_{k0,i}^*\left(\frac{l_k}{l_c}\right)$$

$$\overline{M}_{k0,i}^*\left(\frac{l_k}{l_c}\right) = -6\frac{l_c^2}{l_k^2}\frac{I_k}{I_c} w_{k0,i}^*\left(\frac{l_k}{l_c}\right) + M_{k0,i}^*\left(\frac{l_k}{l_c}\right). \qquad (i = 1,2)$$

In Gl. (71) ist die Koeffizientenmatrix die gesuchte Feldmatrix.

Sämtliche Kraft- und Deformationsgrößen haben jetzt zwei Indizes. Der erste Index hat die gleiche Bedeutung wie beim Durchlaufträger, während der zweite angibt, zu welchem Hauptstrang die Größe gehört;
z. B. $M_{k2}(l_k)$: Moment im Felde l_k an der Stelle $x = l_k$ des Hauptstranges 2.

Außerdem werden jetzt auch alle Knotenpunkte des Rahmens mit zwei Ziffern gekennzeichnet. Die erste Ziffer entspricht wieder der bisherigen Bezeichnungsweise, und die zweite Ziffer zeigt an, auf welchem Hauptstrang der Knoten liegt; z. B. Knoten k 1 liegt auf Hauptstrang 1 am rechten Ende vom Feld l_k.

Die beim Aufbau der Feldmatrix einzuhaltende Reihenfolge der Deformationsgrößen $(\varphi_{k2}, \varphi_{k1})$ und der Kraftgrößen (M_{k1}, M_{k2}) richtet sich nach dem Aufbau der dazugehörenden Koppelfedermatrix [vgl. hierzu Gl. (65), (70a) und (70b)].

5.3.2 Punktmatrix des Ersatzsystems

Die Punktmatrix soll die Verhältnisse an der Feldgrenze des aus allen Hauptsträngen bestehenden Ersatzsystems ausdrücken. Feldgrenzen sind im allgemeinen die Knoten des Rahmens, also die Stellen, an denen die Nebenstränge an die Hauptstränge angeschlossen sind. In der Punktmatrix muß in diesem Fall die Koppelfedermatrix des an der betreffenden Feldgrenze vorhandenen Nebenstranges stehen.

Für einen Stockwerkrahmen mit zwei Hauptsträngen gelten an der Feldgrenze k des Ersatzträgers folgende Beziehungen:

$$\begin{pmatrix} \varphi^*_{k+1,2}\,(0) \\ \varphi^*_{k+1,1}\,(0) \\ M^*_{k+1,1}\,(0) \\ M^*_{k+1,2}\,(0) \\ 1 \end{pmatrix} = \begin{pmatrix} 1 & 0 & 0 & 0 & \varphi^{*s}_{k2} \\ 0 & 1 & 0 & 0 & \varphi^{*s}_{k1} \\ \boxed{\mathfrak{S}\left[\varphi^*_{k2}\left(\frac{l_{k2}}{l_c}\right), \varphi^*_{k1}\left(\frac{l_{k1}}{l_c}\right)\right]} & & 1 & 0 & M^{*s}_{k1} + M^*_{k0,1} \\ & & 0 & 1 & M^{*s}_{k2} + M^*_{k0,2} \\ 0 & 0 & 0 & 0 & 1 \end{pmatrix} \begin{pmatrix} \varphi^*_{k2}\left(\frac{l_{k_2}}{l_c}\right) \\ \varphi^*_{k1}\,(l_{k_1}/l_c) \\ M^*_{k1}\left(\frac{l_{k_1}}{l_c}\right) \\ M^*_{k2}\,(l_{k_2}/l_c) \\ 1 \end{pmatrix}, \quad (72)$$

darin ist die Koeffizientenmatrix die Punktmatrix. Im eingerahmten Teil steht die Federmatrix des angefederten Stranges. $M^*_{k0,1}$ und $M^*_{k0,2}$ sind mit den Beziehungen (14) umgerechnete Knotenmomente, die aus äußeren, am Knoten angreifenden Momenten und aus der Belastung auf den Stielen herrühren können. φ^{*s}_{k2}, φ^{*s}_{k1}, M^{*s}_{k1}, M^{*s}_{k2} sind evtl. auftretende Sprunggrößen.

Als Beispiel wird die Punktmatrix an der ersten Feldgrenze des Rahmens von Abb. 82a aufgestellt. Die Koppelfeder des angefederten Stieles wurde bereits in Gl. (70a) abgeleitet. Man erhält:

$$\begin{pmatrix} \varphi^*_{22}(0) \\ \varphi^*_{21}(0) \\ M^*_{21}(0) \\ M^*_{22}(0) \\ 1 \end{pmatrix} = \left(\begin{array}{cccc|c} 1 & 0 & 0 & 0 & \varphi^{*s}_{12} \\ 0 & 1 & 0 & 0 & \varphi^{*s}_{11} \\ -\frac{2l_c}{h_2}\frac{I_2}{I_c} & -\left(\frac{4l_c}{h_1}\frac{I_1}{I_c} + \frac{4l_c}{h_2}\frac{I_2}{I_c}\right) & 1 & 0 & (M^{*(h_1)}_{10,1} - M^{*(h_2)}_{10,1}) \\ -\frac{4l_c}{h_2}\frac{I_2}{I_c} & -\frac{2l_c}{h_2}\frac{I_2}{I_c} & 0 & 1 & M^{*(h_2)}_{10,2} \\ 0 & 0 & 0 & 0 & 1 \end{array}\right) \begin{pmatrix} \varphi^*_{12}(l_1/l_c) \\ \varphi^*_{11}(l_1/l_c) \\ M^*_{11}(l_1/l_c) \\ M^*_{12}(l_1/l_c) \\ 1 \end{pmatrix}.$$

5.3.3 Zusammenhang am ganzen Rahmen

Wie bereits gesagt, erfolgt die Berechnung des Rahmens am Ersatzsystem, das durch Anfederung der Nebenstränge an die Hauptstränge entsteht. Es ist nicht schwer, die Hauptstränge so zu wählen, daß die Rechnung recht kurz wird. Sie wird in jedem Fall dann am kürzesten, wenn die Strangschar mit den wenigsten Strängen zu Hauptsträngen erklärt wird.

Die Berechnung der unverschieblichen Stockwerkrahmen wird am Rahmen von Abb. 82 erläutert. Dieser Rahmen besteht aus zwei Riegel- und vier Stielsträngen. Die kürzeste Rechnung ergibt sich in diesem Fall, wenn man die Stiel-

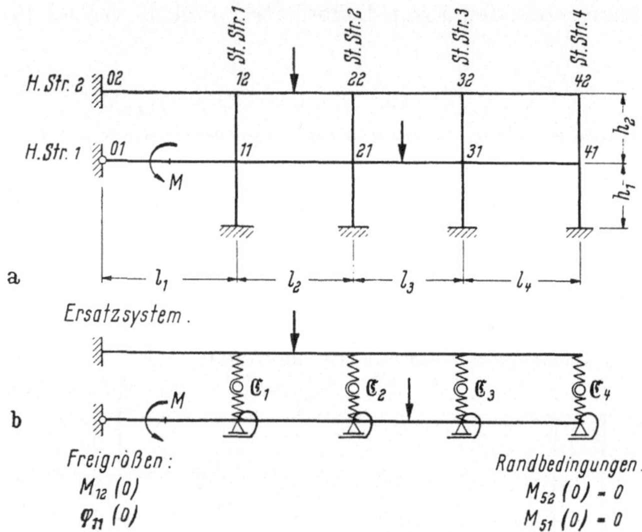

Abb. 82. Unverschiebliche Stockwerkrahmen mit Ersatzsystem

stränge an die Riegelstränge anfedert. Es entsteht dabei das in Abb. 82b dargestellte Ersatzsystem. Für die vier Felder dieses Systems sind nach Abschn. 5.3.1 die Feldmatrizen und für die vier Feldgrenzen nach Abschn. 5.3.2 die Punktmatrizen aufzustellen. Die Randbedingungen am linken und am rechten Ende des Ersatzsystems werden getrennt für jeden Hauptstrang nach Tab. 2 bestimmt. Sie sind in Abb. 82b angegeben. Freigrößen sind danach $M_{12}(0)$ und $\varphi_{11}(0)$. Mit ihnen wird der Anfangsvektor aufgebaut. Nun verläuft die Rechnung in bekannter Weise mit Hilfe des Rechenschemas (11) bis zum rechten Ende des Ersatzsystems. Zum Schluß erhält man aus den Randbedingungen am rechten Ende zwei Bestimmungsgleichungen für die beiden Freigrößen. Nachdem diese bekannt sind, werden zunächst die Kraft- und Deformationsgrößen an den Hauptsträngen und zum Schluß aus den Federbeziehungen mit Hilfe der nun bekannten Deformationsgrößen die Kraftgrößen an den angefederten Stielen ermittelt. Während der Rechnung sind die bekannten Rechenkontrollen mit Hilfe der Kontrollzeilen durchzuführen und am Ende der Rechnung die Gleichgewichtsbedingungen an jedem Knoten und am ganzen Tragwerk zu überprüfen.

Man kann auch mit Rechenschema (12a) rechnen. Dazu wird für den Fall, daß $\varphi^s_{k1} = \varphi^s_{k2} = 0$ ist, die Leitmatrix des Ersatzträgers aus den Gln. (31) zusammengebaut. Es ist jedoch besser, Rechenschema (12a) nicht zu verwenden, weil die Kraft- und Deformationsgrößen links neben den Feldgrenzen dann durch Zusatzrechnungen ermittelt werden müssen, während man sie nach Rechenschema (11) automatisch mit erhält.

Abschließend kann festgestellt werden, daß jeder unverschiebliche Stockwerkrahmen reduziert werden kann auf ein sog. Ersatzsystem, das sich in der gleichen Weise berechnen läßt wie ein Durchlaufträger auf festen Stützen. Bei Stockwerkrahmen mit n Hauptsträngen tritt dabei stets ein Gleichgewichtssystem mit nur n linearen Gleichungen auf.

Es bereitet auch keine Schwierigkeiten, wenn die Längssteifigkeit der Stiele berücksichtigt werden soll. In die Rechnung müssen dann bei Wahl der Riegelstränge zu Hauptsträngen die konjugierten Paare (w, Q) und (φ, M) und bei Wahl der Stielstränge zu Hauptsträngen die konjugierten Paare (w, Q), (φ, M) und (u, N) aufgenommen werden. Dadurch wird allerdings die Anzahl der mitzuführenden Unbekannten gegenüber der Berechnung bei Vernachlässigung der Längssteifigkeit verdoppelt bzw. verdreifacht.

5.3.4 Beispiel 8

Geometrie und Aufgabenstellung:

$p = 2$ Mp/m $\qquad l_1 = l_2 = l_3 = 6$ m $= l$

$P = 20$ Mp $\qquad h_2 = h_1 = 3$ m $= h$

$W = 5$ Mp

$EI_R = 3000$ Mpm^2 $\qquad EI_{St} = 1/2\, EI_R$.

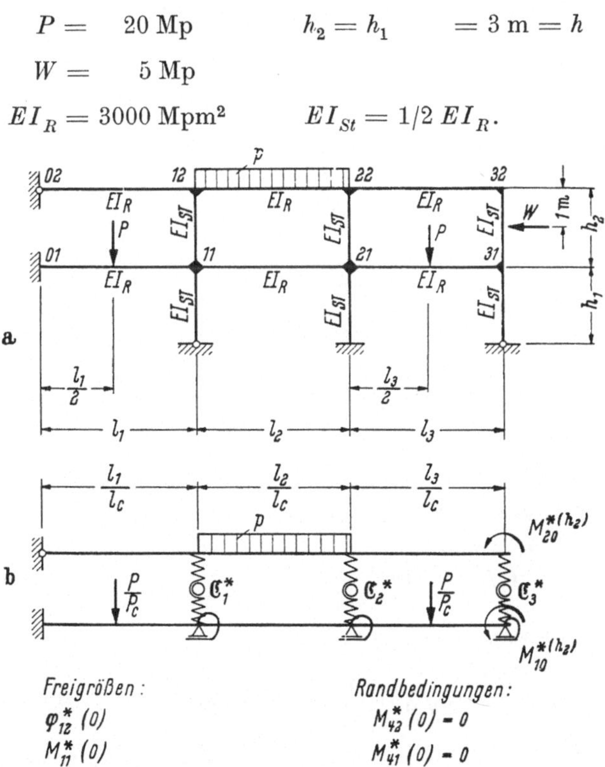

Abb. 83. Beispiel 8: Unverschiebliche Stockwerkrahmen mit Ersatzsystem

Gesucht sind das Momentendiagramm sowie die Verdrehungen an den Knoten.

Das Ersatzsystem des Rahmens mit den vorhandenen Randbedingungen am rechten Ende und den Freigrößen am linken Ende ist in Abb. 83b zu sehen.

Vergleichsgrößen:

gewählt $l_c = 6\,\text{m}, \qquad P_c = 5\,\text{Mp}, \qquad EI_c = 6\,EI_R.$

Koppelfedermatrizen für die Stiele [nach Gl. (70a) und (70b)]

a) Stiel 1

$$\varphi_{11} = \varphi_{11}(l_1)$$
$$\varphi_{12} = \varphi_{12}(l_1).$$

Feld h_1:

$$M_1^{*(h_1)} = -3\frac{l_c}{h_1}\frac{I_{St}}{I_c}\varphi_{11}^* = -\frac{1}{2}\varphi_{11}^* = -0{,}132933 \rightarrow +M_1^{(h_1)} = -3{,}987\ \text{Mpm}.$$

Feld h_2:

$$-M_1^{*(h_2)} = +\frac{l_c}{h_2}\frac{I_{St}}{I_c}(-2\varphi_{12}^* - 4\varphi_{11}^*) = -\frac{1}{3}\varphi_{12}^* - \frac{2}{3}\varphi_{11}^*$$
$$= -0{,}111696 \rightarrow -M_1^{(h_2)} = -3{,}350\ \text{Mpm}$$
$$+M_2^{*(h_2)} = +\frac{l_c}{h_2}\frac{I_{St}}{I_c}(-4\varphi_{12}^* - 2\varphi_{11}^*) = -\frac{2}{3}\varphi_{12}^* - \frac{1}{3}\varphi_{11}^*$$
$$= 0{,}042473 \rightarrow +M_2^{(h_2)} = 1{,}274\ \text{Mpm}.$$

Koppelfedermatrix

$$\mathfrak{C}_1(\varphi_{12}^*, \varphi_{11}^*) = \begin{vmatrix} -\frac{1}{3} & -\left(\frac{2}{3} + \frac{1}{2}\right) \\ -\frac{1}{3} & -\frac{1}{2} \end{vmatrix}.$$

b) Stiel 3

$$\varphi_{31} = \varphi_{31}(l_3)$$
$$\varphi_{32} = \varphi_{32}(l_3).$$

Feld h_1:

$$M_1^{*(h_1)} = -\frac{1}{2}\varphi_{31}^* = -0{,}198633 \rightarrow M_1^{(h_1)} = -5{,}958\ \text{Mpm}.$$

Feld h_2:

Randschnittkräfte am Stiel h_2:

$$M_{20}^{*(h_2)} = -\frac{w\,h}{8}\frac{1}{P_c l_c} = -\frac{1}{16}$$
$$-M_{10}^{*(h_2)} = +\frac{1}{16}$$
$$-M_1^{*(h_2)} = -\frac{1}{3}\varphi_{32}^* - \frac{2}{3}\varphi_{31}^* + \frac{1}{16} = -0{,}135657 \rightarrow -M_1^{(h_2)} = -4{,}069\ \text{Mpm}$$
$$+M_2^{*(h_2)} = -\frac{2}{3}\varphi_{32}^* - \frac{1}{3}\varphi_{31}^* - \frac{1}{16} = -0{,}061548 \rightarrow +M_2^{(h_2)} = -1{,}846\ \text{Mpm}.$$

Koppelfedermatrix

$$\mathfrak{C}_3^* = \left(\begin{array}{cc|c} \frac{1}{3} & -\frac{7}{6} & +\frac{1}{16} \\ -\frac{2}{3} & -\frac{1}{2} & -\frac{1}{16} \end{array}\right).$$

c) Stiel 2

$$\varphi_{21} = \varphi_{21}(l_2)$$
$$\varphi_{22} = \varphi_{22}(l_2).$$

Feld h_1:

$$M_1^{*(h_1)} = -4\frac{l_c}{h_1}\frac{I_{st}}{I_c}\varphi_{21}^* = -\frac{2}{3}\varphi_{21}^* = 0{,}198233 \rightarrow M_1^{(h_1)} = 5{,}946 \text{ Mpm}.$$

Feld h_2:

$$-M_1^{*(h_2)} = -\frac{1}{3}\varphi_{22}^* - \frac{2}{3}\varphi_{21}^* = 0{,}126342 \rightarrow -M_1^{(h_2)} = 3{,}790 \text{ Mpm}.$$

$$+M_2^{*(h_2)} = -\frac{2}{3}\varphi_{22}^* - \frac{1}{3}\varphi_{21}^* = -0{,}04467 \rightarrow M_2^{(h_2)} = -1{,}340 \text{ Mpm}.$$

Koppelfedermatrix

$$\mathfrak{C}_2^* = \begin{pmatrix} -\frac{1}{3} & -\frac{4}{3} \\ -\frac{2}{3} & -\frac{1}{3} \end{pmatrix}.$$

Aufstellung der Rechenschemas [nach Gl. (11)]

Die Feld- und Punktmatrizen werden nach Gl. (71) und Gl. (72) gebildet. Belastungsglieder nach Tab. 1b:

$$w_{10,1}^*\left(\frac{l_1}{l_c}\right) = \frac{1}{6}\frac{20}{5}\left(\frac{1}{2}\right)^3 \cdot 6 = \frac{1}{2} \qquad \overline{\varphi}_{10,1}^*\left(\frac{l_1}{l_c}\right) = \overline{\varphi}_{30,1}^*\left(\frac{l_3}{l_c}\right) = 3\frac{1}{2} - 3 = -\frac{3}{2}$$

$$\varphi_{10,1}^*\left(\frac{l_1}{l_c}\right) = -\frac{1}{2}\frac{20}{5}\left(\frac{1}{2}\right)^2 \cdot 6 = -3 \qquad \overline{M}_{10,1}^*\left(\frac{l_1}{l_c}\right) = \overline{M}_{30,1}^*\left(\frac{l_3}{l_c}\right) = -6\frac{1}{6}\frac{1}{2} + 2 = \frac{3}{2}$$

$$M_{10,1}^*\left(\frac{l_1}{l_c}\right) = \frac{20}{5}\frac{1}{2} = 2$$

$$p^* = 20\frac{6}{5} = \frac{12}{5}$$

$$w_{20,2}^*\left(\frac{l_2}{l_c}\right) = \frac{1}{24}\frac{12}{5}6 = \frac{3}{5} \qquad \overline{\varphi}_{20,2}^*\left(\frac{l_2}{l_c}\right) = 3\frac{3}{5} - \frac{12}{5} = -\frac{3}{5}$$

$$\varphi_{20,2}^*\left(\frac{l_2}{l_c}\right) = -\frac{1}{6}\frac{12}{5}6 = -\frac{12}{5} \qquad \overline{M}_{20,2}^*\left(\frac{l_2}{l_c}\right) = -6\frac{1}{6}\frac{3}{5} + \frac{6}{5} = \frac{3}{5}$$

$$M_{20,2}^*\left(\frac{l_2}{l_c}\right) = \frac{12}{5}\frac{1}{2} = \frac{6}{5}$$

Im Anfangsvektor stehen die Freigrößen vom linken Ende des Rahmens.

Rechenschema R 8 (Siehe Seite 126)

Die Rechnung wird in üblicher Weise einschließlich der Rechenkontrollen durchgeführt. Zum Schluß erhält man die Gleichungen

$$\left.\begin{aligned} M_{41}^*(0) &= 0 = \frac{425}{6}\varphi_{12}^*(0) - 336\, M_{11}^*(0) + \frac{3053}{16} \\ M_{42}^*(0) &= 0 = \frac{280}{3}\varphi_{12}^*(0) - 113\, M_{11}^*(0) + \frac{4587}{80} \end{aligned}\right\}$$

Rechenschema R 8

$$\begin{array}{ccc} \varphi_{12}^*(0) & M_{11}^*(0) & 1 \end{array}$$

$$\begin{pmatrix} 1 & 0 & 0 \\ 0 & 0 & 0 \\ 0 & 1 & 0 \\ 0 & 0 & 0 \\ 0 & 0 & 1 \end{pmatrix} =$$

$$\mathfrak{F}_1^* = \begin{pmatrix} -2 & 0 & 0 & +3 & 0 \\ 0 & -2 & +3 & 0 & -\frac{3}{2} \\ 0 & 1 & -2 & 0 & +\frac{3}{2} \\ 1 & 0 & 0 & -2 & 0 \\ 1 & 1 & -1 & -1 & 1 \end{pmatrix} \begin{pmatrix} -2 & 0 & 0 \\ 0 & +3 & -\frac{3}{2} \\ 0 & -2 & +\frac{3}{2} \\ 1 & 0 & 0 \\ 0 & 0 & 1 \end{pmatrix} =$$

$$\mathfrak{U}_1^* = \begin{pmatrix} 1 & 0 & 0 & 0 & 0 \\ 0 & 1 & 0 & 0 & 0 \\ -\frac{1}{3} & -\frac{7}{6} & 1 & 0 & 0 \\ -\frac{2}{3} & -\frac{1}{3} & 0 & 1 & 0 \\ 0 & +\frac{1}{2} & -1 & -1 & 1 \end{pmatrix} \begin{pmatrix} -2 & 0 & 0 \\ 0 & +3 & -\frac{3}{2} \\ +\frac{2}{3} & -\frac{11}{2} & +\frac{13}{4} \\ +\frac{7}{3} & -1 & +\frac{1}{2} \\ 0 & 0 & 1 \end{pmatrix} =$$

$$\mathfrak{F}_2^* = \begin{pmatrix} -2 & 0 & 0 & +3 & -\frac{3}{5} \\ 0 & -2 & +3 & 0 & 0 \\ 0 & 1 & -2 & 0 & 0 \\ 1 & 0 & 0 & -2 & +\frac{3}{5} \\ 1 & 1 & -1 & -1 & 1 \end{pmatrix} \begin{pmatrix} +11 & -3 & +\frac{9}{10} \\ +2 & -\frac{45}{2} & +\frac{51}{4} \\ -\frac{4}{3} & +14 & -8 \\ -\frac{20}{3} & +2 & -\frac{2}{5} \\ 0 & 0 & 1 \end{pmatrix} =$$

$$\mathfrak{U}_2^* = \begin{pmatrix} 1 & 0 & 0 & 0 & 0 \\ 0 & 1 & 0 & 0 & 0 \\ -\frac{1}{3} & -\frac{4}{3} & 1 & 0 & 0 \\ -\frac{2}{3} & -\frac{1}{3} & 0 & 1 & 0 \\ 0 & +\frac{2}{3} & -1 & -1 & 1 \end{pmatrix} \begin{pmatrix} +11 & -3 & +\frac{9}{10} \\ +2 & -\frac{45}{2} & +\frac{51}{4} \\ -\frac{33}{3} & +45 & -\frac{253}{10} \\ -\frac{44}{3} & +\frac{23}{2} & -\frac{21}{4} \\ 0 & 0 & 1 \end{pmatrix} =$$

$$\begin{Bmatrix} \varphi^*_{12}(0) = +0{,}098322 \\ \varphi^*_{11}(0) = 0 \\ M^*_{11}(0) = +0{,}588622 \\ M^*_{12}(0) = 0 \\ 1 \end{Bmatrix} = \mathfrak{y}^*_1(0) \qquad \begin{Bmatrix} \varphi_{12}(0) = +\ 0{,}000983 \\ \varphi_{11}(0) = 0 \\ M_{11}(0) = +17{,}658\ \text{Mpm} \\ M_{12}(0) = 0 \\ 1 \end{Bmatrix} = \mathfrak{y}_1(0)$$

$$\begin{Bmatrix} \varphi^*_{12}(l_1/l_c) = -0{,}196644 \\ \varphi^*_{11}(l_1/l_c) = +0{,}265866 \\ M^*_{11}(l_1/l_c) = +0{,}322756 \\ M^*_{12}(l_1/l_c) = +0{,}098322 \\ 1 \end{Bmatrix} = \mathfrak{y}^*_1\left(\frac{l_1}{l_c}\right) \qquad \begin{Bmatrix} \varphi_{12}(l_1) = -\ 0{,}001966 \\ \varphi_{11}(l_1) = +\ 0{,}002658 \\ M_{11}(l_1) = +\ 9{,}682\ \text{Mpm} \\ M_{12}(l_1) = +\ 2{,}949\ \text{Mpm} \\ 1 \end{Bmatrix} + \mathfrak{y}_1(l_1)$$

$$\begin{Bmatrix} \varphi^*_{22}(0) = -0{,}196644 \\ \varphi^*_{21}(0) = +0{,}265866 \\ M^*_{21}(0) = +0{,}078126 \\ M^*_{22}(0) = +0{,}140795 \\ 1 \end{Bmatrix} = \mathfrak{y}^*_2(0) \qquad \begin{Bmatrix} \varphi_{22}(0) = -\ 0{,}001966 \\ \varphi_{21}(0) = +\ 0{,}002658 \\ M_{21}(0) = +\ 2{,}343\ \text{Mpm} \\ M_{22}(0) = +\ 4{,}223\ \text{Mpm} \\ 1 \end{Bmatrix} = \mathfrak{y}_2(0)$$

$$\begin{Bmatrix} \varphi^*_{22}(l_2/l_c) = +0{,}215676 \\ \varphi^*_{21}(l_2/l_c) = -0{,}297351 \\ M^*_{21}(l_2/l_c) = +0{,}109613 \\ M^*_{22}(l_2/l_c) = +0{,}121765 \\ 1 \end{Bmatrix} = \mathfrak{y}^*_2\left(\frac{l_2}{l_c}\right) \qquad \begin{Bmatrix} \varphi_{22}(l_2) = +\ 0{,}002156 \\ \varphi_{21}(l_2) = -\ 0{,}002973 \\ M_{21}(l_2) = +\ 3{,}288\ \text{Mpm} \\ M_{22}(l_2) = +\ 3{,}652\ \text{Mpm} \\ 1 \end{Bmatrix} = \mathfrak{y}_2(l_2)$$

$$\begin{Bmatrix} \varphi^*_{32}(0) = +0{,}215676 \\ \varphi^*_{31}(0) = -0{,}297351 \\ M^*_{31}(0) = +0{,}434189 \\ M^*_{32}(0) = +0{,}077098 \\ 1 \end{Bmatrix} = \mathfrak{y}^*_3(0) \qquad \begin{Bmatrix} \varphi_{32}(0) = +\ 0{,}002156 \\ \varphi_{31}(0) = -\ 0{,}002973 \\ M_{31}(0) = +13{,}025\ \text{Mpm} \\ M_{32}(0) = +\ 2{,}313\ \text{Mpm} \\ 1 \end{Bmatrix} = \mathfrak{y}_3(0)$$

Fortsetzung Rechenschema R 8

$$\mathfrak{F}_3^* = \begin{pmatrix} -2 & 0 & 0 & +3 & 0 \\ 0 & -2 & +3 & 0 & -\frac{3}{2} \\ 0 & 1 & -2 & 0 & +\frac{3}{2} \\ 1 & 0 & 0 & -2 & 0 \\ 1 & 1 & -1 & -1 & 1 \end{pmatrix} \begin{pmatrix} -66 & +\frac{81}{2} & -\frac{351}{20} \\ -27 & +180 & -\frac{1029}{10} \\ +\frac{52}{3} & -\frac{225}{2} & +\frac{1297}{20} \\ +\frac{121}{3} & -26 & +\frac{57}{5} \\ 0 & 0 & 1 \end{pmatrix} =$$

$$\mathfrak{U}_3^* = \begin{pmatrix} 1 & 0 & 0 & 0 & 0 \\ 0 & 1 & 0 & 0 & 0 \\ -\frac{1}{3} & -\frac{7}{6} & 1 & 0 & +\frac{1}{16} \\ -\frac{2}{3} & -\frac{1}{3} & 0 & 1 & -\frac{1}{16} \\ 0 & +\frac{1}{2} & -1 & -1 & 1 \end{pmatrix} \begin{pmatrix} -66 & +\frac{81}{2} & -\frac{351}{20} \\ -27 & +180 & -\frac{1029}{10} \\ +\frac{425}{6} & -336 & +\frac{3053}{16} \\ +\frac{280}{3} & -113 & +\frac{4587}{80} \\ 0 & 0 & 1 \end{pmatrix} =$$

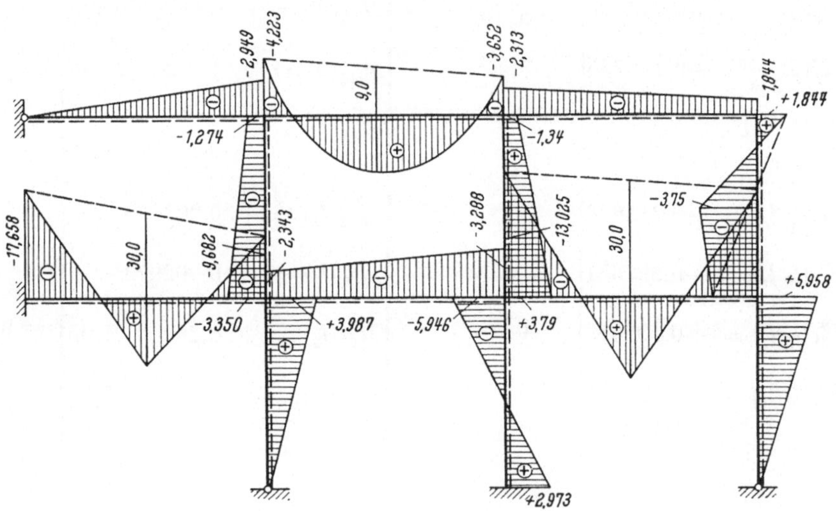

Abb. 84. Momentendiagramm zu Beispiel 8

mit der Lösung

$$\varphi_{12}^*(0) = 0{,}098322$$

$$M_{11}^*(0) = 0{,}588622.$$

Die Kraft- und Deformationsgrößen an den Feldgrenzen des Hauptträgers sind rechts im Rechenschema herausgeschrieben und die Kraftgrößen an den Stielen stehen neben den Federbeziehungen der Stiele.

$$\begin{Bmatrix} \varphi^*_{32}(l_3/l_c) = -0{,}200061 \\ \varphi^*_{31}(l_3/l_c) = +0{,}397266 \\ M^*_{31}(l_3/l_c) = +0{,}334272 \\ M^*_{32}(l_3/l_c) = +0{,}061481 \\ 1 \end{Bmatrix} = \mathfrak{y}^*_3\left(\frac{l_3}{l_c}\right) \quad \begin{Bmatrix} \varphi_{32}(l_3) = -\ 0{,}00200 \\ \varphi_{31}(l_3) = +\ 0{,}00397 \\ M_{31}(l_3) = +10{,}028 \quad \text{Mpm} \\ M_{32}(l_3) = +\ 1{,}844 \quad \text{Mpm} \\ 1 \end{Bmatrix} = \mathfrak{y}_3(l_3)$$

$$\begin{Bmatrix} \varphi^*_{42}(0) = -0{,}200061 \\ \varphi^*_{41}(0) = +0{,}397266 \\ \boxed{\begin{matrix} M^*_{41}(0) = 0 \\ M^*_{42}(0) = 0 \end{matrix}} \\ 1 \end{Bmatrix} = \mathfrak{y}^*_4(0) \quad \begin{Bmatrix} \varphi_{42}(0) = -\ 0{,}00200 \\ \varphi_{41}(0) = +\ 0{,}00397 \\ \boxed{\begin{matrix} M_{41}(0) = 0 \\ M_{42}(0) = 0 \end{matrix}} \\ 1 \end{Bmatrix} = \mathfrak{y}_4(0).$$

Umrechnungsfaktoren für die dimensionsrichtigen φ und M:

$$M = M^* \, P_c \, l_c = M^* \cdot 30 \qquad [\text{Mpm}]$$

$$\varphi = \varphi^* \frac{P_c l_c^2}{E I_c} = \varphi^* \frac{5 \cdot 36}{6 \cdot 3000} = 0{,}010\, \varphi^*.$$

Abb. 84 zeigt das Momentendiagramm.

5.4 Berechnung verschieblicher Stockwerkrahmen ($EF = \infty$)

5.4.1 Allgemeines

Bei der Berechnung verschieblicher Stockwerkrahmen nach dem Reduktionsverfahren muß man zwischen zwei Formen der Tragwerkssysteme unterscheiden (Abb. 85). Bei Tragwerken nach Form a sind mehr Stielstränge als Riegelstränge vorhanden, und bei Tragwerken nach Form b ist es umgekehrt. Um die Rechnung wirtschaftlich zu gestalten, wird man im ersten Falle die Riegelstränge und im zweiten Fall die Stielstränge zu Hauptsträngen machen. Dabei ergeben sich jedesmal andere Feld- und Punkt-, sowie Koppelfedermatrizen. Im folgenden werden die einzelnen Tragwerksformen getrennt untersucht.

5.4.2 Tragwerksform a: Riegelstränge als Hauptstränge

5.4.2.1 Feldmatrizen für Ersatzsystem

Auf Grund der Vernachlässigung der Längssteifigkeit der Rahmenstäbe sind die Knotenpunkte des Rahmens in vertikaler Richtung unverschieblich, d. h., es ist $w =$ const oder Null. An jedem Hauptstrang kann man daher das konju-

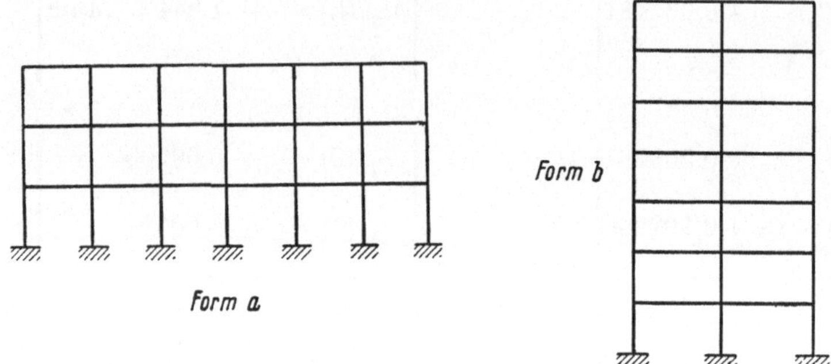

Abb. 85. Verschiebliche Stockwerkrahmen: 2 für die Berechnung nach dem Reduktionsverfahren zu unterscheidende Formen

gierte Paar (w, Q) unterdrücken und mit den Paaren (φ, M) und (u, N) allein rechnen. Die Längskraft und Längsdehnung müssen mitgeführt werden wegen der horizontalen Verschieblichkeit der Riegelknotenpunkte. Grundlage für die Aufstellung der Feldmatrizen des Ersatzsystems bilden die Gln. (59) aus Abschnitt 4.3.2.2 des verschieblichen Durchlaufrahmens bei $EF = \infty$. Z. B. erhält man bei zwei Riegelsträngen (Hauptsträngen) für $w_{k1} = w_{k2} = w_{k-1,1} = w_{k-1,2} = 0$ und unter Beachtung der im Abschn. 5.3.1 beschriebenen Reihenfolge der Kraft- und Deformationsgrößen:

$$\begin{Bmatrix} u_{k2}^{*}\left(\frac{l_k}{l_c}\right) \\ \varphi_{k2}^{*}\left(\frac{l_k}{l_c}\right) \\ u_{k1}^{*}\left(\frac{l_k}{l_c}\right) \\ \varphi_{k1}^{*}\left(\frac{l_k}{l_c}\right) \\ M_{k1}^{*}\left(\frac{l_k}{l_c}\right) \\ N_{k1}^{*}\left(\frac{l_k}{l_c}\right) \\ M_{k2}^{*}\left(\frac{l_k}{l_c}\right) \\ N_{k2}^{*}\left(\frac{l_k}{l_c}\right) \\ 1 \end{Bmatrix} = \left[\begin{array}{cccccccc|c} 1 & 0 & 0 & 0 & 0 & 0 & 0 & 0 & 0 \\ 0 & -2 & 0 & 0 & 0 & 0 & \frac{1}{2}\frac{l_k}{l_c}\frac{I_c}{I_{k2}} & 0 & \bar{\varphi}_{k0,2}^{*} \\ 0 & 0 & 1 & 0 & 0 & 0 & 0 & 0 & 0 \\ 0 & 0 & 0 & -2 & \frac{1}{2}\frac{l_k}{l_c}\frac{I_c}{I_{k1}} & 0 & 0 & 0 & \bar{\varphi}_{k0,1}^{*} \\ 0 & 0 & 0 & \frac{6l_c}{l_k}\frac{I_{k1}}{I_c} & -2 & 0 & 0 & 0 & \bar{M}_{k0,1}^{*} \\ 0 & 0 & 0 & 0 & 0 & 1 & 0 & 0 & N_{k0,1}^{*} \\ 0 & \frac{6l_c}{l_k}\frac{I_{k2}}{I_c} & 0 & 0 & 0 & 0 & -2 & 0 & \bar{M}_{k0,2}^{*} \\ 0 & 0 & 0 & 0 & 0 & 0 & 0 & 1 & N_{k0,2}^{*} \\ 0 & 0 & 0 & 0 & 0 & 0 & 0 & 0 & 1 \end{array}\right] \begin{Bmatrix} u_{k2}^{*}(0) \\ \varphi_{k2}^{*}(0) \\ u_{k1}^{*}(0) \\ \varphi_{k1}^{*}(0) \\ M_{k1}^{*}(0) \\ N_{k1}^{*}(0) \\ M_{k2}^{*}(0) \\ N_{k2}^{*}(0) \\ 1 \end{Bmatrix} \quad (73)$$

mit

$$\begin{aligned} \varphi^*_{k0,i}\left(\frac{l_k}{l_c}\right) &= \frac{3l_c}{l_k} w^*_{k0,i}\left(\frac{l_k}{l_c}\right) + \varphi^*_{k0,i}\left(\frac{l_k}{l_c}\right) \\ M^*_{k0,i}\left(\frac{l_k}{l_c}\right) &= -6\left(\frac{l_c}{l_k}\right)^2 \frac{I_{ki}}{I_c} w^*_{k0,i}\left(\frac{l_k}{l_c}\right) + M^*_{k0,i}\left(\frac{l_k}{l_c}\right). \end{aligned} \qquad (i = 1, 2)$$

Die Koeffizientenmatrix in Gl. (73) ist die gesuchte Federmatrix des Ersatzsystems für zwei Riegelstränge.

5.4.2.2 Punktmatrix für Ersatzsystem

Wegen der Vernachlässigung der Längssteifigkeit der Stiele enthalten die in die Punktmatrix aufzunehmenden Koppelfedermatrizen nur die Paare (w, Q) und (φ, M). In ihnen entsprechen die Durchbiegungen w den Längsverschiebungen u der Riegelknoten:

$$w_{\text{Stiel}} = u_{\text{Riegel}}$$

und für die Verdrehungen gilt:

$$\varphi_{\text{Stiel}} = \varphi_{\text{Riegel}}.$$

Ebenso sind die Randmomente und Randquerkräfte der angefederten Stielfelder bei Beachtung der Vorzeichen identisch mit den Momenten- und Längskräften an den dazugehörenden Knoten der Riegelstränge.

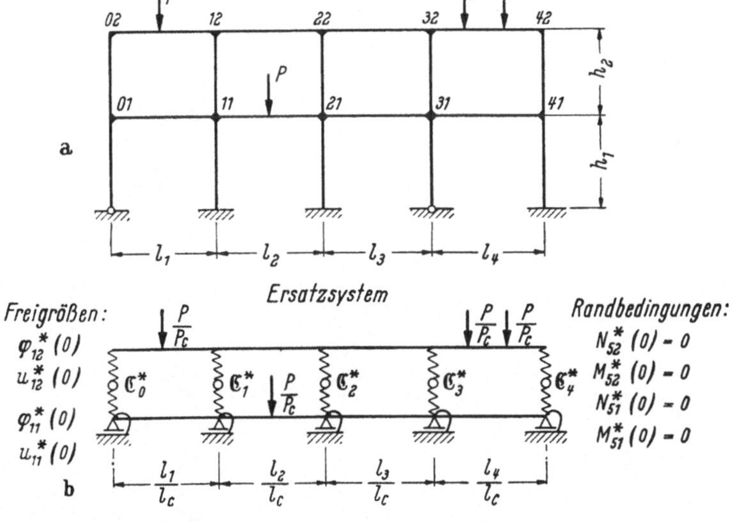

Abb. 86. Verschiebliche Stockwerkrahmen nach Form a mit Ersatzsystem

Mit diesen Beziehungen lassen sich die Punktmatrizen entwickeln. Beispielsweise die Punktmatrix an der ersten Feldgrenze des Ersatzsystems vom Rahmen nach Abb. 86 wird wie folgt abgeleitet:

Die Koppelfedermatrix des Stielstranges ergibt sich aus Addition der Koppelfeder des Stielfeldes h_2 [nach Gl. (66)] und der Federmatrix des Stielfeldes h_1 (nach Tab. 5a). Es wird zur Abkürzung gesetzt $I_{\text{St}}/I_c = a$

$$
\begin{Bmatrix}
M_{11}^{*} = +M_{11}^{*(h_1)} - M_{11}^{*(h_2)} \\
N_{11}^{*} = Q_{11}^{*(h_1)} - Q_{11}^{*(h_2)} \\
M_{12}^{*} = M_{12}^{*(h_2)} \\
N_{12}^{*} = Q_{12}^{*(h_2)}
\end{Bmatrix}
=
\left[\begin{array}{cccc|c}
0 & 0 & -6\,\frac{l_c^2}{h_1^2}\,a & -\frac{4 l_c}{h_1}\,a & M_{10,1}^{*(h_1)} \\
0 & 0 & -12\,\frac{l_c^3}{h_1^3}\,a & -6\,\frac{l_c^2}{h_1^2}\,a & Q_{10,1}^{*(h_1)} \\
0 & 0 & 0 & 0 & 0 \\
0 & 0 & 0 & 0 & 0
\end{array}\right]
\begin{Bmatrix} w_{12}^{*} \\ \varphi_{12}^{*} \\ w_{11}^{*} \\ \varphi_{11}^{*} \\ 1 \end{Bmatrix}
+
$$

$$
+
\left[\begin{array}{cccc|c}
-6\,\frac{l_c^2}{h_2^2}\,a & -2\,\frac{l_c}{h_2}\,a & +6\,\frac{l_c^2}{h_2^2}\,a & -\frac{4 l_c}{h_2} & -M_{10,1}^{*(h_2)} \\
+12\,\frac{l_c^3}{h_2^3}\,a & +6\,\frac{l_c^2}{h_2^2}\,a & -12\,\frac{l_c^3}{h_2^3}\,a & +6\,\frac{l_c^2}{h_2^2}\,a & -Q_{10,1}^{*(h_2)} \\
-6\,\frac{l_c^2}{h_2^2}\,a & -4\,\frac{l_c}{h_2}\,a & +6\,\frac{l_c^2}{h_2^2}\,a & -2\,\frac{l_c}{h_2}\,a & M_{10,2}^{*(h_2)} \\
-12\,\frac{l_c^2}{h_2^3}\,a & -6\,\frac{l_c^2}{h_2^2}\,a & +12\,\frac{l_c^3}{h_2^3}\,a & -6\,\frac{l_c^2}{h_2^2}\,a & Q_{10,2}^{*(h_2)}
\end{array}\right]
\begin{Bmatrix} w_{12}^{*} \\ \varphi_{12}^{*} \\ w_{11}^{*} \\ \varphi_{11}^{*} \\ 1 \end{Bmatrix}
$$

$$
=
\left[\begin{array}{cccc|c}
-6\,\frac{l_c^2}{h_2^2}\,a & -2\,\frac{l_c}{h_2}\,a & \left[-6\,\frac{l_c^2}{h_1^2} + 6\,\frac{l_c^2}{h_2^2}\right] a & \left[-4\,\frac{l_c}{h_1} - \frac{4 l_c}{h_2}\right] a & M_{10,1}^{*(h_1)} - M_{10,1}^{*(h_2)} \\
+12\,\frac{l_c^3}{h_2^3}\,a & +6\,\frac{l_c^2}{h_2^2}\,a & \left[-12\,\frac{l_c^3}{h_1^3} - 12\,\frac{l_c^3}{h_2^3}\right] a & \left[-6\,\frac{l_c^2}{h_1^2} + 6\,\frac{l_c^2}{h_2^2}\right] a & Q_{10,1}^{*(h_1)} - Q_{10,1}^{*(h_2)} \\
-6\,\frac{l_c^2}{h_2^2}\,a & -4\,\frac{l_c}{h_2}\,a & +6\,\frac{l_c^2}{h_2^2}\,a & -2\,\frac{l_c}{h_2}\,a & +M_{10,2}^{*(h_2)} \\
-12\,\frac{l_c^3}{h_2^3}\,a & -6\,\frac{l_c}{h_2^2}\,a & +12\,\frac{l_c^3}{h_2^3}\,a & -6\,\frac{l_c^2}{h_2^2}\,a & +Q_{10,2}^{*(h_2)}
\end{array}\right]
\begin{Bmatrix} w_{12}^{*} \\ \varphi_{12}^{*} \\ w_{11}^{*} \\ \varphi_{11}^{*} \\ 1 \end{Bmatrix}
$$

Damit kann die gesuchte Punktmatrix aufgebaut werden.

$$\begin{pmatrix} u^*_{22}(0) \\ \varphi^*_{22}(0) \\ u^*_{21}(0) \\ \varphi^*_{21}(0) \\ M^*_{21}(0) \\ N^*_{21}(0) \\ M^*_{22}(0) \\ N^*_{22}(0) \\ 1 \end{pmatrix} = \left(\begin{array}{cccccccc|c} 1 & 0 & 0 & 0 & 0 & 0 & 0 & 0 & 0 \\ 0 & 1 & 0 & 0 & 0 & 0 & 0 & 0 & 0 \\ 0 & 0 & 1 & 0 & 0 & 0 & 0 & 0 & 0 \\ 0 & 0 & 0 & 1 & 0 & 0 & 0 & 0 & 0 \\ -6\frac{l_c^2}{h_2^2}a & -2\frac{l_c}{h_2}a & \left[-6\frac{l_c^2}{h_1^2}+6\frac{l_c^2}{h_2^2}\right]a & \left[-4\frac{l_c}{h_1}-4\frac{l_c}{h_2}\right]a & 1 & 0 & 0 & 0 & M^{*(h_1)}_{10,1} - M^{*(h_2)}_{10,1} \\ +12\frac{l_c^3}{h_2^3}a & +6\frac{l_c^2}{h_2^2}a & \left[-12\frac{l_c^3}{h_1^3}-12\frac{l_c^3}{h_2^3}\right]a & \left[-6\frac{l_c^2}{h_1^2}+6\frac{l_c^2}{h_2^2}\right]a & 0 & 1 & 0 & 0 & Q^{*(h_1)}_{10,1} - Q^{*(h_2)}_{10,1} \\ -6\frac{l_c^2}{h_2^2}a & -4\frac{l_c}{h_2}a & +6\frac{l_c^2}{h_2^2}a & -2\frac{l_c}{h_2}a & 0 & 0 & 1 & 0 & +M^{*(h_2)}_{10,2} \\ -12\frac{l_c^3}{h_2^3}a & -6\frac{l_c^2}{h_2^2}a & +12\frac{l_c^3}{h_2^3}a & -6\frac{l_c^2}{h_2^2}a & 0 & 0 & 0 & 1 & +Q^{*(h_2)}_{10,2} \\ 0 & 0 & 0 & 0 & 0 & 0 & 0 & 0 & 1 \end{array}\right) \begin{pmatrix} u^*_{12}\left(\frac{l_1}{l_c}\right) \\ \varphi^*_{12}\left(\frac{l_1}{l_c}\right) \\ u^*_{11}\left(\frac{l_1}{l_c}\right) \\ \varphi^*_{11}\left(\frac{l_1}{l_c}\right) \\ M^*_{11}\left(\frac{l_1}{l_c}\right) \\ N^*_{11}\left(\frac{l_1}{l_c}\right) \\ M^*_{12}\left(\frac{l_1}{l_c}\right) \\ N^*_{12}\left(\frac{l_1}{l_c}\right) \\ 1 \end{pmatrix} \quad (74).$$

In der Lastspalte können noch zusätzlich bei Vorhandensein von Zwischenbedingungen Sprunggrößen und bei Vorhandensein von Knotenbelastung Knotenkräfte stehen.

5.4.2.3 Zusammenhang am ganzen Tragwerk

Die Rechnung verläuft in der gleichen Weise wie beim unverschieblichen Stockwerkrahmen. Der Rahmen wird reduziert auf ein sog. Ersatzsystem, das von den mit Koppelfedern verbundenen Hauptsträngen gebildet wird. Die Randbedingungen und die Freigrößen werden nach Tab. 2 und 4 bestimmt. An jedem Hauptstrang treten dabei zwei unbekannte Freigrößen auf, so daß man am Ende des Rechenschemas bei n Hauptsträngen ein lineares Gleichungssystem mit $2n$ Unbekannten bekommt. Als Beispiel ist für den Rahmen von Abb. 86 das Ersatzsystem mit den dazugehörenden Randbedingungen und Freigrößen angegeben. Es ist auch hier vorteilhaft, mit Rechenschema (11) zu rechnen, weil man dann sofort alle Kraft- und Deformationsgrößen links und rechts neben den Feldgrenzen bekommt.

Zum Schluß sind wieder zur Überprüfung der Ergebnisse an sämtlichen Knoten und am ganzen Tragwerk die Gleichgewichtsbedingungen zu kontrollieren.

5.4.2.4 Beispiel 9

Aufgabenstellung und Geometrie

Geometrische Werte:

$l_1 = 8\,\text{m}$

$l_2 = 6\,\text{m}$

$h_1 = h_2 = 4\,\text{m}$

$EI_{R_1} = 30\,000\,\text{Mpm}^2$

$EI_{R2} = \frac{3}{4} EI_{R1}$

$EI_{St} = \frac{1}{2} EI_{R1}$

Belastung:

$w = 1\,\text{Mp/m}$

$M_{10,1} = 20\,\text{Mpm}$

Gesucht sind der Verformungszustand des Rahmens sowie die Schnittkraftschaubilder und die Auflagerkräfte.

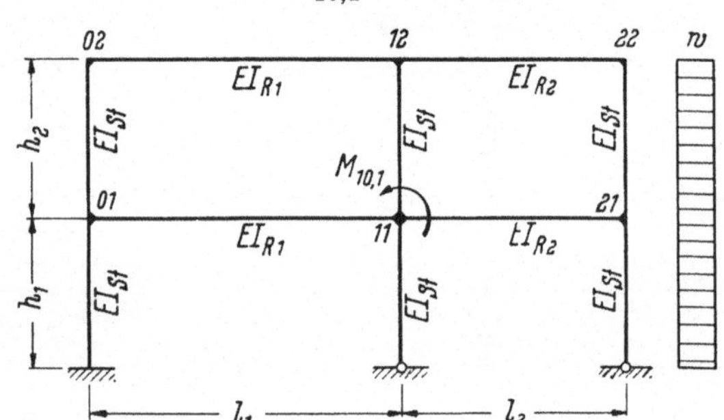

Abb. 87. Beispiel 9: Verschiebliche Stockwerkrahmen nach Form a

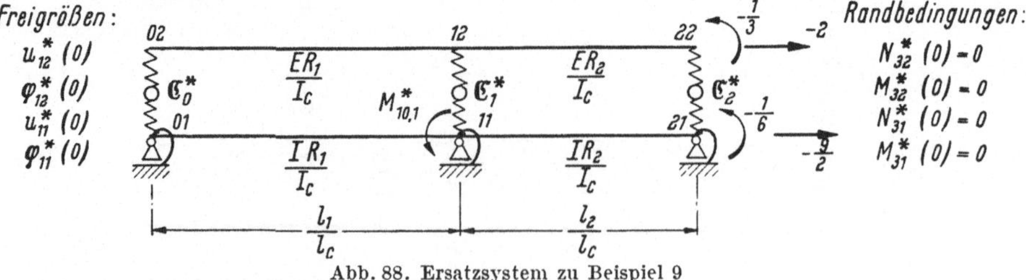

Abb. 88. Ersatzsystem zu Beispiel 9

Vergleichsgrößen. Gewählt:

$$EI_c = 6EI_{R1} \qquad P_c = 1\,\text{Mp} \qquad l_c = 4\,\text{m}.$$

Das Ersatzsystem des Rahmens ist in Abb. 88 dargestellt.

Koppelfedermatrizen für die Stiele

$$\frac{l_c}{h_1}\frac{I_{St}}{I_c} = \frac{l_c}{h_2}\frac{I_{St}}{I_c} = \left(\frac{l_c}{h_1}\right)^2\frac{I_{St}}{I_c} = \left(\frac{l_c}{h_2}\right)^2\frac{I_{St}}{I_c} = \frac{4}{4}\cdot\frac{1}{2}\cdot\frac{1}{6} = \frac{1}{12}\,.$$

a) Stiel 0

$$\varphi_{01} = \varphi_{11}(0) \qquad u_{01} = u_{11}(0)$$

$$\varphi_{02} = \varphi_{12}(0) \qquad u_{02} = u_{12}(0)\,.$$

Feld h_1 (nach Tab. 5b):

$$\begin{pmatrix} M_1^{*(h_1)} \\ Q_1^{*(h_1)} \end{pmatrix} = \frac{1}{12}\begin{pmatrix} -6 & -4 \\ -12 & -6 \end{pmatrix}\begin{pmatrix} u_{01}^* \\ \varphi_{01}^* \end{pmatrix} = \begin{pmatrix} -\frac{1}{2} & -\frac{1}{3} \\ -1 & -\frac{1}{2} \end{pmatrix}\begin{pmatrix} u_{01}^* \\ \varphi_{01}^* \end{pmatrix} = \begin{pmatrix} 1{,}62396 \\ 3{,}68551 \end{pmatrix}$$

$$M_1^{(h_1)} = +\,6{,}495\ \text{Mpm}$$

$$Q_1^{(h_1)} = +\,3{,}685\ \text{Mp}.$$

Feld h_2 [nach Gl. (66a)]:

$$\begin{pmatrix} -M_1^{*(h_2)} \\ -Q_1^{*(h_2)} \\ +M_2^{*(h_2)} \\ +Q_2^{*(h_2)} \end{pmatrix} = \frac{1}{12}\begin{pmatrix} -6 & -2 & +6 & -4 \\ +12 & +6 & -12 & +6 \\ -6 & -4 & +6 & -2 \\ -12 & -6 & +12 & -6 \end{pmatrix}\begin{pmatrix} u_{02}^* \\ \varphi_{02}^* \\ u_{01}^* \\ \varphi_{01}^* \end{pmatrix} =$$

$$= \begin{pmatrix} -\frac{1}{2} & -\frac{1}{6} & +\frac{1}{2} & -\frac{1}{3} \\ +1 & +\frac{1}{2} & -1 & +\frac{1}{2} \\ -\frac{1}{2} & -\frac{1}{3} & +\frac{1}{2} & -\frac{1}{6} \\ -1 & -\frac{1}{2} & +1 & -\frac{1}{2} \end{pmatrix}\begin{pmatrix} u_{02}^* \\ \varphi_{02}^* \\ u_{01}^* \\ \varphi_{01}^* \end{pmatrix} = \begin{pmatrix} 0{,}28302 \\ -0{,}75851 \\ 0{,}47551 \\ 0{,}75851 \end{pmatrix} \qquad \begin{aligned} -M_1^{(h_2)} &= 1{,}132\ \text{Mpm} \\ -\,Q_1^{(h_2)} &= -0{,}758\ \text{Mp} \\ +M_2^{(h_2)} &= 1{,}902\ \text{Mpm} \\ +\,Q_2^{(h_2)} &= 0{,}758\ \text{Mp}. \end{aligned}$$

Koppelfedermatrix

$$\mathfrak{C}_0^* = \begin{pmatrix} -\frac{1}{2} & -\frac{1}{6} & 0 & -\frac{2}{3} \\ +1 & +\frac{1}{2} & -2 & 0 \\ -\frac{1}{2} & -\frac{1}{3} & +\frac{1}{2} & -\frac{1}{6} \\ -1 & -\frac{1}{2} & +1 & -\frac{1}{2} \end{pmatrix}.$$

b) Stiel 1

$$\varphi_{11} = \varphi_{11}(l_1) \qquad u_{11} = u_{11}(l_1)$$

$$\varphi_{12} = \varphi_{12}(l_1) \qquad u_{12} = u_{12}(l_1)\,.$$

Feld h_1:

$$\begin{bmatrix} M_1^{*(h_1)} \\ Q_1^{*(h_1)} \end{bmatrix} = \begin{bmatrix} -\frac{1}{2} & -\frac{1}{3} \\ -1 & -\frac{1}{2} \end{bmatrix} \begin{bmatrix} u_{11}^* \\ \varphi_{11}^* \end{bmatrix} = \begin{bmatrix} 0{,}43560 \\ 1{,}90296 \end{bmatrix} \qquad \begin{aligned} M_1^{(h_1)} &= 1{,}742 \text{ Mpm} \\ Q_1^{(h_1)} &= 1{,}902 \text{ Mp.} \end{aligned}$$

Feld h_2:

$$\begin{bmatrix} -M_1^{*(h_2)} \\ -Q_1^{*(h_2)} \\ +M_2^{*(h_2)} \\ +Q_2^{*(h_2)} \end{bmatrix} = \begin{bmatrix} -\frac{1}{2} & -\frac{1}{6} & +\frac{1}{2} & -\frac{1}{3} \\ +1 & +\frac{1}{2} & -1 & +\frac{1}{2} \\ -\frac{1}{2} & -\frac{1}{3} & +\frac{1}{2} & -\frac{1}{6} \\ -1 & -\frac{1}{2} & +1 & -\frac{1}{2} \end{bmatrix} \begin{bmatrix} u_{12}^* \\ \varphi_{12}^* \\ u_{11}^* \\ \varphi_{11}^* \end{bmatrix} = \begin{bmatrix} -0{,}64550 \\ 0{,}24450 \\ 0{,}40101 \\ -0{,}24450 \end{bmatrix}$$

$$\begin{aligned} -M_1^{(h_2)} &= -2{,}582 \text{ Mpm} \\ -Q_1^{(h_2)} &= 0{,}244 \text{ Mp} \\ +M_2^{(h_2)} &= 1{,}604 \text{ Mpm} \\ +Q_2^{(h_2)} &= -0{,}244 \text{ Mp.} \end{aligned}$$

Koppelfedermatrix

$$\mathfrak{C}_0^* = \mathfrak{C}_1^*.$$

In der Lastspalte der Punktmatrix $\mathfrak{U}_1^*$ steht

$$M_{10,1}^* = \frac{M_{10,1}^*}{P_c\, l_c} = \frac{20}{4} = 5.$$

c) Stiel 2

$$\varphi_{21} = \varphi_{21}(l_2) \qquad u_{21} = u_{21}(l_2)$$
$$\varphi_{22} = \varphi_{22}(l_2) \qquad u_{22} = u_{22}(l_2).$$

Randschnittkräfte

Feld h_1:

$$M_{10}^{*(h_1)} = -\frac{w\, h_1^2}{8} \frac{1}{P_c\, l_c} = -\frac{1}{2}$$

$$Q_{10}^{*(h_1)} = -\frac{5}{8} w \cdot h_1 \frac{1}{P_c} = -\frac{5}{2}$$

Feld h_2:

$$-M_{10}^{*(h_2)} = \frac{w\, h_2^2}{12} \frac{1}{P_c\, l_c} = \frac{1}{3}$$

$$-Q_{10}^{*(h_2)} = -\frac{w\, h_2^2}{2} \frac{1}{P_c} = -2$$

$$M_{20}^{*(h_2)} = -\frac{1}{3}$$

$$Q_{20}^{*(h_2)} = -2.$$

Federmatrizen

Feld h_1 (nach Tab. 5b):

$$\begin{Bmatrix} M_1^{*(h_1)} \\ Q_1^{*(h_1)} \end{Bmatrix} = \begin{bmatrix} -\frac{3}{12} & -\frac{3}{12} & \Big| & -\frac{1}{2} \\ -\frac{3}{12} & -\frac{3}{12} & \Big| & -\frac{5}{2} \end{bmatrix} \begin{Bmatrix} u_{21}^* \\ \varphi_{21}^* \\ 1 \end{Bmatrix}$$

$$= \begin{bmatrix} -\frac{1}{4} & -\frac{1}{4} & \Big| & -\frac{1}{2} \\ -\frac{1}{4} & -\frac{1}{4} & \Big| & -\frac{5}{2} \end{bmatrix} \begin{Bmatrix} u_{21}^* \\ \varphi_{21}^* \\ 1 \end{Bmatrix} = \begin{Bmatrix} 0{,}41149 \\ -1{,}58851 \\ 1 \end{Bmatrix}$$

$$M_1^{(h_1)} = +1{,}645 \text{ Mpm}$$

$$Q_1^{(h_1)} = -1{,}588 \text{ Mp}.$$

Feld h_2 [nach Gl. (66a)]:

$$\begin{Bmatrix} -M_1^{*(h_2)} \\ -Q_1^{*(h_2)} \\ +M_2^{*(h_2)} \\ +Q_2^{*(h_2)} \end{Bmatrix} = \begin{bmatrix} -\frac{1}{2} & -\frac{1}{6} & +\frac{1}{2} & -\frac{1}{3} & \Big| & +\frac{1}{3} \\ +1 & +\frac{1}{2} & -1 & +\frac{1}{2} & \Big| & -2 \\ -\frac{1}{2} & -\frac{1}{3} & +\frac{1}{2} & -\frac{1}{6} & \Big| & -\frac{1}{3} \\ -1 & -\frac{1}{2} & +1 & -\frac{1}{2} & \Big| & -2 \end{bmatrix} \begin{Bmatrix} u_{22}^* \\ \varphi_{22}^* \\ u_{21}^* \\ \varphi_{21}^* \\ 1 \end{Bmatrix} = \begin{Bmatrix} +1{,}07105 \\ -3{,}48597 \\ +0{,}41493 \\ -0{,}51403 \\ 1 \end{Bmatrix}$$

$$-M_1^{(h_2)} = +4{,}284 \text{ Mpm}$$

$$-Q_1^{(h_2)} = -3{,}485 \text{ Mp}$$

$$+M_2^{(h_2)} = +1{,}659 \text{ Mpm}$$

$$+Q_2^{(h_2)} = -0{,}514 \text{ Mp}.$$

Koppelfedermatrix

$$\mathfrak{C}_2^* = \begin{bmatrix} -\frac{1}{2} & -\frac{1}{6} & +\frac{1}{4} & -\frac{7}{12} & \Big| & -\frac{1}{6} \\ +1 & +\frac{1}{2} & -\frac{5}{4} & +\frac{1}{4} & \Big| & -\frac{9}{2} \\ -\frac{1}{2} & -\frac{1}{3} & +\frac{1}{2} & -\frac{1}{6} & \Big| & -\frac{1}{3} \\ -1 & -\frac{1}{2} & +1 & -\frac{1}{2} & \Big| & -2 \end{bmatrix}.$$

Rechenschema R 9

$$
\begin{array}{ccccc}
u_{12}^*(0) & \varphi_{12}^*(0) & u_{11}^*(0) & \varphi_{11}^*(0) & 1
\end{array}
$$

$$
\begin{bmatrix}
1 & 0 & 0 & 0 & 0 \\
0 & 1 & 0 & 0 & 0 \\
0 & 0 & 1 & 0 & 0 \\
0 & 0 & 0 & 1 & 0 \\
-1/2 & -1/6 & 0 & -2/3 & 0 \\
+1 & +1/2 & -2 & 0 & 0 \\
-1/2 & -1/3 & +1/2 & -1/6 & 0 \\
-1 & -1/2 & +1 & -1/2 & 0 \\
0 & 0 & 0 & 0 & 1
\end{bmatrix}
$$

$$
\mathfrak{F}_1^* = \begin{bmatrix}
1 & 0 & 0 & 0 & 0 & 0 & 0 & 0 & 0 \\
0 & -2 & 0 & 0 & 0 & 0 & +6 & 0 & 0 \\
0 & 0 & 1 & 0 & 0 & 0 & 0 & 0 & 0 \\
0 & 0 & 0 & -2 & +6 & 0 & 0 & 0 & 0 \\
0 & 0 & 0 & +1/2 & -2 & 0 & 0 & 0 & 0 \\
0 & 0 & 0 & 0 & 0 & 1 & 0 & 0 & 0 \\
0 & +1/2 & 0 & 0 & 0 & 0 & -2 & 0 & 0 \\
0 & 0 & 0 & 0 & 0 & 0 & 0 & 1 & 0 \\
-1 & +3/2 & -1 & +3/2 & -4 & -1 & -4 & -1 & 1
\end{bmatrix}
\quad
\begin{bmatrix}
1 & 0 & 0 & 0 & 0 \\
-3 & -4 & +3 & -1 & 0 \\
0 & 0 & +1 & 0 & 0 \\
-3 & -1 & 0 & -6 & 0 \\
+1 & +1/3 & 0 & +11/6 & 0 \\
+1 & +1/2 & -2 & 0 & 0 \\
+1 & +7/6 & -1 & +1/3 & 0 \\
-1 & -1/2 & +1 & -1/2 & 0 \\
0 & 0 & 0 & 0 & 1
\end{bmatrix}
$$

$$
\mathfrak{U}_1^* = \begin{bmatrix}
1 & 0 & 0 & 0 & 0 & 0 & 0 & 0 & 0 \\
0 & 1 & 0 & 0 & 0 & 0 & 0 & 0 & 0 \\
0 & 0 & 1 & 0 & 0 & 0 & 0 & 0 & 0 \\
0 & 0 & 0 & 1 & 0 & 0 & 0 & 0 & 0 \\
-1/2 & -1/6 & 0 & -2/3 & 1 & 0 & 0 & 0 & +5 \\
+1 & +1/2 & -2 & 0 & 0 & 1 & 0 & 0 & 0 \\
-1/2 & -1/3 & +1/2 & -1/6 & 0 & 0 & 1 & 0 & 0 \\
-1 & -1/2 & +1 & -1/2 & 0 & 0 & 0 & 1 & 0 \\
0 & -1/2 & -1/2 & +1/3 & -1 & -1 & -1 & -1 & 1-5
\end{bmatrix}
\quad
\begin{bmatrix}
1 & 0 & 0 & 0 & 0 \\
-3 & -4 & +3 & -1 & 0 \\
0 & 0 & +1 & 0 & 0 \\
-3 & -1 & 0 & -6 & 0 \\
+3 & +5/3 & -1/2 & +6 & +5 \\
+1/2 & -3/2 & -5/2 & -1/2 & 0 \\
+2 & +16/6 & -3/2 & +5/3 & 0 \\
+1 & +2 & +1/2 & +3 & 0 \\
0 & 0 & 0 & 0 & 1
\end{bmatrix}
$$

$$
\mathfrak{F}_2^* = \begin{bmatrix}
1 & 0 & 0 & 0 & 0 & 0 & 0 & 0 & 0 \\
0 & -2 & 0 & 0 & 0 & 0 & +6 & 0 & 0 \\
0 & 0 & 1 & 0 & 0 & 0 & 0 & 0 & 0 \\
0 & 0 & 0 & -2 & +6 & 0 & 0 & 0 & 0 \\
0 & 0 & 0 & +1/2 & -2 & 0 & 0 & 0 & 0 \\
0 & 0 & 0 & 0 & 0 & 1 & 0 & 0 & 0 \\
0 & +1/2 & 0 & 0 & 0 & 0 & -2 & 0 & 0 \\
0 & 0 & 0 & 0 & 0 & 0 & 0 & 1 & 0 \\
-1 & +3/2 & -1 & +3/2 & -4 & -1 & -4 & -1 & 1
\end{bmatrix}
\quad
\begin{bmatrix}
1 & 0 & 0 & 0 & 0 \\
+18 & +24 & -15 & +12 & 0 \\
0 & 0 & +1 & 0 & 0 \\
+24 & +12 & -3 & +48 & +30 \\
-15/2 & -23/6 & +1 & -15 & -10 \\
+1/2 & -3/2 & -5/2 & -1/2 & 0 \\
-11/2 & -44/6 & +9/2 & -23/6 & 0 \\
+1 & +2 & +1/2 & +3 & 0 \\
0 & 0 & 0 & 0 & 1
\end{bmatrix}
$$

$$
= \begin{pmatrix} u_{12}^*(0) = -7{,}804947 \\ \varphi_{12}^*(0) = +1{,}470687 \\ u_{11}^*(0) = -4{,}998308 \\ \varphi_{11}^*(0) = +2{,}625581 \\ M_{11}^*(0) = +1{,}906980 \\ N_{11}^*(0) = +2{,}92701 \\ M_{12}^*(0) = +0{,}47551 \\ N_{12}^*(0) = +0{,}75851 \\ 1 \end{pmatrix} = \mathfrak{y}_1^*(0) \qquad \begin{pmatrix} u_{12}(0) = -0{,}00277\text{ m} \\ \varphi_{12}(0) = +0{,}0001307 \\ u_{11}(0) = -0{,}00177\text{ m} \\ \varphi_{11}(0) = +0{,}000233 \\ M_{11}(0) = +7{,}627\text{ Mpm} \\ N_{11}(0) = +2{,}927\text{ Mp} \\ M_{12}(0) = +1{,}902\text{ Mpm} \\ N_{12}(0) = +0{,}758\text{ Mp} \\ 1 \end{pmatrix} = \mathfrak{y}_1(0)
$$

$$
= \begin{pmatrix} u_{12}^*(l_1/l_c) = -7{,}80494 \\ \varphi_{12}^*(l_1/l_c) = -0{,}08840 \\ u_{11}^*(l_1/l_c) = -4{,}99830 \\ \varphi_{11}^*(l_1/l_c) = +6{,}19068 \\ M_{11}^*(l_1/l_c) = -2{,}50116 \\ N_{11}^*(l_1/l_c) = +2{,}92701 \\ M_{12}^*(l_1/l_c) = -0{,}21565 \\ N_{12}^*(l_1/l_c) = +0{,}75851 \\ 1 \end{pmatrix} = \mathfrak{y}_1^*(l_1/l_c) \qquad \begin{pmatrix} u_{12}(l_1) = -0{,}00277\text{ m} \\ \varphi_{12}(l_1) = -0{,}0000064 \\ u_{11}(l_1) = -0{,}00177\text{ m} \\ \varphi_{11}(l_1) = +0{,}00055 \\ M_{11}(l_1) = -10{,}004\text{ Mpm} \\ N_{11}(l_1) = +2{,}927\text{ Mp} \\ M_{12}(l_1) = -0{,}862\text{ Mpm} \\ N_{12}(l_1) = +0{,}758\text{ Mp} \\ 1 \end{pmatrix} = \mathfrak{y}_1(l_1)
$$

$$
= \begin{pmatrix} u_{22}^*(0) = u_{12}^*(l_1/l_c) \\ \varphi_{22}^*(0) = \varphi_{12}^*(l_1/l_c) \\ u_{21}^*(0) = u_{11}^*(l_1/l_c) \\ \varphi_{21}^*(0) = \varphi_{11}^*(l_1/l_c) \\ M_{21}^*(0) = +2{,}28893 \\ N_{21}^*(0) = +5{,}07448 \\ M_{22}^*(0) = +0{,}18535 \\ N_{22}^*(0) = +0{,}51402 \\ 1 \end{pmatrix} = \mathfrak{y}_2^*(0) \qquad \begin{pmatrix} u_{22}(0) = u_{12}(l_1) \\ \varphi_{22}(0) = \varphi_{12}(l_1) \\ u_{21}(0) = u_{21}(l_1) \\ \varphi_{21}(0) = \varphi_{21}(l_1) \\ M_{21}(0) = +9{,}155\text{ Mpm} \\ N_{21}(0) = +5{,}074\text{ Mp} \\ M_{22}(0) = +0{,}741\text{ Mpm} \\ N_{22}(0) = +0{,}514\text{ Mp} \\ 1 \end{pmatrix} = \mathfrak{y}_2(0)
$$

$$
= \begin{pmatrix} u_{22}^*(l_2/l_c) = -7{,}80494 \\ \varphi_{22}^*(l_2/l_c) = +1{,}28903 \\ u_{21}^*(l_2/l_c) = -4{,}99830 \\ \varphi_{21}^*(l_2/l_c) = +1{,}35232 \\ M_{21}^*(l_2/l_c) = -1{,}48254 \\ N_{21}^*(l_2/l_c) = +5{,}07448 \\ M_{22}^*(l_2/l_c) = -0{,}41493 \\ N_{22}^*(l_2/l_c) = +0{,}51402 \\ 1 \end{pmatrix} = \mathfrak{y}_2^*(l_2/l_c) \qquad \begin{pmatrix} u_{22}(l_2) = -0{,}00277\text{ m} \\ \varphi_{22}(l_2) = +0{,}000114 \\ u_{21}(l_2) = -0{,}00177\text{ m} \\ \varphi_{21}(l_2) = +0{,}000120 \\ M_{21}(l_2) = -5{,}930\text{ Mpm} \\ N_{21}(l_2) = +5{,}074\text{ Mp} \\ M_{22}(l_2) = -1{,}659\text{ Mpm} \\ N_{22}(l_2) = +0{,}514\text{Mp} \\ 1 \end{pmatrix} = \mathfrak{y}_2(l_2)
$$

Rechenschema R 9 Fortsetzung

$$\mathfrak{U}_2^* = \begin{pmatrix} 1 & 0 & 0 & 0 & 0 & 0 & 0 & 0 & 0 \\ 0 & 1 & 0 & 0 & 0 & 0 & 0 & 0 & 0 \\ 0 & 0 & 1 & 0 & 0 & 0 & 0 & 0 & 0 \\ 0 & 0 & 0 & 1 & 0 & 0 & 0 & 0 & 0 \\ -1/2 & -1/6 & +1/4 & -7/12 & 1 & 0 & 0 & 0 & -1/6 \\ +1 & +1/2 & -5/4 & +1/4 & 0 & 1 & 0 & 0 & -9/2 \\ -1/2 & -1/3 & +1/2 & -1/6 & 0 & 0 & 1 & 0 & -1/3 \\ -1 & -1/2 & +1 & -1/2 & 0 & 0 & 0 & 1 & -2 \\ 0 & -1/2 & -3/2 & 0 & -1 & -1 & -1 & -1 & 1+7 \end{pmatrix} \begin{pmatrix} 1 & 0 & 0 & 0 & 0 \\ +18 & +24 & -15 & +12 & 0 \\ 0 & 0 & +1 & 0 & 0 \\ +24 & +12 & -3 & +48 & +30 \\ \boxed{-25} & -89/6 & +11/2 & -45 & -83/3 \\ +33/2 & +27/2 & -12 & +35/2 & +3 \\ -16 & -52/3 & +21/2 & -95/6 & -16/3 \\ -21 & -16 & +21/2 & -27 & -17 \\ 0 & 0 & 0 & 0 & 1 \end{pmatrix}$$

Berechnung der Freigrößen

Aus den Randbedingungen am rechten Ende folgt das Gleichungssystem:

$$\left.\begin{aligned} M_{31}^*(0) &= -25\,u_{12}^*(0) - \frac{89}{6}\varphi_{12}^*(0) - \frac{11}{2}u_{11}^*(0) - 45\,\varphi_{11}^*(0) - \frac{83}{3} = 0 \\ N_{31}^*(0) &= \frac{33}{2}u_{12}^*(0) + \frac{27}{2}\varphi_{12}^*(0) - 12\,u_{11}^*(0) - \frac{35}{2}\varphi_{11}^*(0) + 3 = 0 \\ M_{32}^*(0) &= -16\,u_{12}^*(0) - \frac{52}{3}\varphi_{12}^*(0) + \frac{21}{2}u_{11}^*(0) - \frac{95}{6}\varphi_{11}^*(0) - \frac{16}{3} = 0 \\ N_{32}^*(0) &= -21\,u_{12}^*(0) - 16\,\varphi_{12}^*(0) + \frac{21}{2}u_{11}^*(0) - 27\,\varphi_{11}^*(0) - 17 = 0 \end{aligned}\right\}$$

mit der Lösung:

$$\begin{aligned} u_{12}^*(0) &= -7{,}804944 \\ \varphi_{12}^*(0) &= +1{,}470687 \\ u_{11}^*(0) &= -4{,}998308 \\ \varphi_{11}^*(0) &= +2{,}625581. \end{aligned}$$

Faktor zur Ermittlung der tatsächlichen Kraft- und Deformationsgrößen

$$w = w^* \frac{P_c l_c^3}{EI_c} = w^* \frac{4^3}{180000} = 0{,}00035\,w^* \ [\mathrm{m}]$$

$$\varphi = \varphi^* \frac{P_c l_c^2}{EI_c} = \varphi^* \frac{16}{180000} = 0{,}0000\overline{88}\,\varphi^*$$

$$M = M^* P_c l_c = M^* \cdot 4 \quad [\mathrm{Mpm}]$$

$$Q = Q^* P_c = Q^* \cdot 4 \quad [\mathrm{Mp}]$$

$$= \begin{pmatrix} u_{32}^*(0) = u_{22}^*(l_2/l_c) \\ \varphi_{32}^*(0) = \varphi_{22}^*(l_2/l_c) \\ u_{31}^*(0) = u_{21}^*(l_2/l_c) \\ \varphi_{31}^*(0) = \varphi_{21}^*(l_2/l_c) \\ \boxed{M_{31}^*(0) = 0} \\ \boxed{N_{31}^*(0) = 0} \\ \boxed{M_{32}^*(0) = 0} \\ \boxed{N_{32}^*(0) = 0} \\ 1 \end{pmatrix} = \mathfrak{y}_3^*(0) \qquad \begin{pmatrix} u_{32}(0) = u_{22}(l_2) \\ \varphi_{32}(0) = \varphi_{22}(l_2) \\ u_{31}(0) = u_{21}(l_1) \\ \varphi_{31}(0) = \varphi_{21}(l_2) \\ \boxed{M_{31}(0) = 0} \\ \boxed{N_{31}(0) = 0} \\ \boxed{M_{32}(0) = 0} \\ \boxed{N_{32}(0) = 0} \\ 1 \end{pmatrix} = \mathfrak{y}_3(0)$$

Schnittkraftschaubilder

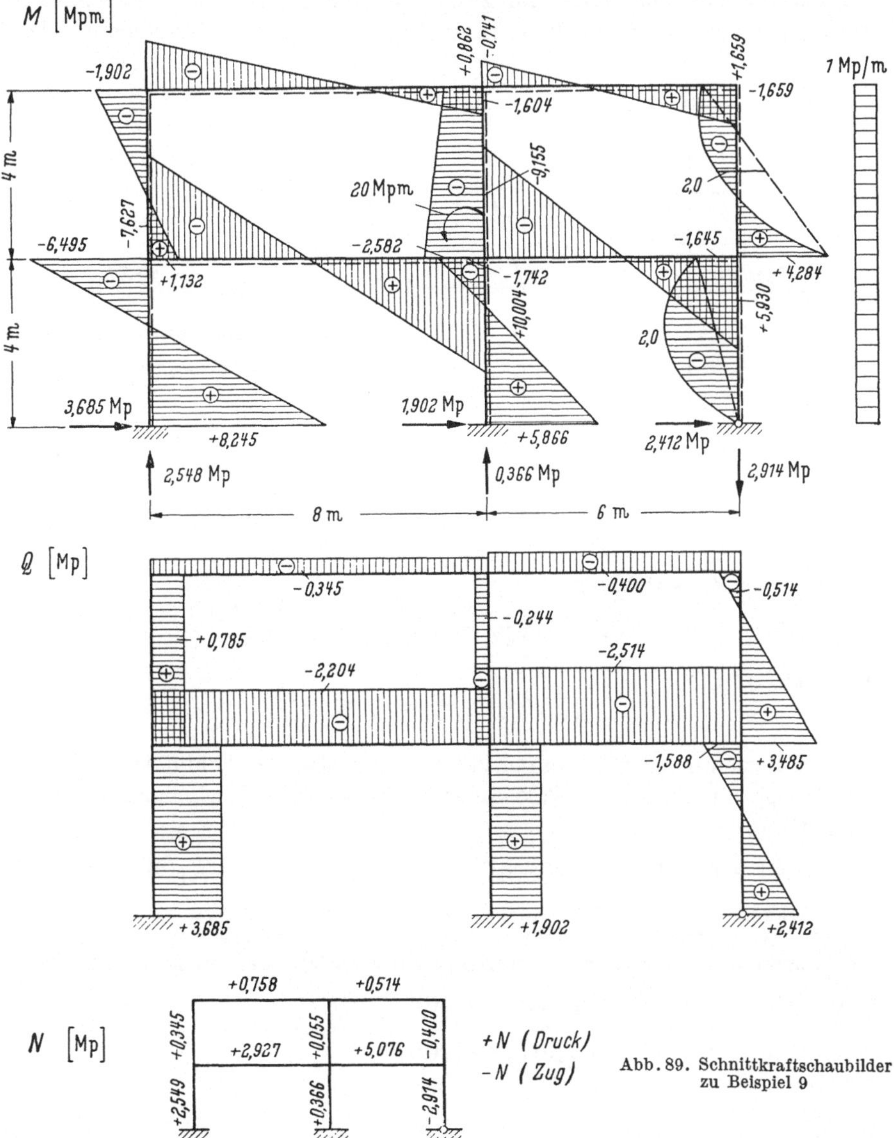

Abb. 89. Schnittkraftschaubilder zu Beispiel 9

5.4.3 Tragwerksform b: Stielstränge als Hauptstränge

5.4.3.1 Feldmatrizen für Ersatzsystem

An jedem Stielstrang sind die konjugierten Paare (w, Q) und (φ, M) für die Rechnung maßgebend. Das Paar (u, N) wird nicht mitgeführt, weil die Dehnsteifigkeit der Rahmenstiele nicht erfaßt werden soll. Die horizontalen Längsverschiebungen aller zu einem Riegelstrang gehörenden Knotenpunkte sind gleich. Es gilt somit für die Knotenpunkte des Riegels k bei n Stielsträngen:

$$w_{k1} = w_{k2} = w_{k3} = \cdots = w_{kn}.$$

Zweckmäßig ist es daher, bei der Berechnung des Ersatzsystems vom Stockwerkrahmen die n konjugierten Paare (w, Q), die bei n Stielsträngen vorhanden sind, durch das eine konjugierte Paar (w, Q_{ges}) zu ersetzen, wobei w die gemeinsame Durchbiegung und Q_{ges} die Summe der Querkräfte aller Stielstränge sein soll.

Ableitung der Feldmatrix für zwei Stielstränge (Abb. 90). Für jeden Stielstrang gilt zunächst die Feldmatrix nach Gl. (5). Bei der Verschiebung des Riegels k um w_k (Abb. 90b) entstehen nach den Ansätzen des Deformationsverfahrens an den Knoten k 1 und k 2 die Querkräfte

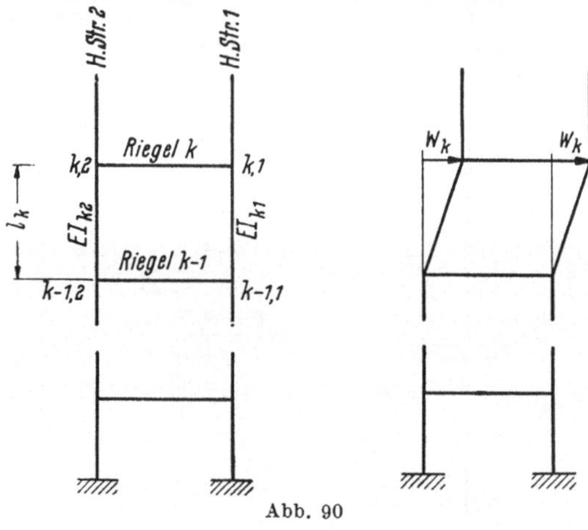

Abb. 90

$$Q_{k1}(l_k) = -\frac{12EI_{k1}}{l_k^3}\, w_{k1}(l_k)$$

und

$$Q_{k2}(l_k) = -\frac{12EI_{k2}}{l_k^3}\, w_{k2}(l_k).$$

Laut Definition wird gesetzt:

$$Q_{k\,\text{ges}}(l_k) = Q_{k1}(l_k) + Q_{k2}(l_k)$$

und

$$w_k(l_k) = w_{k1}(l_k) = w_{k2}(l_k) = w_k.$$

Das gibt

$$Q_{k\,\text{ges}}(l_k) = -\left[\frac{12EI_{k1}}{l_k^3}\, w_{k1}(l_k) + \frac{12EI_{k2}}{l_k^3}\, w_{k2}(l_k)\right] = -\left(\frac{12EI_{k1}}{l_k^3} + \frac{12EI_{k2}}{l_k^3}\right) w_k(l_k) \quad (74\text{a})$$

oder nach $w_k(l_k)$ aufgelöst

$$w_k(l_k) = \frac{-Q_{k\,\text{ges}}(l_k)}{\frac{12EI_{k1}}{l_k^3} + \frac{12EI_{k2}}{l_k^3}} = \frac{-Q_{k\,\text{ges}}(l_k)}{12R}. \quad (74\text{b})$$

Darin ist

$$R = \frac{EI_{k1}}{l_k^3} + \frac{EI_{k2}}{l_k^3} = \sum_{i=1}^{2} \frac{EI_{ki}}{l_k^3}.$$

Mit den Beziehungen (74) können die ersten Zeilen der Feldmatrizen der beiden Stielstränge zu einer Zeile zusammengefaßt werden. Die beiden Zeilen lauten [nach Gl. (5)]:

$$w_{k1}(l_k) = w_{k1}(0) - l_k\,\varphi_{k1}(0) + \frac{l_k^2}{2EI_{k1}}\, M_{k1}(0) + \frac{l_k^3}{6EI_{k1}}\, Q_{k1}(0) + w_{k0,1}(l_k)$$

$$w_{k2}(l_k) = w_{k2}(0) - l_k\,\varphi_{k2}(0) + \frac{l_k^2}{2EI_{k2}}\, M_{k2}(0) + \frac{l_k^3}{6EI_{k2}}\, Q_{k2}(0) + w_{k0,2}(l_k).$$

Die einzelnen Anteile der zusammengefaßten Zeile werden getrennt abgeleitet:

1. Anteil:

$$\left.\begin{aligned} w_{k1}(l_k) &= w_{k1}(0) \\ w_{k2}(l_k) &= w_{k2}(0) \end{aligned}\right\}\; w_k(l_k) = w_k(0).$$

2. Anteil:

$$w_{k1}(l_k) = -l_k\,\varphi_{k1}(0)$$
$$w_{k2}(l_k) = -l_k\,\varphi_{k2}(0).$$

Das wird in Gl. (74a) eingesetzt

$$Q_{k\,\mathrm{ges}}(l_k) = +\left(\frac{12EI_{k1}}{l_k^3}\,l_k\,\varphi_{k1}(0) + \frac{12EI_{k2}}{l_k^3}\,l_k\,\varphi_{k2}(0)\right).$$

Mit Gl. (74b) ergibt sich der 2. Anteil von w_k

$$w_k(l_k) = \frac{-\left(\frac{EI_{k1}}{l_k^2}\,\varphi_{k1}(0) + \frac{EI_{k2}}{l_k^2}\,\varphi_{k2}(0)\right)}{R}.$$

3. Anteil:

$$w_{k1}(l_k) = +\frac{l_k^2}{2EI_{k1}}\,M_{k1}(0)$$
$$w_{k2}(l_k) = +\frac{l_k^2}{2EI_{k2}}\,M_{k2}(0)$$
$$Q_{k\,\mathrm{ges}}(l_k) = -\left[\frac{12EI_{k1}}{l_k^3}\,\frac{l_k^2}{2EI_{k1}}\,M_{k1}(0) + \frac{12EI_{k2}}{l_k^3}\,\frac{l_k^2}{2EI_{k2}}\,M_{k2}(0)\right]$$
$$= -\left[\frac{6}{l_k}\,M_{k1}(0) + \frac{6}{l_k}\,M_{k2}(0)\right].$$
$$w_k(l_k) = \frac{\frac{1}{l_k}\,M_{k1}(0) + \frac{1}{l_k}\,M_{k2}(0)}{2R}.$$

4. Anteil:

$$w_{k1}(l_k) = \frac{l_k^3}{6EI_{k1}}\,Q_{k1}(0)$$
$$w_{k2}(l_k) = \frac{l_k^3}{6EI_{k2}}\,Q_{k2}(0)$$
$$Q_{k\,\mathrm{ges}}(l_k) = -\,[2Q_{k1}(0) + 2Q_{k2}(0)] = -2Q_{k\,\mathrm{ges}}(0)$$
$$w_k(l_k) = \frac{Q_{k\,\mathrm{ges}}(0)}{6R}.$$

5. Anteil:

$$w_{k1}(l_k) = w_{k0,1}(l_k)$$
$$w_{k2}(l_k) = w_{k0,2}(l_k)$$
$$Q_{k\,\mathrm{ges}}(l_k) = -\left[\frac{12EI_{k1}}{l_k^3}\,w_{k0,1}(l_k) + \frac{12EI_{k2}}{l_k^3}\,w_{k0,2}(l_k)\right]$$
$$w_k(l_k) = \frac{\frac{EI_{k1}}{l_k^3}\,w_{k0,1}(l_k) + \frac{EI_{k2}}{l_k^3}\,w_{k0,2}(l_k)}{R}.$$

Nunmehr kann aus den einzelnen Anteilen die erste Zeile (Gleichung für w_k) der gesuchten Feldmatrix aufgebaut werden. Die Zeilen für φ_{k1} und M_{k1} ergeben sich aus der ursprünglichen Feldmatrix [nach Gl. (5)] des Stielstranges 1 durch Elimination von Q_{k1} mit Hilfe von w_{k1}. Diese Ableitung ist in Abschn. 3.4.4.1.1 beim Durchlaufträger auf festen Stützen durchgeführt. Es können somit die Gln. (22) von dort übernommen werden. Die Zeilen für φ_{k2} und M_{k2} bekommt man in gleicher Weise. Die Zeile für die Querkraft lautet:

$$Q_{k\,\mathrm{ges}}(l_k) = Q_{k\,\mathrm{ges}}(0) + Q_{k0\,\mathrm{ges}}(l_k) = Q_{k\,\mathrm{ges}}(0) + \sum_{i=1}^{2} Q_{k0,i}\,(l_k)$$
$$= Q_{k\,\mathrm{ges}}(0) + Q_{k0,1}(l_k) + Q_{k0,2}(l_k).$$

Jetzt sind alle Gleichungen, die den linearen Zusammenhang zwischen den Kraft- und Deformationsgrößen am linken und rechten Ende von Feld l_k des Ersatzsystems für den zweistieligen Rahmen ausdrücken, bekannt und können zusammengefaßt werden:

$$
\left.
\begin{array}{rlllllll}
w_k(l_k) = & w_k(0) & - A_{k2}\,\varphi_{k2}(0) & - A_{k1}\,\varphi_{k1}(0) & + B_{k1}\cdot M_{k1}(0) & + B_{k2}\,M_{k2}(0) & + C_k\,Q_{k\,\mathrm{ges}}(0) & + \overline{w_{k0}}(l_k) \\
\varphi_{k2}(l_k) = & \frac{3}{l_k}\,w_k(0) & - 2\varphi_{k2}(0) & & & + \frac{l_k}{2EI_{k2}}\,M_{k2}(0) & & + \bar{\varphi}_{k0,2}(l_k) - \frac{3}{l_k}\,w_k(l_k) \\
\varphi_{k1}(l_k) = & \frac{3}{l_k}\,w_k(0) & & - 2\varphi_{k1}(0) & + \frac{l_k}{2EI_{k1}}\,M_{k1}(0) & & & + \bar{\varphi}_{k0,1}(l_k) \quad \frac{3}{l_k}\,w_k(l_k) \\
M_{k1}(l_k) = & - \frac{6EI_{k1}}{l_k^2}\,w_k(0) & & + \frac{6EI_{k1}}{l_k}\,\varphi_{k1}(0) & - 2M_{k1}(0) & & & + \overline{M}_{k0,1}(l_k) + \frac{6EI_{k1}}{l_k^2}\,w_k(l_k) \\
M_{k2}(l_k) = & - \frac{6EI_{k2}}{l_k^2}\,w_k(0) & + \frac{6EI_{k2}}{l_k}\,\varphi_{k2}(0) & & & - M_{k2}(0) & & + \overline{M}_{k0,2}(l_k) + \frac{6EI_{k2}}{l_k^2}\,w_k(l_k) \\
Q_{k\,\mathrm{ges}}(l_k) = & & & & & & + Q_{k\,\mathrm{ges}}(0) & + Q_{k0\,\mathrm{ges}}(l_k) \\
1 = & & & & & & & 1
\end{array}
\right\} \quad (75)
$$

Darin sind:

$$
\left.
\begin{array}{l}
A_{ki} = \frac{EI_{ki}}{l_k^2\cdot R} \qquad B_{ki} = \frac{1}{2l_k\cdot R} \qquad C_k = \frac{1}{6R} \qquad R = \sum_{i=1}^{2} \frac{EI_{ki}}{l_k^3} \\
\overline{w}_{k0}(l_k) = \frac{\sum_{i=1}^{2} \frac{EI_{ki}}{l_k}\,w_{k0,i}(l_k)}{R} \qquad \bar{\varphi}_{k0,i}(l_k) = \frac{3}{l_k}\,w_{k0,i}(l_k) + \varphi_{k0,i}(l_k) \qquad M_{k0,i}(l_k) = -\frac{6EI_{ki}}{l_k^2}\,w_{k0,i}(l_k) + M_{k0,i}(l_k) \\
\qquad Q_{k0\,\mathrm{ges}}(l_k) = \sum_{i=1}^{2} Q_{k0,i}(l_k) \\
\qquad (\text{für } i = 1{,}2)
\end{array}
\right\} \quad (75\,\mathrm{a})
$$

Es werden die Beziehungen (14) eingeführt und das Gleichungssystem in Matrizenform geschrieben

$$
\begin{pmatrix}
w_k^*\left(\frac{l_k}{l_c}\right) \\
\varphi_{k2}^*\left(\frac{l_k}{l_c}\right) \\
\varphi_{k1}^*\left(\frac{l_k}{l_c}\right) \\
M_{k1}^*\left(\frac{l_k}{l_c}\right) \\
M_{k2}^*\left(\frac{l_k}{l_c}\right) \\
Q_{k\,\mathrm{ges}}^*\left(\frac{l_k}{l_c}\right) \\
1
\end{pmatrix}
=
\left(\begin{array}{ccccccc:c}
1 & -A_{k2}^* & -A_{k1}^* & +B_{k1}^* & +B_{k2}^* & +C_k^* & +\bar{w}_{k0}^*\left(\frac{l_k}{l_c}\right) & 0 \\
3\,\frac{l_c}{l_k} & -2 & 0 & 0 & \frac{1}{2}\,\frac{l_k}{l_c}\,\frac{I_c}{I_{k2}} & 0 & +\bar{\varphi}_{k0,2}^*\left(\frac{l_k}{l_c}\right) & -3\,\frac{l_c}{l_k} \\
3\,\frac{l_c}{l_k} & 0 & -2 & \frac{1}{2}\,\frac{l_k}{l_c}\,\frac{I_c}{I_{k1}} & 0 & 0 & +\bar{\varphi}_{k0,1}^*\left(\frac{l_k}{l_c}\right) & -3\,\frac{l_c}{l_k} \\
-6\,\frac{l_c^2}{l_k^2}\,\frac{I_{k1}}{I_c} & 0 & +6\,\frac{l_c}{l_k}\,\frac{I_{k1}}{I_c} & -2 & 0 & 0 & +M_{k0,1}^*\left(\frac{l_k}{l_c}\right) & +6\,\frac{l_c^2}{l_k^2}\,\frac{I_{k1}}{I_c} \\
-6\,\frac{l_c^2}{l_k^2}\,\frac{I_{k2}}{I_c} & +6\,\frac{l_c}{l_k}\,\frac{I_{k2}}{I_c} & 0 & 0 & -2 & 0 & +M_{k0,2}^*\left(\frac{l_k}{l_c}\right) & +6\,\frac{l_c^2}{l_k^2}\,\frac{I_{k2}}{I_c} \\
0 & 0 & 0 & 0 & 0 & 1 & +Q_{k0\,\mathrm{ges}}^*\left(\frac{l_k}{l_c}\right) & 0 \\
0 & 0 & 0 & 0 & 0 & 0 & 1 & 0
\end{array}\right)
\begin{pmatrix}
w_k^*(0) \\
\varphi_{k2}^*(0) \\
\varphi_{k1}^*(0) \\
M_{k1}^*(0) \\
M_{k2}^*(0) \\
Q_{k\,\mathrm{ges}}^*(0) \\
1 \\
w_k^*\left(\frac{l_k}{l_c}\right)
\end{pmatrix}
\qquad (76)
$$

Darin sind:

$$\left.\begin{aligned}
A_{ki}^* &= \frac{I_{ki}}{I_c}\frac{l_c^2}{l_k^2}\frac{1}{R^*} \qquad & B_{ki}^* &= \frac{1}{2}\frac{l_c}{l_k}\frac{1}{R^*}\\
C_k^* &= \frac{1}{6R^*} \qquad & R^* &= \sum_{i=1}^{2}\frac{I_{ki}}{I_c}\frac{l_c^3}{l_k^3}\\
\bar{w}_{k0}^*\left(\frac{l_k}{l_c}\right) &= \frac{\sum\limits_{i=1}^{2}\frac{I_{ki}}{I_c}\frac{l_c^3}{l_k^3}w_{k0,i}^*\left(\frac{l_k}{l_c}\right)}{R^*}\\
\bar{\varphi}_{k0,i}^*\left(\frac{l_k}{l_c}\right) &= 3\frac{l_c}{l_k}w_{k0,i}^*\left(\frac{l_k}{l_c}\right)+\varphi_{k0,i}^*\left(\frac{l_k}{l_c}\right) \\
\bar{M}_{k0,i}^*\left(\frac{l_k}{l_c}\right) &= -6\frac{I_{ki}}{I_c}\frac{l_c^2}{l_k^2}w_{k0,i}^*\left(\frac{l_k}{l_c}\right)+M_{k0,i}^*\left(\frac{l_k}{l_c}\right) \qquad (i=1{,}2)\\
Q_{k0\,\mathrm{ges}}^*\left(\frac{l_k}{l_c}\right) &= \sum_{i=1}^{2}Q_{k0,i}^*\left(\frac{l_k}{l_c}\right).
\end{aligned}\right\} \tag{76a}$$

In Gl. (76) ist die Koeffizientenmatrix die gesuchte Feldmatrix des Ersatzsystems für zweistielige Rahmen. Es bereitet keine Schwierigkeiten, Feldmatrizen für Rahmen mit mehr als zwei Stielsträngen aufzustellen. Die Abkürzungen (76a) sind bereits allgemein dargestellt; sie gelten für n Stielstränge, wenn $i = 1 \ldots n$ gesetzt wird. Zu beachten ist, daß die Feldmatrix bei n Zeilen $n + 1$ Spalten hat.

5.4.3.2 Punktmatrix des Ersatzsystems

Sie wird in bekannter Weise aufgebaut. In ihr steht die Koppelfedermatrix des angefederten Riegelstranges an der betreffenden Feldgrenze des Ersatzsystems. Die Koppelfedermatrix enthält bei n Stielsträngen n konjugierte Paare (φ, M).

Zum Beispiel bekommt man für einen zweistieligen Rahmen:

$$\begin{pmatrix} w_{k+1}^*(0)\\ \varphi_{k+1,2}^*(0)\\ \varphi_{k+1,1}^*(0)\\ M_{k+1,1}^*(0)\\ M_{k+1,2}^*(0)\\ Q_{k+1\,\mathrm{ges}}^*(0)\\ 1\end{pmatrix} = \begin{pmatrix} 1 & 0 & 0 & 0 & 0 & 0 & 0\\ 0 & 1 & 0 & 0 & 0 & 0 & 0\\ 0 & 0 & 1 & 0 & 0 & 0 & 0\\ 0 & \multicolumn{2}{c}{\mathfrak{C}_k(\varphi_{k2}^*,\varphi_{k1}^*)} & 1 & 0 & 0 & -M_{k0,1}^{*(r)}\\ 0 & & & 0 & 1 & 0 & +M_{k0,2}^{*(r)}\\ 0 & 0 & 0 & 0 & 0 & 1 & 0\\ 0 & 0 & 0 & 0 & 0 & 0 & 1\end{pmatrix}\begin{pmatrix} w_k^*(0)\\ \varphi_{k2}^*(0)\\ \varphi_{k1}^*(0)\\ M_{k1}^*(0)\\ M_{k2}^*(0)\\ Q_{k\,\mathrm{ges}}^*(0)\\ 1\end{pmatrix} \tag{77}$$

Darin ist $\mathfrak{C}_k(\varphi_{k2}^*, \varphi_{k1}^*)$ die Koppelfedermatrix des an der betrachteten Feldgrenze vorhandenen Riegels und $M_{k0,1}^{*(r)}$, $M_{k0,2}^{*(r)}$ sind die durch die Riegelbelastung entstehenden, mit den Beziehungen (14) umgerechneten Randmomente am Riegel. Außerdem können in der letzten Spalte der Matrix noch die bekannten Sprunggrößen sowie zusätzliche, aus der äußeren Belastung herrührende Knotenmomente und Knotenkräfte stehen.

5.4.3.3 Zusammenhang am ganzen Tragwerk

Die Randbedingungen und die Freigrößen am Ersatzsystem werden nach Tab. 2 bestimmt. Freigrößen an jedem Stielstrang sind je nach konstruktiver Ausbildung des Lagers entweder M oder φ. Dazu kommt noch als weitere Freigröße Q_{ges} für alle Stielstränge gemeinsam. Bei n Stielsträngen treten somit $n+1$ unbekannte Freigrößen auf. Diese werden am Ende des Rechenschemas aus $n+1$ linearen Gleichungen berechnet, die sich aus den Randbedingungen am oberen Ende des Stockwerkrahmens ergeben. Die Rechnung selbst wird wieder zweckmäßigerweise mit Rechenschema (11) vorgenommen. Zu beachten ist, daß die Feldmatrizen bei n Zeilen $n+1$ Spalten haben, also die verschränkte Matrizenmultiplikation anzuwenden ist.

Zum Schluß müssen an sämtlichen Knoten und am ganzen Tragwerk die Gleichgewichtsbedingungen erfüllt sein.

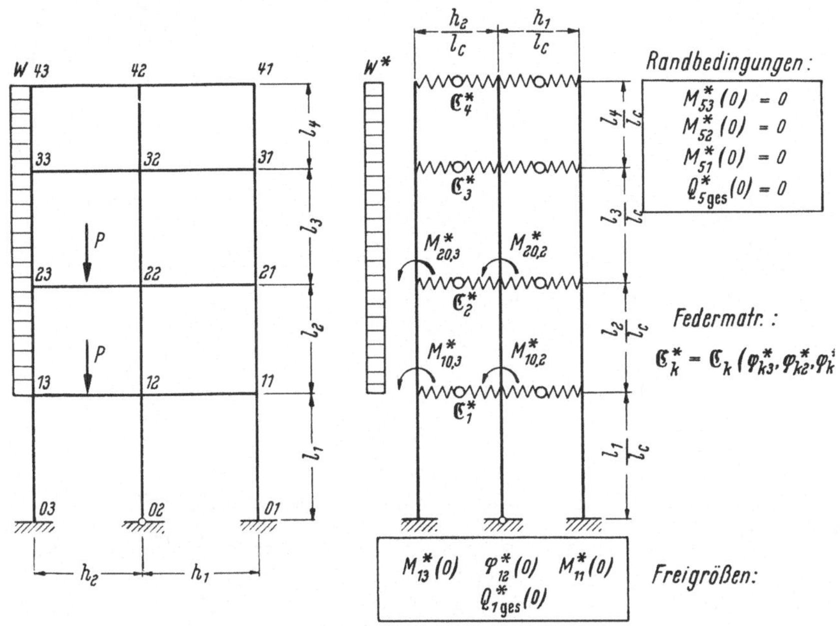

Abb. 91. Verschiebliche Stockwerkrahmen nach Form b mit Ersatzsystem

Als Beispiel ist in Abb. 91 für den dargestellten dreistieligen Stockwerkrahmen das Ersatzsystem mit den dazugehörigen Randbedingungen und Freigrößen angegeben.

5.4.3.4 Beispiel 10

Aufgabenstellung und Geometrie

Geometrie	Belastung
$l = 4$ m	$w = 2$ Mp/m
$EI = 3{,}5 \cdot 10^3$ Mpm³	$P = 9$ Mp

Gesucht: Schnittkraftschaubilder und Auflagerkräfte.

Das Ersatzsystem mit allen Freigrößen und den Randbedingungen am rechten Trägerende ist in Abb. 93 zu sehen.

Vergleichsgrößen: Gewählt

$$l_c = 4\,\text{m} \qquad P_c = 1\,\text{Mp} \qquad EI_c = 6EI.$$

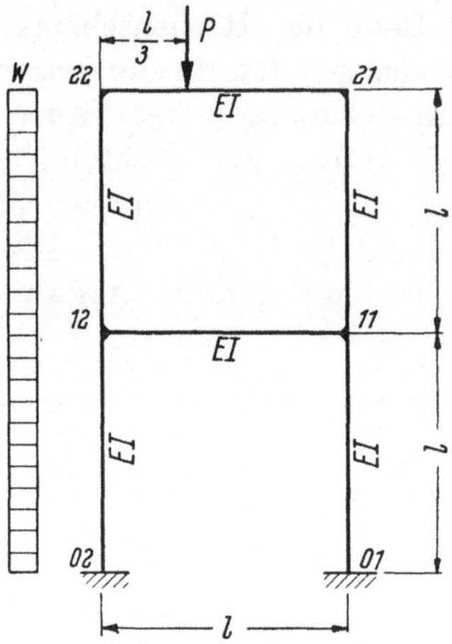

Abb. 92. Beispiel 10: Verschiebliche Stockwerkrahmen nach Form b

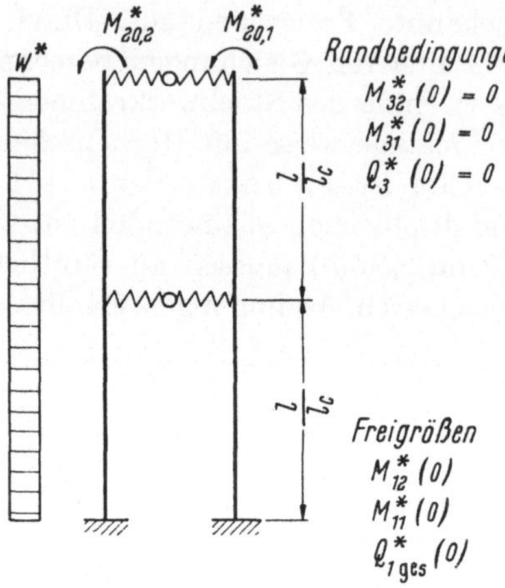

Abb. 93. Ersatzsystem zu Beispiel 10

Koppelfedermatrizen der Riegel [nach Gl. (65)]. Sie sind für beide Riegel mit Ausnahme der Lastspalten gleich.

$$\frac{I}{I_c}\frac{l_c}{l} = \frac{1}{6}$$

$$\begin{vmatrix} -M_1^{*(r)} \\ +M_2^{*(r)} \end{vmatrix} = \frac{1}{6}\begin{vmatrix} -2 & -4 \\ -4 & -2 \end{vmatrix}\begin{vmatrix} \varphi_2^* \\ \varphi_1^* \end{vmatrix} = \begin{vmatrix} -\frac{1}{3} & -\frac{2}{3} \\ -\frac{2}{3} & -\frac{1}{3} \end{vmatrix}\begin{vmatrix} \varphi_2^* \\ \varphi_1^* \end{vmatrix}.$$

In der Lastspalte von Riegel 2 stehen folgende Randschnittkräfte

$$-M_{20,2}^{*(r)} = -P\frac{l}{3}\left(\frac{2}{3}l\right)^2\frac{1}{l^2}\frac{1}{P_c l_c} = -\frac{4}{3} = +M_{20,2}^*$$

$$+M_{20,1}^{*(r)} = +P\left(\frac{l}{3}\right)^2\frac{2}{3}l\frac{1}{l^2}\frac{1}{P_c l_c} = +\frac{2}{3} = +M_{20,1}^*.$$

Aufstellen des Rechenschemas. Die Feld- und Punktmatrizen werden nach Gl. (76) und Gl. (77) gebildet.

Belastungsgrößen [nach Tab. 1b und Gl. (76a)]

a) in Feldmatrix $\mathfrak{F}_1^*$: $q^* = 2 \cdot 4 = 8$

$$w_{10,2}^*\left(\frac{l_1}{l_c}\right) = \frac{8}{24}\cdot 6 = 2 \qquad \bar{w}_{10,2}^*\left(\frac{l_1}{l_c}\right) = \frac{\frac{1}{6}\cdot 2}{\frac{1}{3}} = 1$$

$$\varphi_{10,2}^*\left(\frac{l_1}{l_c}\right) = -\frac{8}{6}\cdot 6 = -8 \qquad \bar{\varphi}_{10,2}^*\left(\frac{l_1}{l_c}\right) = 3\cdot 2 - 8 = -2$$

$$M_{10,2}^*\left(\frac{l_1}{l_c}\right) = \frac{8}{2} = 4 \qquad \bar{M}_{10,2}^*\left(\frac{l_1}{l_c}\right) = -\frac{6}{6}\cdot 2 + 4 = 2$$

$$Q_{10,2}^*\left(\frac{l_1}{l_c}\right) = 8 \qquad Q_{10\,\text{ges}}^*\left(\frac{l_1}{l_c}\right) = 8.$$

b) in Feldmatrix $\mathfrak{F}_2^*$ stehen die gleichen Belastungsgrößen wie in $\mathfrak{F}_1^*$.

Rechenschema R 10

Bestimmung der Freigrößen. Die Randbedingungen am oberen Rahmenende werden erfüllt und man erhält folgendes Gleichungssystem:

$$\left.\begin{aligned} M_{31}^*(0) &= \tfrac{69}{2} M_{11}^*(0) + \tfrac{41}{2} M_{21}^*(0) + \tfrac{35}{2} Q_{1\,\mathrm{ges}}^*(0) + 73 = 0 \\ M_{32}^*(0) &= \tfrac{41}{2} M_{11}^*(0) + \tfrac{69}{2} M_{21}^*(0) + \tfrac{35}{2} Q_{1\,\mathrm{ges}}^*(0) + \tfrac{187}{3} = 0 \\ Q_{3\,\mathrm{ges}}^{*(0)} &= \qquad\qquad\qquad\qquad\qquad 1 Q_{1\,\mathrm{ges}}^*(0) + 16 = 0 \end{aligned}\right\}$$

mit der Lösung

$$Q_{1\,\mathrm{ges}}^*(0) = -16$$
$$M_{11}^*(0) = 3{,}47965$$
$$M_{21}^*(0) = 4{,}24150.$$

Schnittkraftschaubilder und Auflagerkräfte. Umrechnungsfaktoren zur Ermittlung der dimensionsrichtigen Werte

$$w = w^* \frac{P_c l_e^3}{EI_c} = w^* \frac{64}{6 \cdot 3500} = w^* \cdot 0{,}003047 \quad [\mathrm{m}]$$

$$\varphi = \varphi^* \frac{P_c l_c^2}{EI_c} = \varphi^* \frac{64}{6 \cdot 3500} = \varphi^* \cdot 0{,}0007619$$

$$M = M^* P_c l_c = M^* \cdot 4 \quad [\mathrm{Mpm}]$$

$$Q = Q^* P_c = Q^* \quad [\mathrm{Mp}]$$

Randmomente in den Riegeln

Riegel 1:

$$\begin{bmatrix} -M_1^{*(1)} \\ +M_2^{*(1)} \end{bmatrix} = \begin{bmatrix} -\frac{1}{3} & -\frac{2}{3} \\ -\frac{2}{3} & -\frac{1}{3} \end{bmatrix} \begin{bmatrix} -3{,}0207 \\ -3{,}3064 \end{bmatrix} = \begin{bmatrix} 3{,}2111 \\ 3{,}1159 \end{bmatrix}$$

$$-M_1^{(1)} = 12{,}844 \text{ Mpm} \qquad +M_2^{(1)} = 12{,}464 \text{ Mpm}.$$

Riegel 2:

$$\begin{bmatrix} -M_1^{*(2)} \\ +M_2^{*(2)} \end{bmatrix} = \left[\begin{array}{cc|c} -\frac{1}{3} & -\frac{2}{3} & +\frac{2}{3} \\ -\frac{2}{3} & -\frac{1}{3} & -\frac{4}{3} \end{array}\right] \begin{bmatrix} -2{,}0340 \\ -0{,}5945 \\ 1 \end{bmatrix} = \begin{bmatrix} +1{,}7375 \\ +0{,}2138 \\ 1 \end{bmatrix}$$

$$-M_1^{(2)} = 6{,}950 \text{ Mpm} \qquad +M_2^{(2)} = 0{,}855 \text{ Mpm}.$$

Abb. 94 zeigt die Schnittkraftdiagramme.

Auflagerkräfte

$$A_H = 10{,}143 \text{ Mp} \qquad A_V = 4{,}049 - 6{,}327 = -2{,}278 \text{ Mp}$$

$$B_H = 5{,}857 \text{ Mp} \qquad B_V = 4{,}951 + 6{,}327 = 11{,}278 \text{ Mp}$$

$$\Sigma H = 16{,}000 - 16 = 0 \quad \Sigma V = 9{,}000 - 9 = 0$$

Rechenschema R 10

$$\begin{array}{cccc} M_{11}^*(0) & M_{12}^*(0) & Q_{1\,\mathrm{ges}}^*(0) & 1 \end{array}$$

$$\begin{vmatrix} 0 & 0 & 0 & 0 \\ 0 & 0 & 0 & 0 \\ 0 & 0 & 0 & 0 \\ 1 & 0 & 0 & 0 \\ 0 & 1 & 0 & 0 \\ 0 & 0 & 1 & 0 \\ 0 & 0 & 0 & 1 \end{vmatrix} =$$

$$\mathfrak{F}_1^* = \begin{vmatrix} 1 & -0{,}5 & -0{,}5 & 1{,}5 & 1{,}5 & 0{,}5 & 1 & 0 \\ 3 & -2 & 0 & 0 & 3 & 0 & -2 & -3 \\ 3 & 0 & -2 & 3 & 0 & 0 & 0 & -3 \\ -1 & 0 & 1 & -2 & 0 & 0 & 0 & 1 \\ -1 & 1 & 0 & 0 & -2 & 0 & 2 & 1 \\ 0 & 0 & 0 & 0 & 0 & 1 & 8 & 0 \\ -5 & 1{,}5 & 1{,}5 & -2{,}5 & -2{,}5 & -1{,}5 & -8 & 4 \end{vmatrix} \begin{vmatrix} 1{,}5 & 1{,}5 & 0{,}5 & 1 \\ -4{,}5 & -1{,}5 & -1{,}5 & -5 \\ -1{,}5 & -4{,}5 & -1{,}5 & -3 \\ -0{,}5 & 1{,}5 & 0{,}5 & 1 \\ 1{,}5 & -0{,}5 & 0{,}5 & 3 \\ 0 & 0 & 1 & 8 \\ 0 & 0 & 0 & 1 \end{vmatrix} =$$

$$\mathfrak{U}_1^* = \begin{vmatrix} 1 & 0 & 0 & 0 & 0 & 0 & 0 & 0 \\ 0 & 1 & 0 & 0 & 0 & 0 & 0 & 0 \\ 0 & 0 & 1 & 0 & 0 & 0 & 0 & 0 \\ 0 & -1/3 & -2/3 & 1 & 0 & 0 & 0 & 0 \\ 0 & -2/3 & -1/3 & 0 & 1 & 0 & 0 & 0 \\ 0 & 0 & 0 & 0 & 0 & 1 & 0 & 0 \\ -1 & 0 & 0 & -1 & -1 & -1 & 1 & 0 \end{vmatrix} \begin{vmatrix} 1{,}5 & 1{,}5 & 0{,}5 & 1 \\ -4{,}5 & -1{,}5 & -1{,}5 & -5 \\ -1{,}5 & -4{,}5 & -1{,}5 & -3 \\ 2 & 5 & 2 & 4{,}66 \\ 5 & 2 & 2 & 7{,}33 \\ 0 & 0 & 1 & 8 \\ 0 & 0 & 0 & 1 \end{vmatrix} =$$

$$\mathfrak{F}_2^* = \begin{vmatrix} 1 & -0{,}5 & -0{,}5 & 1{,}5 & 1{,}5 & 0{,}5 & 1 & 0 \\ 3 & -2 & 0 & 0 & 3 & 0 & -2 & -3 \\ 3 & 0 & -2 & 3 & 0 & 0 & 0 & -3 \\ -1 & 0 & 1 & -2 & 0 & 0 & 0 & 1 \\ -1 & +1 & 0 & 0 & -2 & 0 & 2 & 1 \\ 0 & 0 & 0 & 0 & 0 & 1 & 8 & 0 \\ -5 & 1{,}5 & 1{,}5 & -2{,}5 & -2{,}5 & -1{,}5 & -8 & 4 \end{vmatrix} \begin{vmatrix} 15 & 15 & 8{,}5 & 28 \\ -16{,}5 & -31{,}5 & -15 & -51 \\ -31{,}5 & -16.5 & -15 & -61 \\ 8 & -1 & 2{,}5 & +14{,}66 \\ -1 & 8 & 2{,}5 & +9{,}33 \\ 0 & 0 & 1 & 16 \\ 0 & 0 & 0 & 1 \end{vmatrix} =$$

$$\mathfrak{U}_2^* = \begin{vmatrix} 1 & 0 & 0 & 0 & 0 & 0 & 0 & 0 \\ 0 & 1 & 0 & 0 & 0 & 0 & 0 & 0 \\ 0 & 0 & 1 & 0 & 0 & 0 & 0 & 0 \\ 0 & -1/3 & -2/3 & 1 & 0 & 0 & 2/3 & 0 \\ 0 & -2/3 & -1/3 & 0 & 1 & 0 & -4/3 & 0 \\ 0 & 0 & 0 & 0 & 0 & 1 & 0 & 0 \\ -1 & 0 & 0 & -1 & -1 & -1 & +5/3 & 0 \end{vmatrix} \begin{vmatrix} 15 & 15 & 8{,}5 & 28 \\ -16{,}5 & -31{,}5 & -15 & -51 \\ -31{,}5 & -16{,}5 & -15 & -51 \\ \boxed{34{,}5} & \boxed{20{,}5} & \boxed{17{,}5} & \boxed{73} \\ \boxed{20{,}5} & \boxed{34{,}5} & \boxed{17{,}5} & \boxed{62{,}33} \\ \boxed{0} & \boxed{0} & \boxed{1} & \boxed{16} \\ 0 & 0 & 0 & 1 \end{vmatrix} =$$

$$\begin{Bmatrix} w_1^*(0) & = & 0 \\ \varphi_{12}^*(0) & = & 0 \\ \varphi_{11}^*(0) & = & 0 \\ M_{11}^*(0) & = & 3{,}4796 \\ M_{12}^*(0) & = & 4{,}2415 \\ Q_{1\,\mathrm{ges}}^*(0) & = & -16{,}0 \\ & 1 & \end{Bmatrix} = \mathfrak{y}_1^*(0) \qquad \begin{Bmatrix} w_1(0) & = & 0 \\ \varphi_{12}(0) & = & 0 \\ \varphi_{11}(0) & = & 0 \\ M_{11}(0) & = & 13{,}918\ \mathrm{Mpm} \\ M_{12}(0) & = & 16{,}966\ \mathrm{Mpm} \\ Q_{1\,\mathrm{ges}}(0) & = & -16{,}0\ \ \mathrm{Mpm} \\ & 1 & \end{Bmatrix} = \mathfrak{y}_1(0)$$

$$\begin{Bmatrix} w_1^*(l_1/l_c) & = & 4{,}5817 \\ \varphi_{12}^*(l_1/l_c) & = & -3{,}0207 \\ \varphi_{11}^*(l_1/l_c) & = & -3{,}3064 \\ M_{11}^*(l_1/l_c) & = & -2{,}3775 \\ M_{12}^*(l_1/l_c) & = & -1{,}9013 \\ Q_{1\,\mathrm{ges}}^*(l_1/l_c) & = & -8{,}00 \\ & 1 & \end{Bmatrix} = \mathfrak{y}_1^*(l_1/l_c) \qquad \begin{Bmatrix} w_1(l_1) & = & 0{,}01396\ \mathrm{m} \\ \varphi_{12}(l_1) & = & -0{,}002301 \\ \varphi_{11}(l_1) & = & -0{,}002519 \\ M_{11}(l_1) & = & -9{,}510\ \mathrm{Mpm} \\ M_{12}(l_1) & = & -7{,}605\ \mathrm{Mpm} \\ Q_{1\,\mathrm{ges}}(l_1) & = & -8{,}000\ \mathrm{Mp} \\ & 1 & \end{Bmatrix} = \mathfrak{y}_1(l_1)$$

$$\begin{Bmatrix} w_2^*(0) & = & w_1^*(l_1/l_c) \\ \varphi_{22}^*(0) & = & \varphi_{12}^*(l_1/l_c) \\ \varphi_{21}^*(0) & = & \varphi_{11}^*(l_1/l_c) \\ M_{21}^*(0) & = & 0{,}8336 \\ M_{22}^*(0) & = & 1{,}2145 \\ Q_{2\,\mathrm{ges}}^*(0) & = & -8{,}00 \\ & 1 & \end{Bmatrix} = \mathfrak{y}_2^*(0) \qquad \begin{Bmatrix} w_2(0) & = & w_1(l_1) \\ \varphi_{22}(0) & = & \varphi_{12}(l_1) \\ \varphi_{21}(0) & = & \varphi_{11}(l_1) \\ M_{21}(0) & = & 3{,}333\ \mathrm{Mpm} \\ M_{22}(0) & = & 4{,}858\ \mathrm{Mpm} \\ Q_{2\,\mathrm{ges}}(0) & = & -8{,}000\ \mathrm{Mp} \\ & 1 & \end{Bmatrix} = \mathfrak{y}_2(0)$$

$$\begin{Bmatrix} w_2^*(l_2/l_c) & = & 7{,}8180 \\ \varphi_{22}^*(l_2/l_c) & = & -2{,}0230 \\ \varphi_{21}^*(l_2/l_c) & = & -0{,}5945 \\ M_{21}^*(l_2/l_c) & = & -1{,}7377 \\ M_{22}^*(l_2/l_c) & = & -0{,}2139 \\ Q_{2\,\mathrm{ges}}^*(l_2/l_c) & = & 0 \\ & 1 & \end{Bmatrix} = \mathfrak{y}_2^*(l_2/l_c) \qquad \begin{Bmatrix} w_2(l_2) & = & 0{,}02382\ \mathrm{m} \\ \varphi_{22}(l_2) & = & -0{,}001541 \\ \varphi_{21}(l_2) & = & -0{,}000453 \\ M_{21}(l_2) & = & -6{,}950\ \mathrm{Mpm} \\ M_{22}(l_2) & = & -0{,}855\ \mathrm{Mpm} \\ Q_{2\,\mathrm{ges}}(l_2) & = & 0 \\ & 1 & \end{Bmatrix} = \mathfrak{y}_2(l_2)$$

$$\begin{Bmatrix} w_3^*(0) & = & w_2^*(l_2/l_c) \\ \varphi_{32}^*(0) & = & \varphi_{22}^*(l_2/l_c) \\ \varphi_{31}^*(0) & = & \varphi_{21}^*(l_2/l_c) \\ \boxed{M_{31}^*(0) = 0} \\ \boxed{M_{32}^*(0) = 0} \\ \boxed{Q_{3\,\mathrm{ges}}(0) = 0} \\ & 1 & \end{Bmatrix} = \mathfrak{y}_3^*(0) \qquad \begin{Bmatrix} w_3(0) & = & w_2(l_2) \\ \varphi_{32}(0) & = & \varphi_{22}(l_2) \\ \varphi_{31}(0) & = & \varphi_{21}(l_2) \\ \boxed{M_{31}(0) = 0} \\ \boxed{M_{32}(0) = 0} \\ \boxed{Q_{3\,\mathrm{ges}}(0) = 0} \\ & 1 & \end{Bmatrix} = \mathfrak{y}_3(0)$$

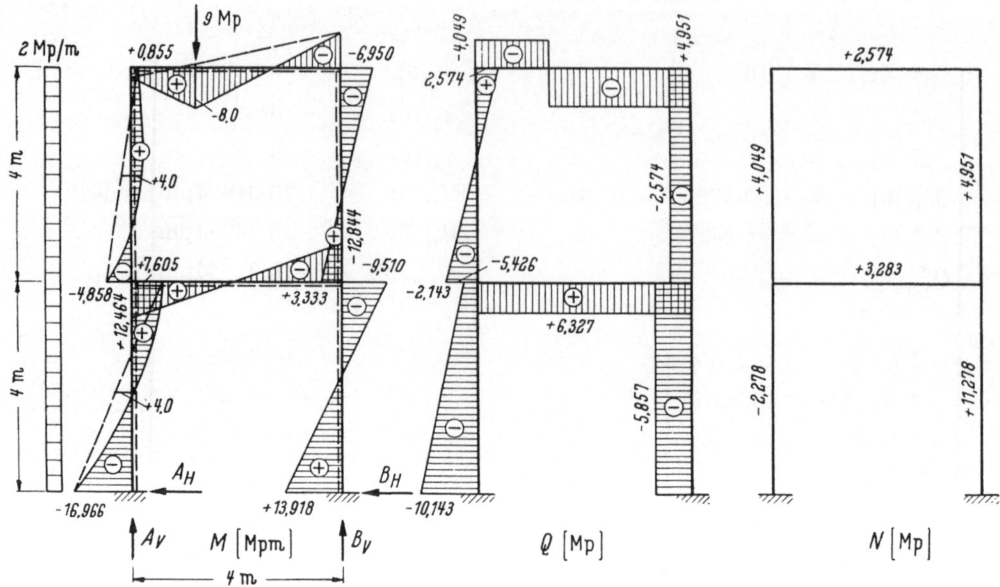

Abb. 94. Schnittkraftschaubilder zu Beispiel 10

5.4.4 Vierendeelträger ($EF = \infty$)

5.4.4.1 Allgemeines

Bei diesem Rahmentyp werden die beiden Gurtstränge zu Hauptsträngen erklärt und die Pfosten angefedert. Man muß bei der Durchführung der Berechnung unterscheiden zwischen den auf zwei Stützen gelagerten und dem durchlaufenden Vierendeelträger (Abb. 95). Der erstere ist äußerlich statisch bestimmt, daher können sämtliche Stützkräfte aus den Gleichgewichtsbedingungen am ganzen

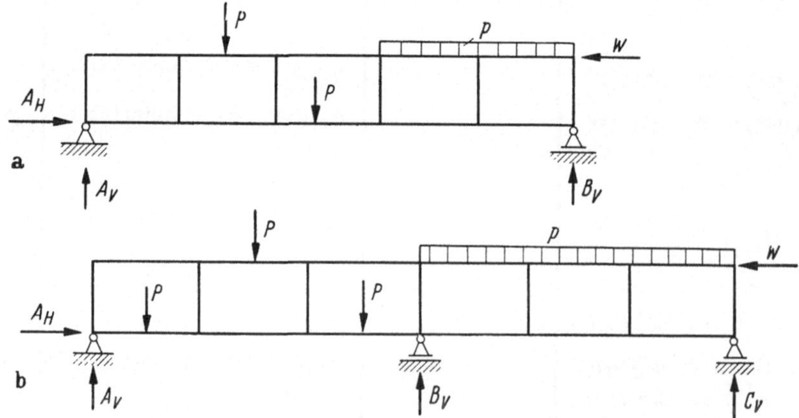

Abb. 95. a) Vierendeelträger auf zwei Stützen; b) Durchlaufender Vierendeelträger

Tragwerk sofort bestimmt werden. Dadurch vereinfacht sich die Rechnung, denn es ist nur ein geschlossener Rahmen zu untersuchen, der durch bekannte äußere Kräfte beansprucht wird, die miteinander im Gleichgewicht stehen.

Beim durchlaufenden Vierendeelträger dagegen ist nur die horizontale Stützkraftkomponente am festen Lager von vornherein bekannt (aus $\Sigma H = 0$ am ganzen Tragwerk). Die vertikalen Stützkräfte kann man erst, nachdem alle Schnittkräfte bekannt sind, aus den Gleichgewichtsbedingungen an den dazugehörenden Knoten ermitteln. Außerdem sind während der Rechnung an den mittleren Stützen die Zwischenbedingungen $w = \text{const}$ zu erfüllen.

5.4.4.2 Vierendeelträger auf 2 Stützen

5.4.4.2.1 Feldmatrix des Ersatzsystems

Die Gurtstränge und die Knotenpunkte werden nach Abb. 96 bezeichnet. Die Knotenpunkte k des Obergurtes (Hauptstrang 2) können sich bei Belastung des

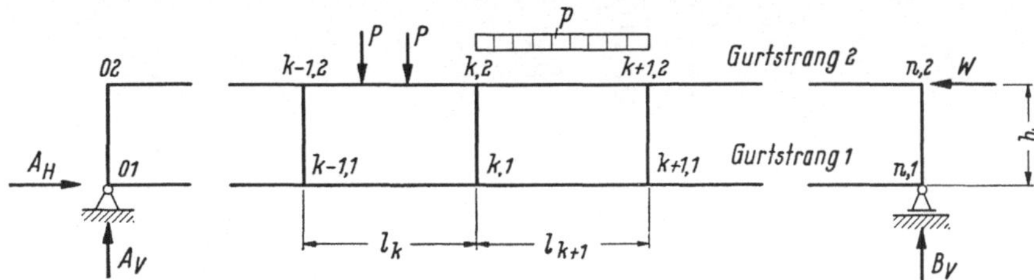

Abb. 96. Vierendeelträger auf zwei Stützen: Benennung der Knoten, Felder, Gurtstränge

Trägers sowohl horizontal wie auch vertikal verschieben und außerdem verdrehen:

$$w_{k2} \neq 0, \quad \varphi_{k2} \neq 0 \quad \text{und} \quad u_{k2} \neq 0.$$

Die Knotenpunkte k des Untergurtes dagegen (Hauptstrang 1) können sich nur verdrehen und vertikal verschieben:

$$w_{k1} \neq 0, \quad \varphi_{k1} \neq 0 \quad \text{und} \quad u_{k1} = 0.$$

Wie bereits erwähnt, sind alle äußeren den Vierendeelträger belastenden Kräfte, also auch die Stützkräfte, von vornherein bekannt. Sie bilden am Träger eine Gleichgewichtsgruppe.

Wegen $EF = \infty$ sind die Längskräfte in den Gurten nur abhängig von den äußeren, am Gurt angreifenden Längskräften und den Querkräften an den Pfosten. Letztere sind Funktionen der Belastung auf dem Pfosten und der vorläufig noch unbekannten Knotenverdrehungen φ_{k1} und φ_{k2} sowie der Knotenverschiebung u_{k2}. Die Gurtlängskräfte sind demnach auch von vornherein bekannt als Funktionen dieser Größen. Es ist daher möglich, die Gurtlängskräfte in den Feldmatrizen zu unterdrücken.

An jedem Hauptstrang treten somit in der Rechnung nur noch die konjugierten Paare (φ, M) und (w, Q) auf. Am Hauptstrang 2 ist außerdem die Längsverschiebung u_2 mitzuführen. Wegen der unendlich großen Dehnsteifigkeit EF der Pfosten sind die Durchbiegungen w der an einem Pfosten untereinanderliegenden Knotenpunkte gleich. Es liegt deshalb nahe, auch hier wie in Abschn. 5.4.3 für beide Hauptstränge das gemeinsame konjugierte Paar (w, Q_{ges}) einzuführen.

Nunmehr kann die Feldmatrix des Ersatzsystems aufgebaut werden. Sie besteht aus der Feldmatrix (76) des Abschn. 5.4.3, in die zusätzlich je eine Zeile und Spalte für die Längsverschiebung des Hauptstranges 2 aufgenommen wird:

$$\begin{bmatrix} w_k^*\left(\frac{l_k}{l_c}\right) \\ u_{k2}^*\left(\frac{l_k}{l_c}\right) \\ \varphi_{k2}^*\left(\frac{l_k}{l_c}\right) \\ \varphi_{k1}^*\left(\frac{l_k}{l_c}\right) \\ M_{k1}^*\left(\frac{l_k}{l_c}\right) \\ M_{k2}^*\left(\frac{l_k}{l_c}\right) \\ Q_{k\,\mathrm{ges}}^*\left(\frac{l_k}{l_c}\right) \\ 1 \end{bmatrix} = \left[\begin{array}{ccccccc|c|c} 1 & 0 & -A_{k2}^* & -A_{k1}^* & +B_{k1}^* & +B_{k2}^* & +C_k^* & +\overline{w}_{k0}^*\left(\frac{l_k}{l_c}\right) & 0 \\ 0 & 1 & 0 & 0 & 0 & 0 & 0 & 0 & 0 \\ 3\,\frac{l_c}{l_k} & 0 & -2 & 0 & 0 & +\frac{1}{2}\,\frac{l_k}{l_c}\,\frac{I_c}{I_{k2}} & 0 & \overline{\varphi}_{k0,2}^*\left(\frac{l_k}{l_c}\right) & -3\,\frac{l_c}{l_k} \\ 3\,\frac{l_c}{l_k} & 0 & 0 & -2 & +\frac{1}{2}\,\frac{l_k}{l_c}\,\frac{I_c}{I_{k1}} & 0 & 0 & \overline{\varphi}_{k0,1}^*\left(\frac{l_k}{l_c}\right) & -3\,\frac{l_c}{l_k} \\ -6\,\frac{l_c^2}{l_k^2}\,\frac{I_{k1}}{I_c} & 0 & 0 & +6\,\frac{l_c}{l_k}\,\frac{I_{k1}}{I_c} & -2 & 0 & 0 & \overline{M}_{k0,1}^*\left(\frac{l_k}{l_c}\right) & +6\,\frac{l_c^2}{l_k^2}\,\frac{I_{k1}}{I_c} \\ -6\,\frac{l_c^2}{l_k^2}\,\frac{I_{k2}}{I_c} & 0 & +6\,\frac{l_c}{l_k}\,\frac{I_{k2}}{I_c} & 0 & 0 & -2 & 0 & \overline{M}_{k0,2}^*\left(\frac{l_k}{l_c}\right) & +6\,\frac{l_c^2}{l_k^2}\,\frac{I_{k2}}{I_c} \\ 0 & 0 & 0 & 0 & 0 & 0 & 1 & Q_{k0,\mathrm{ges}}^*\left(\frac{l_k}{l_c}\right) & 0 \\ 0 & 0 & 0 & 0 & 0 & 0 & 0 & 1 & 0 \end{array}\right] \begin{bmatrix} w_k^*(0) \\ u_{k2}^*(0) \\ \varphi_{k2}^*(0) \\ \varphi_{k1}^*(0) \\ M_{k1}^*(0) \\ M_{k2}^*(0) \\ Q_{k\,\mathrm{ges}}^*(0) \\ 1 \\ w_k^*\left(\frac{l_k}{l_c}\right) \end{bmatrix} \quad (78)$$

Für die Abkürzungen A_{ki}^*, B_{ki}^*, C_k^*,

$\overline{w}_{k0}^*\left(\frac{l_k}{l_c}\right)$, $\overline{\varphi}_{k0,i}^*\left(\frac{l_k}{l_c}\right)$, $\overline{M}_{k0,i}^*\left(\frac{l_k}{l_c}\right)$ und $Q_{k,\mathrm{ges}}^*\left(\frac{l_k}{l_c}\right)$

gelten die Beziehungen (76a).

5.4.4.2 Punktmatrix des Ersatzsystems

Sie wird aus der Punktmatrix (77) durch Hinzufügen je einer Zeile und einer Spalte für die Längsverschiebung des Hauptstranges 2 entwickelt:

$$\begin{Bmatrix} w^*_{k+1}(0) \\ u^*_{k+1,2}(0) \\ \varphi^*_{k+1,2}(0) \\ \varphi^*_{k+1,1}(0) \\ M^*_{k+1,1}(0) \\ M^*_{k+1,2}(0) \\ Q^*_{k+1\,\mathrm{ges}}(0) \\ 1 \end{Bmatrix} = \left[\begin{array}{ccccccc|c} 1 & 0 & 0 & 0 & 0 & 0 & 0 & 0 \\ 0 & 1 & 0 & 0 & 0 & 0 & 0 & 0 \\ 0 & 0 & 1 & 0 & 0 & 0 & 0 & 0 \\ 0 & 0 & 0 & 1 & 0 & 0 & 0 & 0 \\ 0 & \multicolumn{3}{c}{\mathfrak{C}_k(\varphi^*_{k2}, \varphi^*_{k2}, \varphi^*_{k1})} & 1 & 0 & 0 & -M^{*(h)}_{k0,1} + M^*_{k0,1} \\ 0 & & & & 0 & 1 & 0 & +M^{*(h)}_{k0,2} + M^*_{k0,2} \\ 0 & 0 & 0 & 0 & 0 & 0 & 1 & +\,Q^*_{k0\,\mathrm{ges}} \\ 0 & 0 & 0 & 0 & 0 & 0 & 0 & 1 \end{array}\right] \begin{Bmatrix} w^*_k\left(\frac{l_k}{l_c}\right) \\ u^*_{k2}\left(\frac{l_k}{l_c}\right) \\ \varphi^*_{k2}\left(\frac{l_k}{l_c}\right) \\ \varphi^*_{k1}\left(\frac{l_k}{l_c}\right) \\ M^*_{k1}\left(\frac{l_k}{l_c}\right) \\ M^*_{k2}\left(\frac{l_k}{l_c}\right) \\ Q^*_{k\,\mathrm{ges}}\left(\frac{l_k}{l_c}\right) \\ 1 \end{Bmatrix}. \qquad (79)$$

In der Lastspalte stehen:

$M^{*(h)}_{k0,1}$, $M^{*(h)}_{k0,2}$: Randmomente des beidseitig eingespannten (s. Abb. 97) oder einseitig eingespannten und andererseits gelenkig gelagerten Pfostens h infolge äußerer Belastung.

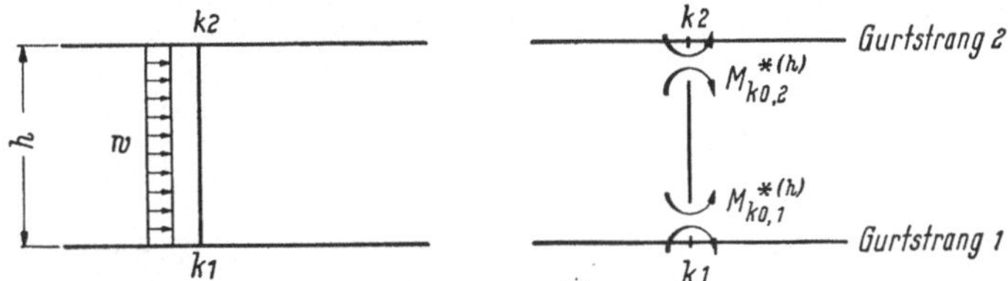

Abb. 97. Randmomente des beidseitig eingespannten Pfostens infolge der Belastung w

$M^*_{k0,1}$, $M^*_{k0,2}$: äußere Knotenmomente,

$Q^*_{k0,\,\mathrm{ges}}$: äußere Knotenkräfte.

Außerdem können unbekannte Sprunggrößen vorhanden sein. Sämtliche Größen sind mit den Beziehungen (14) umgerechnet.

Im eingerahmten Teil steht die Koppelfedermatrix $\mathfrak{C}_k(u^*_{k2}, \varphi^*_{k2}, \varphi^*_{k1})$ des an der betreffenden Feldgrenze vorhandenen Pfostens k. Sie ist nur abhängig von den drei Formänderungsgrößen u^*_{k2}, φ^*_{k2} sowie φ^*_{k1}. Für die verschiedenen konstruktiven Ausbildungsarten der Pfosten müssen die Koppelfedermatrizen noch näher untersucht werden.

a) Beidseitig elastisch eingespannter Pfosten k. In Gl. (66a) sind die Federbeziehungen des Pfostens k abgeleitet. Zwischen den in diesen Gleichungen dargestellten Randschnittkräften M_i, M_k, Q_i, Q_k sowie Randverformungen w_k, w_i, φ_k, φ_i des Pfostens und den entsprechenden Größen am Hauptstrang des Vierendeelträgers besteht folgende Abhängigkeit:

$$\begin{aligned} -M_i^* &= M_{k+1,1}^*(0) \qquad \text{und} & w_k^* &= u_{k+1,2}^*(0) \\ -Q_i^* &= N_{k+1,1}^*(0) \quad \text{(unterdrückt)} & \varphi_k^* &= \varphi_{k+1,2}^*(0) \\ +M_k^* &= M_{k+1,2}^*(0) & w_i^* &= u_{k+1,1}(0) = 0 \\ +Q_k^* &= N_{k+1,2}^*(0) \quad \text{(unterdrückt)} & \varphi_i^* &= \varphi_{k+1,1}^*(0). \end{aligned}$$

Die Längskräfte sind in den Hauptsträngen unterdrückt, und die Längsverschiebung des Hauptstranges 1 ist Null. Unter Beachtung dieser Tatsachen kann aus Gl. (66a) durch Streichung der 2. und 4. Zeile sowie der 3. Spalte die gesuchte Federmatrix gewonnen werden:

$$\mathfrak{C}_k\,(u_{k2}^*, \varphi_{k2}^*, \varphi_{k1}^*) = \frac{I_k}{I_c}\begin{pmatrix} -6\,\dfrac{l_c^2}{l_k^2} & -2\,\dfrac{l_c}{l_k} & -4\,\dfrac{l_c}{l_k} \\ -6\,\dfrac{l_c^2}{l_k^2} & -4\,\dfrac{l_c}{l_k} & -2\,\dfrac{l_c}{l_k} \end{pmatrix} \tag{80a}$$

mit

$$\mathfrak{k}_{ik}^* = \begin{pmatrix} -M_i^* = M_{k+1,1}^*(0) \\ +M_k^* = M_{k+1,2}^*(0) \end{pmatrix} \quad \text{und} \quad \mathfrak{d}_{ik}^* = \begin{vmatrix} w_k^* = u_{k+1,2}^*(0) = u_{k2}^*\left(\dfrac{l_k}{l_c}\right) \\ \varphi_k^* = \varphi_{k+1,2}^*(0) = \varphi_{k2}^*\left(\dfrac{l_k}{l_c}\right) \\ \varphi_i^* = \varphi_{k+1,1}^*(0) = \varphi_{k1}^*\left(\dfrac{l_k}{l_c}\right) \end{vmatrix}.$$

b) Gelenkige Lagerung des Pfostens k am Gurtstrang 2 und elastische Einspannung am Gurtstrang 1. Die Federmatrix entsteht aus der Matrix (68a) auf ähnliche Weise wie unter a)

$$\mathfrak{C}_k(u_{k2}^*, \varphi_{k2}^*, \varphi_{k1}^*) = 3\,\frac{I_k}{I_c}\begin{pmatrix} -\dfrac{l_c^2}{l_k^2} & 0 & -\dfrac{l_c}{l_k} \\ 0 & 0 & 0 \end{pmatrix}. \tag{80b}$$

c) Elastische Einspannung des Pfostens k am Gurtstrang 2 und gelenkige Lagerung am Gurtstrang 1 [aus Gl. (67a)]:

$$\mathfrak{C}_k(u_{k2}^*, \varphi_{k2}^*, \varphi_{k1}^*) = 3\,\frac{I_k}{I_c}\begin{pmatrix} 0 & 0 & 0 \\ -\dfrac{l_c^2}{l_k^2} & -\dfrac{l_c}{l_k} & 0 \end{pmatrix}. \tag{80c}$$

d) Bei *beidseitiger gelenkiger Lagerung des Pfostens* sind alle Elemente der Matrix Null.

5.4.4.2.3 Zusammenhang am ganzen Tragwerk

In Abb. 98 ist ein Vierendeelträger mit dem dazugehörenden Ersatzsystem dargestellt. Sämtliche Stützkräfte A_V, A_H und B_V können sofort mit Hilfe der Gleichgewichtsbedingungen am ganzen Tragwerk berechnet werden. Weil alle vertikalen äußeren Kräfte am Träger bekannt sind, kann auch ohne weiteres die gemeinsame Querkraft Q_{ges} beider Hauptstränge an jeder Feldgrenze zahlenmäßig angegeben werden. Zu beachten ist hierbei, daß Q_{ges} trotzdem nicht unterdrückt werden darf, weil das dazugehörende w und damit auch die übrigen Größen von ihm abhängig sind.

Am linken Trägerende kennt man in dem konjugierten Paar (Q_{ges}, w) beide Größen:

$$Q_{1\,\text{ges}} = -A_V \qquad w_1(0) = 0\,.$$

Das heißt, von diesen Größen muß keine als unbekannte Freigröße in die Rechnung eingehen. Freigrößen sind nur $\varphi_{12}(0)$ und $u_{12}(0)$ vom Hauptstrang 2 sowie $\varphi_{11}(0)$ vom Hauptstrang 1. Die Momente $M_{11}(0)$ und $M_{12}(0)$ am linken Trägerende

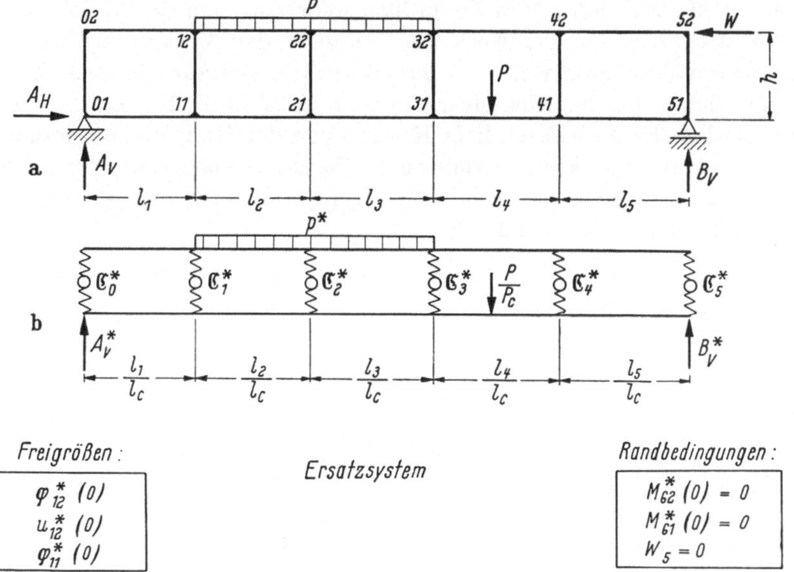

Abb. 98. Vierendeelträger auf zwei Stützen mit Ersatzsystem

sind Funktionen der Freigrößen (Federmatrix). Die vertikalen Stützkräfte A_V und B_V sind am Ersatzsystem als äußere Belastung mit anzusetzen. B_V steht dabei in der Punktmatrix vom letzten Knoten am rechten Trägerende und A_V im Anfangsvektor.

Beispielsweise hat der Anfangsvektor des Tragwerkes von Abb. 98 (Pfosten beidseitig elastisch eingespannt) folgendes Aussehen:

$$(0) = \begin{Bmatrix} w_1^*(0) = 0 \\ u_{12}^*(0) \\ \varphi_{12}^*(0) \\ \varphi_{11}^*(0) \\ M_{11}^*(0) \\ M_{12}^*(0) \\ Q_{1\,\text{ges}}^*(0) \\ 1 \end{Bmatrix} = \begin{Bmatrix} 0 \\ 1 \\ 0 \\ 0 \\ -6\,\dfrac{l_c^2}{l_k}\,\dfrac{I_k}{I_c} \\ -6\,\dfrac{l_c^2}{l_k^2}\,\dfrac{I_k}{I_c} \\ 0 \\ 0 \end{Bmatrix} u_{12}^*(0) + \begin{Bmatrix} 0 \\ 0 \\ 1 \\ 0 \\ -2\,\dfrac{l_c}{l_k}\,\dfrac{I_k}{I_c} \\ -4\,\dfrac{l_c}{l_k}\,\dfrac{I_k}{I_c} \\ 0 \\ 0 \end{Bmatrix} \varphi_{12}^*(0) + \begin{Bmatrix} 0 \\ 0 \\ 0 \\ 1 \\ -4\,\dfrac{l_c}{l_k}\,\dfrac{I_k}{I_c} \\ -2\,\dfrac{l_c}{l_k}\,\dfrac{I_k}{I_c} \\ 0 \\ 0 \end{Bmatrix} \varphi_{11}^*(0) + \begin{Bmatrix} 0 \\ 0 \\ 0 \\ 0 \\ 0 \\ 0 \\ -A_V^* \\ 1 \end{Bmatrix} 1\,.$$

In der Lastspalte können außerdem noch bei Belastung des ersten Pfostens Randschnittkräfte des beidseitig eingespannten Pfostens stehen.

Die Rechnung verläuft in der gleichen Weise wie bei den bisher behandelten Tragwerkstypen. Verwendet wird Rechenschema (11). Die Feld- und Punktmatrizen werden aufgestellt nach Gl. (78) und Gl. (79). Am Ende des durchgerechneten Rechenschemas erhält man aus den Randbedingungen am rechten Ende des Ersatzsystems (Abb. 98b) ein lineares Gleichungssystem mit den drei unbekannten Freigrößen. Die Momente an den Feldgrenzen der Hauptstränge ergeben sich mit Hilfe der ermittelten Freigrößen sofort aus dem Rechenschema. Alle übrigen Schnittkräfte am Tragwerk werden nach den bekannten Regeln der Statik aus diesen Momenten ermittelt. Zum Schluß müssen zur Kontrolle an jedem Knoten sämtliche Gleichgewichtsbedingungen ($\Sigma M = 0$, $\Sigma V = 0$, $\Sigma H = 0$) überprüft werden. Es darf dabei kein Knoten von der Kontrolle ausgeschlossen werden, weil es beim Reduktionsverfahren durchaus möglich ist, daß trotz falscher Ergebnisse an sämtlichen Knoten, mit Ausnahme von einem einzigen, die Gleichgewichtsbedingungen erfüllt sind.

5.4.4.2.4 Beispiel 11

Aufgabenstellung und Geometrie:

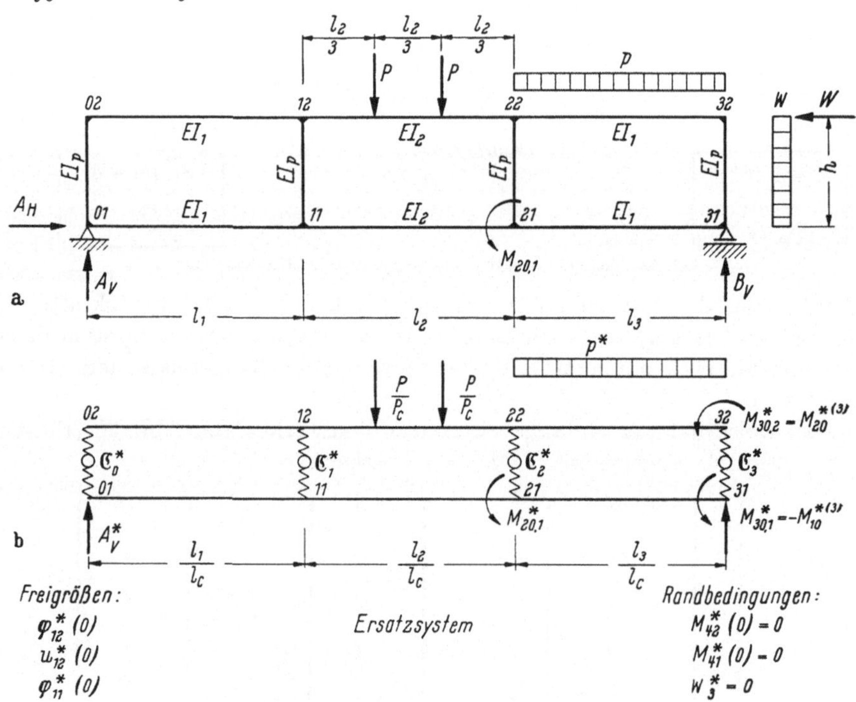

Abb. 99. Beispiel 11: Vierendeelträger auf zwei Stützen mit Ersatzsystem

Geometrische Werte	Belastung
$l_1 = l_2 = l_3 = 10$ m	$p = 3$ Mp/m
$h = 5$ m	$w = 1{,}2$ Mp/m
$EI_1 = EI_3$	$P = 10$ Mp
$EI_2 = 1{,}5\,EI_1$	$W = 6$ Mp
$EI_p = \frac{1}{2} EI_1$	$M_{20,1} = 15$ Mpm.

Zu bestimmen sind der Verformungszustand des Vierendeelträgers Abb. 99a sowie die Schnittkraftschaubilder. Das Ersatzsystem in ist Abb. 99b dargestellt.

Vergleichsgrößen. Gewählt:

$$EI_c = 6EI_1 \qquad P_c = 1\,\text{Mp} \qquad l_c = 10\,\text{m}.$$

Stützkräfte

$$A_H = 1{,}2 \cdot 5 + 6 = 12\,\text{Mp} \qquad A_H^* = 12$$

$$A_V = \frac{1}{30}(6 \cdot 5 + 6 \cdot 2{,}5 + 15 + 20 \cdot 15 + 30 \cdot 5) = 17\,\text{Mp} \qquad A_V^* = 17$$

$$B_V = \frac{1}{30}(-6 \cdot 5 - 6 \cdot 2{,}5 + 30 \cdot 25 + 20 \cdot 15 - 15) = 33\,\text{Mp} \qquad B_V^* = 33.$$

Koppelfedermatrizen der Pfosten [nach Gl. (80a)]:

$$\frac{l_c}{h}\frac{I_{st}}{I_c} = \frac{10}{5}\frac{1}{6}\frac{1}{2} = \frac{1}{6} \qquad \left(\frac{l_c}{h}\right)^2\frac{I_{st}}{I_c} = \frac{1}{3} \qquad \left(\frac{l_c}{h}\right)^3\frac{I_{st}}{I_c} = \frac{2}{3}.$$

Die Koppelfedermatrix wird für alle Pfosten gleich

$$\begin{pmatrix} -M_1^* \\ +M_2^* \end{pmatrix} = \begin{pmatrix} -2 & -\frac{1}{3} & -\frac{2}{3} \\ -2 & -\frac{2}{3} & -\frac{1}{3} \end{pmatrix} \begin{bmatrix} u_2^* \\ \varphi_2^* \\ \varphi_1^* \end{bmatrix}.$$

Bei der Matrix von Pfosten 3 stehen in der Lastspalte folgende Randschnittkräfte infolge Belastung der Pfosten mit $w = 3\,\text{Mp/m}$:

$$-M_{10}^*(3) = \frac{w\,h^2}{12}\frac{1}{P_c\,l_c} = \frac{1{,}2 \cdot 25}{12}\frac{1}{10} = \frac{1}{4}$$

$$M_{20}^*(3) = -\frac{1}{4}.$$

Aufstellung der Rechenschemas. Es wird nach Gl. (11) gerechnet. Die Feld- und Punktmatrizen ergeben sich nach Gl. (78) und Gl. (79).

Belastungsgrößen

a) in Feldmatrix $\mathfrak{F}_2^*$ (nach Tab. 1b)

$$w_{20,2}^*\left(\frac{l_2}{l_c}\right) = \frac{1}{6}\frac{10}{1}\frac{6EI_1}{1.5EI_1}\left[\left(\frac{1}{3}\right)^3 + \left(\frac{2}{3}\right)^3\right] = \frac{20}{9}$$

$$\varphi_{20,2}^*\left(\frac{l_2}{l_c}\right) = -\frac{1}{2}\frac{10}{1}\frac{6}{1{,}5}\left[\left(\frac{1}{3}\right)^2 + \left(\frac{2}{3}\right)^2\right] = -\frac{100}{9}$$

$$M_{20,2}^*\left(\frac{l_2}{l_c}\right) = \frac{10}{1}\left(\frac{1}{3} + \frac{2}{3}\right) = 10$$

$$Q_{20,2}^*\left(\frac{l_2}{l_c}\right) = \frac{10}{1}(1 + 1) = 20$$

$$\bar{\varphi}_{20,2}^*\left(\frac{l_2}{l_c}\right) = 3\frac{20}{9} - \frac{100}{9} = -\frac{40}{9}$$

$$\bar{w}_{20,2}^*\left(\frac{l_2}{l_c}\right) = \frac{\frac{1}{4}\frac{20}{9}}{\frac{1}{2}} = \frac{10}{9}$$

$$\bar{M}_{20,2}^*\left(\frac{l_2}{l_c}\right) = -\frac{3}{2}\frac{20}{9} + 10 = \frac{20}{3}$$

$$Q_{20\,\text{ges}}^*\left(\frac{l_2}{l_c}\right) = 20;$$

Rechenschema R 11

$$
\begin{array}{cccc}
u_{12}^*(0) & \varphi_{12}^*(0) & \varphi_{11}^*(0) & 1 \\
\end{array}
$$

$$
\begin{pmatrix}
0 & 0 & 0 & 0 \\
1 & 0 & 0 & 0 \\
0 & 1 & 0 & 0 \\
0 & 0 & 1 & 0 \\
-2 & -\frac{1}{3} & -\frac{2}{3} & 0 \\
-2 & -\frac{2}{3} & -\frac{1}{3} & 0 \\
0 & 0 & 0 & -17 \\
0 & 0 & 0 & 1
\end{pmatrix}
$$

$$
\mathfrak{F}_1^* = \left(\begin{array}{cccccccc|c}
1 & 0 & -\frac{1}{2} & -\frac{1}{2} & +\frac{3}{2} & +\frac{3}{2} & +\frac{1}{2} & 0 & 0 \\
0 & 1 & 0 & 0 & 0 & 0 & 0 & 0 & 0 \\
3 & 0 & -2 & 0 & 0 & +3 & 0 & 0 & -3 \\
3 & 0 & 0 & -2 & +3 & 0 & 0 & 0 & -3 \\
-1 & 0 & 0 & +1 & -2 & 0 & 0 & 0 & +1 \\
-1 & 0 & +1 & 0 & 0 & -2 & 0 & 0 & +1 \\
0 & 0 & 0 & 0 & 0 & 0 & 1 & 0 & 0 \\
-5 & -1 & +\frac{3}{2} & +\frac{3}{2} & -\frac{5}{2} & -\frac{5}{2} & -\frac{3}{2} & 1 & +4
\end{array}\right)
\begin{pmatrix}
-6 & -2 & -2 & -\frac{17}{2} \\
+1 & 0 & 0 & 0 \\
+12 & +2 & +5 & +\frac{51}{2} \\
+12 & +5 & +2 & +\frac{51}{2} \\
-2 & -\frac{4}{3} & +\frac{1}{3} & -\frac{17}{2} \\
-2 & +\frac{1}{3} & -\frac{4}{3} & -\frac{17}{2} \\
0 & 0 & 0 & -17 \\
0 & 0 & 0 & 1
\end{pmatrix}
$$

$$
\mathfrak{U}_1^* = \left(\begin{array}{cccccccc|c}
1 & 0 & 0 & 0 & 0 & 0 & 0 & 0 & 0 \\
0 & 1 & 0 & 0 & 0 & 0 & 0 & 0 & 0 \\
0 & 0 & 1 & 0 & 0 & 0 & 0 & 0 & 0 \\
0 & 0 & 0 & 1 & 0 & 0 & 0 & 0 & 0 \\
0 & -2 & -\frac{1}{3} & -\frac{2}{3} & 1 & 0 & 0 & 0 & 0 \\
0 & -2 & -\frac{2}{3} & -\frac{1}{3} & 0 & 1 & 0 & 0 & 0 \\
0 & 0 & 0 & 0 & 0 & 0 & 1 & 0 & 0 \\
-1 & +3 & 0 & 0 & -1 & -1 & -1 & 1 & 0
\end{array}\right)
\begin{pmatrix}
-6 & -2 & -2 & -\frac{17}{2} \\
+1 & 0 & 0 & 0 \\
+12 & +2 & +5 & +\frac{51}{2} \\
+12 & +5 & +2 & +\frac{51}{2} \\
-16 & -\frac{16}{3} & -\frac{8}{3} & -34 \\
-16 & -\frac{8}{3} & -\frac{16}{3} & -34 \\
0 & 0 & 0 & -17 \\
0 & 0 & 0 & 1
\end{pmatrix}
$$

$$
= \left\{\begin{array}{ll}
w_1^*(0) & = \quad 0 \\
u_{12}^*(0) & = - \; 0{,}598092 \\
\varphi_{12}^*(0) & = - \; 3{,}035626 \\
\varphi_{11}^*(0) & = - \; 3{,}334535 \\
M_{11}^*(0) & = + \; 4{,}43105 \\
M_{12}^*(0) & = + \; 4{,}33142 \\
Q_{1\,\text{ges}}^*(0) & = -17{,}0 \\
\quad 1 &
\end{array}\right\} = \mathfrak{y}_1^*(0)
\qquad
\left\{\begin{array}{ll}
w_1(0) & = \quad 0 \\
u_{12}(0) & = - \; 0{,}299 \text{ cm} \\
\varphi_{12}(0) & = - \; 0{,}001517 \\
\varphi_{11}(0) & = - \; 0{,}001667 \\
M_{11}(0) & = +44{,}310 \text{ Mpm} \\
M_{12}(0) & = +43{,}314 \text{ Mpm} \\
Q_{1\,\text{ges}}(0) & = -17 \quad \text{Mp} \\
\quad 1 &
\end{array}\right\} = \mathfrak{y}_1(0)
$$

$$
= \left\{\begin{array}{ll}
w_1^*(l_1/l_c) & = + \; 7{,}82887 \\
u_{12}^*(l_1/l_c) & = - \; 0{,}598092 \\
\varphi_{12}^*(l_1/l_c) & = - \; 4{,}42102 \\
\varphi_{11}^*(l_1/l_c) & = - \; 3{,}52430 \\
M_{11}^*(l_1/l_c) & = - \; 4{,}36783 \\
M_{12}^*(l_1/l_c) & = - \; 3{,}86966 \\
Q_{1\,\text{ges}}^*(l_1/l_c) & = -17{,}0 \\
\quad 1 &
\end{array}\right\} = \mathfrak{y}_1^*\left(\frac{l_1}{l_c}\right)
\qquad
\left\{\begin{array}{ll}
w_1(l_1) & = + \; 3{,}914 \text{ cm} \\
u_{12}(l_1) & = - \; 0{,}299 \text{ cm} \\
\varphi_{12}(l_1) & = - \; 0{,}002210 \\
\varphi_{11}(l\ ) & = - \; 0{,}001762 \\
M_{11}(l_1) & = -43{,}678 \text{ Mpm} \\
M_{12}(l_1) & = -38{,}696 \text{ Mpm} \\
Q_{1\,\text{ges}}(l_1) & = -17{,}0 \text{ Mp} \\
\quad 1 &
\end{array}\right\} = \mathfrak{y}_1(l_1)
$$

$$
= \left\{\begin{array}{ll}
w_2^*(0) & = w_1^*(l_1/l_c) \\
u_{22}^*(0) & = u_{12}^*(l_1/l_2) \\
\varphi_{22}^*(0) & = \varphi_{12}^*(l_1/l_c) \\
\varphi_{21}^*(0) & = \varphi_{11}^*(l_1/l_c) \\
M_{21}^*(0) & = +0{,}65154 \\
M_{22}^*(0) & = + \; 1{,}44862 \\
Q_{2\,\text{ges}}^*(0) & = -17{,}0 \\
\quad 1 &
\end{array}\right\} = \mathfrak{y}_2^*(0)
\qquad
\left\{\begin{array}{ll}
w_2(0) & = w_1(l_1) \\
u_{22}(0) & = u_{12}(l_1) \\
\varphi_{22}(0) & = \varphi_{12}(l_1) \\
\varphi_{21}(0) & = \varphi_{1.}(l_1) \\
M_{21}(0) & = + \; 6{,}515 \text{ Mpm} \\
M_{22}(0) & = +14{,}486 \text{ Mpm} \\
Q_{2\,\text{ges}}(0) & = -17 \;\; \text{Mp} \\
\quad 1 &
\end{array}\right\} = \mathfrak{y}_2(0)
$$

Rechenschema R 11 Fortsetzung

$$\mathfrak{F}_2^* = \left(\begin{array}{cccccccc|c} 1 & 0 & -\frac{1}{2} & -\frac{1}{2} & +1 & +1 & +\frac{1}{3} & +\frac{10}{9} & 0 \\ 0 & 1 & 0 & 0 & 0 & 0 & 0 & 0 & 0 \\ 3 & 0 & -2 & 0 & 0 & +2 & 0 & 0 & -3 \\ 3 & 0 & 0 & -2 & +2 & 0 & 0 & 0 & -3 \\ -\frac{3}{2} & 0 & 0 & +\frac{3}{2} & -2 & 0 & 0 & 0 & +\frac{3}{2} \\ -\frac{3}{2} & 0 & +\frac{3}{2} & 0 & 0 & -2 & 0 & 0 & +\frac{3}{2} \\ 0 & 0 & 0 & 0 & 0 & 0 & 1 & 0 & 0 \\ -4 & -1 & +1 & +1 & -1 & -1 & -\frac{4}{3} & -\frac{67}{3} & +3 \end{array}\right) \left(\begin{array}{cccc} -50 & -\frac{27}{2} & -\frac{27}{2} & -\frac{959}{9} \\ +1 & 0 & 0 & 0 \\ +76 & +\frac{151}{6} & +\frac{83}{6} & +\frac{3073}{18} \\ +76 & +\frac{83}{6} & +\frac{151}{6} & +\frac{1051}{6} \\ -16 & +\frac{11}{12} & -\frac{107}{12} & -\frac{245}{6} \\ -16 & -\frac{107}{12} & +\frac{11}{12} & -\frac{205}{6} \\ 0 & 0 & 0 & +3 \\ 0 & 0 & 0 & 1 \end{array}\right)$$

$$\mathfrak{U}_2^* = \left(\begin{array}{cccccccc|c} 1 & 0 & 0 & 0 & 0 & 0 & 0 & 0 & 0 \\ 0 & 1 & 0 & 0 & 0 & 0 & 0 & 0 & 0 \\ 0 & 0 & 1 & 0 & 0 & 0 & 0 & 0 & 0 \\ 0 & 0 & 0 & 1 & 0 & 0 & 0 & 0 & 0 \\ 0 & -2 & -\frac{1}{3} & -\frac{2}{3} & 1 & 0 & 0 & +\frac{3}{2} & 0 \\ 0 & -2 & -\frac{2}{3} & -\frac{1}{3} & 0 & 1 & 0 & 0 & 0 \\ 0 & 0 & 0 & 0 & 0 & 0 & 1 & 0 & 0 \\ -1 & +3 & 0 & 0 & -1 & -1 & -1 & -\frac{1}{2} & 0 \end{array}\right) \left(\begin{array}{cccc} -50 & -\frac{27}{2} & -\frac{27}{2} & -\frac{599}{9} \\ +1 & 0 & 0 & 0 \\ +76 & +\frac{151}{6} & +\frac{83}{6} & +\frac{3073}{18} \\ +76 & +\frac{83}{6} & +\frac{151}{6} & +\frac{1051}{6} \\ -94 & -\frac{601}{36} & -\frac{1091}{36} & -\frac{11503}{54} \\ -94 & -\frac{1091}{36} & -\frac{601}{36} & -\frac{5572}{27} \\ 0 & 0 & 0 & +3 \\ 0 & 0 & 0 & 1 \end{array}\right)$$

$$\mathfrak{F}_3^* = \left(\begin{array}{cccccccc|c} 1 & 0 & -\frac{1}{2} & -\frac{1}{2} & +\frac{3}{2} & +\frac{3}{2} & +\frac{1}{2} & +\frac{15}{4} & 0 \\ 0 & 1 & 0 & 0 & 0 & 0 & 0 & 0 & 0 \\ +3 & 0 & -2 & 0 & 0 & +3 & 0 & -\frac{15}{2} & -3 \\ +3 & 0 & 0 & -2 & +3 & 0 & 0 & 0 & -3 \\ -1 & 0 & 0 & +1 & -2 & 0 & 0 & 0 & +1 \\ -1 & 0 & +1 & 0 & 0 & -2 & 0 & +\frac{15}{2} & +1 \\ 0 & 0 & 0 & 0 & 0 & 0 & 1 & +30 & 0 \\ -5 & -1 & +\frac{3}{2} & +\frac{3}{2} & -\frac{5}{2} & -\frac{5}{2} & -\frac{3}{2} & -\frac{131}{4} & +4 \end{array}\right) \left(\begin{array}{cccc} -408 & -\frac{207}{2} & -\frac{207}{2} & -\frac{2710}{3} \\ +1 & 0 & 0 & 0 \\ +640 & +\frac{515}{4} & +\frac{769}{4} & +\frac{25601}{18} \\ +640 & +\frac{769}{4} & +\frac{515}{4} & +\frac{25217}{18} \\ -94 & -\frac{385}{9} & -\frac{38}{9} & -\frac{10561}{54} \\ -94 & -\frac{38}{9} & -\frac{385}{9} & -\frac{5557}{27} \\ 0 & 0 & 0 & +33 \\ 0 & 0 & 0 & 1 \end{array}\right)$$

$$
= \begin{pmatrix} w_2^*(l_2/l_c) & = + \ 9{,}34621 \\ u_{22}^*(l_2/l_c) & = - \ 0{,}598092 \\ \varphi_{22}^*(l_2/l_c) & = + \ 2{,}74345 \\ \varphi_{21}^*(l_2/l_c) & = + \ 3{,}80027 \\ M_{21}^*(l_2/l_c) & = - \ 4{,}31358 \\ M_{22}^*(l_2/l_c) & = - \ 0{,}58605 \\ Q_{2\,\mathrm{ges}}^*(l_2/l_c) & = + \ 3{,}0 \\ & 1 \end{pmatrix} = \mathfrak{y}_2^*\left(\frac{l_2}{l_c}\right) \qquad \begin{pmatrix} w_2(l_2) & = + \ 4{,}673 \text{ cm} \\ u_{22}(l_2) & = - \ 0{,}299 \text{ cm} \\ \varphi_{22}(l_2) & = + \ 0{,}001371 \\ \varphi_{21}(l_2) & = + \ 0{,}001900 \\ M_{21}(l_2) & = -43{,}135 \text{ Mpm} \\ M_{22}(l_2) & = - \ 5{,}860 \text{ Mpm} \\ Q_{2\,\mathrm{ges}}(l_2) & = + \ 3{,}0 \text{ Mp} \\ & 1 \end{pmatrix} = \mathfrak{y}_2(l_2)
$$

$$
= \begin{pmatrix} w_3^*(0) & = w_2^*(l_3/l_c) \\ u_{32}^*(0) & = u_{22}^*(l_2/l_c) \\ \varphi_{32}^*(0) & = \varphi_{22}^*(l_2/l_c) \\ \varphi_{31}^*(0) & = \varphi_{21}^*(l_2/l_c) \\ M_{31}^*(0) & = - \ 5{,}06521 \\ M_{32}^*(0) & = - \ 2{,}48560 \\ Q_{3\,\mathrm{ges}}^*(0) & = + \ 3{,}0 \\ & 1 \end{pmatrix} = \mathfrak{y}_3^*(0) \qquad \begin{pmatrix} w_3(0) & = w_2(l_2) \\ u_{32}(0) & = u_{22}(l_2) \\ \varphi_{32}(0) & = \varphi_{22}(l_2) \\ \varphi_{31}(0) & = \varphi_{21}(l_2) \\ M_{31}(0) & = -50{,}652 \text{ Mpm} \\ M_{32}(0) & = -24{,}856 \text{ Mpm} \\ Q_{3\,\mathrm{ges}}(0) & = + \ 3{,}0 \text{ Mp} \\ & 1 \end{pmatrix} = \mathfrak{y}_3(0)
$$

$$
= \begin{pmatrix} w_3^*(l_3/l_c) & = \ \ 0 \\ u_{32}^*(l_3/l_c) & = - \ 0{,}598092 \\ \varphi_{32}^*(l_3/l_c) & = + \ 7{,}59770 \\ \varphi_{31}^*(l_3/l_c) & = + \ 5{,}24509 \\ M_{31}^*(l_3/l_c) & = + \ 4{,}58311 \\ M_{32}^*(l_3/l_c) & = + \ 5{,}86666 \\ Q_{3\,\mathrm{ges}}^*(l_3/l_c) & = +33{,}0 \\ & 1 \end{pmatrix} = \mathfrak{y}_3^*\left(\frac{l_3}{l_c}\right) \qquad \begin{pmatrix} w_3(l_3) & = \ \ 0 \\ u_{32}(l_3) & = - \ 0{,}299 \text{ cm} \\ \varphi_{32}(l_3) & = + \ 0{,}003798 \\ \varphi_{31}(l_3) & = + \ 0{,}002622 \\ M_{31}(l_3) & = +45{,}831 \text{ Mpm} \\ M_{32}(l_3) & = +58{,}666 \text{ Mpm} \\ Q_{3\,\mathrm{ges}}(l_3) & = +33{,}0 \text{ Mp} \\ & 1 \end{pmatrix} = \mathfrak{y}_3(l_3)
$$

Rechenschema R 11 Fortsetzung

$$
\mathfrak{U}_3^* = \left(\begin{array}{cccccccc|c}
1 & 0 & 0 & 0 & 0 & 0 & 0 & 0 & 0 \\
0 & 1 & 0 & 0 & 0 & 0 & 0 & 0 & 0 \\
0 & 0 & 1 & 0 & 0 & 0 & 0 & 0 & 0 \\
0 & 0 & 0 & 1 & 0 & 0 & 0 & 0 & 0 \\
0 & -2 & -\frac{1}{3} & -\frac{2}{3} & 1 & 0 & 0 & +\frac{1}{4} & 0 \\
0 & -2 & -\frac{2}{3} & -\frac{1}{3} & 0 & 1 & 0 & -\frac{1}{4} & 0 \\
0 & 0 & 0 & 0 & 0 & 0 & 1 & -33 & 0 \\
-1 & +3 & 0 & 0 & -1 & -1 & -1 & +34 & 0
\end{array}\right)
\left(\begin{array}{cccc}
-408 & -\frac{207}{2} & -\frac{207}{2} & -\frac{2710}{3} \\
+1 & 0 & 0 & 0 \\
+640 & +\frac{515}{4} & +\frac{769}{4} & +\frac{25601}{18} \\
+640 & +\frac{769}{4} & +\frac{515}{4} & +\frac{25217}{18} \\
-736 & -\frac{7699}{36} & -\frac{5549}{36} & -\frac{173165}{108} \\
-736 & -\frac{5549}{36} & -\frac{7699}{36} & -\frac{175093}{180} \\
0 & 0 & 0 & 0 \\
0 & 0 & 0 & 1
\end{array}\right)
$$

b) in Feldmatrix $\mathfrak{F}_3^*$ (nach Tab. 1b) $\qquad p^* = p\,\frac{l_c}{P_c} = 30$

$$w^*_{30,2}\left(\frac{l_3}{l_c}\right) = \frac{30}{24}\,\frac{6}{1} = \frac{15}{2} \qquad \overline{w}^*_{30,2}\left(\frac{l_3}{l_c}\right) = \frac{\frac{1}{6}\;\frac{15}{2}}{\frac{1}{3}} = \frac{15}{4}$$

$$\varphi^*_{30,2}\left(\frac{l_3}{l_c}\right) = -\frac{30}{6}\cdot 6 = -30 \qquad \overline{\varphi}^*_{30,2}\left(\frac{l_3}{l_c}\right) = 3\,\frac{15}{2} - 30 = -\frac{15}{2}$$

$$M^*_{30,2}\left(\frac{l_3}{l_c}\right) = \frac{30}{2} = 15 \qquad \overline{M}^*_{30,2}\left(\frac{l_3}{l_c}\right) = -\frac{15}{2} + 15 = \frac{15}{2}$$

$$Q^*_{30,2}\left(\frac{l_3}{l_c}\right) = 30 \qquad Q^*_{30\,\mathrm{ges}}\left(\frac{l_3}{l_c}\right) = 30;$$

c) im Anfangsvektor $\mathfrak{y}_1^*(0)$

$$N^*_{10,1}(0) = A^*_H = 12 \qquad Q^*_1(0) = -A^*_V = -17;$$

d) in Punktmatrix $\mathfrak{U}_2^*$

$$M^*_{30,1}(0) = \frac{M^*_{20,1}}{P_c\,l_c} = \frac{15}{10} = \frac{3}{2};$$

e) in Punktmatrix $\mathfrak{U}_3^*$

$$M^*_{40,1}(0) = -M^{*(h_3)}_{10} = \frac{1}{4}$$

$$M^*_{40,2}(0) = M^{*(h_3)}_{20} = -\frac{1}{4}$$

$$Q^*_{40}(0) = -B^*_V = -33.$$

$$= \left\{\begin{array}{ll} w_4^*(0) & = 0 \\ u_{42}^*(0) & = u_{32}^*(l_3/l_c) \\ \varphi_{42}^*(0) & = \varphi_{32}^*(l_3/l_c) \\ \varphi_{41}^*(0) & = \varphi_{31}^*(l_3/l_c) \\ M_{41}^*(0) & = 0 \\ \boxed{M_{42}^*(0) = 0} & \\ \boxed{Q_{4\,\mathrm{ges}}^*(0) = 0} & \\ 1 & \end{array}\right\} = \mathfrak{y}_4^*(0) \qquad \left\{\begin{array}{ll} w_4(0) & = 0 \\ u_{42}(0) & = u_{32}(l_3) \\ \varphi_{42}(0) & = \varphi_{32}(l_3) \\ \varphi_{41}(0) & = \varphi_{31}(l_3) \\ M_{41}(0) & = 0 \\ \boxed{M_{42}(0) = 0} & \\ \boxed{Q_{4\,\mathrm{ges}}(0) = 0} & \\ 1 & \end{array}\right\} = \mathfrak{y}_4(0)$$

Bestimmung der Freigrößen. Aus den Randbedingungen am rechten Ende ergibt sich das Gleichungssystem:

$$\left.\begin{aligned} w_3^* = 0 &= -\,408\,u_{12}^*(0) - \frac{207}{9}\,\varphi_{12}^*(0) - \frac{207}{2}\,\varphi_{11}^*(0) - \frac{2710}{3} \\ M_{41}^*(0) = 0 &= -\,736\,u_{12}^*(0) - \frac{7699}{36}\,\varphi_{12}^*(0) - \frac{5549}{36}\,\varphi_{11}^*(0) - \frac{173165}{108} \\ M_{42}^*(0) = 0 &= -\,736\,u_{12}^*(0) - \frac{5549}{36}\,\varphi_{12}^*(0) - \frac{7699}{36}\,\varphi_{11}^*(0) - \frac{175093}{108} \end{aligned}\right\}$$

mit der Lösung

$$\varphi_{11}^*(0) = -\,3{,}334535$$

$$\varphi_{12}^*(0) = -\,3{,}035626$$

$$u_{12}^*(0) = -\,0{,}598092.$$

Schnittkraftdiagramme. Multiplikator für die dimensionslosen Werte

$$Q = Q^*\,P_c = Q^* \qquad [\mathrm{Mp}]$$

$$M = M^*\,P_c\,l_c = M^*\,10 \qquad [\mathrm{Mpm}]$$

$$w = w^*\,\frac{P_c\,l_c^3}{EI_c} = w^*\,\frac{10000}{2000000} = w^*\,0{,}005 \qquad [\mathrm{m}]$$

$$\varphi = \varphi^*\,\frac{P_c\,l_c^2}{EI_c} = 0{,}0005\,\varphi^*.$$

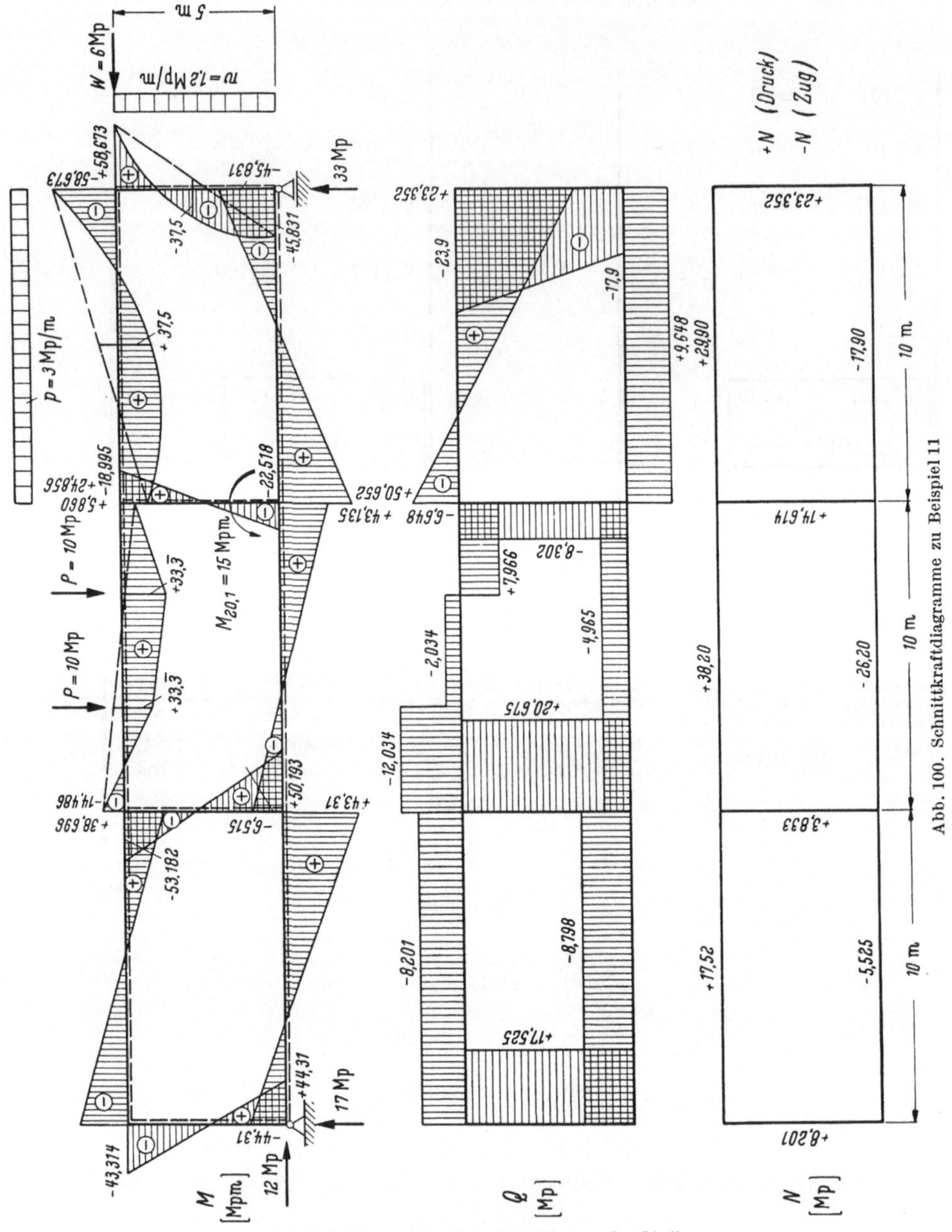

Abb. 100. Schnittkraftdiagramme zu Beispiel 11

5.4.4.3 Durchlaufender Vierendeelträger

5.4.4.3.1 Feldmatrix des Ersatzsystems

Für den Fall, daß keine horizontale äußere Belastung vorhanden ist, kann man den durchlaufenden Vierendeelträger mit Feldmatrix Gl. (78) berechnen. Beim Vorhandensein einer horizontalen Belastung muß dagegen eine andere Feldmatrix verwendet werden. Diese enthält für jeden Strang das konjugierte Paar (φ, M), für beide Stränge das gemeinsame Paar (w, Q_{ges}) und für den 2. Strang das konjugierte Paar (N, u):

$$\begin{Bmatrix} w_k^*\left(\frac{l_k}{l_c}\right) \\ u_{k2}^*\left(\frac{l_k}{l_c}\right) \\ \varphi_{k2}^*\left(\frac{l_k}{l_c}\right) \\ \varphi_{k1}^*\left(\frac{l_k}{l_c}\right) \\ M_{k1}^*\left(\frac{l_k}{l_c}\right) \\ M_{k2}^*\left(\frac{l_k}{l_c}\right) \\ N_{k2}^*\left(\frac{l_k}{l_c}\right) \\ Q_{k\,\mathrm{ges}}^*\left(\frac{l_k}{l_c}\right) \\ 1 \end{Bmatrix} = \left[\begin{array}{cccccccc|c|c} 1 & 0 & -A_{k2}^* & -A_{k1}^* & +B_{k1}^* & +B_{k2}^* & 0 & +C_k^* & +\overline{w}_{k0}^*\left(\frac{l_k}{l_c}\right) & 0 \\ 0 & 1 & 0 & 0 & 0 & 0 & 0 & 0 & 0 & 0 \\ 3\frac{l_c}{l_k} & 0 & -2 & 0 & 0 & +\frac{1}{2}\frac{l_k}{l_c}\frac{I_c}{I_{k2}} & 0 & 0 & \overline{\varphi}_{k0,2}^*\left(\frac{l_k}{l_c}\right) & -3\frac{l_c}{l_k} \\ 3\frac{l_c}{l_k} & 0 & 0 & -2 & +\frac{1}{2}\frac{l_k}{l_c}\frac{I_c}{I_{k1}} & 0 & 0 & 0 & \overline{\varphi}_{k0,1}^*\left(\frac{l_k}{l_c}\right) & -3\frac{l_c}{l_k} \\ -6\frac{l_c^2}{l_k^2}\frac{I_{k1}}{I_c} & 0 & 0 & +6\frac{l_c}{l_k}\frac{I_{k1}}{I_c} & -2 & 0 & 0 & 0 & \overline{M}_{k0,1}^*\left(\frac{l_k}{l_c}\right) & +6\frac{l_c^2}{l_k^2}\frac{I_{k1}}{I_c} \\ -6\frac{l_c^2}{l_k^2}\frac{I_{k2}}{I_c} & 0 & +6\frac{l_c}{l_k}\frac{I_{k2}}{I_c} & 0 & 0 & -2 & 0 & 0 & \overline{M}_{k0,2}^*\left(\frac{l_k}{l_c}\right) & +6\frac{l_c^2}{l_k^2}\frac{I_{k2}}{I_c} \\ 0 & 0 & 0 & 0 & 0 & 0 & 1 & 0 & 0 & 0 \\ 0 & 0 & 0 & 0 & 0 & 0 & 0 & 1 & Q_{k0,\,\mathrm{ges}}^*\left(\frac{l_k}{l_c}\right) & 0 \\ 0 & 0 & 0 & 0 & 0 & 0 & 0 & 0 & 1 & 0 \end{array}\right] \begin{Bmatrix} w_k^*(0) \\ u_{k2}^*(0) \\ \varphi_{k2}^k(0) \\ \varphi_{k1}^*(0) \\ M_{k1}^*(0) \\ M_{k2}^*(0) \\ N_{k2}^*(0) \\ Q_{k\,\mathrm{ges}}^*(0) \\ 1 \\ w_k^*\left(\frac{l_k}{l_c}\right) \end{Bmatrix} \qquad (81)$$

Für die Abkürzungen

$$A_{ki}^*,\ B_{ki}^*,\ C_k^*,$$
$$\overline{w}_{k0}^*\left(\frac{l_k}{l_c}\right),\ \overline{\varphi}_{k0,i}^*\left(\frac{l_k}{l_c}\right),\ \overline{M}_{k0,i}^*\left(\frac{l_k}{l_c}\right) \text{ und } Q_{k0,\mathrm{ges}}^*\left(\frac{l_k}{l_c}\right)$$

gelten die Beziehungen (76a).

Die Längskräfte im 2. Hauptstrang können diesmal nicht unterdrückt werden, obwohl sie sich wieder von vornherein als Funktion der horizontalen Belastung und der Knotenverdrehungen sowie der Knotenlängsverschiebung ausdrücken lassen. Dafür gibt es folgende Erklärung: Beim Vierendeelträger auf zwei Stützen wurde der Einfluß der horizontalen Belastung auf die Knotenverdrehungen und -verschiebungen durch die bekannten, aus den Gleichgewichtsbedingungen am ganzen Tragwerk hervorgehenden senkrechten Stützkraftkomponenten berücksichtigt. Beim durchlaufenden Vierendeelträger dagegen sind die senkrechten Stützkraftkomponenten zu Beginn der Rechnung unbekannt. Dadurch bliebe bei Unterdrückung aller Gurtlängskräfte der Einfluß der horizontalen Belastung unberücksichtigt. Es genügt jedoch, wenn eine Gurtlängskraft in der Rechnung mitgeführt wird, beispielsweise in Gl. (81) die des 2. Hauptstranges. Die Gurtlängskraft des 1. Hauptstranges ist von dieser abhängig und kann unterdrückt sein.

5.4.4.3.2 Punktmatrix des Ersatzsystems

Sie lautet:

$$\begin{Vmatrix} w^*_{k+1}(0) \\ u^*_{k+1,2}(0) \\ \varphi^*_{k+1,2}(0) \\ \varphi^*_{k+1,1}(0) \\ M^*_{k+1,1}(0) \\ M^*_{k+1,2}(0) \\ N^*_{k+1,2}(0) \\ Q^*_{k+1\,\mathrm{ges}}(0) \\ 1 \end{Vmatrix} = \left\| \begin{array}{cccccccc|c} 1 & 0 & 0 & 0 & 0 & 0 & 0 & 0 & 0 \\ 0 & 1 & 0 & 0 & 0 & 0 & 0 & 0 & 0 \\ 0 & 0 & 1 & 0 & 0 & 0 & 0 & 0 & 0 \\ 0 & 0 & 0 & 1 & 0 & 0 & 0 & 0 & 0 \\ 0 & \multicolumn{3}{c}{} & 1 & 0 & 0 & 0 & -M^{*(h_k)}_{k0,1} + M^*_{k0,1} \\ 0 & \multicolumn{3}{c}{\mathfrak{C}(u^*_{k2}, \varphi^*_{k2}, \varphi^*_{k1})^*} & 0 & 1 & 0 & 0 & +M^{*(h_k)}_{k0,2} + M^*_{k0,2} \\ 0 & \multicolumn{3}{c}{} & 0 & 0 & 1 & 0 & +Q^{*(h_k)}_{k0,2} + N^*_{k0,2} \\ 0 & 0 & 0 & 0 & 0 & 0 & 0 & 1 & +Q^*_{k0\,\mathrm{ges}} + Q^{*s}_{k\,\mathrm{ges}} \\ 0 & 0 & 0 & 0 & 0 & 0 & 0 & 0 & 1 \end{array} \right\| \begin{Vmatrix} w^*_k\left(\frac{l_k}{l_c}\right) \\ u^*_{k2}\left(\frac{l_k}{l_c}\right) \\ \varphi^*_{k2}\left(\frac{l_k}{l_c}\right) \\ \varphi^*_{k1}\left(\frac{l_k}{l_c}\right) \\ M^*_{k1}\left(\frac{l_k}{l_c}\right) \\ M^*_{k2}\left(\frac{l_k}{l_c}\right) \\ N^*_{k2}\left(\frac{l_k}{l_c}\right) \\ Q^*_{k\,\mathrm{ges}}\left(\frac{l_k}{l_c}\right) \\ 1 \end{Vmatrix} . \tag{82}$$

In der Lastspalte sind

$Q^{*(h_k)}_{k0,2}$ Randquerkraft am oberen Ende des beidseitig eingespannten oder einseitig eingespannten und andererseits gelenkig gelagerten Pfostens infolge äußerer Belastung (s. Abb. 97);

$N^*_{k0,2}$ äußere Knotenkraft;

$Q^{*s}_{k\,\mathrm{ges}}$ Sprunggröße, die an jeder Zwischenstütze auftritt (Zwischenbedingung $w_k = \mathrm{const}$ (oder $= 0$)).

Alle übrigen Größen sind die gleichen wie in Matrix (79).

Im eingerahmten Teil steht die Koppelfedermatrix des Pfostens an der betrachteten Feldgrenze. Sie wird in der gleichen Weise abgeleitet wie die entsprechende Matrix des Vierendeelträgers auf zwei Stützen. Für die einzelnen Pfostenarten hat sie folgende Form:

a) Beidseitig elastisch eingespannter Pfosten k. Aus Gl. (66a) folgt bei Streichung der 2. Zeile und der 3. Spalte

$$\mathfrak{C}_k(u^*_{k2}, \varphi^*_{k2}, \varphi^*_{k1}) = \frac{I_k}{I_c} \begin{vmatrix} -6\frac{l_c^2}{l_k^2} & -2\frac{l_c}{l_k} & -4\frac{l_c}{l_k} \\ -6\frac{l_c^2}{l_k^2} & -4\frac{l_c}{l_k} & -2\frac{l_c}{l_k} \\ -12\frac{l_c^3}{l_k^3} & -6\frac{l_c^2}{l_k^2} & -6\frac{l_c^2}{l_k^2} \end{vmatrix} \tag{83a}$$

$$\text{für } \mathfrak{k}^*_{ik} = \begin{vmatrix} -M^*_i = M^*_{k+1,1}(0) \\ +M^*_k = M^*_{k+1,2}(0) \\ +Q^*_k = N^*_{k+1,2}(0) \end{vmatrix} \quad \text{und } \mathfrak{d}^*_{ik} = \begin{vmatrix} w^*_k = u^*_{k2}\left(\frac{l_k}{l_c}\right) = u^*_{k+1,2}(0) \\ \varphi^*_k = \varphi^*_{k2}\left(\frac{l_k}{l_c}\right) = \varphi^*_{k+1,2}(0) \\ \varphi^*_i = \varphi^*_{k1}\left(\frac{l_k}{l_c}\right) = \varphi^*_{k+1,1}(0) \end{vmatrix}.$$

b) Gelenkige Lagerung des Pfostens k am Gurtstrang 2 und elastische Einspannung am Gurtstrang 1. Aus Matrix (68a) folgt:

$$\mathfrak{C}_k(u^*_{k2}, \varphi^*_{k2}, \varphi^*_{k1}) = 3\frac{I_k}{I_c} \begin{vmatrix} -\frac{l_c^2}{l_k^2} & 0 & -\frac{l_c}{l_k} \\ 0 & 0 & 0 \\ -\frac{l_c^3}{l_k^3} & 0 & -\frac{l_c^2}{l_k^2} \end{vmatrix}. \tag{83b}$$

c) Elastische Einspannung des Pfostens k am Gurtstrang 2 und gelenkige Lagerung am Gurtstrang 1. Aus Matrix (67a) folgt:

$$\mathfrak{C}_k(u^*_{k2}, \varphi^*_{k2}, \varphi^*_{k1}) = 3\frac{I_k}{I_c} \begin{vmatrix} 0 & 0 & 0 \\ -\frac{l_c^2}{l_k^2} & -\frac{l_c}{l_k} & 0 \\ -\frac{l_c^3}{l_k^3} & -\frac{l_c^2}{l_k^2} & 0 \end{vmatrix} \tag{83c}$$

d) Beidseitige gelenkige Lagerung des Pfostens. Alle Elemente der Koppelfedermatrix sind Null.

5.4.4.3.3 Zusammenhang am ganzen Tragwerk

Betrachtet wird der Vierendeelträger von Abb. (101a). An ihm sind die vertikalen Stützkräfte A^*_V, B^*_V und C^*_V vorläufig unbekannt. Da die gemeinsame Querkraft Q^*_{ges} der beiden Hauptstränge von diesen Stützkräften abhängig ist, bleibt auch sie zunächst unbekannt. Am linken Trägerende muß somit die Querkraft $Q^*_{1\,\text{ges}}(0)$ als Freigröße in die Rechnung eingehen. Außerdem sind noch die gleichen Freigrößen wie beim Vierendeelträger auf zwei Stützen vorhanden, nämlich $\varphi^*_{12}(0)$, $\varphi^*_{11}(0)$ und $u^*_{12}(0)$. Der Anfangsvektor, in dem die Koppelfedermatrix des ersten Pfostens steht, bekommt damit folgendes Aussehen:

$$\mathfrak{y}_1^*(0) = \begin{Bmatrix} 0 \\ 1 \\ 0 \\ 0 \\ -6\dfrac{l_c^2}{l_k^2}\dfrac{I_k}{I_c} \\ -6\dfrac{l_c^2}{l_k^2}\dfrac{I_k}{I_c} \\ -12\dfrac{l_c^3}{l_k^3}\dfrac{I_k}{I_c} \\ 0 \\ 0 \end{Bmatrix} u_{12}^*(0) + \begin{Bmatrix} 0 \\ 0 \\ 1 \\ 0 \\ -2\dfrac{l_c}{l_k}\dfrac{I_k}{I_c} \\ -4\dfrac{l_c}{l_k}\dfrac{I_k}{I_c} \\ -6\dfrac{l_c^2}{l_k^2}\dfrac{I_k}{I_c} \\ 0 \\ 0 \end{Bmatrix} \varphi_{12}^*(0) + \begin{Bmatrix} 0 \\ 0 \\ 0 \\ 1 \\ -4\dfrac{l_c}{l_k}\dfrac{I_k}{I_c} \\ -2\dfrac{l_c}{l_k}\dfrac{I_k}{I_c} \\ -6\dfrac{l_c^2}{l_k^2}\dfrac{I_k}{I_c} \\ 0 \\ 0 \end{Bmatrix} \varphi_{11}^*(0) + \begin{Bmatrix} 0 \\ 0 \\ 0 \\ 0 \\ 0 \\ 0 \\ 0 \\ 1 \\ 0 \end{Bmatrix} Q_{1\,\text{ges}}^* + \begin{Bmatrix} 0 \\ 0 \\ 0 \\ 0 \\ 0 \\ 0 \\ 0 \\ 0 \\ 1 \end{Bmatrix} 1$$

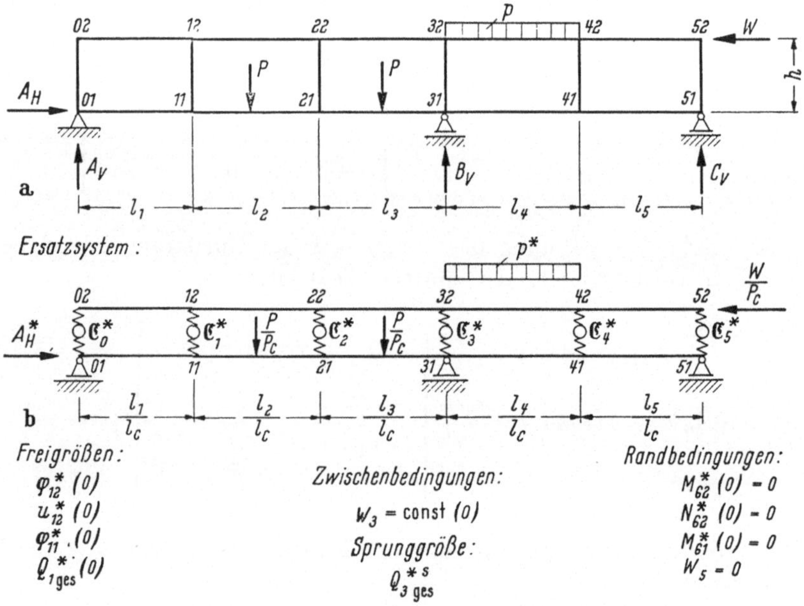

Abb. 101. Durchlaufender Vierendeelträger mit Ersatzsystem

Sofern der erste Pfosten durch äußere Lasten beansprucht würde, ständen in der Lastspalte noch die Randschnittkräfte des beidseitig eingespannten Pfostens.

Die Berechnung des Ersatzsystems, dessen Feld- und Punktmatrizen nach Gl. (81) und Gl. (82) aufzustellen sind, kann mit dem Rechenschema (11) erfolgen.

Für die Erfüllung der Zwischenbedingung $w_3^* = \text{const}$ (oder 0) an der Zwischenstütze 3 gibt es folgende zwei Möglichkeiten:

a) Rechnung nach dem in Abschn. 3.4.2 vorgeführten sog. ausführlichen Verfahren. Dabei werden die vier unbekannten Freigrößen vom linken Tragwerksende und die unbekannte Sprunggröße $Q_{3\,\text{ges}}^{*s}$ erst nach vollständiger Durchrechnung des Rechenschemas aus den vier Randbedingungen

$$M^*_{62}(0) = 0 \qquad w^*_5 = 0$$

$$M^*_{61}(0) = 0 \qquad N^*_{62}(0) = 0$$

und der Zwischenbedingung $w^*_3 = \text{const}$ (oder 0) ermittelt.

Bei einem durchlaufenden Vierendeelträger über n Stützen muß man also bei Anwendung dieses Verfahrens ein Gleichungssystem mit $4 + (n - 2) = n + 2$ Unbekannten lösen.

b) Rechnung nach dem Verfahren vom Ablösen der Freigrößen (Abschn. 3.4.3): Hier wird an der Zwischenstütze 3 mit Hilfe der Zwischenbedingung $w^*_3 = \text{const}$ (oder 0) eine der unbekannten Freigrößen abgelöst und durch die neu hinzukommende Sprunggröße $Q^{*s}_{3\,\text{ges}}$ ersetzt. Dadurch tritt am Ende der Rechnung nur ein Gleichungssystem mit vier Unbekannten auf. Daran ändert sich auch nichts bei einem durchlaufenden Vierendeelträger auf n Stützen. Dieses Verfahren verursacht also einen geringeren Rechenaufwand als das unter a); sein Rechenablauf ist allerdings weniger glatt.

Nachdem das Ersatzsystem vollständig berechnet ist, bereitet die Aufzeichnung der Schnittkraftdiagramme am ganzen Vierendeelträger keine Schwierigkeiten mehr.

Die vertikalen Stützkräfte bekommt man aus der gemeinsamen Querkraft der Hauptstränge:

$$A_V = -Q_{1\,\text{ges}}(0) \qquad B_V = Q_{3\,\text{ges}}(l_k) - Q_{4\,\text{ges}}(0) = -Q^s_{3\,\text{ges}}$$

$$C_V = Q_{5\,\text{ges}}(l_k).$$

Zur Überprüfung der Ergebnisse muß zum Schluß untersucht werden, ob die drei Gleichgewichtsbedingungen am ganzen Tragwerk und an jedem Knoten erfüllt sind.

5.4.5 Symmetrische Rahmen

5.4.5.1 Allgemeines

Ebenso wie bei den anderen Verfahren der Statik läßt sich auch beim Reduktionsverfahren die Berechnung eines vollkommen symmetrisch aufgebauten Tragwerkes, das durch eine symmetrische oder eine antimetrische Belastung beansprucht wird, wesentlich verkürzen.

In diesem Zusammenhang wird daran erinnert, daß jede beliebige Belastung eines symmetrisch gebauten Tragwerkes durch Belastungsumordnung in eine symmetrische und eine antimetrische Belastung zerlegt werden kann (Abb. 102). Die beiden Lastfälle lassen sich dann getrennt untersuchen, wobei die Rechnung wesentlich kürzer wird.

Im folgenden soll nun gezeigt werden, wie sich das beim Reduktionsverfahren auswirkt. Dabei sind sowohl für die symmetrische wie auch für die antimetrische Belastung zwei Fälle zu unterscheiden:

Fall 1 umfaßt Tragwerke, deren Symmetrieachse durch einen Stiel verläuft, und

Fall 2 behandelt Tragwerke, deren Symmetrieachse durch die Mitte des mittleren Riegels geht.

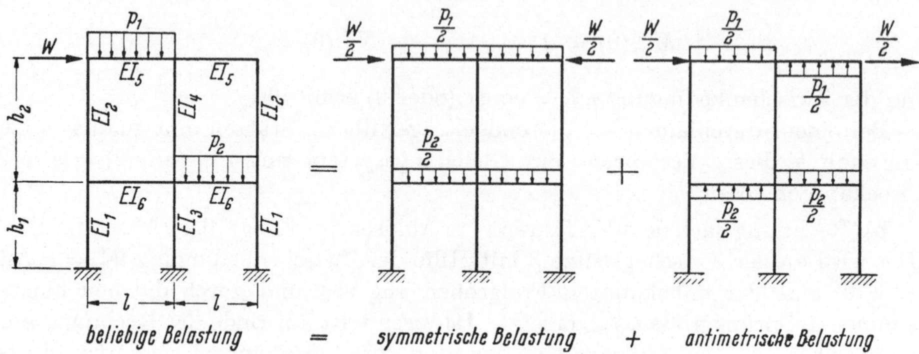

Abb. 102. Belastungsumordnung bei symmetrischen Rahmen

5.4.5.2 Symmetrische Belastung

Unter symmetrischer Belastung sind symmetrische Rahmen unverschieblich.

Fall 1. Es wird das Tragwerk nach Abb. 103a betrachtet. Die Symmetrieachse verläuft durch den mittleren Stiel. Die auf ihr liegenden Knoten verdrehen und verschieben sich nicht: $\varphi = u = w = 0$. Man kann daher diese Knoten durch feste Einspannungen ersetzen und braucht nur das halbe Tragwerk nach Abb. 103b

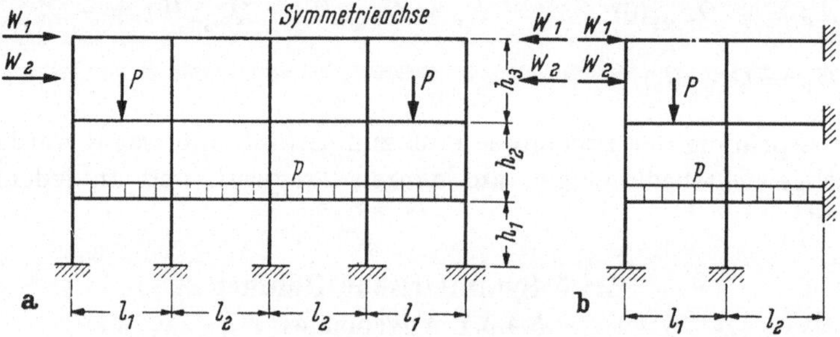

Abb. 103. Symmetrischer Rahmen unter symmetrischer Belastung

zu berechnen. Die Schnittkräfte am ganzen Tragwerk bekommt man, wenn die Momente und Längskräfte symmetrisch und die Querkräfte antimetrisch zur Symmetrieachse aufgetragen werden. Die Berechnung eines solchen Tragwerkes bereitet nach dem Reduktionsverfahren keine Schwierigkeiten. Sie kann nach Abschn. 5.3 erfolgen.

Fall 2. Beim Rahmen nach Abb. 104a verläuft die Symmetrieachse durch die Mitte der mittleren Riegel. Die durch die Symmetrieachse getroffenen Riegelpunkte verdrehen sich nicht (Tangente an die Biegelinie ist horizontal), verschieben sich aber in vertikaler Richtung. Weiterhin ist an dieser Stelle die Querkraft Null, während das Moment und die Längskraft verschieden von Null sind. Man kann also wieder die Berechnung auf das halbe Tragwerk beschränken, wenn in der Symmetrieachse an den geschnittenen Riegeln Lager angebracht werden, die folgende Bedingungen erfüllen:

$$\begin{array}{ll} M \neq 0 & \varphi = 0 \\ N \neq 0 & u = 0 \\ Q = 0 & w \neq 0. \end{array}$$

Das sich dabei ergebende Tragwerk (Abb. 104b) ist ein unverschieblicher Rahmen, der sich bei Anfederung der Riegel an die Stiele wieder nach Abschn. 5.3 berechnen läßt.

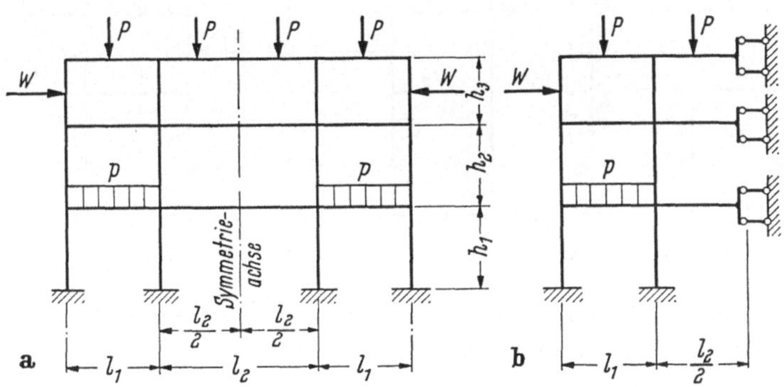

Abb. 104. Symmetrischer Rahmen unter symmetrischer Belastung

Für die von der Symmetrieachse geschnittenen Riegel müssen neue Federgrößen abgeleitet werden.

Am beidseitig elastisch eingespannten Stab von der Länge l_k bestehen nach Gl. (65b) folgende Beziehungen:

$$\begin{pmatrix} -M_i^* \\ +M_k^* \end{pmatrix} = \left(\begin{array}{cc|c} -2\frac{l_c}{l_k}\frac{I_k}{I_c} & -4\frac{l_c}{l_k}\frac{I_k}{I_c} & -M_{i0}^* \\ -4\frac{l_c}{l_k}\frac{I_k}{I_c} & -2\frac{l_c}{l_k}\frac{I_k}{I_c} & +M_{k0}^* \end{array}\right) \begin{pmatrix} \varphi_k^* \\ \varphi_i^* \\ 1 \end{pmatrix}.$$

Unter symmetrischer Belastung verformt sich der Stab symmetrisch (Abb. 105). Es gilt daher:

$$\varphi_i = -\varphi_k.$$

Das in die obere Beziehung eingesetzt, gibt für M_i^*

$$-M_i^* = \frac{l_c}{l_k}\frac{I_k}{I_c}[-2(-\varphi_i^*) - 4\,\varphi_i^*] - M_{i0}^*$$

und zusammengefaßt

$$-M_i^* = -2\frac{l_c}{l_k}\frac{I_k}{I_c}\varphi_i^* - M_{i0}^*. \qquad (84)$$

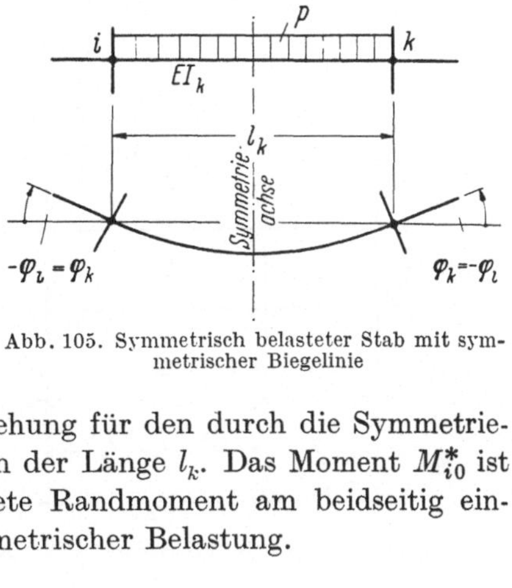

Abb. 105. Symmetrisch belasteter Stab mit symmetrischer Biegelinie

Diese Gleichung ist die gesuchte Federbeziehung für den durch die Symmetrieachse in der Mitte geschnittenen Riegel von der Länge l_k. Das Moment M_{i0}^* ist das mit den Beziehungen (14) umgerechnete Randmoment am beidseitig eingespannten Stab von der Länge l_k bei symmetrischer Belastung.

5.4.5.3 Antimetrische Belastung

Fall 1. Die Symmetrieachse des Tragwerkes von Abb. 106a verläuft durch einen Stiel. Infolge der antimetrischen Belastung verschieben sich die von ihr geschnittenen Knoten in horizontaler Richtung und verdrehen sich. Der Verformungszustand aller übrigen Knoten ist antimetrisch zur Symmetrieachse. Man

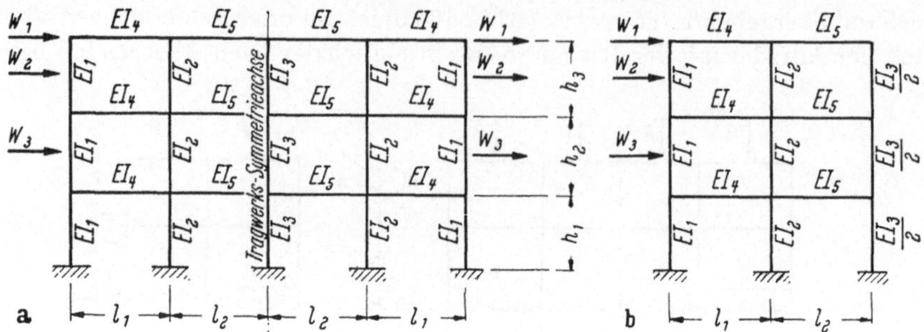

Abb. 106. Symmetrischer Rahmen unter antimetrischer Belastung

kann deshalb den Rahmen in der Mitte trennen, wobei der von der Symmetrieachse geschnittene Stiel halbiert wird und jede Seite von ihm nur noch das halbe Trägheitsmoment und die halbe Querschnittfläche besitzt. Es genügt nun, eine der beiden Tragwerkshälften, z. B. die linke (Abb. 106b), allein zu berechnen. Zum Schluß bekommt man die Schnittkräfte für die rechte Tragwerkshälfte, indem die Momente und Längskräfte von der linken Hälfte antimetrisch und die Querkräfte symmetrisch zur Symmetrieachse auf die rechte Tragwerkshälfte übertragen werden.

Die einzelnen Tragwerkshälften sind normale verschiebliche Rahmen, die man nach den Abschn. 5.4.2 oder 5.4.3 berechnen kann.

Fall 2. In den durch die Symmetrieachse geschnittenen Riegelpunkten des Rahmens von Abb. 107a gelten bei antimetrischer Belastung folgende Bedingungen:

$$M = 0 \qquad \varphi \neq 0$$
$$N = 0 \qquad u \neq 0$$
$$Q \neq 0 \qquad w = 0.$$

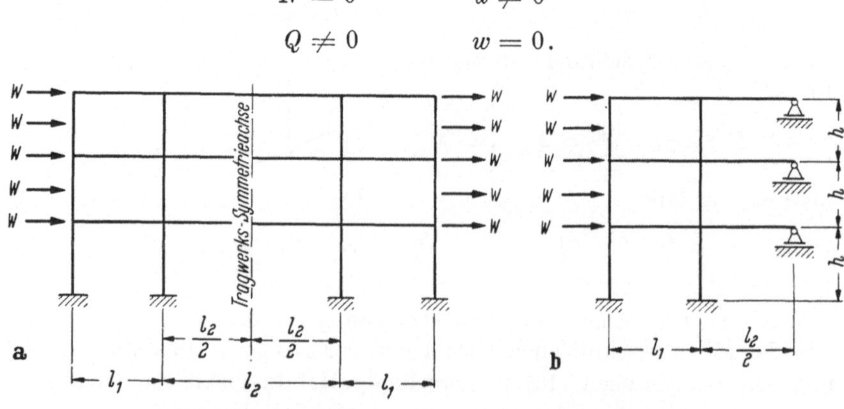

Abb. 107. Symmetrischer Rahmen unter antimetrischer Belastung

Es ist also möglich, das Tragwerk in der Symmetrieachse zu trennen und an den Schnittstellen horizontal verschiebliche Lager anzubringen. Die Berechnung des gesamten Tragwerkes kann dadurch wieder auf eine Tragwerkshälfte beschränkt (Abb. 107b) und nach Abschn. 5.4.2 oder 5.4.3 durchgeführt werden.

Ebenso wie für Fall 2 bei symmetrischer Belastung muß man auch hier für die geschnittenen Riegel neue Federgrößen ableiten.

Dabei gehen wir wieder aus von Gl. (65b) des beidseitig elastisch eingespannten Stabes:

$$\begin{pmatrix} -M_i^* \\ +M_k^* \end{pmatrix} = \left(\begin{array}{cc|c} -2\frac{l_c}{l_k}\frac{I_k}{I_c} & -4\frac{l_c}{l_k}\frac{I_k}{I_c} & -M_{i0}^* \\ -4\frac{l_c}{l_k}\frac{I_k}{I_c} & -2\frac{l_c}{l_k}\frac{I_k}{I_c} & +M_{k0}^* \end{array}\right) \begin{pmatrix} \varphi_k^* \\ \varphi_i^* \\ 1 \end{pmatrix}.$$

Bei antimetrischer Belastung verformt sich der Stab antimetrisch zur Symmetrieachse (Abb. 108). Es gilt:

$$\varphi_i = \varphi_k.$$

Das wird in die obere Gleichung eingesetzt, und man erhält die Federbeziehung des antimetrisch belasteten, mittig von der Symmetrieachse geschnittenen Riegels von der Länge l_k:

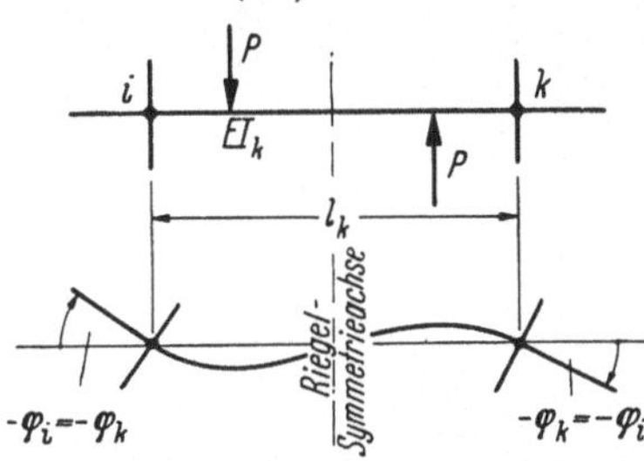

Abb. 108. Antimetrisch belasteter Stab mit antimetrischer Biegelinie

$$-M_i^* = -6\frac{l_c}{l_k}\frac{I_k}{I_c}\varphi_i^* - M_{i0}^*. \tag{85}$$

Darin ist das Moment M_{i0}^* das mit den Beziehungen (14) umgerechnete Randmoment am beidseitig eingespannten Stab von der Länge l_k unter antimetrischer Belastung.

5.4.5.4 Beispiel 12

Aufgabenstellung und Geometrie

Geometrie	Belastung
$l = 5$ m,	$w = 1$ Mp/m,
$EI = 4000$ Mpm²,	$P = 10$ Mp.

Gesucht sind die Schnittkraftschaubilder. Die Längssteifigkeit der Stiele und Riegel wird vernachlässigt. Der Rahmen ist vollkommen symmetrisch.

Vergleichsgrößen:

Gewählt:

$$EI_c = 6\,EI,$$

$$l_c = 5\text{ m},$$

$$P_c = 2{,}5\text{ Mp}.$$

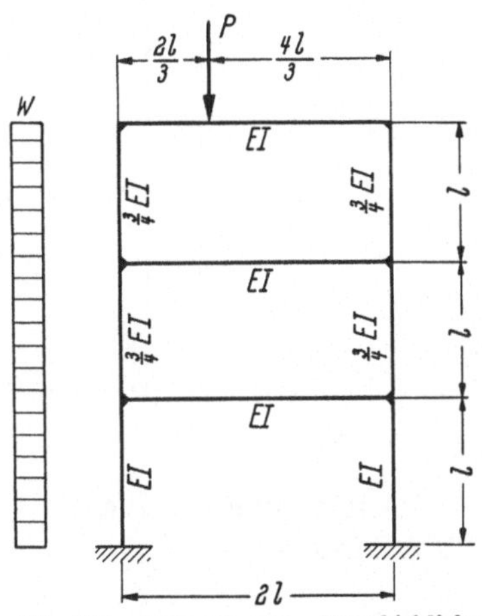

Abb. 109. Beispiel 12: Verschiebliche Stockwerkrahmen

Umrechnungsfaktoren zur Ermittlung der dimensionsrichtigen Werte:

$$w = w^* \frac{P_c l_c^3}{EI_c} = w^* \frac{2{,}5 \cdot 5^3}{6 \cdot 12000} = w^* \cdot 0{,}00434 \qquad [\mathrm{m}]$$

$$\varphi = \varphi^* \frac{P_c l_c^2}{EI_c} = \varphi^* \cdot 0{,}000868$$

$$M = M^* P_c l_c = M^* \cdot 12{,}5 \qquad [\mathrm{Mpm}]$$

$$Q = Q^* P_c = Q^* \cdot 2{,}5 \qquad [\mathrm{Mp}]$$

a) Belastungsumordnung.

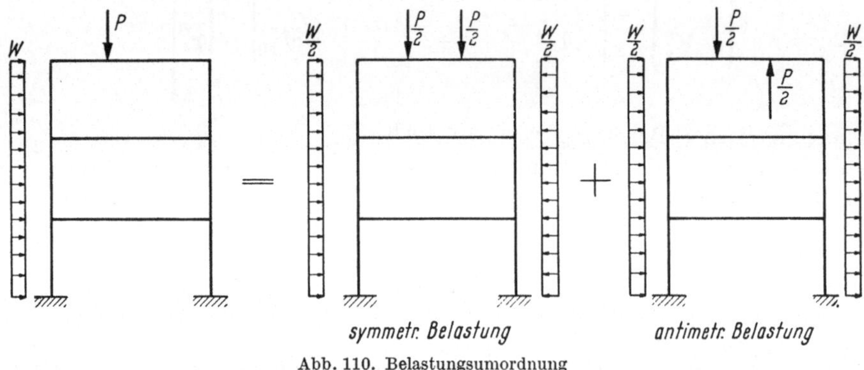

Abb. 110. Belastungsumordnung

b) Untersuchung für symmetrische Belastung. Es genügt das halbe Tragwerk (Abb. 111a) zu berechnen. Das Ersatzsystem ist ein Durchlaufträger auf festen, aber elastisch drehbaren Stützen (Abb. 111b).

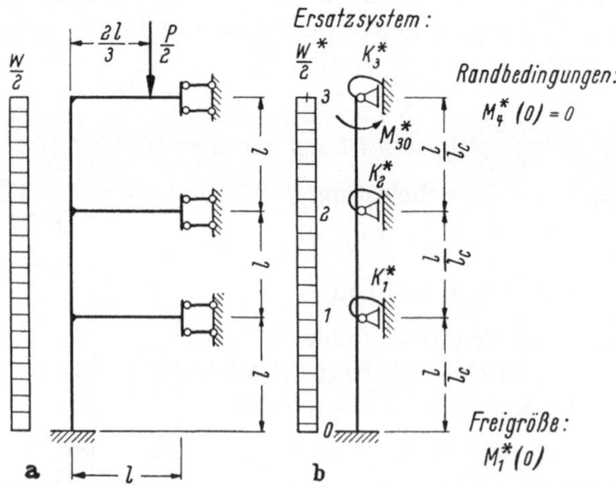

Abb. 111. Tragwerkssystem für symmetrischen Lastfall mit Ersatzsystem

Anfederung der Riegel [nach Gl. (84)]. Alle Riegel haben die gleiche Federkonstante

$$K_i^* = 2 \frac{l_c}{l_i^{(r)}} \frac{I_i^{(r)}}{I_c} = 2 \frac{l}{2l} \frac{1}{6} \frac{I}{I} = \frac{1}{6}\,.$$

Am Knoten 3 wirkt wegen der symmetrischen Belastung auf Riegel 3 folgendes Knotenmoment:

$$M_{30}^{*(3)} = -\frac{1}{P_c\, l_c}\,\frac{2}{9}\,\frac{P}{2}\,l_3^{(3)} = -\frac{8}{9}.$$

Aufstellung des Rechenschemas R 12.1. [nach Gl. (12a)]. Die Berechnung erfolgt nach dem verkürzten Verfahren von Abschn. 3.4.4. Die Leitmatrizen werden nach (31) aufgestellt. Belastungsgrößen nach Tab. 1b:

$$w^* = \frac{w}{2}\,\frac{l_c}{P_c} = \frac{1}{2}\,\frac{5}{2{,}5} = 1$$

Feld 1: $I_c = 6\, I_1$

$$w_{10}^*\left(\frac{l_1}{l_c}\right) = \frac{1}{4} \qquad \bar{\varphi}_{10}^*\left(\frac{l_1}{l_c}\right) = 3\,\frac{1}{4} - 1 = -\frac{1}{4}$$

$$\varphi_{10}^*\left(\frac{l_1}{l_c}\right) = -1 \qquad \bar{M}_{10}^*\left(\frac{l_1}{l_c}\right) = -\frac{6}{6}\,\frac{1}{4} + \frac{1}{2} = +\frac{1}{4}$$

$$M_{10}^*\left(\frac{l_1}{l_c}\right) = \frac{1}{2}$$

$$Q_{10}^*\left(\frac{l_1}{l_c}\right) = +1$$

Feld 2 und 3: $I_2 = \frac{3}{4} I_1$

$$w_{20}^*\left(\frac{l_2}{l_c}\right) = w_{30}^*\left(\frac{l_3}{l_c}\right) = \frac{1}{24}\,\frac{6\cdot 4}{3} = \frac{1}{3} \qquad \bar{\varphi}_{20}^*\left(\frac{l_2}{l_c}\right) = \bar{\varphi}_{30}^*\left(\frac{l_3}{l_c}\right) = 3\,\frac{1}{3} - \frac{4}{3} = -\frac{1}{3}$$

$$\varphi_{20}^*\left(\frac{l_2}{l_c}\right) = \varphi_{30}^*\left(\frac{l_3}{l_c}\right) = -\frac{1}{6}\,\frac{6\cdot 4}{3} = -\frac{4}{3} \qquad \bar{M}_{20}^*\left(\frac{l_2}{l_c}\right) = \bar{M}_{30}^*\left(\frac{l_3}{l_c}\right) = -6\,\frac{3}{4\cdot 6}\,\frac{1}{3} + \frac{1}{2} = \frac{1}{4}$$

$$M_{20}^*\left(\frac{l_2}{l_c}\right) = M_{30}^*\left(\frac{l_3}{l_c}\right) = \frac{1}{2}$$

$$Q_{20}^*\left(\frac{l_2}{l_c}\right) = Q_{30}^*\left(\frac{l_3}{l_c}\right) + 1.$$

Zur Lastgröße $M_{30}^*\left(\frac{l_3}{l_c}\right)$ wird das Knotenmoment $M_{30}^{*(3)}$ addiert.

Rechenschema R 12.1 (Siehe S. 178).

Ermittlung der Freigröße $M_1^*(0)$. Aus der Randbedingung $M_{40}^*(0) = 0$ folgt

$$-43{,}\overline{77}\, M_1^*(0) + 2{,}84255 = 0$$

$$M_1^*(0) = 0{,}06493.$$

Damit sind alle Stielmomente unmittelbar oberhalb der Knoten und die Knotenverdrehungen bekannt.

Riegelendmomente $M_i^{(i)} = -\frac{1}{6}\,\varphi_i + M_{i0}^{(i)}$:

$$M_1^{(1)*} = -\frac{1}{6}(-0{,}05521) = +0{,}0092 \qquad M_1^{(1)} = +0{,}115\ \text{Mpm}$$

$$M_2^{(2)*} = -\frac{1}{6}\;0{,}29445 = -0{,}04907 \qquad M_2^{(2)} = -0{,}613\ \text{Mpm}$$

$$M_3^{(3)*} = -\frac{1}{6}(-1{,}3188) - \frac{8}{9} = -0{,}6695 \qquad M_3^{(3)} = -8{,}368\ \text{Mpm}.$$

Nunmehr können sämtliche noch fehlende Schnittkräfte nach den allgemeinen Regeln der Statik berechnet werden. Die Schnittkraftschaubilder sind in Abb. 113 (Seite 180) zu sehen.

Rechenschema R 12.1

$$\begin{matrix} M_1^*(0) & 1 \end{matrix}$$

$$\begin{bmatrix} 0 & 0 \\ 1 & 0 \\ 0 & 1 \end{bmatrix} = \begin{bmatrix} \varphi_1^*(0) = & 0 \\ M_1^*(0) = & 0{,}064931 \\ 1 & \end{bmatrix} = \mathfrak{y}_1^*(0) \qquad \begin{bmatrix} \varphi_1(0) = & 0 \\ M_1(0) = & 0{,}811\ \text{Mpm} \\ 1 & \end{bmatrix} = \mathfrak{y}_1(0)$$

$$\mathfrak{L}_{d1}^* = \left[\begin{array}{ccc|c} -2 & +3 & -\frac{1}{4} & 0 \\ +1 & -2 & +\frac{1}{4} & -\frac{1}{6} \\ +1 & -1 & 1 & +\frac{1}{6} \end{array}\right] \begin{bmatrix} +3 & -\frac{1}{4} \\ -\frac{5}{2} & +0{,}291\bar{6} \\ 0 & 1 \end{bmatrix} = \begin{bmatrix} \varphi_2^*(0) = & -0{,}05521 \\ M_2^*(0) = & 0{,}12934 \\ 1 & \end{bmatrix} = \mathfrak{y}_2^*(0) \qquad \begin{bmatrix} \varphi_2(0) = & -0{,}0000479 \\ M_2(0) = & 1{,}616\ \text{Mpm} \\ 1 & \end{bmatrix} = \mathfrak{y}_2(0)$$

$$\mathfrak{L}_{d2}^* = \left[\begin{array}{ccc|c} -2 & +4 & -\frac{1}{3} & 0 \\ +\frac{3}{4} & -2 & +\frac{1}{4} & -\frac{1}{6} \\ +\frac{5}{4} & -2 & +1{,}08\bar{3} & +\frac{1}{6} \end{array}\right] \begin{bmatrix} -16 & +\frac{4}{3} \\ +9{,}91\bar{6} & -0{,}74305 \\ 0 & 1 \end{bmatrix} = \begin{bmatrix} \varphi_3^*(0) = & +0{,}29445 \\ M_3^*(0) = & -0{,}0991 \\ 1 & \end{bmatrix} = \mathfrak{y}_3^*(0) \qquad \begin{bmatrix} \varphi_3(0) = & 0{,}000255 \\ M_3(0) = & -1{,}238\ \text{Mpm} \\ 1 & \end{bmatrix} = \mathfrak{y}_3(0)$$

$$\mathfrak{L}_{d3}^* = \left[\begin{array}{ccc|c} -2 & +4 & -\frac{1}{3} & 0 \\ +\frac{3}{4} & -2 & \frac{1}{4}-\frac{8}{9} & -\frac{1}{6} \\ +\frac{5}{4} & -2 & +1{,}97\bar{2} & +\frac{1}{6} \end{array}\right] \begin{bmatrix} +71{,}\bar{6} & -5{,}9722 \\ \boxed{-43{,}\bar{7} \quad +2{,}8425} & \\ 0 & 1 \end{bmatrix} = \begin{bmatrix} \varphi_4^*(0) = & -1{,}3188 \\ \boxed{M_4^*(0) = \quad 0} & \\ 1 & \end{bmatrix} = \mathfrak{y}_4^*(0) \qquad \begin{bmatrix} \varphi_4(0) = & -0{,}001144 \\ \boxed{M_4(0) = \quad 0} & \\ 1 & \end{bmatrix} = \mathfrak{y}_4(0)$$

c) Untersuchung für antimetrische Belastung. Untersucht wird das halbe Tragwerk nach Abb. 112a. Sein Ersatzsystem ist ein elastisch drehbar gestützter Durchlaufträger (Abb. 112b), dessen Berechnung nach Abschn. 3.3 erfolgen kann.

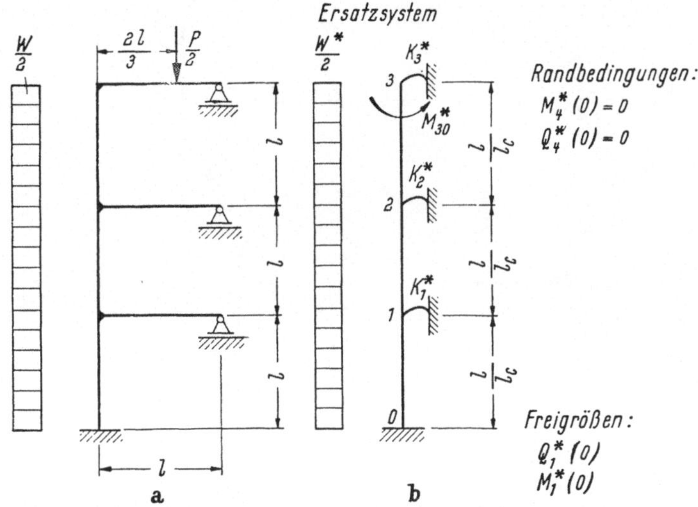

Abb. 112. Tragwerkssystem für antimetrischen Lastfall mit Ersatzsystem

Anfederung der Riegel [nach Gl. (85)]. Federkonstante für alle Riegel:

$$K_i^* = 6\,\frac{l_c}{l_i^{(r)}}\,\frac{I_i^{(r)}}{I_c} = 6\,\frac{l}{2l}\,\frac{I}{6I} = \frac{1}{2}\,.$$

Knotenmoment infolge antimetrischer Belastung auf Riegel 3:

$$M_{30}^{*(3)} = -\frac{1}{P_c\,l_c}\,\frac{P}{2\,(l_3{}^{(3)})^2}\left[\frac{1}{3}\,l_3^{(3)}\left(\frac{2}{3}\,l_3^{(3)}\right)^2 - \left(\frac{1}{3}\,l_3^{(3)}\right)^2\frac{2}{3}\,l_3^{(3)}\right] = -\frac{8}{27} = -\,0{,}296296\,.$$

Aufstellung des Rechenschemas R 12.2 [nach Gl. (12a)]. Die Leitmatrizen ergeben sich nach Gl. (18). Die Belastungsgrößen $w_{k0}^*(l_k/l_c)$, $\varphi_{k0}^*(l_k/l_c)$, $M_{k0}^*(l_k/l_c)$ und $Q_{k0}^*(l_k/l_c)$ sind die gleichen wie bei symmetrischer Belastung. Zur dritten Zeile der Lastspalte von Leitmatrix 3 wird das Knotenmoment $M_{30}^{*(3)}$ addiert. (Rechenschema siehe S. 181.)

Ermittlung der Freigrößen. Bei Erfüllung der Randbedingungen am oberen Tragwerksende erhält man folgendes Gleichungssystem:

$$\left.\begin{aligned} M_4^*(0) &= 134\,M_1^*(0) + 101{,}5\,Q_1^*(0) + 62{,}37037 = 0 \\ Q_4^*(0) &= \qquad\qquad\qquad\quad 1\,Q_1^*(0) + 3 \qquad\quad = 0 \end{aligned}\right\}$$

mit der Lösung:

$$Q_1^*(0) = -\,3$$
$$M_1^*(0) = +\,1{,}80699\,.$$

Mit diesen Größen werden im Rechenschema sämtliche Stielschnittkräfte unmittelbar oberhalb der Knotenpunkte und sämtliche Deformationsgrößen an den Knoten errechnet.

Riegelendmomente: $M_i^{(i)} = -\frac{1}{2}\varphi_i + M_{i0}^{(i)}$;

$$M_1^{*(1)} = -\frac{1}{2}(-2{,}8419) = 1{,}42095 \qquad M_1^{(1)} = 17{,}76 \text{ Mpm}$$

$$M_2^{*(2)} = -\frac{1}{2}(-1{,}9989) = 0{,}99945 \qquad M_2^{(2)} = 12{,}493 \text{ Mpm}$$

$$M_3^{*(3)} = -\frac{1}{2}(-1{,}1517) - \frac{8}{27} = 0{,}27956 \qquad M_3^{(3)} = 3{,}494 \text{ Mpm}.$$

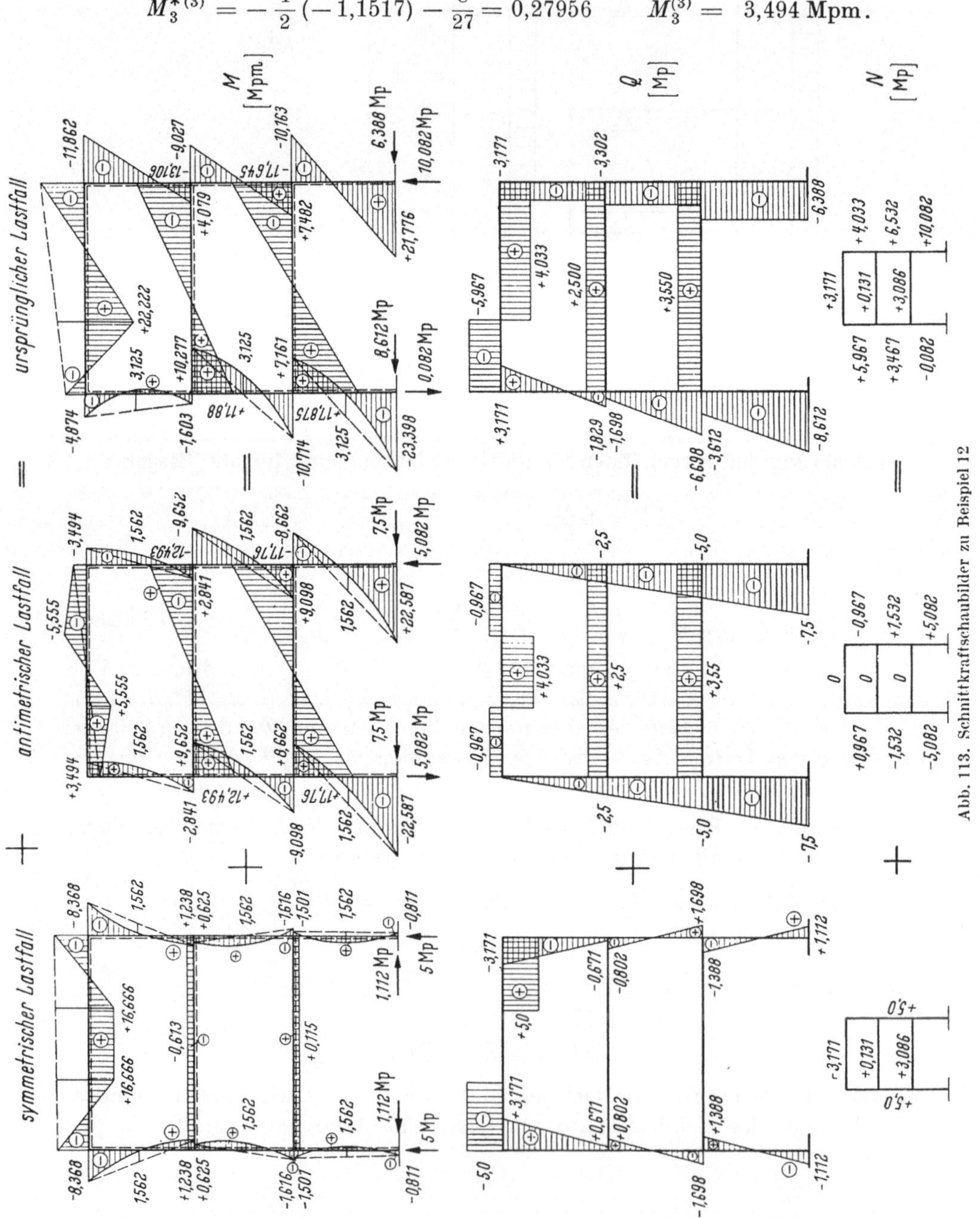

Abb. 113. Schnittkraftschaubilder zu Beispiel 12

…chenschema R 12.2

$$\begin{pmatrix} 0 & 0 & 0 \\ 0 & 0 & 0 \\ 1 & 0 & 0 \\ 0 & 1 & 0 \\ 0 & 0 & 1 \end{pmatrix} = \begin{pmatrix} w_1^*(0) = & 0 \\ \varphi_1^*(0) = & 0 \\ M_1^*(0) = & 1{,}80699 \\ Q_1^*(0) = & -3 \\ 1 & \end{pmatrix} = \mathfrak{y}_1^*(0) \quad \begin{pmatrix} w_1(0) = & 0 \\ \varphi_1(0) = & 0 \\ M_1(0) = & 22{,}587\ \text{Mpm} \\ Q_1(0) = & -\ 7{,}500\ \text{Mp} \\ 1 & \end{pmatrix} = \mathfrak{y}_1(0)$$

$$\ldots^*_1 = \left(\begin{array}{ccccc|cc} 1 & -1 & 3 & 1 & \frac{1}{4} & 0 & 0 \\ 0 & 1 & -6 & -3 & -1 & 0 & 0 \\ 0 & 0 & 1 & 1 & \frac{1}{2} & 0 & -\frac{1}{2} \\ 0 & 0 & 0 & 1 & 1 & 0 & 0 \\ -1 & 0 & +2 & 0 & \frac{1}{4} & 0 & +\frac{1}{2} \end{array}\right) \begin{pmatrix} 3 & 1 & \frac{1}{4} \\ -6 & -3 & -1 \\ 4 & \frac{5}{2} & 1 \\ 0 & 1 & 1 \\ 0 & 0 & 1 \end{pmatrix} = \begin{pmatrix} w_2^*(0) = & 2{,}6709 \\ \varphi_2^*(0) = & -2{,}8419 \\ M_2^*(0) = & 0{,}7279 \\ Q_2^*(0) = & -2 \\ 1 & \end{pmatrix} = \mathfrak{y}_2^*(0) \quad \begin{pmatrix} w_2(0) = & 0{,}01159\ \text{m} \\ \varphi_2(0) = & -\ 0{,}002466 \\ M_2(0) = & +\ 9{,}098\ \text{Mpm} \\ Q_2(0) = & -\ 5{,}000\ \text{Mp} \\ 1 & \end{pmatrix} = \mathfrak{y}_2(0)$$

$$\ldots^*_2 = \left(\begin{array}{ccccc|cc} 1 & -1 & 4 & \frac{4}{3} & \frac{1}{3} & 0 & 0 \\ 0 & 1 & -8 & -4 & -\frac{4}{3} & 0 & 0 \\ 0 & 0 & 1 & 1 & \frac{1}{2} & 0 & -\frac{1}{2} \\ 0 & 0 & 0 & 1 & 1 & 0 & 0 \\ -1 & 0 & +3 & +\frac{2}{3} & +\frac{1}{2} & 0 & +\frac{1}{2} \end{array}\right) \begin{pmatrix} 25 & 15{,}\bar{3} & 6{,}91\bar{6} \\ -38 & -27 & -14{,}\bar{3} \\ 23 & +17 & +9{,}\bar{6} \\ 0 & 1 & 2 \\ 0 & 0 & 1 \end{pmatrix} = \begin{pmatrix} w_3^*(0) = & 6{,}0913 \\ \varphi_3^*(0) = & -1{,}9989 \\ M_3^*(0) = & 0{,}2273 \\ Q_3^*(0) = & -1 \\ 1 & \end{pmatrix} = \mathfrak{y}_3^*(0) \quad \begin{pmatrix} w_3(0) = & 0{,}02643\ \text{m} \\ \varphi_3(0) = & -\ 0{,}001735 \\ M_3(0) = & 2{,}841\ \text{Mpm} \\ Q_3(0) = & -\ 2{,}500\ \text{Mp} \\ 1 & \end{pmatrix} = \mathfrak{y}_3(0)$$

$$\ldots^*_3 = \left(\begin{array}{ccccc|cc} 1 & -1 & 4 & \frac{4}{3} & \frac{1}{3} & 0 & 0 \\ 0 & 1 & -8 & -4 & -\frac{4}{3} & 0 & 0 \\ 0 & 0 & 1 & 1 & \frac{1}{2}-\frac{8}{27} & 0 & -\frac{1}{2} \\ 0 & 0 & 0 & 1 & 1 & 0 & 0 \\ -1 & 0 & +3 & +\frac{2}{3} & +\frac{43}{54} & 0 & +\frac{1}{2} \end{array}\right) \begin{pmatrix} 155 & 111{,}\bar{6} & 62{,}91\bar{6} \\ -222 & -167 & -101 \\ \boxed{134} & \boxed{101{,}5} & \boxed{62{,}3703} \\ \boxed{0} & \boxed{1} & \boxed{3} \\ 0 & 0 & 1 \end{pmatrix} = \begin{pmatrix} w_4^*(0) = & 8{,}0000 \\ \varphi_4^*(0) = & -1{,}1517 \\ \boxed{M_4^*(0) = \ 0} & \\ \boxed{Q_4^*(0) = \ 0} & \\ 1 & \end{pmatrix} = \mathfrak{y}_4^*(0) \quad \begin{pmatrix} w_4(0) = & 0{,}03472\ \text{m} \\ \varphi_4(0) = & -\ 0{,}0010 \\ \boxed{M_4(0) = \ 0} & \\ \boxed{Q_4(0) = \ 0} & \\ 1 & \end{pmatrix} = \mathfrak{y}_4(0)$$

Jetzt sind auch alle übrigen Schnittkräfte bekannt. Die sich ergebenden Schaubilder sind in Abb. 113 dargestellt.

Außerdem sind in diesem Bild auch die endgültigen Schnittkräfte des ursprünglichen Rahmens von Abb. 109 zu sehen, die man durch Superposition der Schnittkräfte aus beiden Lastfällen gewinnt.

6 Kreuzwerke nach Theorie I. Ordnung

6.1 Allgemeines

Kreuzwerke (Abb. 114), auch Trägerroste genannt, finden im Bauwesen sowohl im Hochbau wie auch im Brückenbau sehr viel Anwendung. Es wird hier angenommen, daß sie nur senkrecht zu ihrer Tragwerksebene belastet werden. Sofern es sich dabei um regelmäßig und symmetrisch gebaute Kreuzwerke handelt, existieren für ihre Berechnung Verfahren und Tabellen[1], mit deren Hilfe sie verhältnismäßig einfach zu berechnen sind, besonders wenn die Torsionssteifigkeit der Träger vernachlässigt werden kann. Dagegen bei unregelmäßig gebauten Kreuzwerken, vor allem wenn sie hochgradig statisch unbestimmt sind, kann der Umfang der Berechnung nach den bisher in der Statik üblichen Verfahren im Vergleich zu einem regelmäßig gebauten mit der gleichen statischen Unbestimmtheit um ein Vielfaches zunehmen.

Kreuzwerke können auch nach dem Reduktionsverfahren statisch untersucht werden. Für dieses Verfahren ist das Kreuzwerk, je nach seiner Form, ein offenes oder geschlossenes Rahmentragwerk, das senkrecht zur Rahmenebene belastet wird. Die Rechnung wird wieder an einem Ersatzsystem vorgenommen. Dieses entsteht, wenn die parallele Trägerschar, die die zahlenmäßig kleinste Felderzahl aufweist, zu Hauptsträngen erklärt und die dazu orthogonale Trägerschar (Nebenstränge) an diese angefedert wird. Dabei ergibt sich die Zahl der am Kreuzwerk zunächst unbekannten Größen nicht aus seiner statischen oder geometrischen Unbestimmtheit, sondern aus der Zahl der Hauptstränge und den an diesen mitgeführten konjugierten Paaren. Der Rechenaufwand ist also nur abhängig von der Zahl der Hauptstränge und der Zahl ihrer Felder. Das Reduktionsverfahren ist deshalb besonders geeignet für die Berechnung von unregelmäßigen und hochgradig statisch unbestimmten Kreuzwerken.

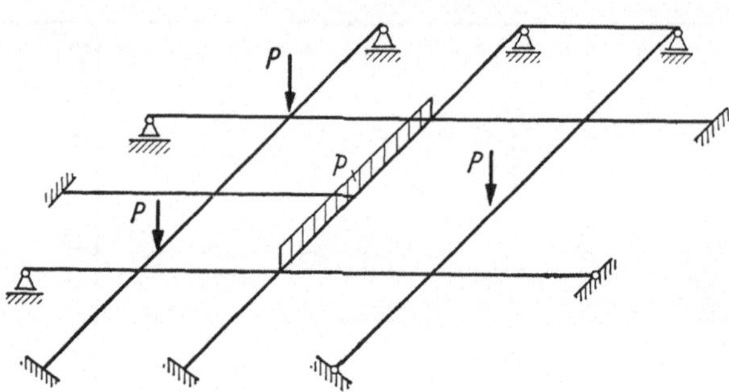

Abb. 114. Unregelmäßige Kreuzwerke

Im folgenden wird unterschieden zwischen:

a) Kreuzwerken, bei denen die Torsionssteifigkeit der Träger vernachlässigt werden kann. Diese können mit der bisher behandelten Theorie berechnet werden

[1]) z. B. Leonhardt—Andrä: Die vereinfachte Trägerrostberechnung, Stuttgart, 1950
W. Biermann: Trägerrostberechnung, Berlin, 1955
H. Homberg: Kreuzwerke, Berlin, 1957

b) Kreuzwerken, bei denen die Torsionssteifigkeit der Träger berücksichtigt wird. Für diese sind neue Feld- und Punktmatrizen sowie Koppelfedermatrizen für die Torsionsbeanspruchung aufzustellen.

6.2 Längsverdrehung in x-Richtung

(Torsionsbeanspruchung für feldweise $GI_T = \text{const}$)

6.2.1 Feldmatrix

Die Ableitungen gelten nur für die freie Torsion (St. Venantsche Torsion), d. h., es wird angenommen, daß die Querschnitte sich frei verwölben können.

Die Differentialgleichung für die freie Torsion bei feldweise const Torsionssteifigkeit GI_T lautet:

$$[GI_T \vartheta'(x_k)]' = t_k(x_k). \tag{86}$$

In Abb. 115 sind die positiv definierten Torsionsmomente M_x, die Längsverdrehungen $\mathfrak{d}$ und die Torsionsbelastung $t(x)$ an einem Stab von der Länge l_k in Schnitten rechts neben der Stütze i und links neben der Stütze k eingezeichnet. Für die Ableitung interessieren wieder nur die Größen am rechten Schnittufer. Gl. (86) ist genau so aufgebaut wie Gl. (33) für Längsdehnung. Auch die Torsionsgrößen in Abb. 115 sind in der gleichen Weise positiv definiert wie die ihnen entsprechenden Größen der Längsdehnung in Abb. 50. Man kann daher die Beziehungen, die den linearen Zusammenhang der Längsverdrehungen und des Torsionsmomentes zwischen dem linken und rechten Stabende des Feldes l_k herstellen, sofort entsprechend denen von Gl. (37) angeben:

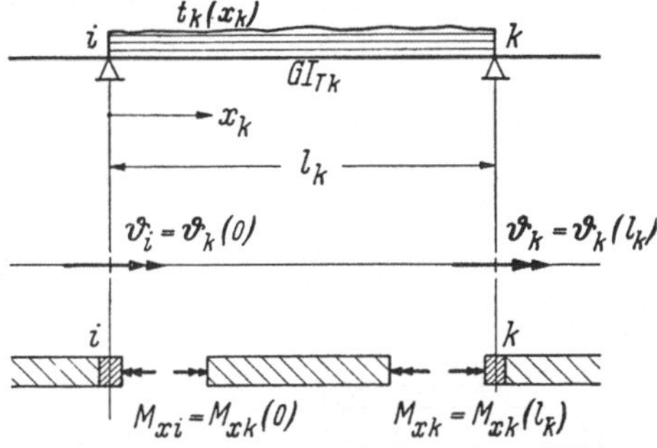

Abb. 115. Reine Längsverdrehung in x-Richtung: Positive Definition der Torsionsbelastung $t(x)$ sowie der Randverdrehung und Randtorsionsmomente M_x am Stab von der Längs l_k

$$\begin{Bmatrix} \vartheta_k(l_k) \\ M_{xk}(l_k) \\ \; \end{Bmatrix} = \begin{bmatrix} 1 & -\dfrac{l_k}{GI_T} & +\vartheta_{k0}(l_k) \\ 0 & 1 & +M_{xk0}(l_k) \\ 0 & 0 & 1 \end{bmatrix} \begin{Bmatrix} \vartheta_k(0) \\ M_{xk}(0) \\ 1 \end{Bmatrix} \tag{87}$$

oder kurz

$$\mathfrak{y}_{tk}(l_k) = \mathfrak{F}_{tk}\, \mathfrak{y}_{tk}(0),$$

wenn folgende Abkürzungen eingeführt werden:

$$\mathfrak{y}_{tk}(l_k) = \begin{Bmatrix} \vartheta_k(l_k) \\ M_{xk}(l_k) \\ 1 \end{Bmatrix} \qquad \mathfrak{y}_{tk}(0) = \mathfrak{y}_{ti} = \begin{Bmatrix} \vartheta_k(0) \\ M_k(0) \\ 1 \end{Bmatrix}$$

$$\mathfrak{F}_{tk} = \begin{bmatrix} 1 & -\dfrac{l_k}{GI_T} & +\vartheta_{k0}(l_k) \\ 0 & 1 & +M_{xk0}(l_k) \\ 0 & 0 & 1 \end{bmatrix}.$$

$\mathfrak{F}_{tk}$ ist die gesuchte Feldmatrix für die Torsionsbeanspruchung. Die in der Lastspalte stehenden Belastungsgrößen ergeben sich ebenfalls analog zu den Beziehungen (35) von der Längsdehnung:

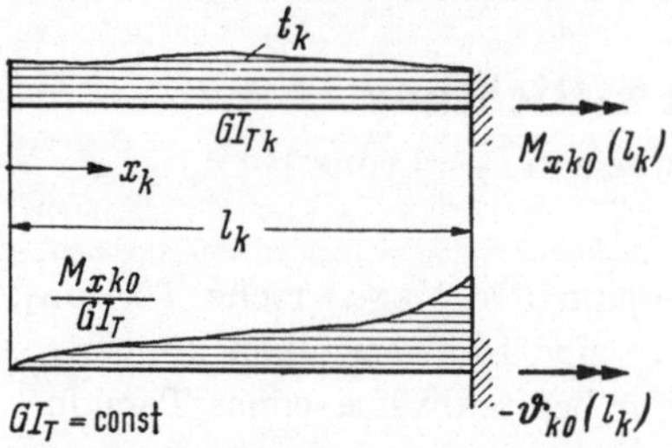

$$\left.\begin{aligned} M_{xk0}(x_k) &= \int_0^{x_k} t_k(\xi)\,\mathrm{d}\xi \\ -\vartheta_{k0}(x_k) &= \int_0^{x_k} \frac{M_{xk0}(\xi)}{GI_T}\,\mathrm{d}\xi \\ &\text{für} \quad (0 < \xi < x_k). \end{aligned}\right\} \tag{88}$$

Abb. 116. Darstellung der Belastungsgrößen als an die rechte Feldgrenze reduzierte Funktion t_k und M_{xk0}/GI_T

Man kann sie sich vorstellen als an die rechte Feldgrenze reduzierte Belastungsfunktionen

$$t_k(x_k) \quad \text{und} \quad \frac{M_{xk0}(x_k)}{GI_T}. \qquad \text{(Abb. 116)}$$

In Tab. 6a sind diese Belastungsgrößen für einige Lastfälle angegeben.

Tabelle 6a. *Belastungsgrößen bei Längsverdrehung in x-Richtung für feldweise konst. Torsionssteifigkeit GI_{Tk}*

	$\vartheta_{k0}(l_k)$	$M_{xk0}(l_k)$
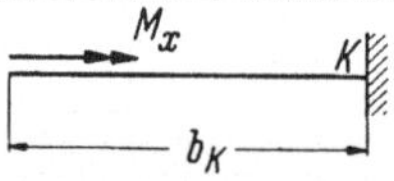 M_x, K, b_K	$-\dfrac{M_x\, b_k}{GI_{Tk}}$	M_x
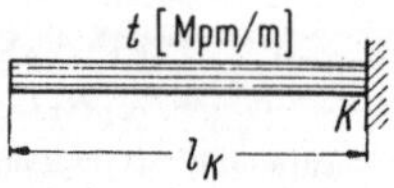 t [Mpm/m], K, l_K	$-\dfrac{t\, l_k^2}{2GI_{Tk}}$	$t \cdot l_k$

Tabelle 6b. *Umgerechnete Belastungsgrößen bei Längsverdrehung in x-Richtung für feldweise konst. Torsionssteifigkeit GI_{Tk}*

Vergleichsgrößen: $\vartheta = \vartheta^* \dfrac{P_c l_c}{EI_c^2}$ $\quad M_x = M_x^* P_c l_c \quad t = t^* P_c$

P_c, l_c, I_c beliebig wählbar

	$\vartheta^*_{k0}\left(\frac{l_k}{l_c}\right)$	$M^*_{xk}\left(\frac{l_k}{l_c}\right)$
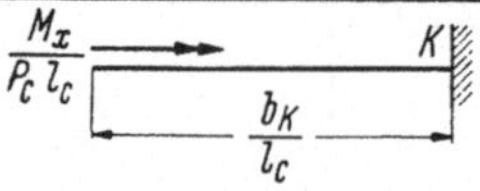 $\frac{M_x}{P_c l_c}$, K, $\frac{b_K}{l_c}$	$-\dfrac{M_x}{P_c l_c}\dfrac{b_k}{l_c}\dfrac{EI_c}{GI_{Tk}}$	$\dfrac{M_x}{P_c l_c}$
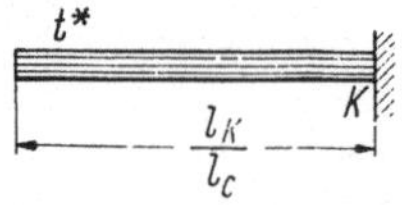 t^*, K, $\frac{l_K}{l_c}$	$-\dfrac{t^*}{2}\dfrac{l_k^2}{l_c^2}\dfrac{EI_c}{GI_{Tk}}$	$t^* \cdot \dfrac{l_k}{l_c}$

6.2.2 Punktmatrix

Die Beziehungen an der Feldgrenze k sind:

$$\begin{Bmatrix} \vartheta_{k+1}(0) \\ M_{xk+1}(0) \\ 1 \end{Bmatrix} = \begin{bmatrix} 1 & 0 & 0 \\ -K_{tk} & 1 & 0 \\ 0 & 0 & 1 \end{bmatrix} \begin{Bmatrix} \vartheta_k(l_k) \\ M_{xk}(l_k) \\ 1 \end{Bmatrix} \tag{89}$$

oder kurz

$$\mathfrak{y}_{t,\,k+1}(0) = \mathfrak{U}_{tk}\,\mathfrak{y}_{tk}(l_k) \tag{89a}$$

mit der Punktmatrix

$$\mathfrak{U}_{tk} = \begin{vmatrix} 1 & 0 & 0 \\ -K_{tk} & 1 & 0 \\ 0 & 0 & 1 \end{vmatrix}. \tag{89b}$$

Darin ist K_{tk} [Mpm] die Drehfederkonstante einer eventuell an der Feldgrenze vorhandenen Torsionsfeder. In der Lastspalte kann außerdem ein an der Feldgrenze wirkendes bekanntes äußeres Torsionsmoment stehen. Unbekannte Sprunggrößen können im allgemeinen nicht auftreten.

6.2.3 Zusammenhang am Träger über mehrere Felder

Gl. (87a) wird in Gl. (89a) eingesetzt:

$$\mathfrak{y}_{t,k+1}(0) = \mathfrak{U}_{tk}\,\mathfrak{f}_{tk}\,\mathfrak{y}_{tk}(0).$$

Durch mehrmaliges Einsetzen der Gleichung für die verschiedenen Felder in sich selbst folgt

$$\mathfrak{y}_{t,\,n+1}(0) = \mathfrak{U}_{tn}\,\mathfrak{F}_{tn}\,\mathfrak{U}_{t,\,n-1}\,\mathfrak{F}_{t,\,n-1}\cdots U_{t2}\,\mathfrak{F}_{t2}\,\mathfrak{U}_{t1}\,\mathfrak{F}_{t1}\,\mathfrak{y}_{t1}(0). \tag{90}$$

Diese Gleichung hat dieselbe Form wie Gl. (10) bei reiner Biegung und Gl. (41) bei Längsdehnung. Ein Träger mit einem oder mehreren Feldern kann demnach auf Torsion in ähnlicher Weise untersucht werden wie für Biegung oder Längsdehnung.

Der in Gl. (90) vorkommende Anfangsvektor $\mathfrak{y}_{t1}(0)$ soll noch näher untersucht werden. Er hat die Form

$$\mathfrak{y}_{t1}(0) = \mathfrak{x}_1\,A + \mathfrak{x}_2\,1. \tag{91}$$

Darin ist A die sich aus den Randbedingungen ergebende Freigröße vom linken Trägerende. Der Vektor $\mathfrak{x}_1$ ist die allgemeine Lösung der homogenen und der Vektor $\mathfrak{x}_2$ die Partikularlösung der inhomogenen Differentialgleichung.

In Tab. 7 sind für verschiedene Fälle die Freigrößen vom linken Trägerende und die Randbedingungen am rechten Trägerende zusammengestellt.

Tabelle 7: *Freigröße am linken Trägerende und Randbedingung am rechten Trägerende für Längsverdrehung in x-Richtung*

linkes Trägerende	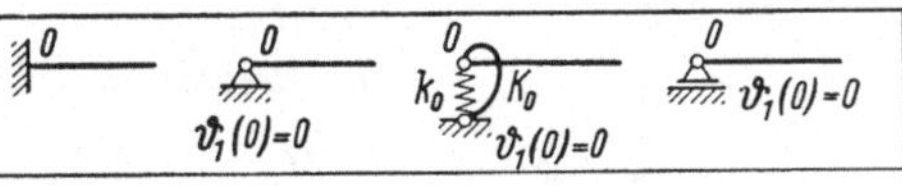 0; 0, $\vartheta_1(0)=0$; 0, K_0, K_0, $\vartheta_1(0)=0$; 0, $\vartheta_1(0)=0$	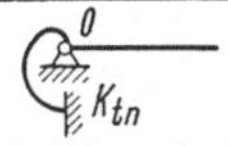 0, K_{tn}
Freigrößen	$M_{x1}(0)$	$\vartheta_1(0)$
rechtes Trägerende	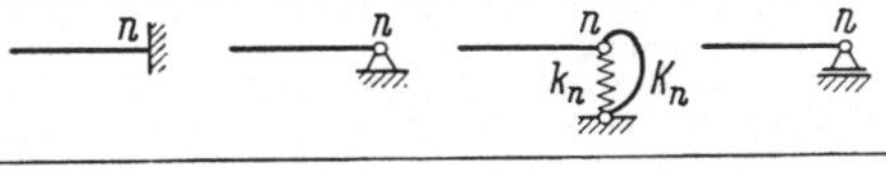 n; n; n, K_n, K_n; n	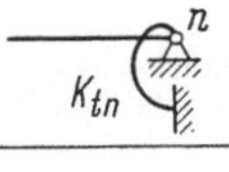 n, K_{tn}
Randbedingung	$\vartheta_n(l_n) = \text{const}\ (=0)$	$M_{x,n+1}(0) = 0$

6.2.4 Einführung dimensionsloser Vergleichsgrößen

Für die Durchführung der praktischen Zahlenrechnung werden für den Fall, daß außer der Torsion noch die Biegung mit untersucht wird, die dimensionslosen Vergleichsgrößen ϑ^*, M_x^* und t^* eingeführt:

$$\vartheta = \vartheta^* \frac{P_c l_c^2}{EI_c} \qquad M_x = M_x^* P_c l_c \qquad t = t^* \frac{P_c l_c}{l_c} = t^* P_c. \tag{92}$$

P_c, l_c und EI_c sind beliebig wählbar.

Umgerechnete Feldmatrix

$$\mathfrak{F}_{tk}^* = \begin{vmatrix} 1 & -\frac{l_k}{l_c}\frac{EI_c}{GI_T} & +\vartheta_{k0}^*\left(\frac{l_k}{l_c}\right) \\ 0 & 1 & +M_{xk0}^*\left(\frac{l_k}{l_c}\right) \\ 0 & 0 & 1 \end{vmatrix}. \tag{93}$$

Die umgerechneten Belastungsglieder sind für einige Lastfälle in Tab. 6b zusammengestellt.

Umgerechnete Punktmatrix

$$\mathfrak{U}_{tk}^* = \begin{vmatrix} 1 & 0 & 0 \\ -K_{tk}^* & 0 & 0 \\ 0 & 0 & 1 \end{vmatrix} \tag{94}$$

Darin ist

$$K_{tk}^* = K_{tk} \frac{l_c}{EI_c} \tag{95}$$

6.2.5 Koppelfedermatrizen für Torsion

6.2.5.1 Zweifache Koppelfedermatrix für den beidseitig elastisch eingespannten Stab

Diese Matrix wird in der gleichen Weise abgeleitet wie die für Biegung.

In Abb. 117 sind die positiv definierten Randtorsionsmomente und Randlängsverdrehungen eines Stabes von der Länge l_k und der const Torsionssteifigkeit GI_T dargestellt. Die positive Belastung $t(x)$ wirkt linksdrehend bei Blickrichtung vom Knoten k zum Knoten i.

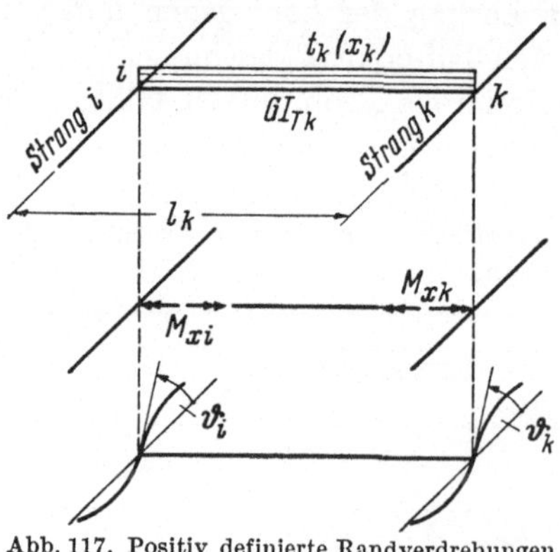

Abb. 117. Positiv definierte Randverdrehungen und Randtorsionsmomente zur Ableitung der Torsionskoppelfedermatrix

Die Einflüsse von Belastung und Längsverdrehung werden zunächst getrennt untersucht:

1. *Belastung*: für $\vartheta_i = \vartheta_k = 0$

$$M_{xi} = M_{xi0} \qquad M_{xk} = M_{xk0}.$$

M_{xi0} und M_{xk0} sind die Randtorsionsmomente am beidseitig fest eingespannten Stab infolge der Belastung; z. B. für $t(x) = t = \text{const}$ [Mpm/m]

$$M_{xi0} = -\frac{t\,l_k}{2} \qquad M_{xk0} = +\frac{t\,l_k}{2}.$$

2. *Verdrehung*: ϑ_i: für $\vartheta_k = t(x) = 0$

$$M_{xi} = \frac{GI_T}{l_k}\vartheta_i \qquad M_{xk} = \frac{GI_T}{l_k}\vartheta_i$$

3. *Verdrehung* ϑ_k: für $\vartheta_i = t(x) = 0$

$$M_{xi} = -\frac{GI_T}{l_k}\vartheta_k \qquad M_{xk} = -\frac{GI_T}{l_k}\vartheta_k.$$

Die einzelnen Einflüsse werden superponiert:

$$\left.\begin{aligned} M_{xi} &= -\frac{GI_T}{l_k}\vartheta_k + \frac{GI_T}{l_k}\vartheta_i + M_{xi0} \\ M_{xk} &= -\frac{GI_T}{l_k}\vartheta_k + \frac{GI_T}{l_k}\vartheta_i + M_{xk0} \end{aligned}\right\} \tag{96}$$

Das Moment M_{xi} wirkt auf den Knoten i des linken Stranges (Abb. 117) nach Abschn. 2.2 im negativen Sinne und das Moment M_{xk} auf den Knoten k vom rechten Strang im positiven Sinne. Wenn also die Vorzeichen in der ersten Gleichung von (96) umgekehrt werden, bekommt man die Torsionsfederbeziehungen des Stabes l_k

$$\begin{pmatrix} -M_{xi} \\ +M_{xk} \end{pmatrix} = \left(\begin{array}{cc|c} +\frac{GI_T}{l_k} & -\frac{GI_T}{l_i} & -M_{xi0} \\ -\frac{GI_T}{l_k} & +\frac{GI_T}{l_k} & +M_{xk0} \end{array}\right) \begin{pmatrix} \vartheta_k \\ \vartheta_i \\ 1 \end{pmatrix} \tag{96a}$$

Darin ist

$$\mathfrak{C}_{ik}(\vartheta_k, \vartheta_i) = \frac{GI_T}{l_k}\begin{pmatrix} 1 & -1 \\ -1 & 1 \end{pmatrix} \tag{96b}$$

die gesuchte Koppelfedermatrix für Torsion.

Die mit den Beziehungen (14) umgerechnete Matrix heißt:

$$\mathfrak{C}_{ik}(\vartheta_k, \vartheta_i) = \frac{GI_T}{EI_c}\frac{l_c}{l_k}\begin{pmatrix} 1 & -1 \\ -1 & 1 \end{pmatrix}. \tag{96c}$$

6.2.5.2 Mehrfache Koppelfedermatrizen

Die Koppelfedermatrix eines aus mehreren Feldern bestehenden Stranges erhält man durch Addition der zweifachen Koppelfedermatrizen jedes Feldes.

Als Beispiel wird die Ableitung der Koppelfedermatrix des in Abb. 118 dargestellten Stranges vorgeführt:

Koppelfedermatrix von Feld l_1:

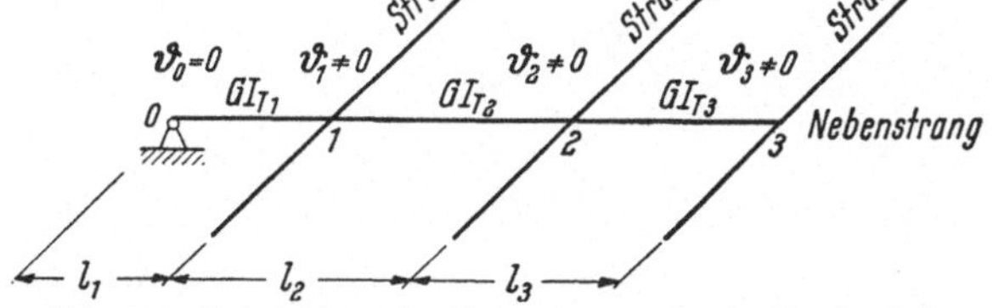

Abb. 118. Entwicklung des Nebenstranges in eine Torsionsfeder

aus Gl. (96c) folgt für $\vartheta_0^* = 0 \qquad M_{x0} = M_{xi} = 0$

$$M_{x1}^{*(1)} = -\frac{GI_{T1}\, l_c}{EI_c\, l_1}\vartheta_1^*.$$

Koppelfedermatrix von Feld l_2

$$\begin{Bmatrix} -M_{x1}^{*(2)} \\ +M_{x2}^{*(2)} \end{Bmatrix} = \frac{GI_{T2}}{EI_c}\frac{l_c}{l_2}\begin{bmatrix} 1 & -1 \\ -1 & 1 \end{bmatrix}\begin{Bmatrix} \vartheta_2^* \\ \vartheta_1^* \end{Bmatrix}.$$

Koppelfedermatrix von Feld l_3

$$\begin{Bmatrix} -M_{x2}^{*(3)} \\ +M_{x3}^{*(3)} \end{Bmatrix} = \frac{GI_{T3}}{EI_c}\frac{l_c}{l_3}\begin{bmatrix} 1 & -1 \\ -1 & 1 \end{bmatrix}\begin{Bmatrix} \vartheta_3^* \\ \vartheta_2^* \end{Bmatrix}.$$

Durch Addition ergibt sich die Torsions-Koppelfedermatrix des gesamten Stranges

$$\begin{Bmatrix} M_{x1}^{*(1)} - M_{x1}^{*(2)} \\ M_{x2}^{*(2)} - M_{x2}^{*(3)} \\ + M_{x3}^{*(3)} \end{Bmatrix} = \frac{G}{EI_c}\begin{bmatrix} 0 & +I_{T2}\frac{l_c}{l_2} & -\left(I_{T1}\frac{l_c}{l_1} + I_{T2}\frac{l_c}{l_2}\right) \\ +I_{T3}\frac{l_c}{l_3} & -\left(I_{T2}\frac{l_c}{l_2} + I_{T3}\frac{l_c}{l_3}\right) & +I_{T2}\frac{l_c}{l_2} \\ -I_{T3}\frac{l_c}{l_3} & +I_{T3}\frac{l_c}{l_3} & 0 \end{bmatrix}\begin{Bmatrix} \vartheta_3^* \\ \vartheta_2^* \\ \vartheta_1^* \end{Bmatrix}.$$

6.3 Kreuzwerke ohne Berücksichtigung der Torsionssteifigkeit

6.3.1 Allgemeine Betrachtungen

Untersucht wird das Kreuzwerk von Abb. 119. Die beiden vierfeldrigen Trägerstränge sollen die Hauptstränge und die dazu senkrechten drei Träger-

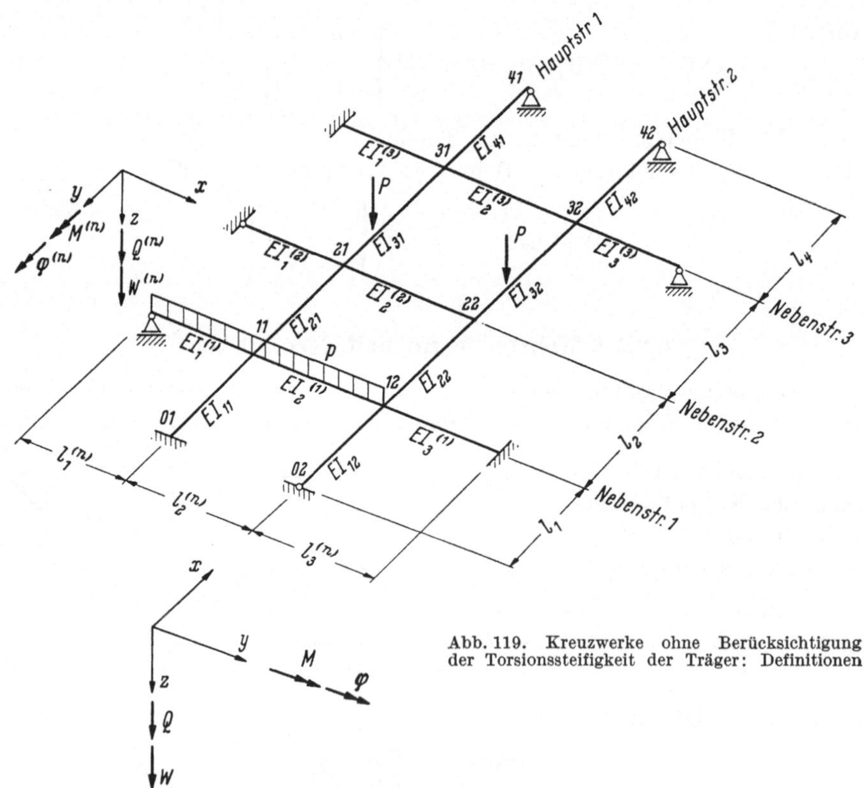

Abb. 119. Kreuzwerke ohne Berücksichtigung der Torsionssteifigkeit der Träger: Definitionen

stränge die Nebenstränge sein. Die Kreuzungspunkte der Haupt- und Nebenstränge sind die Knotenpunkte des Kreuzwerkes. Die Felder und Knotenpunkte werden genauso bezeichnet wie die der Rahmen. Die in der Rechnung vorkommenden positiv definierten Kraft- und Deformationsgrößen an den Neben- und Hauptsträngen sind in Abb. 119 zu sehen. Die Indizes y und z bei den Momenten und Querkräften wurden weggelassen, weil keine Verwechslung möglich ist. Die Größen an den Nebensträngen werden durch den hochgestellten Index (n) von den Größen an den Hauptsträngen unterschieden.

Jeder Knotenpunkt des Kreuzwerkes kann sich senkrecht zur Kreuzwerkebene um den Betrag w verschieben, um die x-Achse des Hauptstranges um den

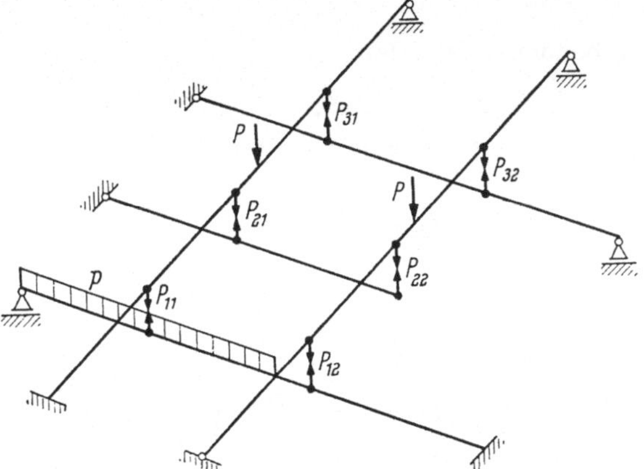

Abb. 120. Knotenkräfte P_{ji} in den Knotenpunkten der getrennten Trägerstränge

Winkel $\vartheta = \varphi^{(n)}$ und um die x-Achse des Nebenstranges um den Winkel $\vartheta^{(n)} = \varphi$ verdrehen. Wegen der Vernachlässigung der Torsionssteifigkeit der Träger sind diese Formänderungsgrößen nur abhängig von den Biegesteifigkeiten und den Feldlängen der Haupt- und Nebenstränge sowie der Belastung. Wenn die Durchbiegungen w sämtlicher Knotenpunkte bekannt wären, dann könnte man die Hauptstränge und die Nebenstränge unabhängig voneinander für die sie beanspruchende Belastung und die als Stützensenkung angesetzten Knotendurchbiegungen w berechnen. Dieser Weg soll auch bei der Berechnung der Kreuzwerke beschritten werden. Dazu muß man die Haupt- und Nebenstränge in den Knotenpunkten trennen. Damit das Gleichgewicht an den Strängen erhalten bleibt, sind in den getrennten Knotenpunkten die paarweise auftretenden Kräfte P_{ji} anzubringen (Abb. 120). Sie sollen positiv sein, wenn sie am Hauptstrang in Richtung der positiven z-Achse und am Nebenstrang in Richtung der negativen z-Achse wirken. Man kann diese Kräfte P_{ji} als Stützkräfte der für sich betrachteten Trägerstränge ansehen. Wenn in den Knotenpunkten $j\,i$ die noch unbekannten Durchbiegungen w_{ji} als Stützensenkungen angesetzt werden, dann lassen sich diese Kräfte P_{ji} an jedem Nebenstrang j errechnen als Funktionen dieser Stützensenkungen und der an ihn angreifenden Belastung. Zum Beispiel die Kräfte P_{11} und P_{12} in Abb. 120 werden berechnet als Stützkräfte am Nebenstrang 1 (Abb. 121) für die beiden Lastfälle:

a) Äußere Belastung p,

b) Senkung der Knoten 11 und 12 um die noch unbekannten Beträge w_{11} und w_{12}.

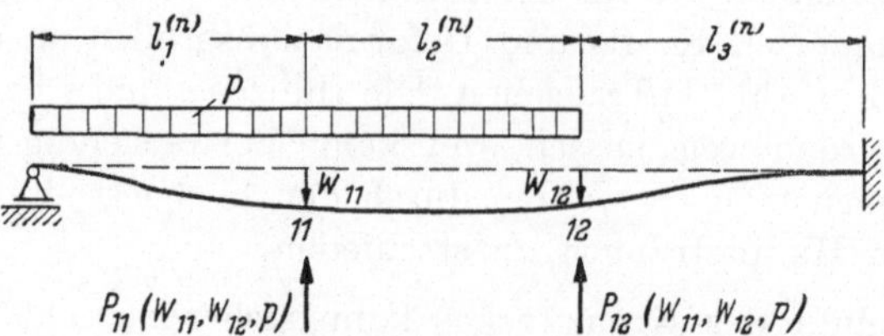

Abb. 121. Nebenstrang 1 unter dem Einfluß der Belastung p und der Knotendurchbiegungen w_{11} und w_{12}

Die sich dabei ergebenden Kräfte lauten

$$P_{11} = a_{12}\, w_{12} + a_{11}\, w_{11} + P_{10,1}$$

$$P_{12} = a_{22}\, w_{12} + a_{12}\, w_{11} + P_{10,2}$$

oder in Matrizenform

$$\begin{pmatrix} P_{11} \\ P_{12} \end{pmatrix} = \left(\begin{array}{cc|c} a_{12} & a_{11} & P_{10,1} \\ a_{22} & a_{12} & P_{10,2} \end{array}\right) \begin{pmatrix} w_{12} \\ w_{11} \\ 1 \end{pmatrix}. \tag{97}$$

Mit Hilfe dieser Matrizengleichung kann der Nebenstrang 1 an die Hauptstränge angefedert werden. In ihr sind die Elemente a_{11}, a_{12} und a_{22} der Koeffizientenmatrix nur abhängig von der Biegesteifigkeit und den Feldlängen des Nebenstranges 1. Die Kräfte $P_{10,1}$ und $P_{10,2}$ entstehen aus der äußere Belastung auf dem Nebenstrang. Wie bekannt müssen nach dem Satz von Maxwell-Betti die Koeffizientenmatrix zur Nebendiagonale symmetrisch und die Koeffizienten a_{11} und a_{22} stets negativ sein.

Nachdem nun die Anfederung der Nebenstränge an die Hauptstränge theoretisch gelöst ist, kann das Ersatzsystem des Kreuzwerkes gebildet und berechnet werden. Es wird dabei behandelt wie ein Durchlaufträger, der an den Nebensträngen elastisch senkbar gestützt ist.

6.3.2 Feld-, Punkt- und Leitmatrizen für das Ersatzsystem

a) Feldmatrix. An jedem Hauptstrang treten die konjugierten Paare (w, Q) und (φ, M) auf. Die Feldmatrix kann somit zusammengebaut werden aus den Gln. (5) oder bei Verwendung von Vergleichsgrößen aus Gl. (15). Beispielsweise lautet für zwei Hauptstränge die Feldmatrix des Feldes l_k des Ersatzsystems:

$$\begin{pmatrix} w_{k2}^*\left(\frac{l_k}{l_c}\right) \\ w_{k1}^*\left(\frac{l_k}{l_c}\right) \\ \varphi_{k2}^*\left(\frac{l_k}{l_c}\right) \\ \varphi_{k1}^*\left(\frac{l_k}{l_c}\right) \\ M_{k1}^*\left(\frac{l_k}{l_c}\right) \\ M_{k2}^*\left(\frac{l_k}{l_c}\right) \\ Q_{k1}^*\left(\frac{l_k}{l_c}\right) \\ Q_{k2}^*\left(\frac{l_k}{l_c}\right) \\ 1 \end{pmatrix} = \begin{pmatrix} 1 & 0 & -\frac{l_k}{l_c} & 0 & 0 & +\frac{1}{2}\frac{l_k^2}{l_c^2}\frac{I_c}{I_{k2}} & 0 & +\frac{1}{6}\frac{l_k^3}{l_c^3}\frac{I_c}{I_{k2}} & w_{k0,2}^*\left(\frac{l_k}{l_c}\right) \\ 0 & 1 & 0 & -\frac{l_k}{l_c} & +\frac{1}{2}\frac{l_k^2}{l_c^2}\frac{I_c}{I_{k1}} & 0 & +\frac{1}{6}\frac{l_k^3}{l_c^3}\frac{I_c}{I_{k1}} & 0 & w_{k0,1}^*\left(\frac{l_k}{l_c}\right) \\ 0 & 0 & 1 & 0 & 0 & -\frac{l_k}{l_c}\frac{I_c}{I_{k2}} & 0 & -\frac{1}{2}\frac{l_k^2}{l_c^2}\frac{I_c}{I_{k2}} & \varphi_{k0,2}^*\left(\frac{l_k}{l_c}\right) \\ 0 & 0 & 0 & 1 & -\frac{l_k}{l_c}\frac{I_c}{I_{k1}} & 0 & -\frac{1}{2}\frac{l_k^2}{l_c^2}\frac{I_c}{I_{k1}} & 0 & \varphi_{k0,1}^*\left(\frac{l_k}{l_c}\right) \\ 0 & 0 & 0 & 0 & 1 & 0 & +\frac{l_k}{l_c} & 0 & M_{k0,1}^*\left(\frac{l_k}{l_c}\right) \\ 0 & 0 & 0 & 0 & 0 & 1 & 0 & +\frac{l_k}{l_c} & M_{k0,2}^*\left(\frac{l_k}{l_c}\right) \\ 0 & 0 & 0 & 0 & 0 & 0 & 1 & 0 & Q_{k0,1}^*\left(\frac{l_k}{l_c}\right) \\ 0 & 0 & 0 & 0 & 0 & 0 & 0 & 1 & Q_{k0,2}^*\left(\frac{l_k}{l_c}\right) \\ 0 & 0 & 0 & 0 & 0 & 0 & 0 & 0 & 1 \end{pmatrix} \begin{pmatrix} w_{k2}^*(0) \\ w_{k1}^*(0) \\ \varphi_{k2}^*(0) \\ \varphi_{k1}^*(0) \\ M_{k1}^*(0) \\ M_{k2}^*(0) \\ Q_{k1}^*(0) \\ Q_{k2}^*(0) \\ 1 \end{pmatrix} \cdot \quad (98)$$

b) Punktmatrix. Für zwei Hauptstränge heißt die Punktmatrix an der Feldgrenze k:

$$\begin{pmatrix} w^*_{k+1,2}(0) \\ w^*_{k+1,1}(0) \\ \varphi^*_{k+1,2}(0) \\ \varphi^*_{k+1,1}(0) \\ M^*_{k+1,1}(0) \\ M^*_{k+1,2}(0) \\ Q^*_{k+1,1}(0) \\ Q^*_{k+1,2}(0) \\ 1 \end{pmatrix} = \begin{pmatrix} 1 & 0 & 0 & 0 & 0 & 0 & 0 & 0 & 0 \\ 0 & 1 & 0 & 0 & 0 & 0 & 0 & 0 & 0 \\ 0 & 0 & 1 & 0 & 0 & 0 & 0 & 0 & 0 \\ 0 & 0 & 0 & 1 & 0 & 0 & 0 & 0 & 0 \\ 0 & 0 & 0 & 0 & 1 & 0 & 0 & 0 & 0 \\ 0 & 0 & 0 & 0 & 0 & 1 & 0 & 0 & 0 \\ a_{12} & a_{11} & 0 & 0 & 0 & 0 & 1 & 0 & P^*_{k0,1} \\ a_{22} & a_{12} & 0 & 0 & 0 & 0 & 0 & 1 & P^*_{k0,2} \\ 0 & 0 & 0 & 0 & 0 & 0 & 0 & 0 & 1 \end{pmatrix} \begin{pmatrix} w^*_{k2}\left(\frac{l_k}{l_c}\right) \\ w^*_{k1}\left(\frac{l_k}{l_c}\right) \\ \varphi^*_{k2}\left(\frac{l_k}{l_c}\right) \\ \varphi^*_{k1}\left(\frac{l_k}{l_c}\right) \\ M^*_{k1}\left(\frac{l_k}{l_c}\right) \\ M^*_{k2}\left(\frac{l_k}{l_c}\right) \\ Q^*_{k1}\left(\frac{l_k}{l_c}\right) \\ Q^*_{k2}\left(\frac{l_k}{l_c}\right) \\ 1 \end{pmatrix}. \qquad (99)$$

Im gerasterten Teil steht die mit Vergleichsgrößen umgeordnete Federmatrix des Nebenstranges, und in der Lastspalte stehen die Glieder $P^*_{k0,1}$ und $P^*_{k0,2}$ entsprechend Gl. (97). Außerdem können in der Lastspalte noch beim Vorhandensein von Zwischenbedingungen Sprunggrößen und an den Knoten angreifende bekannte äußere Knotenkräfte und -momente vorkommen.

c) Leitmatrix. Da in der Punktmatrix die Federmatrix nur einen kleinen Raum einnimmt, ist es beim Fehlen von Zwischenbedingungen vorteilhaft, mit der Leitmatrix zu rechnen. Die Schreibarbeit im Rechenschema wird dadurch verkürzt.

Die Leitmatrix bei zwei Hauptsträngen entsteht aus Matrix (98), wenn man in diese noch zusätzlich eine 10. und 11. Spalte aufnimmt. In diesen beiden Spalten steht in den Zeilen von $Q^*_{k1}(l_k/l_c)$ und $Q^*_{k2}(l_k/l_c)$ die Federmatrix des Nebenstranges nach Gl. (97). Die Lastglieder $P^*_{k0,1}$ und $P^*_{k0,2}$ von Gl. (97) sind zu den entsprechenden Gliedern der Lastspalte von Matrix (98) zu addieren. Die Matrizenmultiplikationen im Rechenschema müssen bei dieser Anordnung verschränkt ausgeführt werden.

6.3.3 Zusammenhang am ganzen Kreuzwerk

Die Berechnung verläuft nach folgender Rechenvorschrift:

1. Aufgliederung des Kreuzwerkes in Haupt- und Nebenstränge.
2. Berechnung der Nebenstränge.

Jeder Nebenstrang j ist ein Träger auf festen Stützen und wird untersucht für:

a) Äußere Belastung;
b) die unbekannten Stützensenkungen w_{ji}, die an jeder aus einem Knotenpunkt des Kreuzwerkes (Kreuzungspunkt zwischen Haupt- und Nebenstrang) hervorgegangenen Stütze $j\,i$ vorhanden sind.

Die Berechnung erfolgt nach Abschn. 3.4.4 mit Rechenschema (12). Ziel der Untersuchung sind die Stützkräfte P_{ji} (positive Definition s. Abb. 120 und Abb. 121), die sich als Funktionen der unbekannten Stützensenkungen w_{ji} und der bekannten Belastung auf dem Nebenstrang j ergeben.

3. Aufstellung einer Federmatrix für jeden Nebenstrang j. Die Federmatrizen werden zusammengebaut aus den Stützkräften jedes Nebenstranges. Bei n Hauptsträngen wird die Federmatrix des Nebenstranges j entsprechend Gl. (97)

$$\begin{Bmatrix} P_{j1} \\ P_{j2} \\ \vdots \\ P_{jn} \end{Bmatrix} = \left[\begin{array}{ccccc|c} a_{1n} & a_{1n-1} & \cdots & a_{12} & a_{11} & P_{j0,1} \\ a_{2n} & a_{2n-1} & \cdots & a_{22} & a_{12} & P_{j0,2} \\ \vdots & \vdots & & \vdots & \vdots & \vdots \\ a_{nn} & a_{n-1,n} & \cdots & a_{2n} & a_{1n} & P_{j0,n} \end{array}\right] \begin{Bmatrix} w_{jn} \\ w_{jn-1} \\ \vdots \\ w_{j1} \\ \hline 1 \end{Bmatrix}. \qquad (97\,\mathrm{a})$$

Kontrolle der Federmatrix:

α) Sämtliche Glieder $a_{ii} \leqq 0$;

β) die Matrix muß zur Nebendiagonale symmetrisch sein.

4. Berechnung der Hauptstränge.
Sie werden zu einem Ersatzsystem zusammengefaßt, an das die Nebenstränge angefedert sind. Die Freigrößen am linken Ende des Ersatzsystems bestimmt man für jeden Hauptstrang getrennt mit Hilfe von Tab. 2. In jedem konjugierten Paar ist am linken Ende eine Größe Null oder bekannt; die übrigbleibende Größe ist die Freigröße. Am rechten Trägerende wird in jedem konjugierten Paar eine Größe durch eine Randbedingung festgelegt.

Bei n Hauptsträngen sind somit $2n$ Freigrößen in der Rechnung mitzuführen. Aus ihnen wird der Anfangsvektor des Ersatzsystems aufgebaut.

Bei der Durchführung der Rechnung sind zwei Fälle zu unterscheiden:

a) Kreuzwerk ohne Zwischenbedingungen.
Die Rechnung erfolgt zweckmäßigerweise mit Rechenschema (12a). Die Leitmatrizen sind nach Abschn. 6.3.2.c aufzustellen.
Am Ende des Rechenschemas bekommt man aus den Randbedingungen ein Gleichungssystem mit den unbekannten Freigrößen, also bei n Hauptsträngen $2n$ Gleichungen.

b) Kreuzwerke mit Zwischenbedingungen.
Zwischenbedingungen können auftreten bei der Bestimmung von Momenteneinflußlinien nach Abschn. 3.5.2 (Sprunggröße φ^s, Bedingung $M = 0$) oder bei über mehrere Stützen durchlaufenden Kreuzwerken (Sprunggröße Q^s, Bedingung $w = 0$). Bei jedem Feld, an dessen rechter Feldgrenze die Zwischenbedingung $w = 0$ auftritt, ist die Leitmatrix aufzulösen in Feld- und Punktmatrix (nach Abschn. 6.3 a und b).
Es kann dabei nach dem ausführlichen Verfahren (Abschn. 3.4.2) oder nach der Methode des Ablösens der Freigrößen (Abschn. 3.4.3.) gerechnet werden. Im ersten Fall ist zum Schluß bei n Hauptsträngen und m Zwischenbedingungen ein lineares Gleichungssystem mit $2n + m$ Unbekannten und im zweiten Fall eins mit nur $2n$ Unbekannten zu lösen. Über die Vor- und Nachteile beider Verfahren ist bereits an anderer Stelle ausführlich berichtet worden. Nachdem die Freigrößen und die evtl. vorhandenen unbekannten Sprung-

größen berechnet sind, werden in bekannter Weise sämtliche Kraft- und Deformationsgrößen an den Feldgrenzen der Hauptstränge ermittelt.

5. Berechnung der Kraft- und Deformationsgrößen an den Nebensträngen. Da sämtliche Größen an den Nebensträngen ausgedrückt sind als Funktion der Knotendurchbiegungen, kann man sie jetzt leicht mit Hilfe dieser ermitteln.
6. Kontrollen.
Überprüfung der Gleichgewichtsbedingungen $\Sigma H = 0$, $\Sigma V = 0$, $\Sigma M = 0$
a) am ganzen Kreuzwerk,
b) an jedem Knotenpunkt.

6.3.4 Beispiel 13

a) Aufgabenstellung und Geometrie:

$$l = 4\,\text{m}$$
$$EI = 21 \cdot 10^3\,\text{Mpm}^2$$
$$p = 2\,\text{Mp/m}.$$

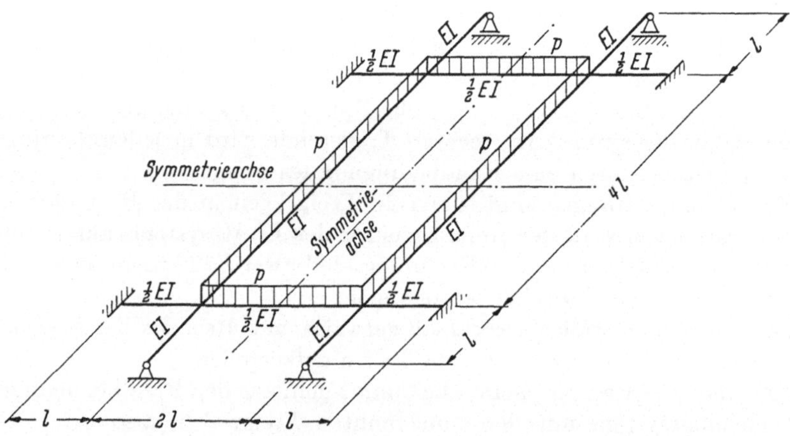

Abb. 122. Beispiel 13: Kreuzwerk ohne Berücksichtigung der Torsionssteifigkeit der Träger

Das Kreuzwerk ist für die angegebene Belastung zu berechnen. Die Torsionssteifigkeit der Träger soll vernachlässigt werden.

Durch das Kreuzwerk können zwei Symmetrieachsen gelegt werden. Die Belastung ist dazu ebenfalls symmetrisch. Dadurch kann die Berechnung auf ein Viertel des Kreuzwerkes beschränkt werden (Abb. 123). An den von den Symmetrieachsen geschnittenen Stellen müssen die Bedingungen $\varphi = 0$ und $Q = 0$ erfüllt sein.

Es wird mit Vergleichsgrößen gerechnet:

$$\text{Gewählt} \quad l_c = 4\,\text{m} \qquad EI_c = 6EI \qquad P_c = 1\,\text{Mp}$$
$$p = p^* \frac{P_c}{l_c} = 2 \cdot 4 = 8.$$

b) Berechnung des Nebenstranges. Abb. 124 zeigt den Nebenstrang in der für die Berechnung maßgebenden Form. w_1^* und w_2^* sind unbekannte Stützensenkungen; P_0^*, P_1^* und P_2^* sind Stützkräfte. P_2^* muß zuerst ermittelt werden, damit die Bedingung $P_2^* = 0$ erfüllt werden kann.

Der Nebenstrang ist ein Durchlaufträger auf festen Stützen, der nach Abschn. 3.4.4 berechnet wird. Die Querkräfte werden unterdrückt. Man bildet die Feldmatrix nach Gl. (29). Bei der Berechnung werden die hochgestellten Indizes 1

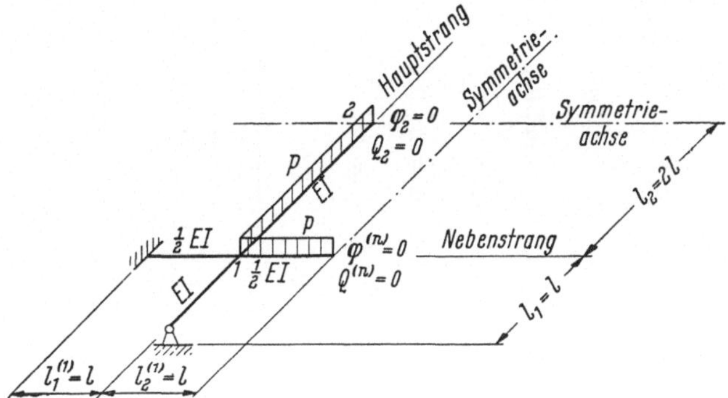

Abb. 123. Zu berechnendes Kreuzwerk bei Berücksichtigung der Symmetrie

an den Kraft- und Deformationsgrößen weggelassen, weil in diesem Falle keine Verwechslung möglich ist.

Rechenschema R 13.1 (siehe Seite 196)

Am rechten Trägerende muß die Randbedingung $\varphi_2^*\left(\frac{l_2^{(1)}}{l_c}\right) = 0$ erfüllt sein. Das ergibt die Gleichung

$$-24\,M_1^*(0) - 4 + 12\,w_1^* - 3\,w_2^* = 0$$

mit der Lösung

$$M_1^*(0) = -\frac{1}{6} + \frac{1}{2}\,w_1^* - \frac{1}{8}\,w_2^*.$$

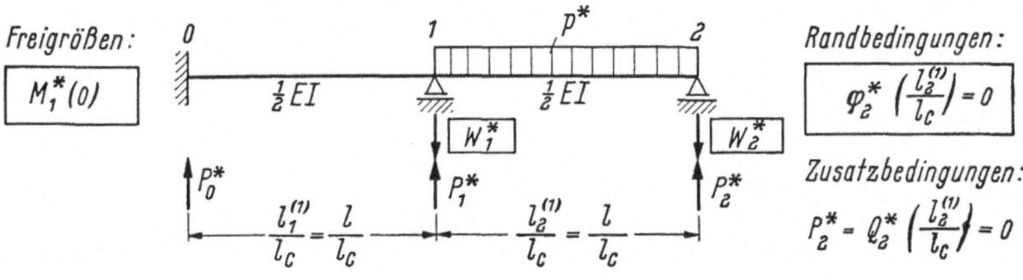

Abb. 124. Ersatzträger des Nebenstranges

Die Momente $M_2^*(0) = M_1^*(l_1^{(1)}/l_c)$ und $M_2^*(l_2^{(1)}/l_c)$ an den Feldgrenzen ergeben sich ebenfalls als Funktionen von w_1^* und w_2^*. Sie stehen rechts neben das Rechenschema.

Rechenschema R 13.1 (Nebenstrang)

$$
\begin{array}{c}
M_1(0) \quad 1 \\
\left(\begin{array}{cc} 0 & 0 \\ 1 & 0 \\ 0 & 1 \end{array}\right)
\end{array}
= \left(\begin{array}{cccl} & & & 0 = \varphi_1^*(0) \\ -\frac{1}{6} & +\frac{1}{2} w_1^* & -\frac{1}{8} w_2^* & = M_1^*(0) \\ 0 & 0 & 1 & \end{array}\right) = \mathfrak{y}_1^*(0)
$$

$$
\mathfrak{L}_1^* = \left(\begin{array}{cc|l} -2 & +6 & -3\, w_1^* \\ \frac{1}{2} & -2 & +\frac{1}{2} w_1^* \\ 1{,}5 & -4 & +2{,}5\, w_1^* + 1 \end{array}\right)
\left(\begin{array}{cc} 6 & -3\, w_1^* \\ -2 & +\frac{1}{2} w_1^* \\ 0 & 1 \end{array}\right)
= \left(\begin{array}{cccl} & & & = \varphi_2^*(0) \\ \frac{1}{3} & -\frac{1}{2} w_1^* & +\frac{1}{4} w_2^* & = M_2^*(0) = M_1^*\left(\frac{l_1}{l_c}\right) \\ 0 & 0 & 1 & \end{array}\right) = \mathfrak{y}_2^*(0)
$$

$$
\mathfrak{L}_2^* = \left(\begin{array}{cc|cl} -2 & +6 & -4 & -3\,(w_2^* - w_1^*) \\ \frac{1}{2} & -2 & +2 & +\frac{1}{2}(w_2^* - w_1^*) \\ 1{,}5 & -4 & +2 & +\frac{5}{2}(w_2^* - w_1^*) + 1 \end{array}\right)
\left(\begin{array}{cccc} \boxed{-24 \quad -4 \quad 12\, w_1^* \quad -3\, w_2^*} & & & \\ 7 & 2 & -3\, w_1^* & +\frac{1}{2} w_2^* \\ 0 & 0 & 0 & 1 \end{array}\right)
= \left(\begin{array}{cccl} & & & \boxed{0 = \varphi_2^*(l_2^{(1)}/l_c)} \\ \frac{5}{6} & +\frac{1}{2} w_1^* & -\frac{3}{8} w_2^* & = M_2^*(l_2^{(1)}/l_c) \\ 0 & 0 & 1 & \end{array}\right) = \mathfrak{y}_2^*\left(\frac{l_2^{(1)}}{l_c}\right)
$$

Wiedergewinnung der Querkräfte nach Gl. (27) (Abb. 125):

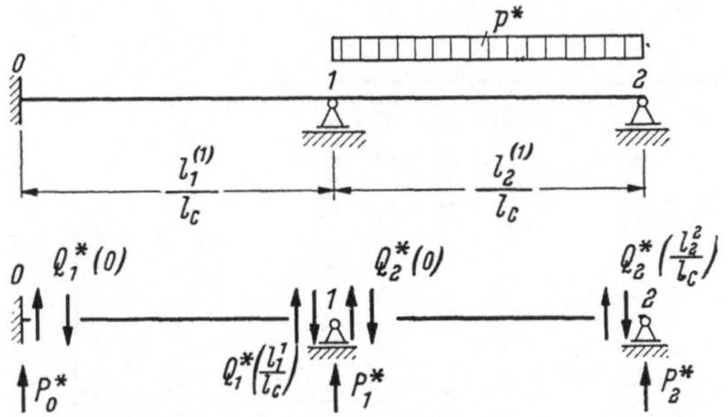

Abb. 125. Positiv definierte Querkräfte an Nebenstrang

$${}^*_1(0) = Q_1^*\left(\frac{l_1}{l_c}\right) = \frac{M_1^*\left(\frac{l_1^{(1)}}{l_c}\right) - M_1^*(0)}{l_1^{(1)}/l_c} = \left(\frac{1}{3} - \frac{1}{2}w_1^* + \frac{1}{4}w_2^*\right) - \left(-\frac{1}{6} + \frac{1}{2}w_1^* - \frac{1}{8}w_2^*\right)$$

$$= \frac{1}{2} - w_1^* + \frac{3}{8}w_2^*$$

$${}^*_2(0) = \frac{M_2^*\left(\frac{l_2^{(1)}}{l_c}\right) - M_2^*(0) - M_{20}^*\left(\frac{l_2^{(1)}}{l_c}\right)}{l_2^{(1)}/l_c} = \left(\frac{5}{6} + \frac{1}{2}w_1^* - \frac{3}{8}w_2^*\right) - \left(\frac{1}{3} - \frac{1}{2}w_1^* + \frac{1}{4}w_2^*\right) - 4$$

$$= -3{,}5 + w_1^* - \frac{5}{8}w_2^*$$

$$Q_2^*\left(\frac{l_2^{(1)}}{l_c}\right) = Q_2^*(0) + p^*\frac{l_2^{(1)}}{l_c} = -3{,}5 + w_1^* - \frac{5}{8}w_2^* + 8 = 4{,}5 + w_1^* - \frac{5}{8}w_2^*.$$

Ermittlung der Stützkräfte. Sie ergeben sich aus der Gleichgewichtsbedingung $\Sigma V = 0$ an den Stützen (Abb. 125):

$$P_0^* = -Q_1^*(0) = -\frac{1}{2} + w_1^* - \frac{3}{8}w_2^*$$

$$P_1^* = Q_1^*\left(\frac{l_1^{(1)}}{l_c}\right) - Q_2^*(0) = +4 - 2w_1^* + w_2^*$$

$$P_2^* = Q_2^*\left(\frac{l_2^{(1)}}{l_c}\right) = 4{,}5 + w_1^* - \frac{5}{8}w_2^*.$$

Anfederung der Nebenstränge. Mit Hilfe der Zusatzbedingung $P_2^* = 0$ am rechten Nebenträgerende (Abb. 124) kann w_2^* als Funktion von w_1^* ausgedrückt werden:

$$P_2^* = 0 = 4{,}5 + w_1^* - \frac{5}{8}w_2^*$$

$$\underline{w_2^* = 7{,}2 + 1{,}6\,w_1^*.}$$

Das in P_1^* eingesetzt, gibt

$$P_1^* = 4 - 2w_1^* + (7{,}2 + 1{,}6\,w_1^*) =$$

$$\boxed{P_1^* = -0{,}4\,w_1^* + 11{,}2}$$

Diese Gleichung ist die gesuchte Federbeziehung des Nebenstranges entsprechend Gl. (95). Sie könnte auch in folgender Form geschrieben werden

$$P_1^* = -k_1 w_1^* + P_{10}^*.$$

Darin ist $k_1^* = 0{,}4$ eine Senkfederkonstante und $P_{10}^* = 11{,}2$ eine Einzellast im Knoten 1.

henschema **R 13.2** (Hauptstrang)

$$\begin{matrix} \varphi_1^*(0) & Q_1^*(0) & 1 \end{matrix}$$

$$\begin{pmatrix} 0 & 0 & 0 \\ 1 & 0 & 0 \\ 0 & 0 & 0 \\ 0 & 1 & 0 \\ 0 & 0 & 1 \end{pmatrix} = \begin{pmatrix} w_1^*(0) = 0 \\ \varphi_1^*(0) = -73,\overline{45} \\ M_1^*(0) = 0 \\ Q_1^*(0) = +3,\overline{63} \\ 1 \end{pmatrix} = \mathfrak{y}_1^*(0) \quad \begin{pmatrix} w_1(0) = 0 \\ \varphi_1(0) = +0,00932\overline{7} \\ M_1(0) = 0 \\ Q_1(0) = +3,636\ \text{Mp} \\ 1 \end{pmatrix} = \mathfrak{y}_1(0)$$

$$= \left(\begin{array}{rrrrr|r} 1 & -1 & 3 & 1 & 0 & 0 \\ 0 & 1 & -6 & -3 & 0 & 0 \\ 0 & 0 & 1 & 1 & 0 & 0 \\ 0 & 0 & 0 & 1 & +11,2 & -0,4 \\ -1 & 0 & -2 & 0 & -10,2 & +0,4 \end{array}\right) \begin{pmatrix} -1 & +1 & 0 \\ +1 & -3 & 0 \\ 0 & +1 & 0 \\ +0,4 & +0,6 & +11,2 \\ 0 & 0 & 1 \end{pmatrix} = \begin{pmatrix} w_2^*(0) = +77,0908 \\ \varphi_2^*(0) = -84,3634 \\ M_2^*(0) = +3,6363 \\ Q_2^*(0) = -16,0000 \\ 1 \end{pmatrix} = \mathfrak{y}_2^*(0) \quad \begin{pmatrix} w_2(0) = +0,0391\ \text{m} \\ \varphi_2(0) = +0,010712 \\ M_2(0) = +14,545\ \text{Mpm} \\ Q_2(0) = -16,000\ \text{Mp} \\ 1 \end{pmatrix} = \mathfrak{y}_2(0)$$

$$= \left(\begin{array}{rrrrr|r} 1 & -2 & +12 & +8 & +32 & 0 \\ 0 & 1 & -12 & -12 & -64 & 0 \\ 0 & 0 & 1 & +2 & +16 & 0 \\ 0 & 0 & 0 & 1 & +16 & 0 \\ -1 & +1 & -1 & +1 & +1 & 0 \end{array}\right) \begin{pmatrix} -0,2 & +23,8 & +121,6 \\ \boxed{-3,8 \quad -22,2 \quad -198,4} \\ +0,8 & +2,2 & +38,4 \\ \boxed{+0,4 \quad +0,6 \quad +27,2} \\ 0 & 0 & 1 \end{pmatrix} = \begin{pmatrix} w_2^*\left(\frac{l_2}{l_c}\right) = +193,4530 \\ \boxed{\varphi_2^*\left(\frac{l_2}{l_c}\right) =} \ 0 \\ M_2^*\left(\frac{l_2}{l_c}\right) = -12,3636 \\ \boxed{Q_2^*\left(\frac{l_2}{l_c}\right) =} \ 0 \\ 1 \end{pmatrix} = \mathfrak{y}_2^*\left(\frac{l_2}{l_c}\right) \quad \begin{pmatrix} w_2(l_2) = +0,0982\ \text{m} \\ \boxed{\varphi_2(l_2) = 0} \\ M_2(l_2) = -49,454\ \text{Mpm} \\ \boxed{Q_2(l_2) = 0} \\ 1 \end{pmatrix} = \mathfrak{y}_2(l_2).$$

c) Berechnung des Hauptstranges. Das Ersatzsystem ist in Abb. 126 einschließlich der Freigrößen und der Randbedingungen am rechten Trägerende aufgezeichnet. An Stütze 1 sind als Ersatz für den Nebenträger die Senkfeder mit der Federkonstante k_1^* und die Einzellast P_{10}^* vorhanden.

Der Hauptstrang ist ein Durchlaufträger auf einer elastisch senkbaren Stütze. Er wird berechnet nach Abschn. 3.3.1. Die Leitmatrizen wurden aufgestellt nach Gl. (18).

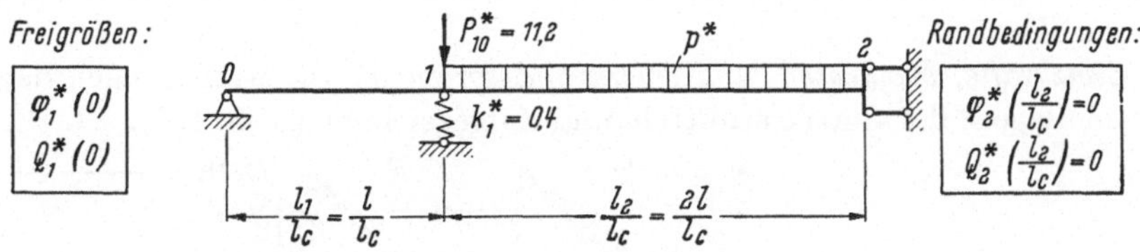

Abb. 126. Ersatzsystem des Kreuzwerkes von Abb. 123

Rechenschema R 13.2 nach Gl. (12) (für Hauptstrang):

Ermittlung der Freigrößen. Aus den Randbedingungen folgt das Gleichungssystem

$$\left.\begin{aligned} \varphi_2^*\left(\frac{l_2}{l_c}\right) &= -3{,}8\,\varphi_1^*(0) - 22{,}2\,Q_1^*(0) - 198{,}4 = 0 \\ Q_2^*\left(\frac{l_2}{l_c}\right) &= +0{,}4\,\varphi_1^*(0) + 0{,}6\,Q_1^*(0) + 27{,}2 = 0 \end{aligned}\right\}.$$

Mit der Lösung

$$Q_1^*(0) = 3{,}\overline{63}$$

$$\varphi_1^*(0) = -73{,}\overline{45}.$$

Damit werden alle dimensionslosen Kraft- und Deformationsgrößen an den Feldgrenzen berechnet und rechts neben das Rechenschema geschrieben. Die tatsächlichen Werte ergeben sich durch Multiplikation der dimensionslosen Größen mit einem Faktor:

$$w = w^* \frac{P_c\, l_c^3}{E I_c} = w^* \frac{64}{6 \cdot 21000} = w^* \cdot 0{,}0005079 \qquad [\mathrm{m}]$$

$$\varphi = \varphi^* \cdot 0{,}0001269$$

$$M = M^* P_c\, l_c = M^* \cdot 4 \qquad [\mathrm{Mpm}]$$

$$Q = Q^* P_c = Q^*. \qquad [\mathrm{Mp}]$$

Sie stehen ebenfalls rechts neben dem Rechenschema.

d) Berechnung der Kraft- und Deformationsgrößen am Nebenstrang. Am Nebenstrang sind vorläufig noch alle Größen ausgedrückt als Funktion der Durchbiegungen w_1^* und w_2^*. w_1^* ist gleichzeitig auch die Durchbiegung des Hauptstranges an der Stütze 1. Diese ist bekannt. Sie wird aus dem Rechenschema (12) entnommen:

$$w_1^* = w_2^*(0) = 77{,}0908.$$

Wie bekannt, ist w_2^* eine Funktion von w_1^*:

$$w_2^* = 7{,}2 + 1{,}6\, w_1^* = 7{,}2 + 1{,}6 \cdot 77{,}0908 = 130{,}54528.$$

Nunmehr können alle Momente im Rechenschema R 13.1 berechnet werden:

$$M_1^*(0) = -\frac{1}{6} + \frac{1}{2} w_1^* - \frac{1}{8} w_2^* = 22{,}06 \qquad (88{,}24\ \text{Mpm})$$

$$M_2^*(0) = M_1^*\left(\frac{l_1^{(1)}}{l_c}\right) = \frac{1}{3} - \frac{1}{2} w_1^* + \frac{1}{4} w_2^* = -5{,}575 \qquad (-22{,}3\ \text{Mpm})$$

$$M_2^*\left(\frac{l_2^{(1)}}{l_c}\right) = \frac{5}{6} + \frac{1}{2} w_1^* - \frac{3}{8} w_2^* = -9{,}575. \qquad (-38{,}2\ \text{Mpm}).$$

Die tatsächlichen Werte für die Momente stehen in Klammern hinter den dimensionslosen Werten.

e) Stützkräfte, Momenten- und Querkraftdiagramme. Sie werden nach den allgemeinen Regeln der Statik ermittelt und aufgezeichnet (Abb. 127).

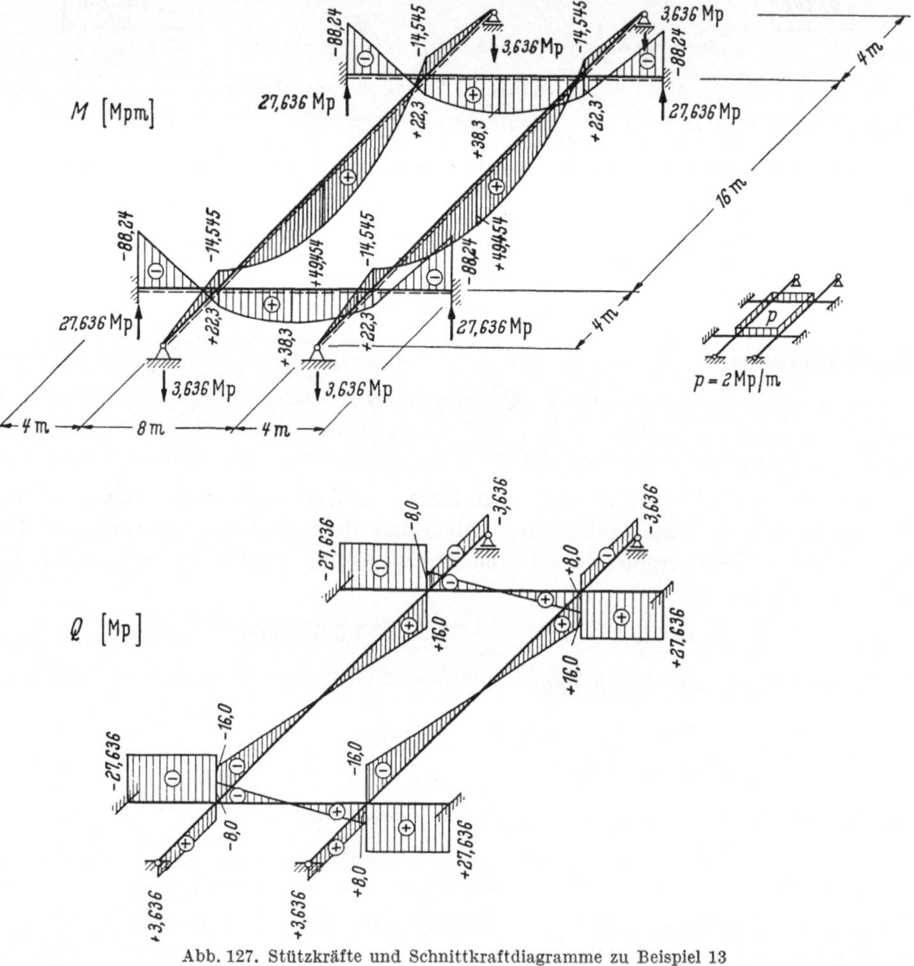

Abb. 127. Stützkräfte und Schnittkraftdiagramme zu Beispiel 13

6.4 Kreuzwerke mit Berücksichtigung der Torsionssteifigkeit

6.4.1 Allgemeine Betrachtungen

Betrachtet wird das Kreuzwerk der Abb. 128. Die vorgesehene Einteilung in Haupt- und Nebenstränge sowie die Bezeichnung der Knoten und Felder ist daraus ersichtlich. Es soll die Torsionssteifigkeit GI_T jedes Trägers berücksichtigt werden. Dadurch müssen in der Rechnung an jedem Strang die drei konjugierten Paare (ϑ, M_x), (φ, M_y) und (w, Q_z) mitgeführt werden. Die positive Definition dieser Größen ist aus Abb. 128 zu ersehen. Die Größen an den Nebensträngen erhalten wieder zur Unterscheidung von denen an den Hauptsträngen einen hochgestellten Index (n).

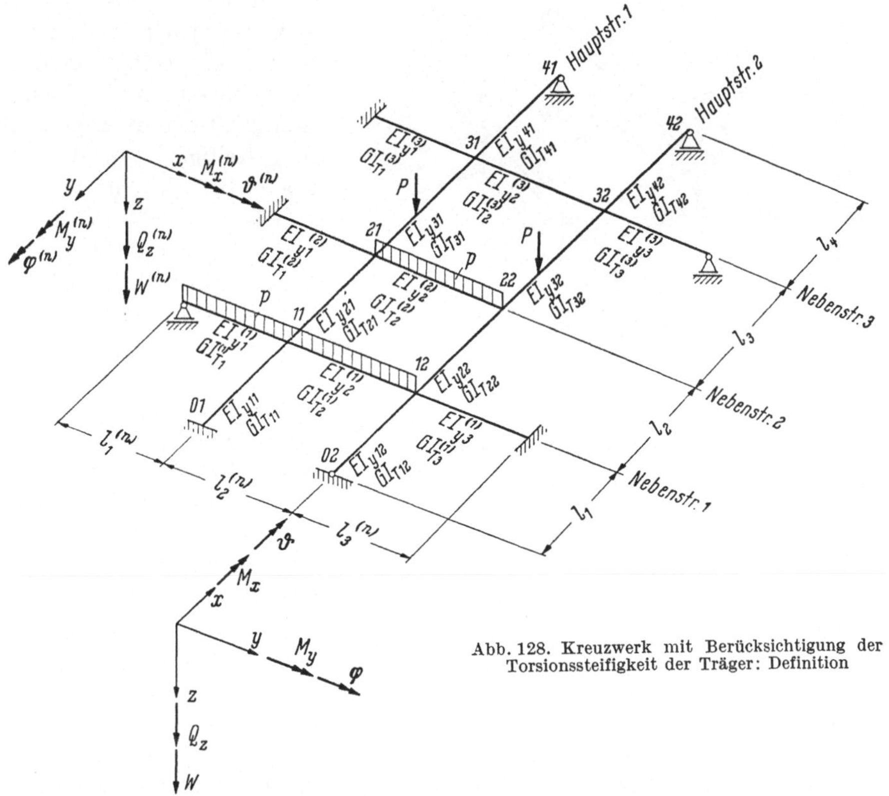

Abb. 128. Kreuzwerk mit Berücksichtigung der Torsionssteifigkeit der Träger: Definition

Bei Belastung des Kreuzwerkes verschieben sich seine Knotenpunkte in Richtung der z-Achse und verdrehen sich um ihre Achsen φ und ϑ. Weil die Biegesteifigkeit und die Torsionssteifigkeit der Träger berücksichtigt wird, muß die gleichen Verdrehungen und Verschiebungen, die ein Knoten eines Hauptstranges ausführt, auch der dazugehörende Knoten des Nebenstranges mitmachen. Dabei besteht am Knoten kj unter den Formänderungsgrößen des Haupt- und Nebenstranges bei Beachtung der Vorzeichendefinition von Abschn. 2.2 folgende Abhängigkeit:

$$\left.\begin{aligned} w_{kj} &= w_{kj}^{(n)} \\ \varphi_{kj} &= \vartheta_{kj}^{(n)} \\ \vartheta_{kj} &= -\varphi_{kj}^{(n)} \end{aligned}\right\} . \tag{100}$$

Wenn die Haupt- und Nebenstränge in den Knotenpunkten getrennt werden, dann sind aus Gleichgewichtsgründen an jedem getrennten Knoten kj die paarweise auftretenden Schnittkräfte P_{kj}, $M_{x\,kj}$ und $M_{y\,kj}$ vorhanden (Abb. 129), die so definiert werden, daß diejenigen, die am Knoten des Hauptstranges wirken, nach Abschn. 2.2 die positive Richtung haben. Diese Schnittkräfte lassen sich an den Nebensträngen als Funktion der noch unbekannten Knotenverformungen und der bekannten Belastung auf den Nebensträngen ausdrücken. Das bedeutet aber, daß sich aus ihnen die Koppelfedermatrizen der Nebenstränge zusammenbauen lassen. Dabei erhält man für jeden Nebenstrang zwei Koppelfedermatrizen, wobei die eine seine Torsionssteifigkeit und die andere seine Biegesteifigkeit in der x—z-Ebene berücksichtigt.

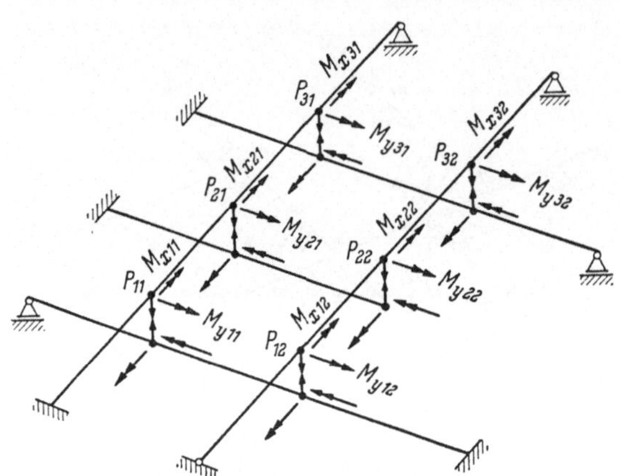

Abb. 129. Knotenschnittkräfte P_{kj}, $M_{x\,kj}$ und $M_{y\,kj}$ in den Knotenpunkten der getrennten Trägerstränge

Als Beispiel wird nun gezeigt, wie der Nebenstrang 2 vom Kreuzwerk in Abb. 128 an die Hauptstränge anzufedern ist:

a) Ableitung der Koppelfedermatrix, die infolge der Torsionssteifigkeit GI_I des Nebenstranges entsteht.

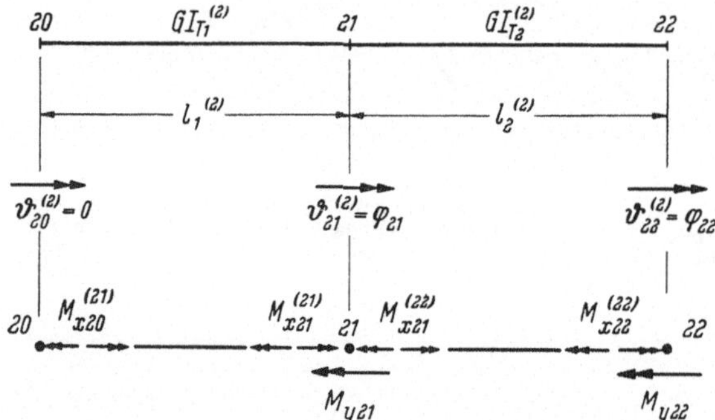

Abb. 130. Nebenträger: Randtorsionsmoment und Randlängsverdrehung zur Ableitung der Koppelfedermatrix

Die Aufgabe besteht darin, die in den getrennten Knoten 21 und 22 auftretenden Momente M^*_{y21} und M^*_{y22} (Abb. 129) in Abhängigkeit von φ^*_{21} und φ^*_{22} anzugeben (äußere Torsionsbelastung ist nicht vorhanden). Das ist möglich, wenn man sie aus den Randtorsionsmomenten der zwei Felder $l_1^{(2)}$ und $l_2^{(2)}$ des Nebenstranges 2, die Funktionen der Nebenträger-Längsverdrehungen $\vartheta^{*(2)}_{21}$ und $\vartheta^{*(2)}_{22}$ sind, zusammensetzt. In Abb. 130 ist der Nebenstrang 2 dargestellt, und die in Frage kommenden Torsionsmomente und Knotenlängsverdrehungen sind eingetragen. Daraus kann man die hier maßgebenden Beziehungen ablesen:

$$\left.\begin{aligned} M^*_{y21} &= M^{*(21)}_{x21} - M^{*(22)}_{x21} \\ M^*_{y22} &= M^{*(22)}_{x22} \\ \text{und} \qquad & \\ \vartheta^{*(2)}_{21} &= \varphi^*_{21} \\ \vartheta^{*(2)}_{22} &= \varphi^*_{22} \end{aligned}\right\} . \tag{101}$$

Die Randtorsionsmomente der einzelnen Felder ergeben sich nach Gl. (96c) [Torsionsbelastung $t(x)$ ist nicht vorhanden].

Feld $l_1^{(2)}$:

Wegen $\vartheta_{20}^{*(2)} = 0$ ergibt sich

$$M_{x21}^{*(21)} = -\frac{GI_{T1} \cdot l_c}{EI_c\, l_1^{(2)}} \vartheta_{21}^{*(2)}.$$

Feld $l_2^{(2)}$:

$$\begin{pmatrix} -M_{x21}^{*(22)} \\ M_{x22}^{*(22)} \end{pmatrix} = \begin{pmatrix} \frac{GI_{T2}^{(2)}}{EI_c} \frac{l_c}{l_2^{(2)}} & -\frac{GI_{T2}^{(2)}}{EI_c} \frac{l_c}{l_2^{(2)}} \\ -\frac{GI_{T2}^{(2)}}{EI_c} \frac{l_c}{l_2^{(2)}} & +\frac{GI_{T2}^{(2)}}{EI_c} \frac{l_c}{l_2^{(2)}} \end{pmatrix} \begin{pmatrix} \vartheta_{22}^{*(2)} \\ \vartheta_{21}^{*(2)} \end{pmatrix}.$$

Durch Addition bekommt man die gesuchte Koppelfedermatrix

$$\begin{pmatrix} M_{y21}^{*} \\ M_{y22}^{*} \end{pmatrix} = \begin{pmatrix} \frac{GI_{T2}^{(2)}}{EI_c} \frac{l_c}{l_2^{(2)}} & -\frac{G}{EI_c}\left[I_{T1}^{(2)} \frac{l_c}{l_2^{(2)}} + I_{T2}^{(2)} \frac{l_c}{l_2^{(2)}}\right] \\ -\frac{GI_{T2}^{(2)}}{EI_c} \frac{l_c}{l_1^{(2)}} & +\frac{GI_{T2}^{(2)}}{EI_c} \frac{l_c}{l_2^{(2)}} \end{pmatrix} \begin{pmatrix} \varphi_{22}^{*} \\ \varphi_{21}^{*} \end{pmatrix}. \quad (102)$$

b) Ableitung der Koppelfedermatrix, die infolge der Biegesteifigkeit EI des Nebenstranges entsteht.

Abb. 131 zeigt wieder den Nebenstrang mit allen für die Ableitung maßgebenden Schnittkräften sowie Knotenverdrehungen und -verschiebungen. Danach gelten folgende Beziehungen:

$$\left.\begin{aligned} M_{x21}^{*} &= M_{y21}^{*(22)} - M_{y21}^{*(21)} \\ P_{21}^{*} &= -Q_{z21}^{*(22)} + Q_{z21}^{*(21)} \\ M_{x22}^{*} &= -M_{y22}^{*(22)} \\ P_{22}^{*} &= Q_{z22}^{*(22)} \end{aligned}\right\} \quad (103\text{a})$$

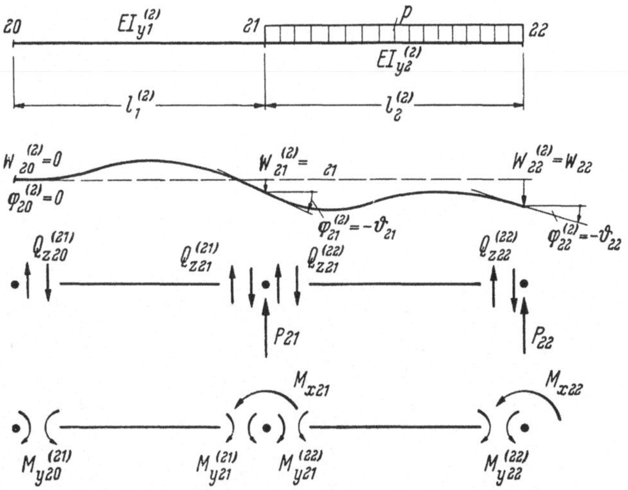

und

$$\left.\begin{aligned} w_{22}^{*} &= w_{22}^{*(2)} \\ \vartheta_{22}^{*} &= -\varphi_{22}^{*(2)} \\ w_{21}^{*} &= w_{21}^{*(2)} \\ \vartheta_{21}^{*} &= -\varphi_{21}^{*(2)} \end{aligned}\right\}. \quad (103\text{b})$$

Abb. 131. Nebenträger: Randschnittkräfte und Randverformungen zur Ableitung der die Biegefestigkeit berücksichtigenden Koppelfedermatrix

Die Randschnittkräfte für Feld $l_1^{(2)}$ ergeben sich nach Tab. 5b:

$$\begin{pmatrix} M_{y21}^{*(21)} \\ Q_{z21}^{*(21)} \end{pmatrix} = \begin{pmatrix} -6\left(\frac{l_c}{l_1^{(2)}}\right)^2 \frac{I_{y1}^{(2)}}{I_c} & -4\left(\frac{l_c}{l_1^{(2)}}\right) \frac{I_{y1}^{(2)}}{I_c} \\ -12\left(\frac{l_c}{l_1^{(2)}}\right)^3 \frac{I_{y1}^{(2)}}{I_c} & -6\left(\frac{l_c}{l_1^{(2)}}\right) \frac{I_{y1}^{(2)}}{I_c} \end{pmatrix} \begin{pmatrix} w_{21}^{*(2)} \\ \varphi_{21}^{*(2)} \end{pmatrix}.$$

Für Feld $l_2^{(2)}$ bekommt man die Randschnittkräfte nach Gl. (66a):

$$\begin{pmatrix} -M_{y21}^{(22)*} \\ -Q_{z21}^{(22)*} \\ M_{y22}^{(22)*} \\ Q_{z22}^{(22)*} \end{pmatrix} = \left(\begin{array}{cccc|c} -6\left(\frac{l_c}{l_2^{(2)}}\right)^2 \frac{I_{y2}^{(2)}}{I_c} & -2\left(\frac{l_c}{l_2^{(2)}}\right) \frac{I_{y2}^{(2)}}{I_c} & +6\left(\frac{l_c}{l_2^{(2)}}\right)^2 \frac{I_{y2}^{(2)}}{I_c} & -4\left(\frac{l_c}{l_2^{(2)}}\right) \frac{I_{y2}^{(2)}}{I_c} & -M_{y20,1}^{(22)*} \\ +12\left(\frac{l_c}{l_2^{(2)}}\right)^3 \frac{I_{y2}^{(2)}}{I_c} & +6\left(\frac{l_c}{l_2^{(2)}}\right)^2 \frac{I_{y2}^{(2)}}{I_c} & -12\left(\frac{l_c}{l_2^{(2)}}\right)^3 \frac{I_{y2}^{(2)}}{I_c} & +6\left(\frac{l_c}{l_2^{(2)}}\right)^2 \frac{I_{y2}^{(2)}}{I_c} & -Q_{z20,1}^{(22)*} \\ -6\left(\frac{l_c}{l_2^{(2)}}\right)^2 \frac{I_{y2}^{(2)}}{I_c} & -4\left(\frac{l_c}{l_2^{(2)}}\right) \frac{I_{y2}^{(2)}}{I_c} & +6\left(\frac{l_c}{l_2^{(2)}}\right)^2 \frac{I_{y2}^{(2)}}{I_c} & -2\left(\frac{l_c}{l_2^{(2)}}\right) \frac{I_{y2}^{(2)}}{I_c} & M_{y20,2}^{(22)*} \\ -12\left(\frac{l_c}{l_2^{(2)}}\right)^3 \frac{I_{y2}^{(2)}}{I_c} & +6\left(\frac{l_c}{l_2^{(2)}}\right)^2 \frac{I_{y2}^{(2)}}{I_c} & +12\left(\frac{l_c}{l_2^{(2)}}\right)^3 \frac{I_{y2}^{(2)}}{I_c} & -6\left(\frac{l_c}{l_2^{(2)}}\right)^2 \frac{I_{y2}^{(2)}}{I_c} & Q_{z20,2}^{(22)*} \end{array}\right) \begin{pmatrix} w_{22}^{(2)*} \\ \varphi_{22}^{(2)*} \\ w_{21}^{(2)*} \\ \varphi_{21}^{(2)*} \\ 1 \end{pmatrix}$$

Durch Einsetzen der Randschnittkräfte der Felder $l_1^{(2)}$ und $l_2^{(2)}$ in die Beziehungen (103a) unter gleichzeitiger Beachtung der Beziehungen (103b) erhält man die gesuchte Koppelfedermatrix infolge der Biegesteifigkeit des Nebenstranges 2:

$$\begin{pmatrix} M_{x21}^{*} \\ P_{21}^{*} \\ M_{x22}^{*} \\ P_{22}^{*} \end{pmatrix} = \left(\begin{array}{cccc|c} +6\left(\frac{l_c}{l_2^{(2)}}\right)^2 \frac{I_{y2}^{(2)}}{I_c} & -2\left(\frac{l_c}{l_2^{(2)}}\right) \frac{I_{y2}^{(2)}}{I_c} & -6\left(\frac{l_c}{l_2^{(2)}}\right)^2 \frac{I_{y2}^{(2)}}{I_c} & -4\left(\frac{l_c}{l_2^{(2)}}\right) \frac{I_{y2}^{(2)}}{I_c} & -M_{y20,1}^{(22)*} \\ +12\left(\frac{l_c}{l_2^{(2)}}\right)^3 \frac{I_{y2}^{(2)}}{I_c} & -6\left(\frac{l_c}{l_2^{(2)}}\right)^3 \frac{I_{y2}^{(2)}}{I_c} & -12\left(\frac{l_c}{l_2^{(2)}}\right)^3 \frac{I_{y2}^{(2)}}{I_c} & -6\left(\frac{l_c}{l_2^{(2)}}\right)^2 \frac{I_{y2}^{(2)}}{I_c} & +Q_{z20,1}^{(22)*} \\ +6\left[\left(\frac{l_c}{l_1^{(2)}}\right)^2 \frac{I_{y1}^{(2)}}{I_c} + \left(\frac{l_c}{l_2^{(2)}}\right)^2 \frac{I_{y2}^{(2)}}{I_c}\right] & -4\left[\left(\frac{l_c}{l_1^{(2)}}\right) \frac{I_{y1}^{(2)}}{I_c} + \left(\frac{l_c}{l_2^{(2)}}\right) \frac{I_{y2}^{(2)}}{I_c}\right] & -6\left(\frac{l_c}{l_2^{(2)}}\right)^2 \frac{I_{y2}^{(2)}}{I_c} & -2\left(\frac{l_c}{l_2^{(2)}}\right) \frac{I_{y2}^{(2)}}{I_c} & -M_{y20,2}^{(22)*} \\ -12\left[\left(\frac{l_c}{l_1^{(2)}}\right)^3 \frac{I_{y1}^{(2)}}{I_c} + \left(\frac{l_c}{l_2^{(2)}}\right)^3 \frac{I_{y2}^{(2)}}{I_c}\right] & +6\left[\left(\frac{l_c}{l_1^{(2)}}\right)^2 \frac{I_{y1}^{(2)}}{I_c} + \left(\frac{l_c}{l_2^{(2)}}\right)^2 \frac{I_{y2}^{(2)}}{I_c}\right] & +12\left(\frac{l_c}{l_2^{(2)}}\right)^3 \frac{I_{y2}^{(2)}}{I_c} & +6\left(\frac{l_c}{l_2^{(2)}}\right)^2 \frac{I_{y2}^{(2)}}{I_c} & +Q_{z20,2}^{(22)*} \end{array}\right) \begin{pmatrix} w_{22}^{*} \\ \vartheta_{22}^{*} \\ w_{21}^{*} \\ \vartheta_{21}^{*} \\ 1 \end{pmatrix}. \quad (103)$$

Für jeden Nebenstrang lassen sich solche Koppelfedermatrizen aufstellen. Die Hauptstränge können nun angesehen werden als Durchlaufträger, die auf den Nebenträgern elastisch senk- und drehbar gelagert sind. Weil sich die Hauptstränge aber nicht unabhängig voneinander verformen können, müssen sie gemeinsam berechnet, d. h. zu einem Ersatzsystem zusammengefaßt werden. Dieses wird in der gleichen Weise wie ein Durchlaufträger auf elastisch senk- und drehbaren Stützen berechnet. Die Beziehungen für die elastischen Stützen werden durch die Koppelfedermatrizen der Nebenstränge dargestellt.

6.4.2 Feld- und Punktmatrizen für das Ersatzsystem

a) Feldmatrix. Jeder Hauptstrang wird auf Biegung in der x—z-Ebene und Torsion um die x-Achse beansprucht, d. h. es müssen die Paare (w, Q_z), (φ, M_y) und (ϑ, M_x) mitgeführt werden. Die Feldmatrix des Ersatzsystems wird bei Rechnung mit Vergleichsgrößen aufgebaut aus den Gln. (15) und (93).

Bei einem Kreuzwerk mit zwei Hauptsträngen hat sie beispielsweise für das Feld l_k folgende Form:

$$
\begin{pmatrix} w^*_{k2}\left(\frac{l_k}{l_c}\right) \\ \vartheta^*_{k2}\left(\frac{l_k}{l_c}\right) \\ w^*_{k1}\left(\frac{l_k}{l_c}\right) \\ \vartheta^*_{k1}\left(\frac{l_k}{l_c}\right) \\ \varphi^*_{k2}\left(\frac{l_k}{l_c}\right) \\ \varphi^*_{k1}\left(\frac{l_k}{l_c}\right) \\ M^*_{yk1}\left(\frac{l_k}{l_c}\right) \\ M^*_{yk2}\left(\frac{l_k}{l_c}\right) \\ M^*_{xk1}\left(\frac{l_k}{l_c}\right) \\ Q^*_{zk1}\left(\frac{l_k}{l_c}\right) \\ M^*_{xk2}\left(\frac{l_k}{l_c}\right) \\ Q^*_{zk2}\left(\frac{l_k}{l_c}\right) \\ 1 \end{pmatrix}
=
\left(\begin{array}{cccccccccccc|c}
1 & 0 & 0 & 0 & -\frac{l_k}{l_c} & 0 & 0 & +\frac{1}{2}\frac{l_k^2}{l_c^2}\frac{I_c}{I_{k2}} & 0 & 0 & 0 & +\frac{1}{6}\frac{l_k^3}{l_c^3}\frac{I_c}{I_{k2}} & w^*_{k0,2}\left(\frac{l_k}{l_c}\right) \\
0 & 1 & 0 & 0 & 0 & 0 & 0 & 0 & 0 & 0 & -\frac{l_k}{l_c}\frac{EI_c}{GI_{T2}} & 0 & \mathfrak{d}^*_{k0,2}\left(\frac{l_k}{l_c}\right) \\
0 & 0 & 1 & 0 & 0 & -\frac{l_k}{l_c} & +\frac{1}{2}\frac{l_k^2}{l_c^2}\frac{I_c}{I_{k1}} & 0 & 0 & +\frac{1}{6}\frac{l_k^3}{l_c^3}\frac{I_c}{I_{k1}} & 0 & 0 & w^*_{k0,1}\left(\frac{l_k}{l_c}\right) \\
0 & 0 & 0 & 1 & 0 & 0 & 0 & 0 & -\frac{l_k}{l_c}\frac{EI_c}{GI_{T1}} & 0 & 0 & 0 & \mathfrak{d}^*_{k0,1}\left(\frac{l_k}{l_c}\right) \\
0 & 0 & 0 & 0 & 1 & 0 & 0 & -\frac{l_k}{l_c}\frac{I_c}{I_{k2}} & 0 & 0 & 0 & -\frac{1}{2}\frac{l_k^3}{l_c^3}\frac{I_c}{I_{k2}} & \varphi^*_{k0,1}\left(\frac{l_k}{l_c}\right) \\
0 & 0 & 0 & 0 & 0 & 1 & -\frac{l_k}{l_c}\frac{I_c}{I_{k1}} & 0 & 0 & -\frac{1}{2}\frac{l_k^2}{l_c^2}\frac{I_c}{I_{k1}} & 0 & 0 & \varphi^*_{k0,1}\left(\frac{l_k}{l_c}\right) \\
0 & 0 & 0 & 0 & 0 & 0 & 1 & 0 & 0 & +\frac{l_k}{l_c} & 0 & 0 & M^*_{yk0,1}\left(\frac{l_k}{l_c}\right) \\
0 & 0 & 0 & 0 & 0 & 0 & 0 & 1 & 0 & 0 & 0 & +\frac{l_k}{l_c} & M^*_{yk0,2}\left(\frac{l_k}{l_c}\right) \\
0 & 0 & 0 & 0 & 0 & 0 & 0 & 0 & 1 & 0 & 0 & 0 & M^*_{yk0,1}\left(\frac{l_k}{l_c}\right) \\
0 & 0 & 0 & 0 & 0 & 0 & 0 & 0 & 0 & 1 & 0 & 0 & Q^*_{zk0,1}\left(\frac{l_k}{l_c}\right) \\
0 & 0 & 0 & 0 & 0 & 0 & 0 & 0 & 0 & 0 & 1 & 0 & M^*_{xk0,2}\left(\frac{l_k}{l_c}\right) \\
0 & 0 & 0 & 0 & 0 & 0 & 0 & 0 & 0 & 0 & 0 & 1 & Q^*_{zk0,2}\left(\frac{l_k}{l_c}\right) \\
0 & 0 & 0 & 0 & 0 & 0 & 0 & 0 & 0 & 0 & 0 & 0 & 1
\end{array}\right)
\begin{pmatrix} w^*_{k2}(0) \\ \mathfrak{d}^*_{k2}(0) \\ w^*_{k1}(0) \\ \mathfrak{d}^*_{k1}(0) \\ \varphi^*_{k2}(0) \\ \varphi^*_{k1}(0) \\ M^*_{yk1}(0) \\ M^*_{yk2}(0) \\ M^*_{xk1}(0) \\ Q^*_{zk1}(0) \\ M^*_{xk2}(0) \\ Q^*_{zk2}(0) \\ 1 \end{pmatrix}
\quad (104)
$$

b) Punktmatrix. Die Reihenfolge der Kraft- und Deformationsgrößen in der Punktmatrix muß die gleiche sein wie in der dazugehörenden Feldmatrix. Beispielsweise für zwei Hauptstränge lautet die Punktmatrix an der Feldgrenze k:

$$
\begin{Bmatrix}
{}^{*}_{k+1,2}(0) \\
{}^{*}_{k+1,2}(0) \\
{}^{*}_{k+1,1}(0) \\
{}^{*}_{k+1,1}(0) \\
{}^{*}_{k+1,2}(0) \\
{}^{*}_{k+1,1}(0) \\
{}_{k+1,1}(0) \\
{}_{k+1,2}(0) \\
{}_{k+1,1}(0) \\
{}_{k+1,1}(0) \\
{}_{k+1,2}(0) \\
{}_{k+1,2}(0) \\
1
\end{Bmatrix}
=
\begin{bmatrix}
1 & 0 & 0 & 0 & 0 & 0 & 0 & 0 & 0 & 0 & 0 & 0 & 0 \\
0 & 1 & 0 & 0 & 0 & 0 & 0 & 0 & 0 & 0 & 0 & 0 & 0 \\
0 & 0 & 1 & 0 & 0 & 0 & 0 & 0 & 0 & 0 & 0 & 0 & 0 \\
0 & 0 & 0 & 1 & 0 & 0 & 0 & 0 & 0 & 0 & 0 & 0 & 0 \\
0 & 0 & 0 & 0 & 1 & 0 & 0 & 0 & 0 & 0 & 0 & 0 & 0 \\
0 & 0 & 0 & 0 & 0 & 1 & 0 & 0 & 0 & 0 & 0 & 0 & 0 \\
0 & 0 & 0 & 0 & \multicolumn{2}{c|}{\mathfrak{C}_k\Big(\varphi^*_{k2}\left(\frac{l_k}{l_c}\right),} & 1 & 0 & 0 & 0 & 0 & 0 & M^*_{yk0,1} \\
0 & 0 & 0 & 0 & \multicolumn{2}{c|}{\varphi^*_{k1}\left(\frac{l_k}{l_c}\right)\Big)} & 0 & 1 & 0 & 0 & 0 & 0 & M^*_{yk0;2} \\
\multicolumn{4}{c|}{} & 0 & 0 & 0 & 0 & 0 & 1 & 0 & 0 & M^*_{xk0,1} \\
\multicolumn{4}{c|}{\mathfrak{C}_k\Big(w^*_{k2}\left(\frac{l_k}{l_c}\right), \vartheta^*_{k2}\left(\frac{l_k}{l_c}\right),} & 0 & 0 & 0 & 0 & 0 & 1 & 0 & 0 & Q^*_{zk0,1} \\
\multicolumn{4}{c|}{w^*_{k1}\left(\frac{l_k}{l_c}\right), \vartheta^*_{k1}\left(\frac{l_k}{l_c}\right)\Big)} & 0 & 0 & 0 & 0 & 0 & 0 & 1 & 0 & M^*_{xk0,2} \\
\multicolumn{4}{c|}{} & 0 & 0 & 0 & 0 & 0 & 0 & 0 & 1 & Q^*_{zk0,2} \\
0 & 0 & 0 & 0 & 0 & 0 & 0 & 0 & 0 & 0 & 0 & 0 & 1
\end{bmatrix}
\begin{Bmatrix}
w^*_{k2}\left(\frac{l_k}{l_c}\right) \\
\vartheta^*_{k2}\left(\frac{l_k}{l_c}\right) \\
w^*_{k1}\left(\frac{l_k}{l_c}\right) \\
\vartheta^*_{k1}\left(\frac{l_k}{l_c}\right) \\
\varphi^*_{k2}\left(\frac{l_k}{l_c}\right) \\
\varphi^*_{k1}\left(\frac{l_k}{l_c}\right) \\
M^*_{yk1}\left(\frac{l_k}{l_c}\right) \\
M^*_{yk2}\left(\frac{l_k}{l_c}\right) \\
M^*_{xk1}\left(\frac{l_k}{l_c}\right) \\
Q^*_{zk1}\left(\frac{l_k}{l_c}\right) \\
M^*_{xk2}\left(\frac{l_k}{l_c}\right) \\
Q^*_{zk2}\left(\frac{l_k}{l_c}\right) \\
1
\end{Bmatrix}
\qquad (105)
$$

In den eingerahmten Quadraten stehen die Koppelfedermatrizen des Nebenstranges an der Feldgrenze k. Die Lastspalte enthält Knotenkräfte, die aus einer Belastung des Nebenstranges oder aus äußeren, am Knoten angreifenden Kräften herrühren. Beim Vorhandensein von Zwischenbedingungen können auch Sprunggrößen in der Lastspalte stehen.

6.4.3 Zusammenhang am ganzen Kreuzwerk

Der Rechengang wird wieder in Form einer Rechenvorschrift angegeben:

1. Einteilung des Kreuzwerkes in Haupt- und Nebenstränge.
   Bildung des Ersatzsystems.
2. Anfederung der Nebenstränge.
   Für jeden Nebenstrang sind zwei Koppelfedermatrizen aufzustellen:
   a) Koppelfedermatrix infolge der Biegesteifigkeit des Nebenstranges in der x—z-Ebene (nach Abschn. 5.2).
   In ihr sind alle Randschnittkräfte Funktionen der Knotenverschiebungen $w = w^{(n)}$ und Knotenverdrehungen $\vartheta = -\varphi^{(n)}$ sowie der Belastung.

b) Koppelfedermatrix infolge der Torsionssteifigkeit (nach Abschn. 6.2.5). Die Randmomente sind Funktionen der Knotenverdrehungen $\varphi = \vartheta^{(n)}$ und der Torsionsbelastung. Wenn die Torsionssteifigkeit der Nebenstränge nicht berücksichtigt wird ($GI_T^{(n)} = 0$), sind alle Elemente dieser Matrix Null.

3. Berechnung des Ersatzsystems.
Am linken Trägerende ist in jedem mitgeführten konjugierten Paar eine Größe unbekannt. Bei n Hauptsträngen sind somit $3n$ unbekannte Freigrößen vorhanden, und der Anfangsvektor hat $3n + 1$ Spalten. Die Freigrößen lassen sich, ebenso wie die Randbedingungen am rechten Kreuzwerkende, durch einfache Überlegungen oder auch mit den Tab. 2 und 7 für jeden Hauptträger getrennt bestimmen.

Die Rechnung wird zweckmäßigerweise mit Rechenschema (11) vorgenommen, weil sie sich dadurch übersichtlicher gestaltet als bei Rechenschema (12a) und am Ende der Rechnung bessere Kontrollmöglichkeiten vorhanden sind. Die Schreibarbeit wird allerdings umfangreicher. Die Feld- und Punktmatrizen sind nach den Angaben in Abschn. 6.4.2 aufzustellen. Während der Rechnung am Rechenschema sind die üblichen Kontrollen mit Hilfe der Kontrollzeilen in jeder Feld- und Punktmatrix durchzuführen.

Am Ende des Rechenschemas werden wie üblich die Randbedingungen am rechten Ersatzsystemende erfüllt. Man erhält bei n Hauptsträngen ein lineares Gleichungssystem mit den $3n$ unbekannten Freigrößen vom linken Kreuzwerkende. Sofern am Kreuzwerk Zwischenbedingungen auftreten, so sind sie nach den im Abschn. 3.4.3 vorgeführten Verfahren zu erfüllen.

Nachdem das Gleichungssystem gelöst ist, können mit Hilfe der nunmehr bekannten Freigrößen und der evtl. vorhandenen Sprunggrößen sämtliche Kraft- und Deformationsgrößen links und rechts der Feldgrenzen an den Hauptsträngen ermittelt werden.

4. Berechnung der Kraft- und Deformationsgrößen an den Nebensträngen mit Hilfe der bekannten Knotenverdrehungen und Knotendurchbiegungen aus den Federmatrizen der Nebenstränge.

5. Kontrollen.
Die Gleichgewichtsbedingungen $\Sigma H = 0, \Sigma V = 0, \Sigma M = 0$ müssen an jedem Knoten und am ganzen Kreuzwerk erfüllt sein.

6.4.4 Beispiel 14

a) Aufgabenstellung und Geometrie:

$$l = 4 \text{ m}$$

$$EI = 21 \cdot 10^3 \text{ Mpm}^2$$

$$GI_T = \frac{1}{4} EI$$

$$p = 2 \text{ Mp/m}.$$

Gesucht sind die Schnittkräfte des Kreuzwerkes infolge der angegebenen Belastung und bei Berücksichtigung der Torsionssteifigkeit der Träger (Abmessungen, Belastung und Biegesteifigkeit EI sind die gleichen wie bei Beispiel 13).

Wegen der vorhandenen doppelten Symmetrie genügt es, wenn die statische Untersuchung nur für ein Viertel des Kreuzwerkes vorgenommen wird (Abb. 133).

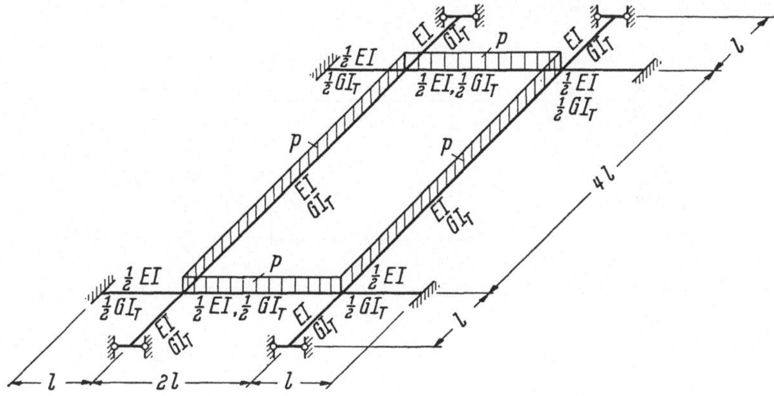

Abb. 132. Beispiel 14: Kreuzwerk mit Berücksichtigung der Torsionssteifigkeit der Träger

Es müssen allerdings an den von der Symmetrieachse geschnittenen Stellen die in Abb. 133 angeschriebenen Bedingungen erfüllt sein.

Vergleichsgrößen:

$$\text{Gewählt} \qquad l_c = 4\,\text{m} \qquad \mathfrak{p} = p\,\frac{P_c}{l_c} = 8$$

$$EI_c = 6\,EI \qquad P_c = 1\,\text{Mp}.$$

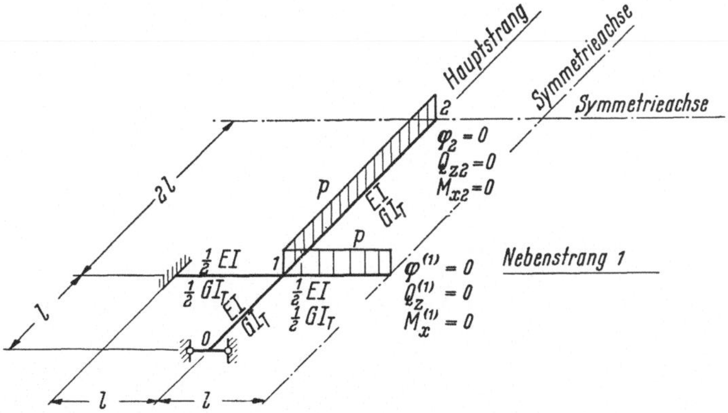

Abb. 133. Zu berechnendes Kreuzwerk bei Berücksichtigung der Symmetrie

b) Anfederung des Nebenstranges (Abb. 134).

α) Koppelfeder infolge Torsionssteifigkeit [nach Gl. (96c)].

Feld 1:

$$M_{x1}^{*\,(1)} = -\frac{\frac{1}{2}GI_T}{EI_c}\,\frac{l_c}{l_1} = \vartheta_1^{*\,(1)} = -\frac{1}{48}\vartheta_1^{*\,(1)}$$

oder bei Beachtung von Gl. (101)

$$M_{y1}^{*} = -\frac{1}{48}\varphi_1^{*}.$$

Feld 2: Wegen $\vartheta_1^{(1)} = \vartheta_2^{(1)}$ wird die Koppelfedermatrix dieses Feldes Null.

β) Koppelfeder infolge Biegesteifigkeit.

Feld 1 (nach Tab. 5b, Fall 2a):

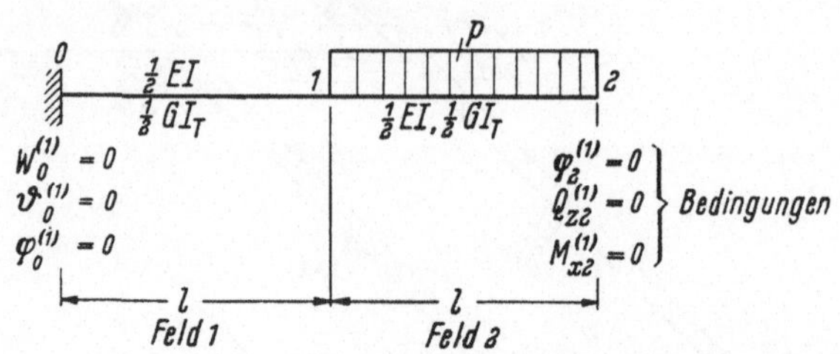

Abb. 134. Nebenstrang in der für die Anfederung maßgebenden Form

$$\begin{pmatrix} M_{y1}^{*(1)} \\ Q_{z1}^{*(1)} \end{pmatrix} = \frac{\frac{1}{2} I^{(1)}}{I_c} \begin{pmatrix} -6\left(\frac{l_c}{l}\right)^2 & -4\frac{l_c}{l} \\ -12\left(\frac{l_c}{l}\right) & -6\left(\frac{l_c}{l}\right)^2 \end{pmatrix} \begin{pmatrix} w_1^{*(1)} \\ \varphi_1^{*(1)} \end{pmatrix}$$

$$\begin{pmatrix} M_{y1}^{*(1)} \\ Q_{z1}^{*(1)} \end{pmatrix} = \begin{pmatrix} -\frac{1}{2} & -\frac{1}{3} \\ -1 & -\frac{1}{2} \end{pmatrix} \begin{pmatrix} w_1^{*(1)} \\ \varphi_1^{*(1)} \end{pmatrix}$$

Feld 2: Feld 2 kann man sich vorstellen als die linke Hälfte eines Feldes von der Länge $l_k = 2l$ mit symmetrischer Biegelinie (Abb. 135), bei dem unter den Randschnittkräften und Randverformungen folgende Abhängigkeit besteht:

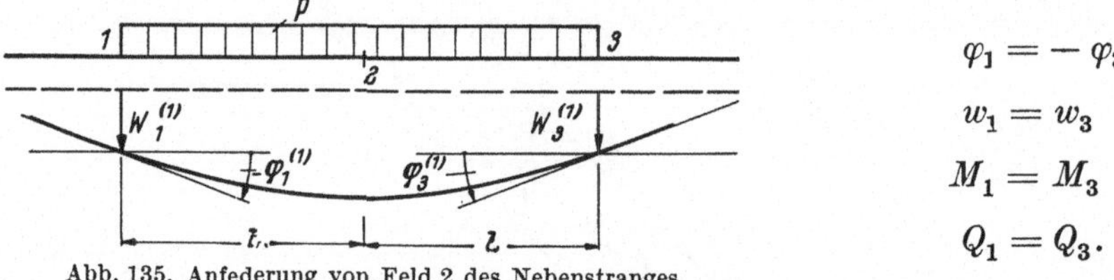

Abb. 135. Anfederung von Feld 2 des Nebenstranges

$$\varphi_1 = -\varphi_3$$
$$w_1 = w_3$$
$$M_1 = M_3$$
$$Q_1 = Q_3.$$

Wenn das in Gl. (66a) eingesetzt wird, erhält man die gesuchten Federbeziehungen des Feldes 2:

$$-M_{y1}^{*(1)} = -2\,\frac{\frac{1}{2} I_2^{(1)}}{I_c}\,\frac{l_c}{2l}\,\varphi_1^{*(1)} - M_{y10}^{*(1)} = -\frac{1}{12}\varphi_1^{*(1)} - M_{y10}^{*(1)}$$

$$-Q_{z1}^{*(1)} = -Q_{z10}^{*(1)}.$$

$M_{y10}^{*(1)}$ und $Q_{z10}^{*(1)}$ sind das Randmoment und die Randquerkraft des beidseitig eingespannten Stabes von der Länge $2l$ bei Vollbelastung mit p^*.

$$M_{y10}^{*(1)} = \frac{p^*}{12}\left(\frac{2l}{l_c}\right)^2 = \frac{8\cdot 4}{12} = \frac{8}{3}$$

$$Q_{z10}^{*(1)} = -\frac{p^*}{2}\frac{2l}{l_c} = -8.$$

Durch Addition der Federbeziehungen der beiden Felder unter Berücksichtigung von Gl. (103a) und (103b) bekommt man die Koppelfedermatrix des gesamten

Nebenstranges

$$\begin{pmatrix} M_{x1}^* \\ P_1^* \end{pmatrix} = \left(\begin{array}{ccc|c} \frac{1}{2} & -\frac{1}{3} & -\frac{1}{12} & \frac{8}{3} \\ -1 & +\frac{1}{2} & & 8 \end{array}\right) \begin{bmatrix} w_1^* \\ \vartheta_1^* \\ 1 \end{bmatrix}$$

$$= \left(\begin{array}{cc|c} \frac{1}{2} & -\frac{5}{12} & \frac{8}{3} \\ -1 & \frac{1}{2} & 8 \end{array}\right) \begin{bmatrix} w_1^* \\ \vartheta_1^* \\ 1 \end{bmatrix}.$$

c) Berechnung des Hauptstranges. Abb. 136 zeigt den Hauptstrang. An Stütze 1 sind als Ersatz für den Nebenstrang die unter b) aufgestellten zwei Feldermatrizen vorhanden. Der Hauptstrang muß auf Biegung und auf Torsion untersucht werden.

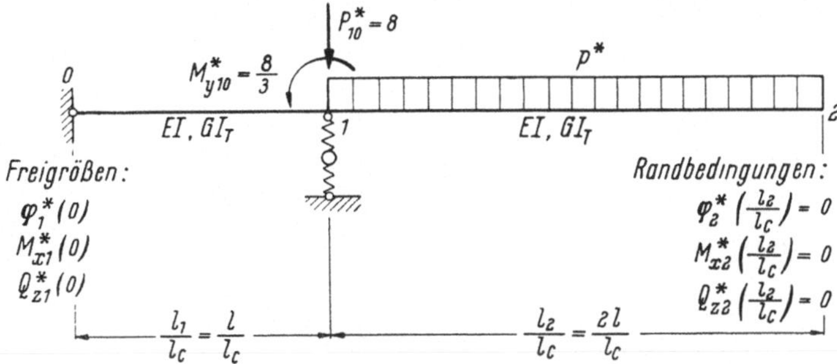

Abb. 136. Ersatzsystem des Kreuzwerkes von Abb. 133

Aufstellung des Rechenschemas [nach Gl. (11)]. Die Feld- und Punktmatrizen ergeben sich entsprechend Gl. (104) und (105). Unbekannte Freigrößen sind $M_{x1}^*(0)$, $\varphi_1^*(0)$ und $Q_{z1}^*(0)$.

Rechensche a R 14 (Siehe Seite 212)

Ermittlung der Freigrößen. Mit Hilfe der Randbedingungen erhält man folgendes Gleichungssystem

$$\left.\begin{aligned} \varphi_2^*\left(\frac{l_2}{l_c}\right) &= -\frac{43}{4}\varphi_1^*(0) + 144\, M_{x1}^*(0) - \frac{63}{4} Q_{z1}^*(0) - 160 = 0 \\ M_{x2}^*\left(\frac{l_2}{l_c}\right) &= -\frac{1}{2}\varphi_1^*(0) + 11\, M_{x1}^*(0) + \frac{1}{2} Q_{z1}^*(0) + \frac{8}{3} = 0 \\ Q_{z2}^*\left(\frac{l_2}{l_c}\right) &= 1\,\varphi_1^*(0) - 12\, M_{x1}^*(0) + 24 = 0 \end{aligned}\right\}$$

mit der Lösung

$$\varphi_1^*(0) = -62{,}95644$$

$$M_{x1}^*(0) = -\,3{,}246376$$

$$Q_{z1}^*(0) = 3{,}13043.$$

Damit sind sämtliche Kraft- und Deformationsgrößen an den Hauptsträngen links und rechts von den Knoten bekannt.

Rechenschema 14

$$\begin{array}{cccc}
\varphi_1^*(0) & M_{x1}^*(0) & Q_{z1}^*(0) & 1 \\
\end{array}$$

$$\begin{pmatrix}
0 & 0 & 0 & 0 \\
0 & 0 & 0 & 0 \\
1 & 0 & 0 & 0 \\
0 & 0 & 0 & 0 \\
0 & 1 & 0 & 0 \\
0 & 0 & 1 & 0 \\
0 & 0 & 0 & 1
\end{pmatrix}$$

$$\mathfrak{F}_1^* = \begin{pmatrix}
1 & 0 & -1 & 3 & 0 & 1 & 0 \\
0 & 1 & 0 & 0 & -24 & 0 & 0 \\
0 & 0 & 1 & -6 & 0 & -3 & 0 \\
0 & 0 & 0 & 1 & 0 & 1 & 0 \\
0 & 0 & 0 & 0 & 1 & 0 & 0 \\
0 & 0 & 0 & 0 & 0 & 1 & 0 \\
-1 & -1 & 0 & 2 & 11 & 0 & 1
\end{pmatrix}
\quad
\begin{pmatrix}
-1 & 0 & 1 & 0 \\
0 & -24 & 0 & 0 \\
1 & 0 & -3 & 0 \\
0 & 0 & 1 & 0 \\
0 & 1 & 0 & 0 \\
0 & 0 & 1 & 0 \\
0 & 0 & 0 & 1
\end{pmatrix}$$

$$\mathfrak{U}_1^* = \begin{pmatrix}
1 & 0 & 0 & 0 & 0 & 0 & 0 \\
0 & 1 & 0 & 0 & 0 & 0 & 0 \\
0 & 0 & 1 & 0 & 0 & 0 & 0 \\
0 & 0 & -\frac{1}{48} & 1 & 0 & 0 & 0 \\
\frac{1}{2} & -\frac{5}{12} & 0 & 0 & 1 & 0 & \frac{8}{3} \\
-1 & \frac{1}{2} & 0 & 0 & 0 & 1 & 8 \\
-\frac{1}{2} & -\frac{13}{12} & -\frac{47}{48} & -1 & -1 & -1 & 1-\frac{32}{3}
\end{pmatrix}
\quad
\begin{pmatrix}
-1 & 0 & 1 & 0 \\
0 & -24 & 0 & 0 \\
1 & 0 & -3 & 0 \\
-0{,}0208\bar{3} & 0 & 1{,}0625 & 0 \\
-\frac{1}{2} & 11 & 0{,}5 & \frac{8}{3} \\
1 & -12 & 0 & 8 \\
0 & 0 & 0 & 1
\end{pmatrix}$$

$$\mathfrak{F}_2^* = \begin{pmatrix}
1 & 0 & -2 & +12 & 0 & +8 & +32 \\
0 & 1 & 0 & 0 & 48 & 0 & 0 \\
0 & 0 & 1 & -12 & 0 & -12 & -64 \\
0 & 0 & 0 & 1 & 0 & 2 & 16 \\
0 & 0 & 0 & 0 & 1 & 0 & 0 \\
0 & 0 & 0 & 0 & 0 & 1 & 16
\end{pmatrix}
\quad
\begin{pmatrix}
4{,}75 & -96 & 19{,}75 & 96 \\
24 & -552 & -24 & -128 \\
10{,}75 & 144 & -15{,}75 & -160 \\
1{,}97916 & -24 & 1{,}0625 & 32 \\
-0{,}5 & 11 & 0{,}5 & 8/3 \\
1 & -12 & 0 & 24
\end{pmatrix}$$

$$= \begin{vmatrix} w_1^*(0) & = & 0 \\ \vartheta_1^*(0) & = & 0 \\ \varphi_1^*(0) & = & -62{,}9564 \\ M_{y1}^*(0) & = & 0 \\ M_{x1}^*(0) & = & -\ 3{,}2463 \\ Q_{z1}^*(0) & = & 3{,}1304 \\ & 1 & \end{vmatrix} = \mathfrak{y}_1^*(0) \qquad \begin{vmatrix} w_1(0) & = & 0 \\ \vartheta_1(0) & = & 0 \\ \varphi_1(0) & = & -\ 0{,}007989 \\ M_{y1}(0) & = & 0 \\ M_{x1}(0) & = & -12{,}985 \text{ Mpm} \\ Q_{z1}(0) & = & 3{,}130 \text{ Mp} \\ & 1 & \end{vmatrix} = \mathfrak{y}_1(0)$$

$$= \begin{vmatrix} w_1^*\left(\frac{l_1}{l_c}\right) & = & 66{,}0868 \\ \vartheta_1^*\left(\frac{l_1}{l_c}\right) & = & 77{,}9128 \\ \varphi_1^*\left(\frac{l_1}{l_c}\right) & = & -72{,}3476 \\ M_{y1}^*\left(\frac{l_1}{l_c}\right) & = & 3{,}1304 \\ M_{x1}^*\left(\frac{l_1}{l_c}\right) & = & -\ 3{,}2463 \\ Q_{z1}^*\left(\frac{l_1}{l_c}\right) & = & 3{,}1304 \\ & 1 & \end{vmatrix} = \mathfrak{y}_1^*\left(\frac{l_1}{l_c}\right) \qquad \begin{vmatrix} w_1(l_1) & = & 0{,}0335 \text{ m} \\ \vartheta_1(l_1) & = & 0{,}009887 \\ \varphi_1(l_1) & = & -\ 0{,}009180 \\ M_{y1}(l_1) & = & 12{,}521 \text{ Mpm} \\ M_{x1}(l_1) & = & -12{,}985 \text{ Mpm} \\ Q_{z1}(l_1) & = & 3{,}130 \text{ Mp} \\ & 1 & \end{vmatrix} = \mathfrak{y}_1(l_1)$$

$$= \begin{vmatrix} w_2^*(0) & = & w_1^*\left(\frac{l_1}{l_c}\right) \\ \vartheta_2^*(0) & = & \vartheta_1^*\left(\frac{l_1}{l_c}\right) \\ \varphi_2^*(0) & = & \varphi_1^*\left(\frac{l_1}{l_c}\right) \\ M_{y2}^*(0) & = & 4{,}6375 \\ M_{x2}^*(0) & = & 0 \\ Q_{z2}^*(0) & = & -16{,}0000 \\ & 1 & \end{vmatrix} = \mathfrak{y}_2^*(0) \qquad \begin{vmatrix} w_2(0) & = & w_2(l_1) \\ \vartheta_2(0) & = & \vartheta_1(l_1) \\ \varphi_2(0) & = & \varphi_1(l_1) \\ M_{y2}(0) & = & 18{,}550 \text{ Mpm} \\ M_{x2}(0) & = & 0 \\ Q_{z2}(0) & = & -16{,}000 \text{ Mp} \\ & 1 & \end{vmatrix} = \mathfrak{y}_2(0)$$

$$= \begin{vmatrix} w_2^*\left(\frac{l_2}{l_c}\right) & = & 170{,}4344 \\ \vartheta_2^*\left(\frac{l_2}{l_c}\right) & = & 77{,}9128 \\ \boxed{\varphi_2^*\left(\frac{l_2}{l_c}\right) \ = \ 0} & & \\ M_{y2}^*\left(\frac{l_2}{l_c}\right) & = & -11{,}3624 \\ \boxed{\begin{matrix} M_{x2}^*\left(\frac{l_2}{l_c}\right) & = & 0 \\ Q_{z2}^*\left(\frac{l_2}{l_c}\right) & = & 0 \end{matrix}} & & \\ & 1 & \end{vmatrix} = \mathfrak{y}_2^*\left(\frac{l_2}{l_c}\right) \qquad \begin{vmatrix} w_2(l_2) & = & 0{,}08656 \text{ m} \\ \vartheta_2(l_2) & = & 0{,}009987 \\ \boxed{\varphi_2(l_2) \ = \ 0} & & \\ M_{y2}(l_2) & = & -45{,}449 \text{ Mpm} \\ \boxed{\begin{matrix} M_{x2}(l_2) & = & 0 \\ Q_{z2}(l_2) & = & 0 \end{matrix}} & & \\ & 1 & \end{vmatrix} = \mathfrak{y}_2(l_2)$$

Umrechnungsfaktoren für die dimensionsrichtigen Werte:

$$w = w^* \frac{P_c l_c^3}{EI_c} = w^* \frac{64}{6 \cdot 21000} = w^* \, 0{,}0005079 \quad [\mathrm{m}]$$

$$\varphi = \varphi^* \frac{P_c l_c^2}{EI_c} = \varphi^* \, 0{,}0001269$$

$$\vartheta = \vartheta^* \, 0{,}0001269$$

$$M = M^* \, P_c \, l_c = M^* \cdot 4 \qquad [\mathrm{Mpm}]$$

$$Q = Q^* \, P_c = Q^* \qquad [\mathrm{Mp}]\,.$$

d) Ermittlung der Schnittkräfte am Nebenstrang. Mit den nunmehr bekannten Verdrehungen $\varphi_1(l_1)$ und $\vartheta_1(l_1)$ sowie der Durchbiegung $w_1(l_1)$ von Knoten 1 des Hauptstranges lassen sich aus den Federbeziehungen des Nebenstranges seine Schnittkräfte berechnen.

Torsionsmoment:

Feld 1:

$$M_{x1}^{*(1)} = M_{x0}^{*(1)} = -\frac{1}{48} \varphi_1^* = -\frac{1}{48}(-72{,}3476) = 1{,}5072 \qquad (6{,}029 \, \mathrm{Mpm}).$$

Feld 2:

$$M_{x1}^{*(1)} = M_{x2}^{*(1)} = 0\,.$$

Biegemoment und Querkraft:

Feld 1:

$$w_1^{(1)} = w_1 \qquad \varphi_1^{(1)} = -\vartheta_1$$

$$\begin{pmatrix} M_{y1}^{*(1)} \\ Q_{z1}^{*(1)} \end{pmatrix} = \begin{pmatrix} -\frac{1}{2} & -\frac{1}{3} \\ -1 & -\frac{1}{2} \end{pmatrix} \begin{pmatrix} 66{,}0868 \\ -77{,}9128 \end{pmatrix} = \begin{pmatrix} -7{,}0725 \\ -27{,}1304 \end{pmatrix}$$

$$M_{y1}^{(1)} = -28{,}2900 \, \mathrm{Mpm}$$

$$Q_{z1}^{(1)} = -27{,}1304 \, \mathrm{Mp}.$$

Feld 2:

$$-M_{y1}^{*(1)} = -\frac{1}{12}(-77{,}9128) - \frac{8}{3} = 3{,}8260$$

$$+Q_{z1}^{*(1)} = \qquad = 8$$

$$M_{y2}^{(1)} = -15{,}304 \, \mathrm{Mpm}$$

$$Q_{z2}^{(1)} = -8 \, \mathrm{Mp}.$$

Schnittkraftschaubilder und Stützkräfte

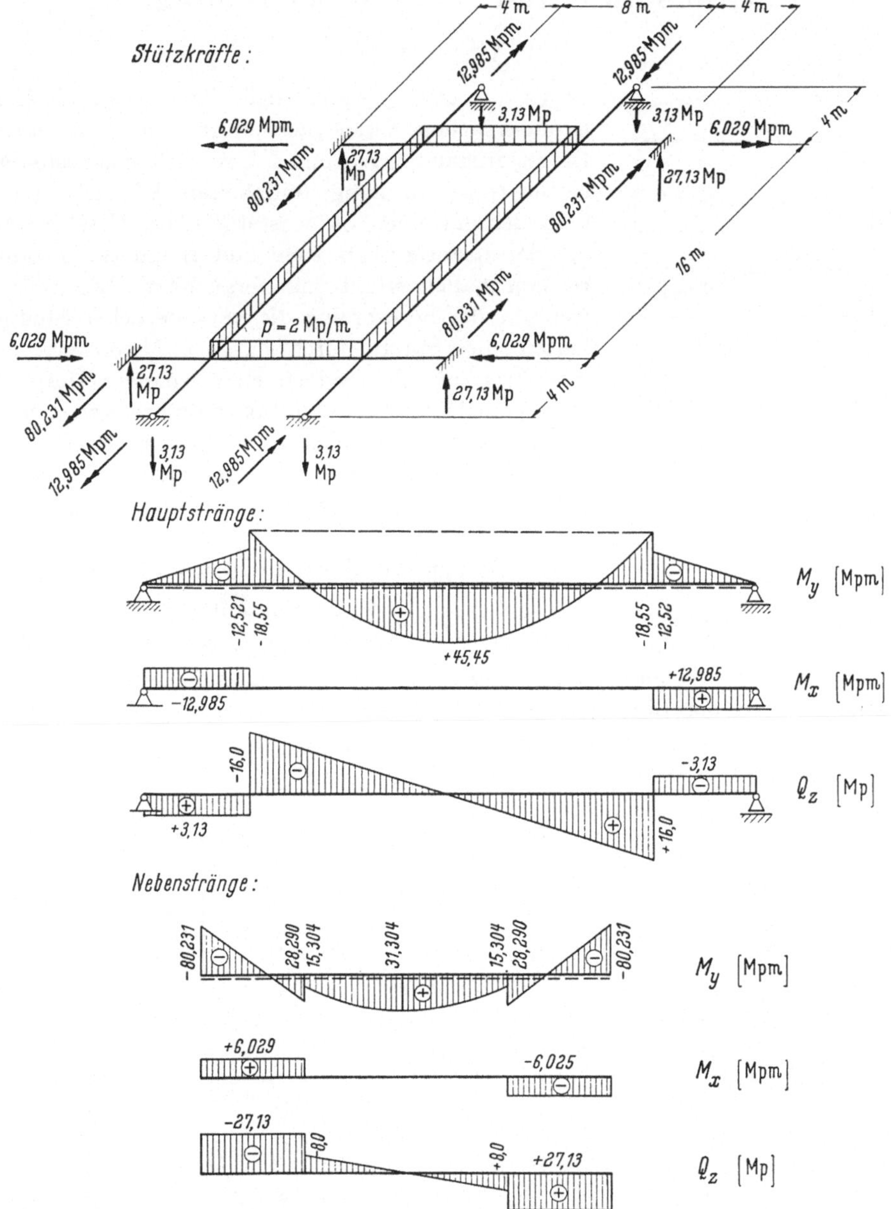

Abb. 137. Stützkräfte und Schnittkraftschaubilder zu Beispiel 14

7 Räumlich beanspruchter Stab mit veränderlichem Querschnitt nach Theorie I. Ordnung

7.1 Allgemeines

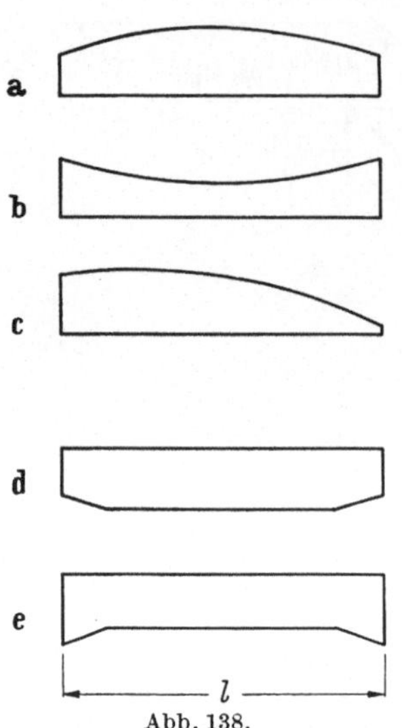

Abb. 138. Veränderliche Querschnitte

Es ist öfters erforderlich, Tragwerke statisch zu untersuchen, deren Querschnitte und damit auch Biegesteifigkeiten EI_y und EI_z sowie Torsionssteifigkeiten GI_T und Längssteifigkeiten EF sich innerhalb der einzelnen Stäbe stetig (Abb. 138a, b und c) oder unstetig (Abb. 138d und e) ändern. In zahlreichen Fällen erhält man brauchbare Ergebnisse, wenn in der Berechnung die veränderlichen Steifigkeiten eines Stabes durch geeignete Mittelwerte ersetzt werden. Um jedoch eine genauere Untersuchung mit Hilfe des Reduktionsverfahrens zu ermöglichen, werden in diesem Abschnitt Feld- und Federmatrizen angegeben, die innerhalb eines Stabes die veränderlichen Steifigkeiten berücksichtigen.

7.2 Querkraftbiegung ohne Längskraft in der x—z-Ebene

7.2.1 Feldmatrix

Analog zu der Ableitung im Abschn. 3.1.2 bekommt man mit Hilfe der Differentialgleichung der Biegelinie in der x—z-Ebene

$$[EI_{yk}(x_k)\, w_k''(x_k)]'' = q_{zk}(x_k)$$

für einen Stab von der Länge l_k folgende Feldmatrix

$$\begin{Bmatrix} w_k(l_k) \\ \varphi_k(l_k) \\ M_{yk}(l_k) \\ Q_{zk}(l_k) \\ 1 \end{Bmatrix} = \begin{bmatrix} 1 & -l_k & +f_{zk}(l_k) & +g_{zk}(l_k) & w_{k0}(l_k) \\ 0 & 1 & -f'_{zk}(l_k) & -g'_{zk}(l_k) & \varphi_{k0}(l_k) \\ 0 & 0 & 1 & l_k & M_{yk0}(l_k) \\ 0 & 0 & 0 & 1 & Q_{zk0}(l_k) \\ 0 & 0 & 0 & 0 & 1 \end{bmatrix} \begin{Bmatrix} w_k(0) \\ \varphi_k(0) \\ M_{yk0}(0) \\ Q_{zk0}(0) \\ 1 \end{Bmatrix} \tag{106}$$

mit den Abkürzungen

$$\left.\begin{aligned} f'_{zk}(l_k) &= \int_0^{l_k} \frac{dx}{EI_{yk}(x)} & g'_{zk}(l_k) &= \int_0^{l_k} \frac{x\,dx}{EI_{yk}(x)} \\ f_{zk}(l_k) &= \int_0^{l_k} f'_{zk}(x) & g_{zk}(l_k) &= \int_0^{l_k} g'_{zk}(x)\,dx \end{aligned}\right\} \tag{107}$$

und

$$\left.\begin{aligned} Q_{zk0}(l_k) &= \int_0^{l_k} q_{zk}(x)\,dx & -\varphi_{k0}(l_k) &= \int_0^{l_k} \frac{M_{yk0}(x)\,dx}{EI_{yk}(x)} \\ M_{yk0}(l_k) &= \int_0^{l_k} Q_{zk0}(x)\,dx & w_{k0}(l_k) &= -\int_0^{l_k} \varphi_{k0}(x)\,dx \end{aligned}\right\} \tag{108}$$

Die in Gl. (107) und (108) definierten festen Zahlenwerte sind die an die rechte Feldgrenze reduzierten Funktionen

$$\frac{1}{EI_{yk}}, \quad \frac{x_k}{EI_{yk}}, \quad q_{zk} \quad \text{und} \quad \frac{M_{yk0}}{EI_{yk}}. \qquad \text{(Abb. 139)}$$

Sie können analytisch mit Hilfe der angegebenen Gleichungen oder graphisch mit Kraft und Seileck ermittelt werden.

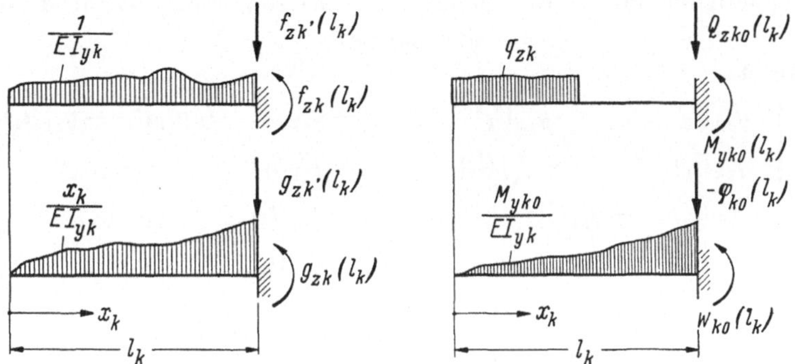

Abb. 139. Ermittlung der in (107) und (108) definierten Zahlenwerte durch Reduktion an die rechte Feldgrenze

7.2.2 Federmatrizen für einfeldrige Rahmenstiele

Sie werden abgeleitet nach dem im Abschn. 4.1.3.5 vorgeführten Verfahren unter Verwendung der Feldmatrix (106). Nachstehend sind die Federmatrizen aufgeführt, die denen in Tab. 5a entsprechen.

Tabelle 8

$$\begin{pmatrix} M_{yk} \\ N_k \end{pmatrix} = \begin{pmatrix} \mathfrak{C}_k(u_k, \varphi_k) \end{pmatrix} \begin{pmatrix} u_k \\ \varphi_k \end{pmatrix}$$

	$\mathfrak{C}_k(u_k, \varphi_k)$
φ_k u_k	$\frac{1}{A}\begin{pmatrix} f_{zk}(l_k) & -g_{zk}(l_k) + l_k f_{zk}(l_k) \\ f'_{zk}(l_k) & f_{zk}(l_k) \end{pmatrix}$
	$\frac{1}{B}\begin{pmatrix} -l_k & -l_k^2 \\ -1 & -l_k \end{pmatrix}$
	$\frac{1}{A}\begin{pmatrix} -f_{zk}(l_k) & -g_{zk}(l_k) + l_k f_{zk}(l_k) \\ f'_{zk}(l_k) & -f_{zk}(l_k) \end{pmatrix}$
	$-\frac{1}{B}\begin{pmatrix} l_k & -l_k^2 \\ -1 & l_k \end{pmatrix}$

Als Abkürzungen gelten:

$$\left.\begin{aligned} A &= -f_{zk}(l_k)\,g'_{zk}(l_k) + g_{zk}(l_k)\,f'_{zk}(l_k) \\ B &= l_k\,g'_{zk}(l_k) - g_{zk}(l_k) \end{aligned}\right\} \tag{109}$$

für $f_{zk}(l_k)$, $f'_{zk}(l_k)$, $g_{zk}(l_k)$ $g'_{zk}(l_k)$ siehe Gl. (107).

7.2.3 Koppelfedermatrix für beidseitig elastisch eingespannten Stab von der Länge l_k

Sie lautet:

$$\mathfrak{C}_{ik} = \frac{1}{A}\begin{vmatrix} g'_{zk}(l_k) & g_{zk}(l_k) & -g'_{zk}(l_k) & l_k\,g'_{zk}(l_k) - g_{zk}(l_k) \\ -f'_{zk}(l_k) & -f_{zk}(l_k) & f'_{zk}(l_k) & -g'_{zk}(l_k) \\ f_{zk}(l_k) & -g_{zk}(l_k) + l_k\,f_{zk}(l_k) & -f_{zk}(l_k) & g_{zk}(l_k) \\ f'_{zk}(l_k) & f_{zk}(l_k) & -f'_{zk}(l_k) & g'_{zk}(l_k) \end{vmatrix} \tag{110}$$

$$\text{für}\quad \mathfrak{k} = \begin{vmatrix} -M_{yi} \\ -Q_{zi} \\ M_{yk} \\ Q_{zk} \end{vmatrix} \quad\text{und}\quad \mathfrak{d} = \begin{vmatrix} w_k \\ \varphi_k \\ w_i \\ \varphi_i \end{vmatrix}.$$

Die Abkürzungen A, $g'_{zk}(l_k)$, $g_{zk}(l_k)$, $f'_{zk}(l_k)$ und $f_{zk}(l_k)$ sind in Gl. (107) und (109) definiert.

7.3 Querkraftbiegung ohne Längskraft in der x—y-Ebene

7.3.1 Feldmatrix

Die Biegung in der x—y-Ebene wird beschrieben durch die Differentialgleichung

$$[EI_{zk}(x_k)\,v''_k(x_k)]'' = q_{yk}(x_k). \tag{111}$$

In den vier Ableitungen dieser Gleichung kommen die konjugierten Paare (M_z, ψ) und (Q_y, v) vor. Diese Größen sind in Abb. 140 entsprechend ihrer positiven Definition nach Abschn. 2.2 als Randschnittkräfte und Randverformungen eines Stabes von der Länge l_k zu sehen. Die positiv definierte Belastungsfunktion $q_{yk}(x_k)$ ist ebenfalls eingezeichnet. Bei einem Vergleich der Größen in Abb. 140 mit den entsprechenden Größen bei reiner Biegung in der

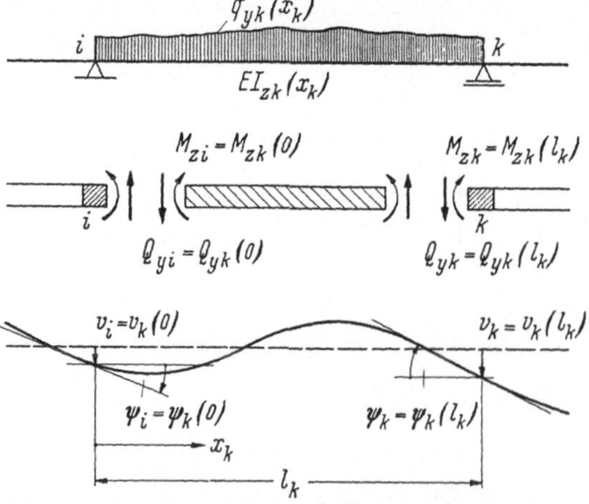

Abb. 140. Reine Biegung in der x—y-Ebene bei veränderlichem EI_z: Positive Definition der Randschnittkräfte und Randverformungen am Stab von der Länge l_k

x—y-Ebene (Abb. 6) bemerkt man, daß die Querkräfte, die Verschiebungen und die Belastungen gleich definiert sind, während die Momente und die Verdrehungen entgegengesetzten Richtungssinn haben.

Da die Differentialgleichungen für die Biegung in beiden Ebenen gleich aufgebaut sind, kann man die Feldmatrix für die Biegung in der x—y-Ebene sofort bei Berücksichtigung der soeben durchgeführten Überlegung aus Gl. (106) gewinnen:

$$\begin{Bmatrix} v_k(l_k) \\ \psi_k(l_k) \\ M_{zk}(l_k) \\ Q_{yk}(l_k) \\ 1 \end{Bmatrix} = \begin{bmatrix} 1 & l_k & -f_{yk}(l_k) & g_{yk}(l_k) & v_{k0}(l_k) \\ 0 & 1 & -f'_{yk}(l_k) & g'_{yk}(l_k) & \psi_{k0}(l_k) \\ 0 & 0 & 1 & -l_k & M_{zk0}(l_k) \\ 0 & 0 & 0 & 1 & Q_{yk0}(l_k) \\ 0 & 0 & 0 & 0 & 1 \end{bmatrix} \begin{Bmatrix} v_k(0) \\ \psi_k(0) \\ M_{zk}(0) \\ Q_{yk}(0) \\ 1 \end{Bmatrix} \qquad (112)$$

mit den Abkürzungen

$$\left.\begin{aligned} f'_{yk}(l_k) &= \int_0^{l_k} \frac{dx}{EI_{zk}(x)} & g'_{yk}(l_k) &= \int_0^{l_k} \frac{x}{EI_{zk}(x)}\, d\,x \\ f_{yk}(l_k) &= \int_0^{l_k} f'_{yk}(x)\, dx & g_{yk}(l_k) &= \int_0^{l_k} g'_{yk}(x)\, dx \end{aligned}\right\} \qquad (113)$$

und

$$\left.\begin{aligned} Q_{yk0}(l_k) &= \int_0^{l_k} q_{yk}(x)\, dx & \psi_{k0}(x_k) &= \int_0^{l_k} -\frac{M_{zk0}(x)}{EI_{zk}(x)}\, dx \\ -M_{zk0}(l_k) &= \int_0^{l_k} Q_{yk0}(x)\, dx & v_{k0}(x_k) &= \int_0^{l_k} \psi_{k0}(x)\, dx \end{aligned}\right\}. \qquad (114)$$

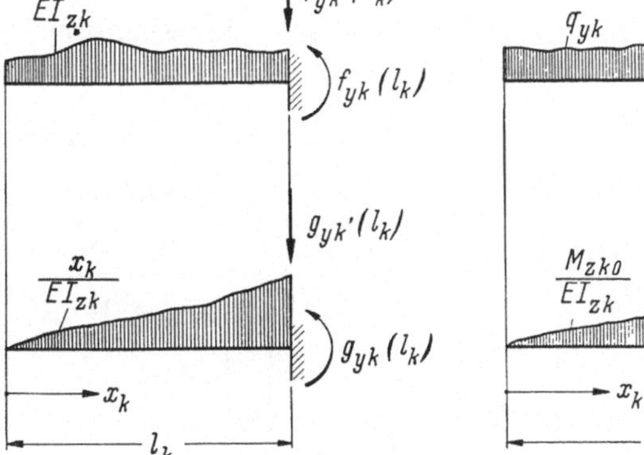

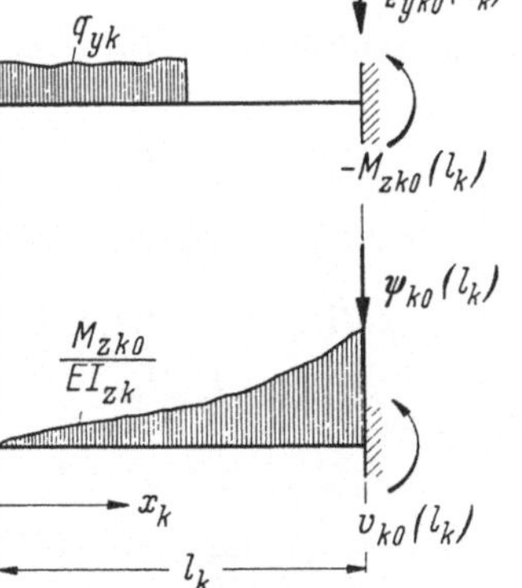

Abb. 141. Ermittlung der in (113) und (114) definierten Zahlenwerte durch Reduktion an die rechte Feldgrenze

Die in Gl. (113) und (114) definierten festen Zahlenwerte erhält man auf die gleiche Weise wie die bei Biegung in der x—z-Ebene. Sie sind in Abb. 141 veranschaulicht.

7.3.2 Federmatrizen für einfeldrige Rahmenstiele

Diese Matrizen lassen sich ebenfalls aus denen im Abschn. 7.2.2 ableiten, wenn bei diesen in den Zeilen für M und in den Spalten für φ die Vorzeichen umgekehrt werden:

Tabelle 9

$$\begin{pmatrix} M_{zk} \\ N_k \end{pmatrix} = \begin{pmatrix} \mathfrak{C}_k(u_k, \psi_k) \end{pmatrix} \begin{pmatrix} u_k \\ \psi_k \end{pmatrix}$$

	$\mathfrak{C}_k(u_k, \psi_k)$
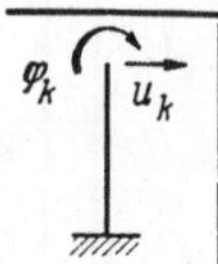 φ_k, u_k (unten eingespannt)	$\frac{1}{A}\begin{pmatrix} -f_{yk}(l_k) & -g_{yk}(l_k) + l_k f_{yk}(l_k) \\ f_{yk}(l_k) & -f_{yk}(l_k) \end{pmatrix}$
 (unten gelenkig)	$\frac{1}{A}\begin{pmatrix} +l_k & -l_k^2 \\ -1 & +l_k \end{pmatrix}$
 (oben eingespannt)	$\frac{1}{B}\begin{pmatrix} f_{yk}(l_k) & -g_{yk}(l_k) + l_k f_{yk}(l_k) \\ f'_{yk}(l_k) & f_{yk}(l_k) \end{pmatrix}$
 (oben gelenkig)	$\frac{1}{B}\begin{pmatrix} -l_k & -l_k^2 \\ -1 & -l_k \end{pmatrix}$

Es gelten die Abkürzungen

$$\left.\begin{aligned} A &= -f_{yk}(l_k)\, g'_{yk}(l_k) + f'_{yk}(l_k)\, g_{yk}(l_k) \\ B &= l_k\, g'_{yk}(l_k) - g_{yk}(l_k) \end{aligned}\right\} \tag{115}$$

$f_{yk}(l_k)$, $f'_{yk}(l_k)$, $g_{yk}(l_k)$ und $g'_{yk}(l_k)$ sind in (113) definiert.

7.3.3 Koppelfedermatrix für beidseitig elastisch eingespannten Stab von der Länge l_k

$$\mathfrak{C}_{ik} = \frac{1}{A}\begin{vmatrix} -g'_{yk}(l_k) & g_{yk}(l_k) & g_{yk}(l_k) & l_k\, g'_{yk}(l_k) - g_{yk}(l_k) \\ -f'_{yk}(l_k) & f_{yk}(l_k) & f'_{yk}(l_k) & g'_{yk}(l_k) \\ -f_{yk}(l_k) & -g_{yk}(l_k) + l_k f'_{yk}(l_k) & f_{yk}(l_k) & g_{yk}(l_k) \\ f'_{yk}(l_k) & -f_{yk}(l_k) & -f'_{yk}(l_k) & -g'_{yk}(l_k) \end{vmatrix} \tag{116}$$

$$\text{für} \quad \mathfrak{k} = \begin{vmatrix} -M_{zi} \\ -Q_{yi} \\ M_{zi} \\ Q_{yi} \end{vmatrix} \quad \text{und} \quad \mathfrak{d} = \begin{vmatrix} v_k \\ \psi_k \\ v_i \\ \psi_i \end{vmatrix}.$$

Für die Abkürzungen s. Gl. (115) und (113).

7.3.4 Sonderfall: Querkraftbiegung ohne Längskraft in der z—x-Ebene für feldweise EI_{zk} = const

Da für diesen Fall die Feldmatrix und die Federmatrizen noch nicht angegeben wurden, wird das an dieser Stelle nachgeholt:

a) Feldmatrix

$$\begin{pmatrix} v_k(l_k) \\ \psi_k(l_k) \\ M_{zk}(l_k) \\ Q_{yk}(l_k) \\ 1 \end{pmatrix} = \begin{pmatrix} 1 & l_k & -\dfrac{l_k^2}{2EI_{zk}} & \dfrac{l^3}{6EI_{zk}} & v_{k0}(l_k) \\ 0 & 1 & -\dfrac{l_k}{EI_{zk}} & \dfrac{l_k^2}{2EI_{zk}} & \psi_{k0}(l_k) \\ 0 & 0 & 1 & -l_k & M_{zk0}(l_k) \\ 0 & 0 & 0 & 1 & Q_{yk0}(l_k) \\ 0 & 0 & 0 & 0 & 1 \end{pmatrix} \begin{pmatrix} v_k(0) \\ \psi_k(0) \\ M_{zk}(0) \\ Q_{yk}(0) \\ 1 \end{pmatrix}. \tag{117}$$

Die Belastungsglieder bekommt man nach Gl. (114) für EI_{zk} = const. Sie können bei Beachtung der Vorzeichen mit Hilfe von Tab. 1 berechnet werden. Beispielsweise für den ersten Lastfall in Tab. 1a ergibt sich:

$$v_{k0}(l_k) = \frac{P \cdot a_k^3}{6EI_{zk}} \qquad M_{zk0}(l_k) = -P \cdot a_k$$

$$\psi_{k0}(l_k) = \frac{P \cdot a_k^2}{2EI_{zk}} \qquad Q_{yk0}(l_k) = P.$$

Tabelle 10. *Federmatrizen für einfeldrige Rahmenstiele*

$$\begin{pmatrix} M_{zk} \\ N_k \end{pmatrix} = \begin{pmatrix} \mathfrak{C}_k(u_k, \psi_k) \end{pmatrix} \begin{pmatrix} u_k \\ \psi_k \end{pmatrix}$$

	$\mathfrak{C}_k(u_k, \psi_k)$		$\mathfrak{C}_k(u_k, \psi_k)$
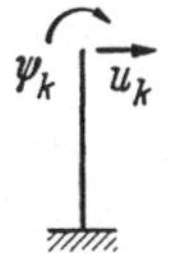 ψ_k u_k	$EI_{zst} \begin{pmatrix} +\dfrac{6}{h_k^2} & -\dfrac{4}{h_k} \\ -\dfrac{12}{h_k^3} & +\dfrac{6}{h_k^2} \end{pmatrix}$	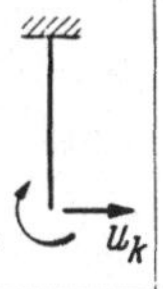 ψ_k u_k	$EI_{zst} \begin{pmatrix} -\dfrac{6}{h_k^2} & -\dfrac{4}{h_k} \\ -\dfrac{12}{h_k^3} & -\dfrac{6}{h_k^2} \end{pmatrix}$
	$EI_{zst} \begin{pmatrix} +\dfrac{3}{h_k^2} & -\dfrac{3}{h_k} \\ -\dfrac{3}{h_k^3} & +\dfrac{3}{h_k^2} \end{pmatrix}$		$EI_{zst} \begin{pmatrix} -\dfrac{3}{h_k^2} & -\dfrac{3}{h_k} \\ -\dfrac{3}{h_k^2} & -\dfrac{3}{h_k^2} \end{pmatrix}$

b) Koppelfedermatrix für beidseitig elastisch eingespannten Stab von der Länge l_k:

$$\mathfrak{C}_{ik} = EI_{zk} \begin{vmatrix} +\frac{6}{l_k^2} & -\frac{2}{l_k} & -\frac{6}{l_k^2} & -\frac{4}{l_k} \\ +\frac{12}{l_k^3} & -\frac{6}{l_k^2} & -\frac{12}{l_k^3} & -\frac{6}{l_k^2} \\ +\frac{6}{l_k^2} & -\frac{4}{l_k} & -\frac{6}{l_k^2} & -\frac{2}{l_k} \\ -\frac{12}{l_k^3} & +\frac{6}{l_k^2} & +\frac{12}{l_k^3} & +\frac{6}{l_k^2} \end{vmatrix} \tag{118}$$

$$\text{für} \quad \mathfrak{k} = \begin{vmatrix} -M_{zi} \\ -Q_{yi} \\ M_{zk} \\ Q_{yk} \end{vmatrix} \quad \text{und} \quad \mathfrak{d} = \begin{vmatrix} v_k \\ \psi_k \\ v_i \\ \psi_i \end{vmatrix}.$$

7.4 Längsdehnung in der x-Richtung

7.4.1 Feldmatrix

Für diesen Fall gilt die Differentialgleichung

$$-\left[EF_k(x_k)\, u_k'(x_k)\right]' = p_k(x_k).$$

Die daraus abgeleitete Feldmatrix des Stabes von der Länge l_k bei veränderlicher Längssteifigkeit $EF_k(x_k)$ heißt:

$$\begin{vmatrix} u_k(l_k) \\ N_k(l_k) \\ 1 \end{vmatrix} = \begin{vmatrix} 1 & -n_k(l_k) & u_{k0}(l_k) \\ 0 & 1 & N_{k0}(l_k) \\ 0 & 0 & 1 \end{vmatrix} \begin{vmatrix} u_k(0) \\ N_k(0) \\ 1 \end{vmatrix}. \tag{119}$$

Zur Abkürzung wurde gesetzt

$$n_k(l_k) = \int_0^{l_k} \frac{dx}{EF_k(x)} \tag{120}$$

$$\left.\begin{aligned} N_{k0}(l_k) &= \int_0^{l_k} p_k(x)\, dx \\ -u_{k0}(l_k) &= \int_0^{l_k} \frac{N_{k0}(x)}{EF_k(x)}\, dx \end{aligned}\right\}. \tag{121}$$

Die geometrische Deutung der in Abb. (120) und (121) beschriebenen festen Größen ist in Abb. 142 zu sehen.

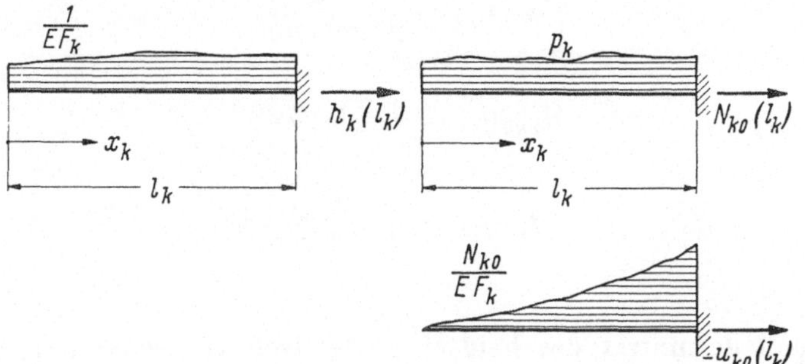

Abb. 142. Ermittlung der in (120) und (121) definierten Zahlenwerte durch Reduktion an die rechte Feldgrenze

7.4.2 Koppelfedermatrix des beidseitig eingespannten Stabes von der Länge l_k

$$\begin{pmatrix} -N_i \\ +N_k \end{pmatrix} = \frac{1}{n_k(l_k)} \begin{pmatrix} 1 & -1 \\ -1 & 1 \end{pmatrix} \begin{pmatrix} u_k \\ u_i \end{pmatrix} = \frac{1}{\int\limits_0^{l_k} \frac{dx}{EF_k(x)}} \begin{pmatrix} 1 & -1 \\ -1 & 1 \end{pmatrix} \begin{pmatrix} u_k \\ u_i \end{pmatrix}. \quad (122)$$

7.5 Längsverdrehung in x-Richtung

7.5.1 Feldmatrix

Mit Hilfe der Differentialgleichung der Längsverdrehung bei veränderlicher Torsionssteifigkeit $GI_{Tk}(x_k)$

$$-[GI_{Tk}(x_k) \cdot \vartheta_k'(x_k)]' = t_k(x_k)$$

ergibt sich der lineare Zusammenhang zwischen den Torsionsmomenten M_x und der Längsverdrehung ϑ am linken und rechten Ende des Stabes von der Länge l_k

$$\begin{vmatrix} \vartheta_k(l_k) \\ M_{xk}(l_k) \\ 1 \end{vmatrix} = \begin{vmatrix} 1 & -m_k(l_k) & \vartheta_{k0}(l_k) \\ 0 & 1 & M_{xk0}(l_k) \\ 0 & 0 & 1 \end{vmatrix} \begin{vmatrix} \vartheta_k(0) \\ M_{xk}(0) \\ 1 \end{vmatrix}. \quad (123)$$

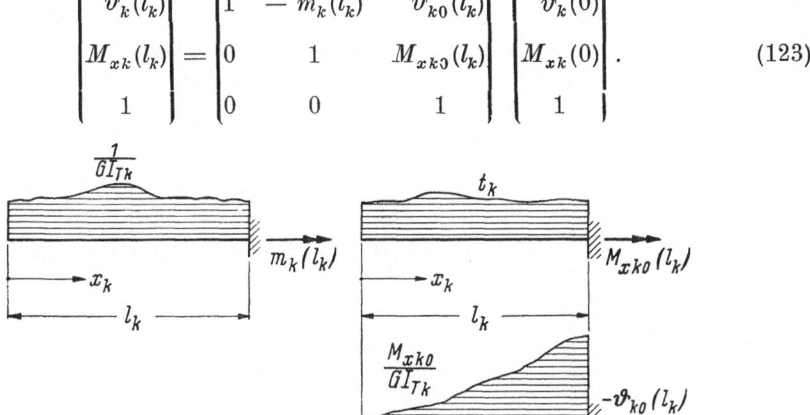

Abb. 143. Ermittlung der in (124) und (125) definierten Zahlenwerte durch Reduktion an die rechte Feldgrenze

Darin gelten folgende, in Abb. 143 veranschaulichte Abkürzungen

$$m_k(l_k) = \int_0^{l_k} \frac{dx}{GI_{Tk}(x)} \tag{124}$$

$$\left.\begin{aligned} M_{xk0}(l_k) &= \int_0^{l_k} t_k(x)\, dx \\ -\vartheta_{k0}(l_k) &= \int_0^{l_k} \frac{M_{xk0}(x)}{GI_{Tk}(x)}\, dx. \end{aligned}\right\} \tag{125}$$

7.5.2 Koppelfedermatrix des beidseitig elastisch eingespannten Stabes von der Länge l_k

$$\begin{pmatrix} -M_{xi} \\ M_{xk} \end{pmatrix} = \frac{1}{m_k(l_k)} \begin{pmatrix} 1 & -1 \\ -1 & 1 \end{pmatrix} \begin{pmatrix} \vartheta_k \\ \vartheta_i \end{pmatrix} = \frac{1}{\int_0^{l_k} \frac{dx}{GI_{Tk}(l_k)}} \begin{pmatrix} 1 & -1 \\ -1 & 1 \end{pmatrix} \begin{pmatrix} \vartheta_k \\ \vartheta_i \end{pmatrix} \tag{126}$$

8 Beliebig gestützter Einfeld- und Durchlaufträger für feldweise konstante Biegesteifigkeit EI_k und feldweise konstante Horizontalkraft H_k nach Theorie II. Ordnung

8.1 Allgemeines

Für die Untersuchung eines beliebig gelagerten Durchlaufträgers nach Theorie II. Ordnung müssen außer Vertikallasten auch Horizontalkräfte angreifen, die Normalkräfte im Trägerstrang erzeugen. Diese Normalkräfte verursachen im durch die Vertikallasten verformten Trägersystem zusätzliche Schnittkräfte, die sich mit denen aus Theorie I. Ordnung überlagern und die man als Schnittkraftanteile aus Theorie II. Ordnung bezeichnet.

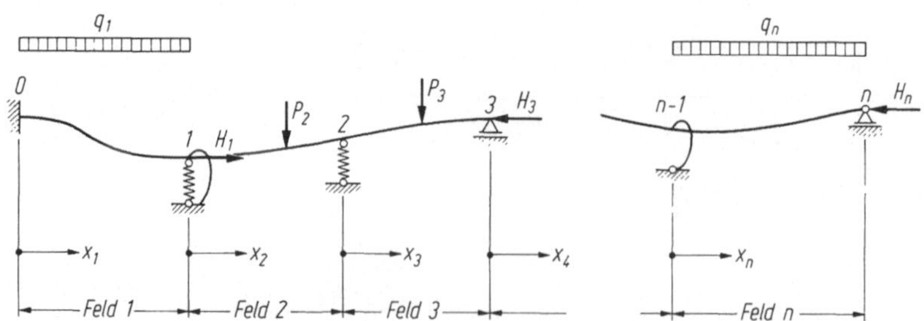

Abb. 144. Beliebig gestützter Durchlaufträger im verformten Zustand

Um diese Anteile erfassen zu können, muß der Durchlaufträger für Druck- bzw. Zugbiegung untersucht werden. Druckbiegung liegt dann vor, wenn die Horizontalkräfte die Biegung verstärken ($H_k > 0$) und Zugbiegung, wenn die Biegung verringert wird ($H_k < 0$).

Der Einfachheit halber beschränken wir uns nur auf die Druck- und Zugbiegung in der x-z-Ebene. Es werden folgende Trägertypen untersucht:

a) Trägertyp 1

Beliebig gestützter Durchlaufträger, der in Richtung der Trägerachse unverschieblich gelagert ist (z.B. Träger nach Abb. 144 mit eingespanntem Lager im Punkt 0 oder Durchlaufrahmen nach Abb. 53 mit festem Lager im Punkt 4). Hier treten nur die beiden konjugierten Paare M_y und φ sowie Q_z und w auf. Die Längsverformung wird vernachlässigt ($EF = \infty$).

In den Stielen der Durchlaufrahmen wird die Druck- oder Zugbiegung (Theorie II. Ordnung) nicht berücksichtigt. Der dabei begangene Fehler ist nachnachlässigbar gering.

b) Trägertyp 2

Beliebig gestützter Durchlaufträger, der in Richtung der Trägerachse verschieblich gelagert ist (z.B. Durchlaufrahmen nach Abb. 49). Außer der Druck-Zug-Biegung in der x-z-Ebene muß hier noch die Längsdehnung in x-Richtung hinzugenommen werden, so daß mit drei konjugierten Paaren (M_y, φ), (Q_z, w) und (N, u) gerechnet werden muß.

8.2 Untersuchung des Trägertyps 1

8.2.1 Feldmatrix für Druckbiegung

In Abb. 145 sind am rechten Schnittufer des verformten Trägerelementes im Knoten K die Vertikalkraftbelastung V_k und die feldweise konstante Horizontalkraftbelastung H_k sowie die Querkraft Q_k und die Normalkraft N_k unter Beachtung der Vorzeichendefinition in den Abb. 3a und 3b eingetragen. φ soll der Winkel zwischen unverformter und verformter Stabachse sein.

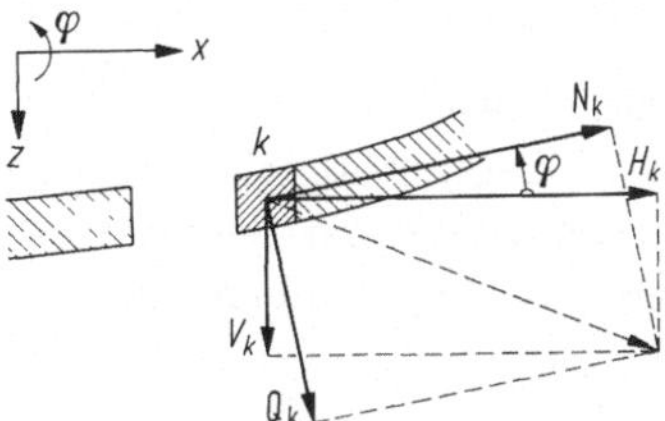

Abb. 145. Kräftezerlegung am rechten Schnittufer des verformten Trägerelementes im Knoten K

Es lassen sich daraus folgende Beziehungen ablesen:

$$N_k = H_k \cos\varphi - V_k \sin\varphi \tag{127}$$

$$Q_k = H_k \sin\varphi + V_k \cos\varphi \tag{128}$$

Für kleinere Verformungen gilt:

$$N_k = H_k - V_k \varphi \tag{129}$$

$$Q_k = H_k \varphi + V_k \tag{130}$$

Liegt der weiteren Ausführung wieder das BERNOULLIsche Balkenmodell (lineare Verteilung der Dehnung bzw. Ebenbleiben der Querschnitte) zugrunde und überträgt man die lineare Verteilung der Dehnung nach Hooke auf die Spannungen, so gelten auch weiterhin für einen mit $q_k(x_k)$ belasteten Stab nach Abb. 6 die bekannten Beziehungen der Biegedifferentialgleichung

$$[EI_k w_k''(x_k)] = M_k(x_k) \tag{131}$$

$$[EI_k w_k''(x_k)]' = Q_k(x_k) \tag{132}$$

$$w_k'(x_k) = -\varphi_k(x_k) \tag{133}$$

In Gl. (132) die Gln. (130) und (133) eingesetzt, sowie $V_k = q_k x_k$ gesetzt, ergibt

$$[EI_k w_k''(x_k)]' = -H_k w_k'(x_k) + q_k(x_k)\, x_k. \tag{134}$$

Daraus folgt

$$EI_k w_k''''(x_k) + H_k w_k''\,(x_k) = q_k(x_k). \tag{135}$$

Mit der Abkürzung

$$\delta_k = \sqrt{\frac{H_k}{EI_k}} \tag{136}$$

und

$$\delta_k^2 = \frac{H_k}{EI_k} \tag{137}$$

für $H_k = \text{const}$ und $EI_k = \text{const}$

erhält man nach einigen Umformungen die Differentialgleichung 4. Ordnung der Druckbiegung

$$w_k''''(x_k) + \delta_k^2 w_k''(x_k) = 0 + \frac{1}{EI_k}\, q_k(x_k). \tag{138}$$

Diese Gleichung hat eine homogene und eine partikulare Lösung. Zur 0 auf der rechten Seite gehört die homogene Lösung w_{hk} mit ihren insgesamt vier Integrationskonstanten

$$w_{hk}(x_k) = A_1 + A_2 x_k + A_3 \cos \delta_k x_k + A_4 \sin \delta_k x_k \tag{139}$$

und zu $\frac{1}{EI_k}\, q(x_k)$ die partikulare Lösung $w_{pk}(x_k)$, die in Abhängigkeit von der äußeren Belastung zu berechnen ist.

Wegen der Linearität der Differentialgleichung der Durchbiegung können die homogene und die partikulare Lösung zur Gesamtlösung $w_k(x_k)$ addiert werden. Die Gesamtlösung mit ihren vier Ableitungen lautet unter Berücksichtigung der Vorzeichendefinition:

$$\begin{aligned}
w_k(x_k) &= A_1 + A_2 x_k + A_3 \cos \delta_k x_k + A_4 \sin \delta_k x_k + w_{k0}(x_k)\\
-\varphi_k(x_k) = w_k'(x_k) &= 0 + A_2 - A_3\, \delta_k \sin \delta_k x_k + A_4\, \delta_k \cos \delta_k x_k - \varphi_{k0}(x_k)\\
M_k(x_k) = EI_k w_k''(x_k) &= 0 + 0 - EI_k A_3\, \delta_k^2 \cos \delta_k x_k - EI_k A_4\, \delta_k^2 \sin \delta_k x_k + M_{k0}(x_k)\\
Q_k(x_k) = EI_k w_k'''(x_k) &= 0 + 0 + EI_k A_3\, \delta_k^3 \sin \delta_k x_k - EI_k A_4\, \delta_k^3 \cos \delta_k x_k + Q_{k0}(x_k).
\end{aligned} \tag{140}$$

Entsprechend Gl. (130) kann in die letzte Zeile der allgemeinen Ableitung (140) $Q_k = V_k(x_k) + H_k\varphi_k(x_k)$ gesetzt werden und diese Zeile geht über in

$$V_k(x_k) = -H_k\varphi_k(x_k) + EI_kA_3\,\delta_k^3 \sin\delta_kx_k - EI_kA_4\,\delta_k^3\cos\delta_kx_k + Q_{k0}(x_k).$$

$V_k(x_k)$ ist nach Abb. 145 die Kraft, die senkrecht (90°) zur unverformten Stabachse wirkt. Diese Kraft wird im Folgenden bei der Zug-Druck-Biegung als Querkraft verwendet. Die Querkraft $Q_k(x_k)$, die senkrecht zur verformten Stabachse wirkt, kann aus $V_k(x_k)$ und H_k nach Gl. (130) ermittelt werden.

An der linken Feldgrenze (s. Abb. 6) erhält man für $x_k = 0$ die gesuchten Konstanten A_i

$$\left.\begin{aligned} A_1 &= w_k(0) + \frac{M_k(0)}{EI_k\delta_k^2}\\ A_2 &= -\varphi_k(0) + \frac{V_k(0)}{EI_k\,\delta_k^2} + \frac{H_k\varphi_k(0)}{EI_k\,\delta_k^2}\\ A_3 &= -\frac{M_k(0)}{EI_k\,\delta_k^2}\\ A_4 &= -\frac{V_k(0)}{EI_k\,\delta_k^3} - \frac{H_k\varphi_k(0)}{EI_k\,\delta_k^3} \end{aligned}\right\} \tag{141}$$

Nach Einsetzen von (141) in (140) erhält man für die erste Zeile

$$\begin{aligned} w_k(x_k) = w_k(0) &+ \frac{M_k(0)}{EI_k\,\delta_k^2} - \varphi_k(0)\,x_k + \frac{V_k(0)}{EI_k\,\delta_k^2}x_k + \frac{H_k\varphi_k(0)}{EI_k\,\delta_k^2}x_k\\ &- \frac{M_k(0)}{EI_k\,\delta_k^2}\cos\delta_kx_k - \frac{V_k(0)}{EI_k\,\delta_k^3}\sin\delta_kx_k - \frac{H_k\varphi_k(0)}{EI_k\,\delta_k^3}\sin\delta_kx_k + w_{k0}(x_k) \end{aligned}$$

und geordnet

$$\begin{aligned} w_k(x_k) = w_k(0) &- \frac{\sin\delta_kx_k}{\delta_k}\varphi_k(0) + \frac{1}{EI_k}\,\frac{1-\cos\delta_kx_k}{\delta_k^2}M_k(0)\\ &+ \frac{1}{EI_k}\,\frac{\delta_kx_k - \sin\delta_kx_k}{\delta_k^3}V_k(0) + w_{k0}(x_k). \end{aligned}$$

Damit ist die erste Zeile der gesuchten Matrizengleichung abgeleitet. Die restlichen Zeilen ergeben sich auf entsprechende Weise.

Die Matrizengleichung für Druckbiegung lautet somit für $x_k = l_k$:

$$\begin{bmatrix} w_k(l_k)\\ \varphi_k(l_k)\\ M_k(l_k)\\ V_k(l_k)\\ 1 \end{bmatrix} = \begin{bmatrix} 1 & -\dfrac{\sin\delta_kl_k}{\delta_k} & \dfrac{1}{EI_k}\,\dfrac{1-\cos\delta_kl_k}{\delta_k^2} & \dfrac{1}{EI_k}\,\dfrac{\delta_kl_k-\sin\delta_kl_k}{\delta_k^3} & w_{k0}(l_k)\\ 0 & \cos\delta_kl_k & -\dfrac{1}{EI_k}\,\dfrac{\sin\delta_kl_k}{\delta_k} & -\dfrac{1}{EI_k}\,\dfrac{1-\cos\delta_kl_k}{\delta_k^2} & \varphi_{k0}(l_k)\\ 0 & EI_k\sin\delta_kl_k & \cos\delta_kl_k & \dfrac{\sin\delta_kl_k}{\delta_k} & M_{k0}(l_k)\\ 0 & 0 & 0 & 1 & V_{k0}(l_k)\\ 0 & 0 & 0 & 0 & 1 \end{bmatrix} \begin{bmatrix} w_k(0)\\ \varphi_k(0)\\ M_k(0)\\ V_k(0)\\ 1 \end{bmatrix} \tag{142}$$

oder kürzer

$$\mathfrak{y}_k^D(l_k) = \mathfrak{F}_k^D\mathfrak{y}_k^D(0) \tag{143}$$

Darin ist $\mathfrak{F}_k$ die Feldmatrix der Druckbiegung. Die Elemente der ersten vier Spalten der Feldmatrix sind nur abhängig von der Feldlänge l_k, der Biegesteifigkeit EI_k und der feldweise konstanten Horizontalkraft H_k. Die letzte Spalte enthält die Belastungsgrößen $w_{k0}(l_k)$, $\varphi_{k0}(l_k)$, $M_{k0}(l_k)$ und $V_{k0}(l_k)$. Für einige Sonderfälle sind diese Belastungsgrößen in Tab. 11a zusammengestellt.

Die Belastungsgrößen in dieser Tabelle für die Einzelkraft P und das Einzelmoment M lassen sich direkt aus Gl. (142) ablesen. Es sind die 3. bzw. 4. Spalte der Feldmatrix für $l_k = a_k$. Die Belastungsgrößen für die Streckenlasten q können analog zu den Ausführungen in Abschn. 10.3 mit Hilfe des kubischen Ansatzes

$$w_{Pk}(x_k) = b_0 + b_1 x_k + b_2 x_k^2 + b_3 x_k^3$$

für die Partikularlösung abgeleitet werden.

Greifen an einem Stab mehrere Lasten an, so dürfen die Belastungsgrößen der Einzellastfälle superponiert werden, da sie aus einer linearen Differentialgleichung stammen.

Für $H = 0$ gehen die Belastungsgrößen der Tab. 11a über in die der Tab. 1a für Theorie I. Ordnung. Eine Vergleichsrechnung zeigte, daß bei mehr als 90% aller in der Praxis vorkommender Tragwerke die Abweichung zwischen den Belastungsgrößen aus I. und II. Ordnung höchstens 5%, aber meistens wesentlich weniger beträgt. Es würde also im allgemeinen — besonders bei Handrechnung — genügen, mit den wesentlich einfacheren Belastungsgrößen nach Theorie I. Ordnung zu rechnen. Bei großen H-Kräften und bei elektronischer Durchführung der Rechnung sollten allerdings die genaueren Werte nach Theorie II. Ordnung benutzt werden.

Führt man zu den dimensionslosen Vergleichsgrößen nach Gl. (14) noch die Gleichung

$$\delta^* = l_c \sqrt{\frac{H_k}{EI_k}} = l_c \delta \tag{144}$$

ein, so erhält man die Matrizengleichung für Druckbiegung in dimensionsloser Form:

$$\begin{Bmatrix} w_k^*\left(\frac{l_k}{l_c}\right) \\ \varphi_k^*\left(\frac{l_k}{l_c}\right) \\ M_k^*\left(\frac{l_k}{l_c}\right) \\ V_k^*\left(\frac{l_k}{l_c}\right) \\ 1 \end{Bmatrix} = \begin{bmatrix} 1 & \frac{-\sin \delta_k l_k}{\delta_k^*} & \frac{I_c}{I_k} \frac{1-\cos \delta_k l_k}{\delta_k^{*2}} & \frac{I_c}{I_k} \frac{\delta_k^* \frac{l_k}{l_c} - \sin \delta_k l_k}{\delta_k^{*3}} & w_{k0}^*\left(\frac{l_k}{l_c}\right) \\ 0 & \cos \delta_k l_k & -\frac{I_c}{I_k} \frac{\sin \delta_k l_k}{\delta_k^*} & -\frac{I_c}{I_k} \frac{1-\cos \delta_k l_k}{\delta_k^{*2}} & \varphi_{k0}^*\left(\frac{l_k}{l_c}\right) \\ 0 & \frac{I_k}{I_c} \delta_k^* \sin \delta_k l_k & \cos \delta_k l_k & \frac{\sin \delta_k l_k}{\delta_k^*} & M_{k0}^*\left(\frac{l_k}{l_c}\right) \\ 0 & 0 & 0 & 1 & V_{k0}^*\left(\frac{l_k}{l_c}\right) \\ 0 & 0 & 0 & 0 & 1 \end{bmatrix} \begin{Bmatrix} w_k^*(0) \\ \varphi_k^*(0) \\ M_k^*(0) \\ V_k^*(0) \\ 1 \end{Bmatrix} \tag{145}$$

oder in Matrizenschreibweise

$$\mathfrak{y}_k^{D*}\left(\frac{l_k}{l_c}\right) = \mathfrak{F}_k^{D*}\, \mathfrak{y}_k^{D*}(0) \tag{146}$$

Tabelle 11a. *Belastungsgrößen bei Druckbiegung in der x-z-Ebene für feldweise konstante Biegesteifigkeit EI_k und Horizontalkraft H_k*

	$w_{k0}(l_k)$	$\varphi_{k0}(l_k)$	$M_{k0}(l_k)$	$V_{k0}(l_k)$
H_k, P, k, a_k	$P\dfrac{\delta_k a_k - \sin\delta_k a_k}{\delta_k^3\, EI_k}$	$-P\dfrac{1-\cos\delta_k a_k}{\delta_k^2 EI_k}$	$P\dfrac{\sin\delta_k a_k}{\delta_k}$	P
H_k, M, k, a_k	$M\dfrac{1-\cos\delta_k a_k}{\delta_k^2\, EI_k}$	$-M\dfrac{\sin\delta_k a_k}{\delta_k EI_k}$	$M\cos\delta_k a_k$	0
H_k, q, k, a_k	$\dfrac{q}{\delta_k^2 EI_k}\left(\dfrac{a_k^2}{2} - \dfrac{1-\cos\delta_k a_k}{\delta_k^2}\right)$	$-\dfrac{q}{\delta_k^2 EI_k}\left(a_k - \dfrac{\sin\delta_k a_k}{\delta_k}\right)$	$\dfrac{q}{\delta_k^2}(1-\cos\delta_k a_k)$	qa_k
H_k, q, k, a_k	$\dfrac{q}{a_k\,\delta_k^2 EI_k}\left(\dfrac{a_k^3}{6} - \dfrac{\delta_k a_k - \sin\delta_k a_k}{\delta_k^3}\right)$	$\dfrac{-q}{a_k\,\delta_k^2 EI_k}\left(\dfrac{a_k^2}{2} - \dfrac{1-\cos\delta_k a_k}{\delta_k^2}\right)$	$\dfrac{q}{a_k\delta_k^2}\left(a_k - \dfrac{\sin\delta_k a_k}{\delta_k}\right)$	$\dfrac{qa_k}{2}$

Tabelle 11b. *Umgerechnete Belastungsgrößen bei Druckbiegung in der x-z-Ebene für feldweise konstante Biegesteifigkeit EI_k und Horizontalkraft H_k*

	$w_{k0}^*\left(\frac{l_k}{l_c}\right)$	$\varphi_{k0}^*\left(\frac{l_k}{l_c}\right)$	$M_{k0}^*\left(\frac{l_k}{l_c}\right)$	$V_{k0}^*\left(\frac{l_k}{l_c}\right)$
H_k, P/P_c, k, a_k/l_c	$\frac{P}{P_c}\frac{I_c}{I_k}\frac{\delta_k^*\frac{a_k}{l_c}-\sin\delta_k a_k}{\delta_k^{*3}}$	$-\frac{P}{P_c}\frac{I_c}{I_k}\frac{1-\cos\delta_k a_k}{\delta_k^{*2}}$	$\frac{P}{P_c}\frac{\sin\delta_k a_k}{\delta_k^*}$	$\frac{P}{P_c}$
H_k, $M/P_c l_c$, k, a_k/l_c	$\frac{M}{P_c l_c}\frac{I_c}{I_k}\frac{1-\cos\delta_k a_k}{\delta_k^{*2}}$	$-\frac{M}{P_c l_c}\frac{I_c}{I_k}\frac{\sin\delta_k a_k}{\delta_k^*}$	$\frac{M}{P_c l_c}\cos\delta_k a_k$	0
H_k, q^*, k, a_k/l_c	$\frac{I_c}{I_k}\frac{q^*}{\delta_k^{*2}}\left(\frac{\left(\frac{a_k}{l_c}\right)^2}{2}-\frac{1-\cos\delta_k a_k}{\delta_k^{*2}}\right)$	$-\frac{I_c}{I_k}\frac{q^*}{\delta_k^{*2}}\left(\frac{a_k}{l_c}-\frac{\sin\delta_k a_k}{\delta_k^*}\right)$	$q^*\frac{1-\cos\delta_k a_k}{\delta_k^{*2}}$	$q^*\frac{a_k}{l_c}$
H_k, q^*, k, a_k/l_c	$\frac{q^*}{\delta_k^{*2}}\frac{I_c l_c}{I_k a_k}\left(\frac{\left(\frac{a_k}{l_c}\right)^3}{6}-\frac{\delta_k a_k-\sin\delta_k a_k}{\delta_k^{*3}}\right)$	$-\frac{q^*}{\delta_k^{*2}}\frac{l_c I_c}{a_k I_k}\left(\frac{\left(\frac{a_k}{l_c}\right)^2}{2}-\frac{1-\cos\delta_k a_k}{\delta_k^{*2}}\right)$	$\frac{q^*}{\delta_k^{*2}}\frac{l_c}{a_k}\left(\frac{a_k}{l_c}-\frac{\sin\delta_k a_k}{\delta_k^*}\right)$	$\frac{q^*a_k}{2l_c}$

Vergleichsgrößen nach Gl. (14) und $\delta_k^* = l_c\sqrt{\frac{H_k}{EI_k}}$

Die umgerechnete Belastungsgrößen $w_{k0}^*\left(\frac{l_k}{l_c}\right)$, $\varphi_{k0}^*\left(\frac{l_k}{l_c}\right)$, $M_{k0}^*\left(\frac{l_k}{l_c}\right)$ und $Q_{k0}^*\left(\frac{l_k}{l_c}\right)$ stehen in Tab. 11b.

8.2.2 Feldmatrix für Zugbiegung

Bei Zugbiegung gilt $H_k < 0$. Mit der Abkürzung

$$\delta_k^2 = \frac{|H_k|}{EI_k} \tag{147}$$

für $H_k = \text{const}$ und $EI_k = \text{const}$ erhält man auf die gleiche Weise wie für die Druckbiegung die Matrizengleichung für die Zugbiegung:

$$\begin{Bmatrix} w_k(l_k) \\ \varphi_k(l_k) \\ M_k(l_k) \\ V_k(l_k) \\ 1 \end{Bmatrix} = \begin{bmatrix} 1 & -\frac{\sinh \delta_k l_k}{\delta_k} & \frac{1}{EI_k}\frac{\cosh \delta_k l_k - 1}{\delta_k^2} & \frac{1}{EI_k}\frac{\sinh \delta_k l_k - \delta_k l_k}{\delta_k^3} & w_{k0}(l_k) \\ 0 & \cosh \delta_k l_k & -\frac{1}{EI_k}\frac{\sinh \delta_k l_k}{\delta_k} & -\frac{1}{EI_k}\frac{\cosh \delta_k l_k - 1}{\delta_k^2} & \varphi_{k0}(l_k) \\ 0 & -EI_k\,\delta_k \sinh \delta_k l_k & \cosh \delta_k l_k & \frac{\sinh \delta_k l_k}{\delta_k} & M_{k0}(l_k) \\ 0 & 0 & 0 & 1 & V_{k0}(l_k) \\ 0 & 0 & 0 & 0 & 1 \end{bmatrix} \begin{Bmatrix} w_k(0) \\ \varphi_k(0) \\ M_k(0) \\ V_k(0) \\ 1 \end{Bmatrix} \tag{148}$$

oder kürzer

$$\mathfrak{y}_k^z(l_k) = \mathfrak{F}_k^z \mathfrak{y}_k^z(0) \tag{149}$$

Darin ist $\mathfrak{F}_k^z$ die Feldmatrix der Zugbiegung.

Nach Einführung der dimensionslosen Vergleichsgrößen nach Gl. (14) und von $\delta^* = l_c \sqrt{\frac{H_k}{EI_k}}$ geht Gl. (148) über in die Form

$$\begin{Bmatrix} w_k^*\left(\frac{l_k}{l_c}\right) \\ \varphi_k^*\left(\frac{l_k}{l_c}\right) \\ M_k^*\left(\frac{l_k}{l_c}\right) \\ V_k^*\left(\frac{l_k}{l_c}\right) \\ 1 \end{Bmatrix} = \begin{bmatrix} 1 & -\frac{\sinh \delta_k l_k}{\delta_k^*} & \frac{I_c}{I_k}\frac{\cosh \delta_k l_k - 1}{\delta_k^{*2}} & \frac{I_c}{I_k}\frac{\sinh \delta_k l_k - \delta_k^* l_k/l_c}{\delta_k^{*3}} & w_{k0}^*\left(\frac{l_k}{l_c}\right) \\ 0 & \cosh \delta_k l_k & -\frac{I_c}{I_k}\frac{\cosh \delta_k l_k}{\delta_k^*} & -\frac{I_c}{I_k}\frac{\cosh \delta_k l_k - 1}{\delta_k^{*2}} & \varphi_{k0}^*\left(\frac{l_k}{l_c}\right) \\ 0 & -\frac{I_c}{I_k}\delta_k^* \sinh \delta_k l_k & \cosh \delta_k l_k & \frac{\sinh \delta_k l_k}{\delta_k^*} & M_{k0}^*\left(\frac{l_k}{l_c}\right) \\ 0 & 0 & 0 & 1 & V_{k0}^*\left(\frac{l_k}{l_c}\right) \\ 0 & 0 & 0 & 0 & 1 \end{bmatrix} \begin{Bmatrix} w_k^*(0) \\ \varphi_k^*(0) \\ M_k^*(0) \\ V_k^*(0) \\ 1 \end{Bmatrix} \tag{150}$$

bzw. in Matrizenschreibweise

$$\mathfrak{y}_k^{z*}\left(\frac{l_k}{l_c}\right) = \mathfrak{F}_k^{z*}\left(\frac{l_k}{l_c}\right)\mathfrak{y}_k^{z*}(0) \tag{151}$$

Tabelle 12a. *Belastungsgrößen bei Zugbiegung in der x-z-Ebene für feldweise konstante Biegesteifigkeit EI_k und Horizontalkraft H_k (Zug)*

	$w_{k0}(l_k)$	$\varphi_{k0}(l_k)$	$M_{k0}(l_k)$	$V_{k0}(l_k)$
H_k, P, k, a_k	$P\,\dfrac{\sinh\delta_k a_k - \delta_k a_k}{\delta_k^3\,EI_k}$	$-P\,\dfrac{\cosh\delta_k a_k - 1}{\delta_k^2\,EI_k}$	$P\,\dfrac{\sinh\delta_k a_k}{\delta_k}$	P
H_k, M, k, a_k	$M\,\dfrac{\cosh\delta_k a_k - 1}{\delta_k^2\,EI_k}$	$-M\,\dfrac{\sinh\delta_k a_k}{\delta_k\,EI_k}$	$M\cosh\delta_k a_k$	0
H_k, q, k, a_k	$\dfrac{-q}{\delta_k^2\,EI_k}\left(\dfrac{a_k^2}{2} - \dfrac{\cosh\delta_k a_k - 1}{\delta_k^2}\right)$	$\dfrac{q}{\delta_k^2\,EI_k}\left(a_k - \dfrac{\sinh\delta_k a_k}{\delta_k}\right)$	$-\dfrac{q}{\delta_k^2}(1 - \cosh\delta_k a_k)$	qa_k
H_k, q, k, a_k	$\dfrac{-q}{a_k\delta_k^2\,EI_k}\left(\dfrac{a_k^3}{6} - \dfrac{\sinh\delta_k a_k - \delta_k a_k}{\delta_k^3}\right)$	$\dfrac{q}{a_k\delta_k^2\,EI_k}\left(\dfrac{a_k^2}{2} - \dfrac{\cosh\delta_k a_k - 1}{\delta_k^2}\right)$	$\dfrac{-q}{a_k\delta_k^2}\left(a_k - \dfrac{\sinh\delta_k a_k}{\delta_k}\right)$	$\dfrac{qa_k}{2}$

Tabelle 12b. *Umgerechnete Belastungsgrößen bei Zugbiegung in der x-z-Ebene für feldweise konstante Biegesteifigkeit EI_k und Horizontalkraft H_k (Zug)*

	$w_{k0}^*\left(\frac{l_k}{l_c}\right)$	$\varphi_{k0}^*\left(\frac{l_k}{l_c}\right)$	$M_{k0}^*\left(\frac{l_k}{l_c}\right)$	$V_{k0}^*\left(\frac{l_k}{l_c}\right)$
H_k, P/P_c, k, a_k/l_c	$\frac{P}{P_c}\frac{I_c}{I_k}\frac{\sinh\delta_k a_k - \delta_k^*\frac{a_k}{l_c}}{\delta_k^{*3}}$	$-\frac{P}{P_c}\frac{I_c}{I_k}\frac{\cosh\delta_k a_k - 1}{\delta_k^{2*}}$	$\frac{P}{P_c}\frac{\sinh\delta_k a_k}{\delta_k^*}$	$\frac{P}{P_c}$
H_k, $M/P_c l_c$, k, a_k/l_c	$\frac{M}{P_c l_c}\frac{I_c}{I_k}\frac{\cosh\delta_k a_k - 1}{\delta_k^{*2}}$	$-\frac{M}{P_c l_c}\frac{I_c}{I_k}\frac{\sinh\delta_k a_k}{\delta_k^*}$	$\frac{M}{P_c l_c}\cosh\delta_k a_k$	0
H_k, q^*, k, a_k/l_c	$-\frac{I_c}{I_k}\frac{q^*}{\delta_k^{*2}}\left(\frac{\left(\frac{a_k}{l_c}\right)^2}{2} - \frac{\cosh\delta_k a_k - 1}{\delta_k^{*2}}\right)$	$\frac{I_c}{I_k}\frac{q^*}{\delta_k^{*2}}\left(\frac{a_k}{l_c} - \frac{\sinh\delta_k a_k}{\delta_k^*}\right)$	$-\frac{q^*}{\delta_k^{*2}}(1 - \cosh\delta_k a_k)$	$q^*\frac{a_k}{l_c}$
H_k, q^*, k, a_k/l_c	$-\frac{I_c}{I_k}\frac{q^*}{\delta_k^{*2}}\frac{l_c}{a_k}\left(\frac{\left(\frac{a_k}{l_c}\right)^3}{6} - \frac{\sinh\delta_k a_k - \delta_k a_k}{\delta_k^{*3}}\right)$	$\frac{I_c}{I_k}\frac{q^*}{\delta_k^{*2}}\frac{l_c}{a_k}\left(\frac{\left(\frac{a_k}{l_c}\right)^2}{2} - \frac{\cosh\delta_k a_k - 1}{\delta_k^{*2}}\right)$	$-\frac{q^*}{\delta_k^{*2}}\frac{l_c}{a_k}\left(\frac{a_k}{l_c} - \frac{\sinh\delta_k a_k}{\delta_k^*}\right)$	$\frac{q^* a_k}{2l_c}$

Vergleichsgrößen nach Gl. (14) und $\delta_k^* = l_c\sqrt{\frac{\lvert H_k\rvert}{EI_k}}$

Die zu den Gln. (148) und (150) gehörenden Belastungsgrößen für einige Belastungen sind in den Tab. 12a und 12b zusammengefaßt.

8.2.3 Leitmatrix

Mit den Gln. (142) bzw. (145) und (148) bzw. (150) sind die Feldmatrizen $\mathfrak{F}_k$ für Druck- und Zugbiegung einschließlich ihrer Belastungsgrößen in den Tab. 11 und 12 definiert.

Nun läßt sich in gleicher Weise wie bei den Untersuchungen nach Theorie I. Ordnung in den Abschn. 3.1.7 und 3.1.8 die Leitmatrix $\mathfrak{L}_k$ für Druck- und Zugbiegung (Theorie II. Ordnung) aufstellen:

$$\mathfrak{L}_k = \left[\begin{array}{c|cc} & 0 & 0 \\ & 0 & 0 \\ \mathfrak{F}_k & 0 & -K_k \\ & -k_k & 0 \\ & 0 & 0 \end{array}\right] \tag{152}$$

Die gerasterte zweispaltige quadratische Untermatrix ist die bekannte Federmatrix mit den Federkonstanten nach den Gln. (6) und (16). Dabei wird die Druck- oder Zugbiegung in den Stielen nicht berücksichtigt.

Die Berechnung des beliebig gestützten Durchlaufträgers nach Typ 1 bietet nun keine Schwierigkeiten mehr. Sie kann wie bei Theorie I. Ordnung nach Gl. (10a) erfolgen. Zu beachten ist lediglich, daß, je nachdem ob $H < 0$ (Zug) oder $H > 0$ (Druck) ist, für jedes Feld in die Leitmatrix die richtige Feldmatrix für Druck- oder Zugbiegung eingesetzt wird. Die für jedes Feld konstante Normalkraft H ist dazu in einer Vorberechnung zu ermitteln.

8.2.4 Beispiel 15 (Abb. 146 und 147)

Aufgabenstellung

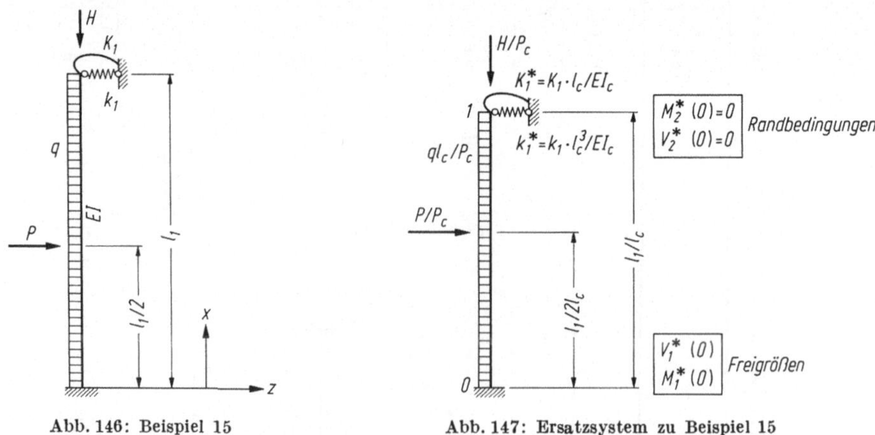

Abb. 146: Beispiel 15

Abb. 147: Ersatzsystem zu Beispiel 15

$l_1 = 5$ m, $q = 2$ Mpm, $P = 5$ Mpm, $H = 50$ Mp, $EI_1 = 1250$ Mpm^2, $k_1 = 50$ Mpm, $K_1 = 500$ Mpm; Vergleichsgrößen: gewählt $l_c = 5$ m, $P_c = 5$ Mp, $EI_c = 6\,EI_1$

Rechenschema R 15

$$\begin{array}{ccc} M_1^*(0) & V_1^*(0) & 1 \end{array}$$

$$\begin{bmatrix} 0 & 0 & 0 \\ 0 & 0 & 0 \\ 1 & 0 & 0 \\ 0 & 1 & 0 \\ 0 & 0 & 1 \end{bmatrix} = \begin{bmatrix} 0 = w_1^*(0) \\ 0 = \varphi_1^*(0) \\ 0{,}8688 = M_1^*(0) \\ -1{,}3942 = V_1^*(0) \\ 1 \end{bmatrix} = \mathfrak{y}_1^*(0)$$

$$\mathfrak{L}_1^* = \left[\begin{array}{cccc:c|cc} 1 & -0{,}8415 & 2{,}7582 & 0{,}9512 & 0{,}6071 & 0 & 0 \\ 0 & 0{,}5403 & -5{,}0488 & -2{,}750 & -2{,}6369 & 0 & 0 \\ 0 & 0{,}1402 & 0{,}5403 & 0{,}8415 & 1{,}3988 & 0 & -0{,}333 \\ 0 & 0 & 0 & 1 & 3 & -0{,}8333 & 0 \\ 0 & 0 & 0 & 0 & 1 & 0 & 0 \end{array}\right] \begin{bmatrix} 2{,}7582 & 0{,}9512 & 0{,}6071 \\ -5{,}0488 & -2{,}75 & -2{,}6369 \\ \boxed{2{,}2232} & \boxed{1{,}7581} & \boxed{2{,}2777} \\ \boxed{-2{,}2965} & \boxed{0{,}2073} & \boxed{2{,}4941} \\ 0 & 0 & 1 \end{bmatrix} = \begin{bmatrix} 0{,}7261 = w_2^*(0) \\ -0{,}4392 = \varphi_2^*(0) \\ \boxed{0 = M_2^*(0)} \\ \boxed{0 = V_2^*(0)} \\ 1 \end{bmatrix} = \mathfrak{y}_2^*(0)$$

Der Ersatzträger wird durch Druckbiegung beansprucht. Mit der Abkürzung

$$\delta^2 = \frac{H}{EI_1} = \frac{50}{1250} = 0{,}04 \frac{1}{\text{m}^2}$$

$$\delta^* = l_c \sqrt{\frac{H}{EI_c}} = 5 \cdot 0{,}2 = 1$$

erhält man beispielsweise die Komponenten der Lastspalte nach Tab. 11b wie folgt:

$$w_{10}^*\left(\frac{l_1}{l_c}\right) = \frac{P}{P_c}\,\frac{I_c}{I_k}\,\frac{\delta a_k - \sin\delta a_k}{\delta^{*3}} + \frac{I_c}{I_k}\,\frac{q^*}{\delta^{*2}}\left(\frac{\frac{q_k^2}{l_c}}{2} - \frac{1-\cos\delta a_k}{\delta^{*2}}\right)$$

$$= 1 \cdot 6\,\frac{0{,}2\cdot 2{,}5 - \sin 0{,}2\cdot 2{,}5}{1^3} + 6\cdot 2\,\frac{5}{5}\left(\frac{1^2}{2} - \frac{1-\cos 0{,}2\cdot 5}{1^2}\right)$$

$$= 0{,}6071$$

$$\varphi_{10}^*\left(\frac{l_1}{l_c}\right) = -1\cdot 6\,\frac{1-\cos 0{,}2\cdot 2{,}5}{1} - 6\cdot 2\,\frac{5}{5}\left(1 - \frac{\sin 0{,}2\cdot 5}{1}\right) = -2{,}6369$$

$$M_{10}^*\left(\frac{l_1}{l_c}\right) = 1\cdot\frac{\sin 0{,}2\cdot 2{,}5}{1} + 2\cdot\frac{5}{5}\left(\frac{1-\cos 0{,}2\cdot 5}{1}\right) = 1{,}3988$$

$$V_{10}^*\left(\frac{l_1}{l_c}\right) = 1 + 2\cdot\frac{5}{5}\cdot 1 = 3.$$

Die übrigen Komponenten der Gl. (145) werden in gleicher Weise errechnet.

Rechenschema R 15

Nun kann das Rechenschema nach (12a) aufgestellt und gelöst werden.

Aus den Randbedingungen am rechten Trägerende werden die Freigrößen aus folgenden Bestimmungsgleichungen ermittelt:

$$M_2^*(0) = 2{,}2232\cdot M_1^*(0) + 1{,}7582\cdot V_1^*(0) + 2{,}2777 = 0$$

$$V_2^*(0) = -2{,}2985\cdot M_1^*(0) + 0{,}2073\cdot V_1^*(0) + 2{,}4941 = 0$$

Mit der Lösung:

$$M_1^*(0) = +0{,}8688$$

$$V_1^*(0) = -2{,}3942.$$

Hiermit ergeben sich die Komponenten der Zustandsvektoren $\mathfrak{y}_1^*(0)$ und $\mathfrak{y}_2^*(0)$ und nach Umwandlung in dimensionsgebundene Werte die Komponenten der Zustandsvektoren $\mathfrak{y}_1(0)$ und $\mathfrak{y}_2(0)$.

$$\mathfrak{y}_1(0) = \begin{Bmatrix} w_1(0) = 0 \\ \varphi_1(0) = 0 \\ M_1(0) = 21{,}72\ \text{Mpm}\ (20{,}7075\ \text{Mpm}) \\ V_1(0) = -11{,}97\ \text{Mp}\ (-12{,}25\ \text{Mp}) \\ 1 \end{Bmatrix}$$

$$\mathfrak{y}_2(0) = \begin{Bmatrix} w_2(0) = 0{,}0605\ \text{m}\ (0{,}0549\ \text{m}) \\ \varphi_2(0) = -0{,}0073\ (-0{,}006) \\ M_2(0) = 0 \\ V_2(0) = 0 \\ 1 \end{Bmatrix}.$$

Damit sind die Schnitt- und Deformationsgrößen nach Theorie II. Ordnung am Trägersystem 15 bekannt. Zum Vergleich wurden die Schnitt- und Deformationsgrößen nach Theorie I. Ordnung in Klammern hinter die ihnen entsprechenden Werte geschrieben.

8.3 Untersuchung des Trägertyps 2

8.3.1 Allgemeines

Die Durchlaufrahmen nach Abb. 49 und die horizontal verschieblichen offenen Rahmentragwerke nach Abb. 48 lassen sich auf verschiebliche Durchlaufträger reduzieren. Die Berechnung dieser Rahmen erfolgt in gleicher Weise wie bei der Untersuchung nach Theorie I. Ordnung (s. Kap. 4) für die konjugierten Paare (M, φ), (V, w) und (N, u). Der horizontale Trägerstrang wird zum Hauptstrang erklärt und die Rahmenstiele werden angefedert. In den Feldmatrizen müssen allerdings die Elemente der reinen Biegung durch die Elemente der Druck- bzw. Zugbiegung ersetzt werden, die in Abschn. 8.1.2 abgeleitet wurden. Für die Anfederung der Stiele sind nun Federmatrizen zu bilden, in denen die Druck- oder Zugbiegung berücksichtigt ist. Aus den Feld- und Federmatrizen werden die Leitmatrizen zusammengesetzt. Die Rechnung kann dann in bekannter Weise mit dem Rechenschema (12a) unter Beachtung der Randbedingungen am linken und rechten Trägerende erfolgen. Zu beachten ist, daß die für jedes Feld konstante Normalkraft in einer Vorberechnung ermittelt werden muß. Falls die endgültig errechnete Normalkraft von der angenommenen erheblich abweicht, muß die Rechnung mochmals mit der genaueren Kraft wiederholt werden.

8.3.2 Feldmatrix

Für die Druck- und Zugbiegung gelten die alten Beziehungen (142) bzw. (148) für dimensionsgebundene Werte und (145) bzw. (150) für dimensionslose Vergleichsgrößen, die mit der Matrix (45) der Längsdehnung zu koppeln sind.

$$\begin{bmatrix} u_k^*\left(\frac{l_k}{l_c}\right) \\ w_k^*\left(\frac{l_k}{l_c}\right) \\ \varphi_k^*\left(\frac{l_k}{l_c}\right) \\ M_k^*\left(\frac{l_k}{l_c}\right) \\ V_k^*\left(\frac{l_k}{l_c}\right) \\ H_k^*\left(\frac{l_k}{l_c}\right) \\ 1 \end{bmatrix} = \left[\begin{array}{cccccc:c} 1 & 0 & 0 & 0 & 0 & -\frac{l_k}{l_c}\frac{I_c}{F_k l_c^2} & u_{k0}^*\left(\frac{l_k}{l_c}\right) \\ 0 & 1 & -\frac{\sin\delta_k l_k}{\delta_k^*} & \frac{I_c}{I_k}\frac{1-\cos\delta_k l_k}{\delta_k^{*2}} & \frac{I_c}{I_k}\frac{\delta_k^*\frac{l_k}{l_c}-\sin\delta_k l_k}{\delta_k^{*3}} & 0 & w_{k0}^*\left(\frac{l_k}{l_c}\right) \\ 0 & 0 & \cos\delta_k l_k & -\frac{I_c}{I_k}\frac{\sin\delta_k l_k}{\delta_k^*} & -\frac{I_c}{I_k}\frac{1-\cos\delta_k l_k}{\delta_k^{*2}} & 0 & \varphi_{k0}^*\left(\frac{l_k}{l_c}\right) \\ 0 & 0 & \frac{I_k}{I_c}\delta_k^*\sin\delta_k l_k & \cos\delta_k l_k & \frac{\sin\delta_k l_k}{\delta_k^*} & 0 & M_{k0}^*\left(\frac{l_k}{l_c}\right) \\ 0 & 0 & 0 & 0 & 1 & 0 & V_{k0}^*\left(\frac{l_k}{l_c}\right) \\ 0 & 0 & 0 & 0 & 0 & 0 & H_{k0}^*\left(\frac{l_k}{l_c}\right) \\ 0 & 0 & 0 & 0 & 0 & 1 & 1 \end{array}\right] \begin{bmatrix} u_k^*(0) \\ w_k^*(0) \\ \varphi_k^*(0) \\ M_k^*(0) \\ V_k^*(0) \\ H_k^*(0) \\ 1 \end{bmatrix} \tag{153}$$

In Gl. (45) entspricht N_k dem H_k in Abb. 145. Damit wird das dritte konjugierte Paar (N, u) in (H, u) überführt.

Die Matrizengleichung für Druckbiegung mit dimensionslosen Vergleichsgrößen nach Gln. (14) und (144) ergibt sich beispielsweise zu Gl. (153).
Bzw. in Matrizenschreibweise

$$\mathfrak{y}_k^*\left(\frac{l_k}{l_c}\right) = \mathfrak{F}_k^*\, \mathfrak{y}_k^*(0) \tag{154}$$

Ist die Längssteifigkeit $EF = \infty$, entfallen in der ersten Zeile die beiden Terme $-\frac{l_k}{l_c}\frac{I_c}{F_k l_c^2}$ und $u_{k0}^*\left(\frac{l_k}{l_c}\right)$.

Die Belastungsgrößen stehen in den Tab. 12b und 3b. Auf die Darstellung der Feldmatrix für Zugbiegung wird verzichtet. Sie kann in gleicher Weise sofort hingeschrieben werden.

8.3.3 Federmatrizen für Stiele von horizontal verschieblichen Durchlaufrahmen

Im folgenden wird der Einfluß der Kraftgrößen in Abhängigkeit von den Verformungsgrößen und der Belastung bei der Anfederung der Stiele des verschieblichen Durchlaufträgers am Knoten des Riegels untersucht. Die Dehnsteifigkeit der Stiele wird vernachlässigt ($EF = \infty$). Zur Ableitung können die Gleichungssysteme (142) bzw. (148) und (145) bzw. (150) benutzt werden, z. B.:

$$\begin{Bmatrix} w_k(l_k) \\ \varphi_k(l_k) \\ M_k(l_k) \\ V_k(l_k) \\ 1 \end{Bmatrix} = \left[\begin{array}{cccc:c} 1 & -A_k & +B_k & +C_k & w_{k0}(l_k) \\ 0 & +D_k & +E_k & -B_k & \varphi_{k0}(l_k) \\ 0 & +F_k & +D_k & +A_k & M_{k0}(l_k) \\ 0 & 0 & 0 & 1 & V_{k0}(l_k) \\ 0 & 0 & 0 & 0 & 1 \end{array}\right] \begin{Bmatrix} w_k(0) \\ \varphi_k(0) \\ M_k(0) \\ V_k(0) \\ 1 \end{Bmatrix} \tag{155}$$

Die Abkürzungen sind entsprechend dem vorliegenden Belastungsfall der Druck- oder Zugbiegung nach Gln. (142), (148), (145) oder (150) einzusetzen. Die Belastungsglieder entsprechen denen in den Tab. 11a, 11b, 12a oder 12b.

Im Folgenden werden für die zwei häufigen Sonderfälle des unten eingespannten und unten gelenkig gelagerten Stieles die Federmatrizen abgeleitet. Die Federmatrizen für anders gelagerte Stiele sind in ähnlicher Weise aufzustellen. Federmatrizen für Tragwerksstränge können analog zu den Angaben in Abschn. 4.1.3.5 ermittelt werden.

8.3.3.1 Unten eingespannter Stiel (Abb. 148)

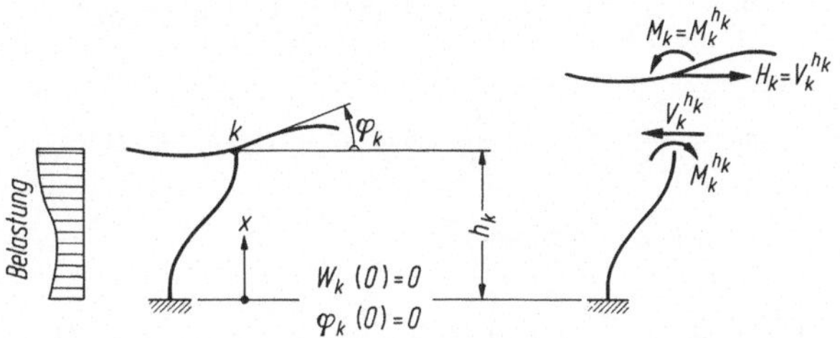

Abb. 148. Anfederung des unten eingespannten Stieles

Bei Beachtung der Randbedingungen $w_k(0) = 0$ und $\varphi_k(0) = 0$ folgt aus dem Gleichungssystem (155)

$$\begin{aligned} w_k^{h_k} &= u_k = 0 + 0 + B_k M_k^{h_k}(0) + C_k V_k^{h_k}(0) + w_{k0}^{h_k} \\ \varphi_k^{h_k} &= \varphi_k = 0 + 0 + E_k M_k^{h_k}(0) - B_k V_k^{h_k}(0) + \varphi_{k0}^{h_k} \\ M_k^{h_k} &= M_k = 0 + 0 + D_k M_k^{h_k}(0) + A_k V_k^{h_k}(0) + M_{k0}^{h_k} \\ V_k^{h_k} &= H_k = 0 + 0 + 0 + V_k^{h_k}(0) + V_{k0}^{h_k}. \end{aligned} \tag{156}$$

Aus den beiden letzten Gleichungen erhält man:

$$V_k^{h_k}(0) = H_k - V_{k0}^{h_k} \tag{157}$$

$$\begin{aligned} M_k^{h_k}(0) &= \frac{1}{D_k}\left(M_k - A_k V_k^{h_k}(0) - M_{k0}^{h_k}\right) \\ &= \frac{1}{D_k}\left(M_k - A_k H_k + A_k V_{k0}^{h_k} - M_{k0}^{h_k}\right). \end{aligned} \tag{158}$$

Gln. (157) und (158) in die ersten Gleichungen eingesetzt, gibt:

$$u_k = \frac{B_k}{D_k} \cdot M_k - \frac{B_k}{D_k} \cdot A_k H_k + \frac{B_k}{D_k} \cdot \left[A_k V_{k0}^{h_k} - M_{k0}^{h_k}\right] + C_k H_k - C_k V_{k0}^{h_k} + w_{k0}^{h_k}. \tag{159}$$

Mit der Abkürzung

$$B_u = \frac{B_k}{D_k} \cdot \left[A_k V_{k0}^{h_k} - M_{k0}^{h_k}\right] - C_k V_{k0}^{h_k} + w_{k0}^{h_k} \tag{160}$$

geht Gl. (159) über in

$$u_k = \frac{B_k}{D_k} \cdot M_k - \frac{B_k}{D_k} \cdot A_k H_k + C_k H_k + B_u$$

und nach Umformung in

$$M_k = \frac{D_k}{B_k} \cdot u_k + \left[A_k - C_k \cdot \frac{D_k}{B_k}\right] \cdot H_k - \frac{D_k}{B_k} \cdot B_u. \tag{161}$$

Gln. (158) und (157) in die zweite Gleichung von (156) eingesetzt, gibt

$$\varphi_k = \frac{E_k}{D_k} \cdot M_k - \frac{E_k}{D_k} \cdot A_k H_k + \frac{E_k}{D_k}\left(A_k V_{k0}^{h_k} - M_{k0}^{h_k}\right) - B_k H_k + B_k V_{k0}^{h_k} + \varphi_{k0}^{h_k}. \tag{162}$$

Mit der Abkürzung

$$B_\varphi = \frac{E_k}{D_k} \cdot \left(A_k V_{k0}^{hk} - M_{k0}^{hk}\right) + B_k V_{k0}^{hk} + \varphi_{k0}^{hk} \tag{163}$$

wird aus (162)

$$\varphi_k = \frac{E_k}{D_k} \cdot M_k - \frac{E_k}{D_k} \cdot A_k H_k - B_k H_k + B_\varphi . \tag{164}$$

In diese Gleichung wird (161) eingesetzt:

$$\varphi_k = \frac{E_k}{B_k} \cdot u_k + \left[\frac{E_k}{D_k} \cdot A_k - \frac{E_k}{B_k} \cdot C_k\right] H_k - \frac{E_k}{B_k} \cdot B_u - \frac{E_k}{D_k} \cdot A_k H_k - B_k H_k + B_\varphi .$$

Mit der Abkürzung

$$K_L = -B_k - \frac{E_k}{B_k} \cdot C_k \tag{165}$$

und Auflösung nach H_k wird

$$H_k = \frac{1}{K_L} \cdot \varphi_k - \frac{1}{K_L} \cdot \frac{E_k}{B_k} \cdot u_k + \frac{1}{K_L}\left(\frac{E_k}{B_k} \cdot B_u - B_\varphi\right). \tag{166}$$

(166) in (161) eingesetzt, gibt

$$M_k = \frac{D_k}{B_k} \cdot u_k + \left(A_k - \frac{D_k}{B_k} \cdot C_k\right) \cdot \frac{1}{K_L} \cdot \varphi_k - \left(A_k - \frac{D_k}{B_k} \cdot C_k\right) \cdot \frac{1}{K_L} \cdot \frac{E_k}{B_k} \cdot u_k$$

$$+ \left(A_k - \frac{D_k}{B_k} \cdot C_k\right) \cdot S_{B1} - \frac{D_k}{B_k} \cdot B_u . \tag{167}$$

Nach Einsetzen der Abkürzungen

$$S_{B1} = \frac{1}{K_L}\left(\frac{E_k}{B_k} \cdot B_u - B_\varphi\right) \tag{168}$$

$$S_{B2} = \left(A_k - \frac{D_k}{B_k} \cdot C_k\right) \cdot S_{B1} - \frac{D_k}{B_k} \cdot B_u \tag{169}$$

lassen sich die Gln. (166) und (167) in Matrizenform schreiben:

$$\begin{bmatrix} M_k \\ H_k \end{bmatrix} = \begin{bmatrix} M_k^{hk} \\ V_k^{hk} \end{bmatrix} = \left[\begin{array}{cc|c} \frac{D_k}{B_k} - \left(A_k - \frac{D_k}{B_k} \cdot C_k\right) \cdot \frac{1}{K_L} \cdot \frac{E_k}{B_k} & \left(A_k - \frac{D_k}{B_k} \cdot C_k\right) \cdot \frac{1}{K_L} & S_{B2} \\ -\frac{1}{K_L} \cdot \frac{E_k}{B_k} & \frac{1}{K_L} & S_{B1} \end{array}\right] \begin{bmatrix} u_k \\ \varphi_k \\ 1 \end{bmatrix}. \tag{170}$$

Darin ist die Koeffizientenmatrix die gesuchte Federmatrix des unten eingespannten Stieles nach Theorie II. Ordnung. Die Elemente S_{B2} und S_{B1} sind die Belastungsglieder.

Für oben eingespannte Stiele (Stiel oberhalb Riegel) läßt sich die Federmatrix unter zu Hilfenahme von Tab. 5 aus (170) durch Änderung einiger Vorzeichen leicht ableiten.

8.3.3.2 Unten gelenkig gelagerter Stiel (Abb. 149)

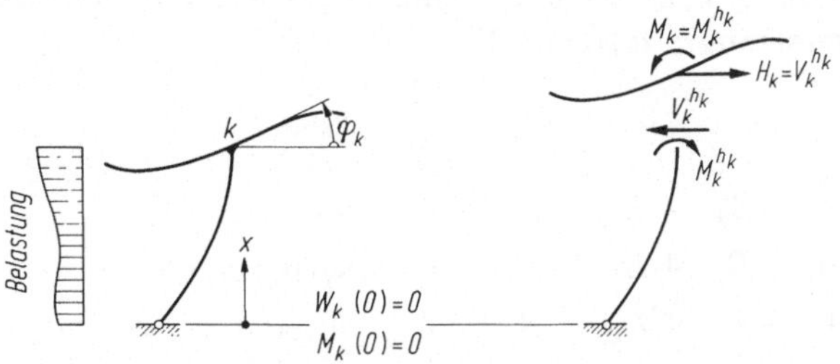

Abb. 149. Anfederung des gelenkig gelagerten Stieles

Unter Beachtung der Randbedingungen $w_k(0) = 0$ und $M_k(0) = 0$ geht das Gleichungssystem (155) über in

$$\begin{aligned} w_k^{h_k} &= u_k = 0 - A_k\varphi_k^{h_k}(0) + 0 + C_k V_k^{h_k}(0) + w_{k0}^{h_k} \\ \varphi_k^{h_k} &= \varphi_k = 0 + D_k\varphi_k^{h_k}(0) + 0 - B_k V_k^{h_k}(0) + \varphi_{k0}^{h_k} \\ M_k^{h_k} &= M_k = 0 + F_k\varphi_k^{h_k}(0) + 0 + A_k V_k^{h_k}(0) + M_{k0}^{h_k} \\ V_k^{h_k} &= H_k = 0 + 0 + 0 + V_k^{h_k}(0) + V_{k0}^{h_k}. \end{aligned} \tag{171}$$

Durch ähnliche Ableitung wie in Abschn. 8.3.3.1 erhält man aus (171) die gesuchte Matrizengleichung für die Anfederung des unten gelenkig gelagerten Stieles:

$$\begin{bmatrix} M_k \\ H_k \end{bmatrix} = \begin{bmatrix} M_k^{h_k} \\ V_k^{h_k} \end{bmatrix} = \left[\begin{array}{cc|c} -\frac{F_k}{A_k} + \left(A_k + \frac{F_k}{A_k}\cdot C_k\right)\cdot\frac{1}{K_L}\cdot\frac{D_k}{A_k} & \left(A_k + \frac{F_k}{A_k}\cdot C_k\right)\cdot\frac{1}{K_L} & S_{B2} \\ \frac{1}{K_L}\cdot\frac{D_k}{A_k} & \frac{1}{K_L} & S_{B1} \end{array}\right] \begin{bmatrix} u_k \\ \varphi_k \\ 1 \end{bmatrix}. \tag{172}$$

Mit den Abkürzungen

$$B_u = -\frac{A_k}{F_k}\left[A_k V_{k0}^{h_k} - M_{k0}^{h_k}\right] - C_k V_{k0}^{h_k} + w_{k0}^{h_k} \tag{173}$$

$$B_\varphi = \frac{D_k}{F_k}\left[A_k V_{k0}^{h_k} - M_{k0}^{h_k}\right] + B_k V_{k0}^{h_k} + \varphi_{k0}^{h_k} \tag{174}$$

$$K_L = \frac{D_k C_k}{A_k} - B_k \tag{175}$$

$$S_{B1} = -\frac{1}{K_L}\cdot\frac{D_k}{A_k}\cdot B_u - \frac{1}{K_L}\cdot B_\varphi \tag{176}$$

$$S_{B2} = \left[A_k + \frac{F_k}{A_k}\cdot C_k\right] S_{B1} + \frac{F_k}{A_k}\cdot B_u. \tag{177}$$

Auch aus (172) läßt sich schnell die Federmatrix des oben gelenkig gelagerten Stieles (Stiel oberhalb Riegel) mit Hilfe von Tab. 5 angeben.

8.3.4 Leitmatrix

Bei Verwendung von Rechenschema (12a) hat die Leitmatrix für ein Feld des Hauptträgerstranges folgende Form:

$$\begin{bmatrix} u_k(l_k) \\ w_k(l_k) \\ \varphi_k(l_k) \\ M_k(l_k) \\ V_k(l_k) \\ H_k(l_k) \\ 1 \end{bmatrix} = \left[\begin{array}{cccccc|c|cc} 1 & 0 & 0 & 0 & 0 & -\frac{l_k}{EF_k} & u_{k0}(l_k) & 0 & 0 \\ 0 & 1 & -A_k & +B_k & +C_k & 0 & w_{k0}(l_k) + w_k^s & 0 & 0 \\ 0 & 0 & +D_k & +E_k & -B_k & 0 & \varphi_{k0}(l_k) + \varphi_k^s & 0 & 0 \\ 0 & 0 & +F_k & +D_k & +A_k & 0 & M_{k0}(l_k) + M_k^s + S_{B2} & C_1 & C_2 \\ 0 & 0 & 0 & 0 & 1 & 0 & V_{k0}(l_k) + V_k^s & 0 & 0 \\ 0 & 0 & 0 & 0 & 0 & 1 & H_{k0}(l_k) \qquad + S_{B1} & C_3 & C_4 \\ 0 & 0 & 0 & 0 & 0 & 0 & 1 & 0 & 0 \end{array}\right] \begin{bmatrix} u_k(0) \\ w_k(0) \\ \varphi_k(0) \\ M_k(0) \\ V_k(0) \\ H_k(0) \\ 1 \end{bmatrix} \tag{178}$$

Darin sind

a) die Abkürzungen A_k, B_k, C_k, D_k, E_k, F_k die Elemente der Feldmatrizen der Gln. (142), (148), (145) und (150),

b) $u_{k0}(l_k)$ und $H_{k0}(l_k)$: Belastungsglieder nach Tab. 3,

c) $w_{k0}(l_k)$, $\varphi_{k0}(l_k)$, $M_{k0}(l_k)$, $V_{k0}(l_k)$: Belastungsglieder nach Tab. 12,

d) w_k^s, φ_k^s, M_k^s, V_k^s: unbekannte Sprunggrößen,

e) S_{B2}, S_{B1}: Belastungsglieder, die die Belastung auf die Rahmenstiele berücksichtigen (z.B. Elemente aus den Gln. (170) und (172) für unten eingespannte bzw. gelenkig gelagerte Stiele),

f) C_1, C_2, C_3, C_4: Elemente der Federmatrizen (z.B. aus Gln. (170) und (172)).

Bei Durchlaufrahmen nach Abb. 49 sind die Normalkräfte H_k im Rahmenriegel im allgemeinen sehr klein, so daß die Feldmatrix der Druck- bzw. Zugbiegung in die Feldmatrix der reinen Biegung (Theorie I. Ordnung) übergeht und somit auch gleich von vornherein in Gl. (178) die Elemente dieser Matrix eingesetzt werden können.

8.3.5 Beispiel 16 (Abb. 150)

Aufgabenstellung

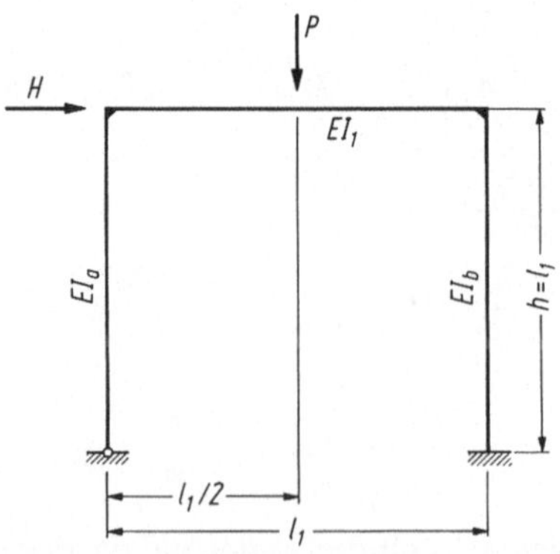

Abb. 150. Beispiel 16
$l = 6$ m, $EI_a = EI_b = EI_1 = 1250$ Mpm², $P = 50$ Mp, $H = 5$ Mp, $EF = \infty$ für alle Stäbe

In einer Vorberechnung wurden die Normalkräfte in den einzelnen Stäben nach Theorie I. Ordnung ermittelt

$$\text{Stab a: } H_a = 23{,}125 \text{ Mp}$$
$$\text{Stab b: } H_b = 26{,}875 \text{ Mp}$$
$$\text{Riegel 1: } H_1 = 8{,}125 \text{ Mp}$$

Vergleichsgrößen

$$\text{gewählt: } l_c = 6 \text{ m}, \quad P_c = P, \quad EI_c = 1250 \text{ Mpm}^2,$$

$$\delta = \sqrt{\frac{H_1}{EI_1}} = \sqrt{\frac{8{,}125}{1250}} = 0{,}080622, \quad \delta^* = 0{,}483735$$

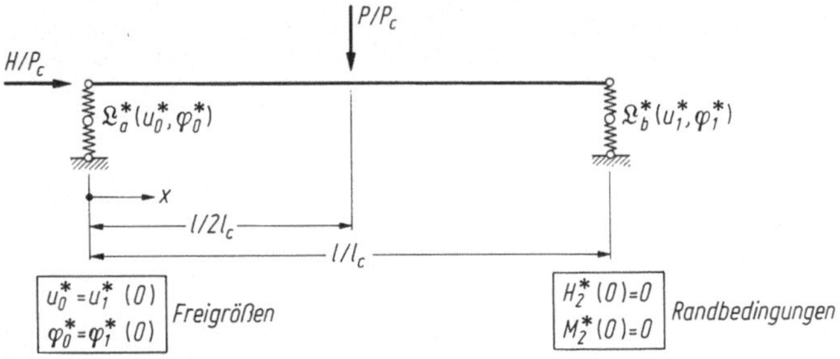

Abb. 151. Ersatzträger von Beispiel 16

Leitmatrix für Rahmenriegel. Da in den Stielen des Rahmens die Längsdehnung mit $EF = \infty$ vernachlässigt wird, sind in den Knoten 0 und 1 die Durchbiegungen bekannt mit $w_1 = w_2 = 0$.

Es empfiehlt sich daher zur Rechnungsvereinfachung bei der Aufstellung der Leitmatrix für den Rahmenriegel analog zu Abschn. 3.4.4.1 in dem Gleichungssystem (145) mit Hilfe der Durchbiegungen w die konjugierte Größe V zu eliminieren. Zur Ableitung wird Gleichungssystem (145) in folgender Form verwendet:

$$\left.\begin{aligned}
w_k^*\left(\frac{l_k}{l_c}\right) &= w_k^*(0) - A_k^*\varphi_k^*(0) + B_k^*M_k^*(0) + C_k^*V_k^*(0) + w_{k0}^*\left(\frac{l_k}{l_c}\right)\\
\varphi_k^*\left(\frac{l_k}{l_c}\right) &= + D_k^*\varphi_k^*(0) + E_k^*M_k^*(0) - B_k^*V_k^*(0) + \varphi_{k0}^*\left(\frac{l_k}{l_c}\right)\\
M_k^*\left(\frac{l_k}{l_c}\right) &= + F_k^*\varphi_k^*(0) + D_k^*M_k^*(0) + A_k^*V_k^*(0) + M_{k0}^*\left(\frac{l_k}{l_c}\right)\\
V_k^*\left(\frac{l_k}{l_c}\right) &= + V_k^*(0) + V_{k0}^*\left(\frac{l_k}{l_c}\right)
\end{aligned}\right\} \quad (179)$$

Zeile 1 wird aufgelöst nach $V_k(0)$:

$$V_k^*(0) = \frac{1}{C_k^*} A_k^*\varphi_k^*(0) - \frac{1}{C_k^*} B_u^*M_k^*(0) + \frac{1}{C_k^*}\left[w_k^*\left(\frac{l_k}{l_c}\right) - w_{k0}\left(\frac{l_k}{l_c}\right)\right].$$

Nach Einsetzen von $V_k^*(0)$ in die 2. und 3. Zeile von (179) entsteht das gesuchte Gleichungssystem, in dem nur noch das konjugierte Paar φ, M enthalten ist. In

Matrizenform lautet die Gleichung

$$\begin{bmatrix} \varphi_k^*\left(\frac{l_k}{l_c}\right) \\ M_k^*\left(\frac{l_k}{l_c}\right) \\ 1 \end{bmatrix} = \left[\begin{array}{cc|c} D_k^* - \frac{B_k^* A_k^*}{C_k^*} & E_k^* + \frac{B_k^{*2}}{C_k^*} & \varphi_{k0}^*\left(\frac{l_k}{l_c}\right) - \frac{B_k^*}{C_k^*}\left[w_k^*\left(\frac{l_k}{l_c}\right) - w_k^*(0) - w_{k0}^*\left(\frac{l_k}{l_c}\right)\right] \\ F_k^* + \frac{A_k^{*2}}{C_k^*} & D_k^* - \frac{A_k^* B_k^*}{C_k^*} & M_{k0}^*\left(\frac{l_k}{l_c}\right) + \frac{A_k^*}{C_k^*}\left[w_k^*\left(\frac{l_k}{l_c}\right) - w_k^*(0) - w_{k0}^*\left(\frac{l_k}{l_c}\right)\right] \\ 0 & 0 & 1 \end{array}\right] \begin{bmatrix} \varphi_k^*(0) \\ M_k^*(0) \\ 1 \end{bmatrix} \tag{180}$$

Darin sind im vorliegenden Beispiel (Index 1 wird weggelassen)

$$A^* = \frac{\sin \delta l}{\delta^*} = 0{,}9615 \qquad D^* = \cos \delta\, l = 0{,}8853$$

$$B^* = \frac{I_c}{I} \cdot \frac{1 - \cos \delta l}{\delta^{*2}} = 0{,}49\,033 \qquad E = -\frac{I_c}{I} \cdot \frac{\sin \delta l}{\delta^*} = -0{,}9615$$

$$C^* = \frac{I_c}{I} \cdot \frac{\delta^* \frac{l}{l_c} - \sin \delta l}{\delta^{*3}} = 0{,}1647 \qquad F^* = \frac{I}{I_c}\,\delta^* \sin \delta l = 0{,}2250$$

$$w_0^*\left(\frac{l}{l_c}\right) = \frac{P}{P_c} \cdot \frac{I_c}{I} \cdot \frac{\frac{\delta^*}{l_c} \cdot \frac{a}{l_c} - \sin \delta a}{\delta^{*3}} = 0{,}02077 \qquad w^*\left(\frac{l}{l_c}\right) = 0$$

$$\varphi_0^*\left(\frac{l}{l_c}\right) = -\frac{P}{P_c} \cdot \frac{I_c}{I} \cdot \frac{1 - \cos \delta a}{\delta^{*2}} = -0{,}1244 \qquad w^*(0) = 0$$

$$M_0^*\left(\frac{l}{l_c}\right) = \frac{P}{P_c} \cdot \frac{\sin \delta a}{\delta^*} = 0{,}4951$$

Die zu Gl. (178) analoge verkürzte Leitmatrix für den Rahmenriegel lautet jetzt

$$\begin{bmatrix} u_k^*\left(\frac{l_k}{l_c}\right) \\ \varphi_k^*\left(\frac{l_k}{l_c}\right) \\ M_k^*\left(\frac{l_k}{l_c}\right) \\ H_k^*\left(\frac{l_k}{l_c}\right) \\ 1 \end{bmatrix} = \left[\begin{array}{cccc|c|cc} 1 & 0 & 0 & -\frac{l_k}{l_c} \cdot \frac{I_c}{F_k l_k^2} & u_k^*\left(\frac{l_k}{l_c}\right) & 0 & 0 \\ 0 & D_k^* - \frac{B_k^* A_k^*}{C_k^*} & E_k^* + \frac{B_k^{*2}}{C_k^*} & 0 & \varphi_k^*\left(\frac{l_k}{l_c}\right) + \varphi_k^{*s} & 0 & 0 \\ 0 & F_k^* + \frac{A_k^{*2}}{C_k^*} & D_k^* - \frac{A_k^* B_k^*}{C_k^*} & 0 & M_k^*\left(\frac{l_k}{l_c}\right) + M_k^{*s} + S_{B2}^* & C_{01}^* & C_{02}^* \\ 0 & 0 & 0 & 0 & H_k^*\left(\frac{l_k}{l_c}\right) \qquad + S_{B1}^* & C_{03}^* & C_{04}^* \\ 0 & 0 & 0 & 1 & 1 & 0 & 0 \end{array}\right] \begin{bmatrix} u_k^*(0) \\ \varphi_k^*(0) \\ M_k^*(0) \\ H_k^*(0) \\ 1 \end{bmatrix} \tag{181}$$

Darin sind

$$\varphi_k^*\left(\frac{l_k}{l_c}\right) = -0{,}06\,257 \qquad \text{und} \qquad M_k^*\left(\frac{l_k}{l_c}\right) = 0{,}3739$$

die Belastungsglieder von Gl. (180) und

$$H_k^*\left(\frac{l_k}{l_c}\right) = \frac{H}{P_c} = \frac{5}{50} = 0{,}1.$$

Rechenschema R 16

$$
\begin{array}{ccc} u_1^*(0) & \varphi_1^*(0) & 1 \end{array}
$$

$$
\begin{bmatrix} 1 & 0 & 0 \\ 0 & 1 & 0 \\ -2{,}8642 & -2{,}8642 & 0 \\ -2{,}1982 & -2{,}8642 & 0 \\ 0 & 0 & 1 \end{bmatrix} = \begin{Bmatrix} u_1^*(0) = & 0{,}00442 \\ \varphi_1^*(0) = & -0{,}0259 \\ M_1^*(0) = & 0{,}0615 \\ H_1^*(0) = & 0{,}0645 \\ 1 = & 1 \end{Bmatrix} = \begin{Bmatrix} u_1(0) = 3{,}82\ \text{cm} \\ \varphi_1(0) = 0{,}0373 \\ M_1(0) = 18{,}65\ \text{Mpm} \\ H_1(0) = 3{,}225\ \text{Mp} \\ 1 \end{Bmatrix} = \mathfrak{y}_1(0)
$$

$$
\mathfrak{L}_1^* = \left[\begin{array}{cccc|c|cc} 1 & 0 & 0 & 0 & 0 & 0 & 0 \\ 0 & -1{,}977 & +0{,}4982 & 0 & -0{,}06257 & 0 & 0 \\ 0 & +5{,}8382 & -1{,}977 & 0 & +0{,}3739 & -5{,}9222 & -3{,}8957 \\ 0 & 0 & 0 & 1 & +0{,}1 & -11{,}0703 & -5{,}9222 \\ 0 & 0 & 0 & 0 & 1 & 0 & 0 \end{array}\right] \begin{bmatrix} 1 & 0 & 0 \\ -1{,}4269 & -3{,}4039 & -0{,}06257 \\ \boxed{+5{,}2991} & \boxed{24{,}7613} & \boxed{0{,}6177} \\ \boxed{-4{,}8184} & \boxed{17{,}2944} & \boxed{0{,}4706} \\ 0 & 0 & 1 \end{bmatrix} = \begin{Bmatrix} u_2^*(0) = 0{,}00442 \\ \varphi_2^*(0) = 0{,}0193 \\ \boxed{M_2^*(0) = 0} \\ \boxed{H_2^*(0) = 0} \\ 1 \end{Bmatrix}
$$

$$
= \begin{Bmatrix} u_2(0) = 3{,}82\ \text{cm} \\ \varphi_2(0) = 0{,}0278 \\ M_2(0) = 0 \\ H_2(0) = 0 \\ 1 \end{Bmatrix} = \mathfrak{y}_2(0)
$$

C_{01}, C_{02}, C_{03}, C_{04} sind die Koeffizienten der Federmatrix des unten eingespannten Stieles 2 nach Gl. (170). Sie lauten mit Zahlen:

$$H_2 = 26{,}875\ \text{Mp}$$

$$\delta = 0{,}1466 \qquad \delta^* = 0{,}8798$$

$$A^* = 0{,}8759 \qquad B^* = 0{,}4686 \qquad C^* = 0{,}1603$$

$$D^* = 0{,}6373 \qquad E^* = -0{,}8759 \qquad F^* = 0{,}6779$$

$$C_{01}^* = -5{,}9222 \qquad C_{02}^* = -3{,}8957$$

$$C_{03}^* = -11{,}0703 \qquad C_{04}^* = -5{,}9222$$

Anfangsvektor

Im Anfangsvektor müssen außer den Freigrößen $u_1^*(0)$ und $\varphi_1^*(0)$ die Koeffizienten C_{01}^*, C_{02}^*, C_{03}^*, C_{04}^* der Federmatrix des unten gelenkig gelagerten Stieles 0 nach Gl. (172) enthalten sein.

$$\mathfrak{y}_1^*(0) = \begin{bmatrix} u_1^*(0) \\ \varphi_1^*(0) \\ M_1^*(0) \\ H_1^*(0) \\ 1 \end{bmatrix} = \begin{bmatrix} 1 \\ 0 \\ C_{01}^* \\ C_{03}^* \\ 0 \end{bmatrix} u_1^*(0) + \begin{bmatrix} 0 \\ 1 \\ C_{02}^* \\ C_{04}^* \\ 0 \end{bmatrix} \varphi_1^*(0) + \begin{bmatrix} 0 \\ 0 \\ 0 \\ 0 \\ 1 \end{bmatrix} \cdot 1 .$$

Mit Zahlen lauten die Federkoeffizienten:

$$H = 23{,}125\ \text{Mp} \qquad \delta = 0{,}13601 \qquad \delta^* = 0{,}81608$$

$$A^* = 0{,}8926 \qquad B^* = 0{,}4729 \qquad C^* = 0{,}1612$$

$$D^* = 0{,}6851 \qquad E^* = -0{,}8926 \qquad F^* = 0{,}5945$$

$$C_{01}^* = -2{,}8642 \qquad C_{02}^* = -2{,}8642$$

$$C_{03}^* = -2{,}1982 \qquad C_{04}^* = -2{,}8642 .$$

Nunmehr läßt sich das Rechenschema 16 aufstellen und lösen.

Da nur der Rechengang veranschaulicht werden sollte, wird auf die Darstellung der Schnittkraftdiagramme verzichtet.

9 Ebene geschlossene Rahmentragwerke nach Theorie II. Ordnung für feldweise konstante Biegesteifigkeit EI_k und feldweise konstante Normalkräfte H_k

9.1 Allgemeines

Die Berechnung der in Abb. 78 dargestellten geschlossenen ebenen Rahmentragwerke nach Theorie II. Ordnung erfolgt in der gleichen Weise wie in Kap. 5 bei Theorie I. Ordnung. Die Tragwerke werden in Hauptstränge zerlegt und die dazwischenliegenden Stäbe (Riegel oder Stiele) angefedert. Alle für die Rechnung erforderlichen Feldmatrizen, sowie die Federmatrizen für einseitig eingespannte oder einseitig gelenkig gelagerte Rahmenstiele wurden in Kap. 8 bereits abgeleitet. Lediglich die zweifache Koppelfedermatrix für beidseitig elastisch eingespannte Stäbe nach Theorie II. Ordnung ist noch nicht bekannt und wird im Folgenden angegeben.

9.2 Zweifache Koppelfedermatrix für beidseitig elastisch eingespannte Stäbe

a) Koppelfeder mit den konjugierten Paaren (φ, M) *und* (w, Q)

Der Stab ist in Abb. 79 dargestellt. Zur Ableitung dienen wieder die Gleichungssysteme (142) und (145) (bzw. (148) und (150) mit dimensionslosen Größen) in folgender Form:

$$\left.\begin{aligned} w_k(l_k) &= w_k(0) - A_k\varphi_k(0) + B_kM_k(0) + C_kV_k(0) + w_{k0}(l_k) \\ \varphi_k(l_k) &= D_k\varphi_k(0) + E_kM_k(0) - B_kV_k(0) + \varphi_{k0}(l_k) \\ M_k(l_k) &= F_k\varphi_k(0) + D_kM_k(0) + A_kV_k(0) + M_{k0}(l_k) \\ V_k(l_k) &= V_k(0) + V_{k0}(l_k) \end{aligned}\right\}. \tag{182}$$

Die erste Zeile von (182) wird nach $V_k(0)$ und die zweite Zeile nach $M_k(0)$ aufgelöst:

$$V_k(0) = \frac{1}{C_k}[w_k(l_k) - w_k(0) + A_k\varphi_k(0) - B_kM_k(0) - w_{k0}(l_k)] \tag{183}$$

$$M_k(0) = \frac{1}{E_k}[\varphi_k(l_k) - D_k\varphi_k(0) + B_kV_k(0) - \varphi_{k0}(l_k)]. \tag{184}$$

Gleichung (183) in (184) eingesetzt und nach $M_k(0)$ aufgelöst, ergibt die erste Zeile der gesuchten Koppelfeder:

$$M_k(0) = \frac{B_k}{C_kF_k + B_k^2}w_k(l_k) + \frac{1}{E_k + \frac{B_k^2}{C_k}}\varphi_k(l_k) - \frac{B_k}{C_kE_k + B_k^2}w_k(0)$$
$$+ \left(\frac{E_kA_k}{C_kE_k + B_k^2} - \frac{D_k}{E_k + \frac{B_k^2}{C_k}}\right)\varphi_k(0) + \left(-\frac{B_k}{C_k}\cdot w_{k0}(l_k) - \varphi_{k0}(l_k)\right)\frac{1}{E_k + \frac{B_k^2}{C_k}}$$

In gleicher Weise werden durch Einsetzen und Umformen die Gleichungen für $Q_k(0)$, $M_k(l_k)$ und $Q_k(l_k)$ ermittelt und man kann das Gleichungssystem der Koppelfeder in Matrizenform wie folgt hinschreiben:

$$\begin{bmatrix} -M_k(0) \\ -V_k(0) \\ +M_k(l_k) \\ +V_k(l_k) \end{bmatrix} = \left[\begin{array}{cccc|c} C_{11} & C_{12} & C_{13} & C_{14} & C_{10} \\ C_{21} & C_{22} & C_{23} & C_{24} & C_{20} \\ C_{31} & C_{32} & C_{33} & C_{34} & C_{30} \\ C_{41} & C_{42} & C_{43} & C_{44} & C_{40} \end{array}\right] \begin{bmatrix} w_k(l_k) \\ \varphi_k(l_k) \\ w_k(0) \\ \varphi_k(0) \\ 1 \end{bmatrix} \tag{185}$$

mit folgenden Abkürzungen für die einzelnen Koeffizienten:

$$\left.\begin{aligned}
C_{11} &= -\frac{B_k}{C_kE_k + B_k^2} \qquad & C_{12} &= -\frac{1}{E_k + \dfrac{B_k^2}{C_k}} \\
C_{13} &= +\frac{B_k}{C_kE_k + B_k^2} \qquad & C_{14} &= -\frac{B_kA_k}{C_kE_k + B_k^2} + \frac{D_k}{E_k + \dfrac{B_k^2}{C_k}} \\
C_{21} &= -\frac{1}{C_k} + \frac{B_k^2}{C_k^2E_k + C_kB_k^2} \qquad & C_{22} &= +\frac{B_k}{C_kE_k + B_k^2} \\
C_{23} &= \frac{1}{C_k} - \frac{B_k^2}{C_k^2E_k + C_kB_k^2} \qquad & C_{24} &= -\frac{A_k}{C_k} + \frac{B_k^2A_k}{C_k^2E_k + C_kB_k^2} - \frac{B_kD_k}{C_kE_k + B_k^2} \\
C_{31} &= +\frac{D_kB_k}{C_kE_k + B_k^2} + \frac{A_k}{C_k} - \frac{A_kB_k^2}{C_k^2E_k + C_kB_k^2} \qquad & C_{32} &= -\frac{A_kB_k}{C_kE_k + B_k^2} + \frac{D_k}{E_k + \dfrac{B_k^2}{C_k}} \\
C_{33} &= -\frac{D_kB_k}{C_kE_k + B_k^2} - \frac{A_k}{C_k} + \frac{A_kB_k^2}{C_k^2E_k + C_kB_k^2} & &
\end{aligned}\right.$$

$$C_{34} = F_k + \frac{D_kB_kA_k}{C_kE_k + B_k^2} - \frac{D_k^2}{E_k + \dfrac{B_k^2}{C_k}} + \frac{A_k^2}{C_k} - \frac{A_k^2B_k^2}{C_k^2E_k + C_kB_k^2} + \frac{A_kB_kD_k}{C_kE_k + B_k^2}$$

$$C_{41} = -C_{21} \qquad C_{42} = -C_{22} \qquad C_{43} = -C_{23} \qquad C_{44} = -C_{24} \tag{186}$$

Koeffizienten der Belastungsglieder:

$$\begin{aligned}
C_{10} &= +\left(\frac{B_k}{C_k} \cdot w_{k0}(l_k) + \varphi_{k0}(l_k)\right)\frac{1}{E_k + \dfrac{B_k^2}{C_k}} \\
C_{20} &= -\left(\frac{B_k}{C_k} \cdot w_{k0}(l_k) + \varphi_{k0}(l_k)\right)\frac{B_k}{C_kE_k + B_k^2} + \frac{1}{C_k} \cdot w_{k0}(l_k) \\
C_{30} &= -D_kC_{10} - A_kC_{20} + M_{k0}(l_k) \\
C_{40} &= -C_{20} + Q_{k0}(l_k)
\end{aligned} \tag{187}$$

b) Sonderfall: Koppelfeder mit den konjugierten Paaren (φ, M)

Dieses Gleichungssystem erhält man aus Gl. (185) durch Streichung der Zeilen für $V_k(0)$ und $V_k(l_k)$ sowie der Spalten für $w_k(l_k)$ und $\varphi_k(0)$ wie folgt:

$$\begin{bmatrix} -M_k(0) \\ +M_k(l_k) \end{bmatrix} = \begin{bmatrix} C_{12} & C_{14} & \vdots & C_{10} \\ C_{32} & C_{34} & \vdots & C_{30} \end{bmatrix} \cdot \begin{bmatrix} \varphi_k(l_k) \\ \varphi_k(0) \\ 1 \end{bmatrix} \tag{188}$$

mit den Koeffizienten der Federmatrix C_{ij} und der Belastungsglieder C_{i0} nach Gln. (186) und (187).

10 Beliebig belasteter Balken mit feldweise konstanter Biegesteifigkeit EI_k und feldweise konstanter elastischer Bettung β_k

10.1 Allgemeines

Auch der elastisch gebettete Balken nach Abb. 152 läßt sich mit dem Reduktionsverfahren berechnen. Wir beschränken uns auf die Untersuchung der reinen Biegung nach Theorie I. Ordnung in der x-z-Ebene. Es treten dann wieder die bekannten konjugierten Paare (M, φ) sowie (Q, w) und die äußere Belastung $q(x)$ auf. Zusätzlich muß nur die elastische Lagerung, die durch die elastische Bettung β definiert wird, berücksichtigt werden. Die Rechnung selbst erfolgt in bekannter Weise, indem der Balken in Felder mit konstanter EI_k und β_k eingeteilt wird, für die sich Feld- und Übergangsmatrizen aufstellen lassen.

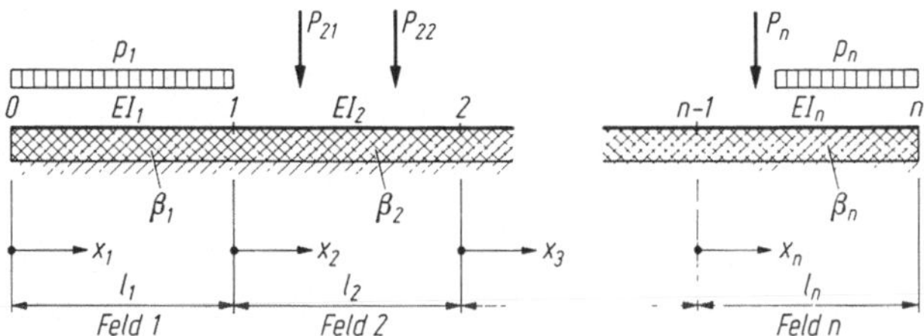

Abb. 152. Beliebig belasteter Balken auf elastischer Bettung, eingeteilt in Felder und Feldgrenzen

10.2 Ableitung der Feldmatrix

Zunächst betrachten wir ein belastetes und verformtes Balkenstück auf lauter Einzelfeldern nach Abb. 153. An der Stelle i ist die Feder mit der Federkonstanten k_{ki} um die Durchbiegung w_{ki} ausgelenkt. Die dabei auftretende Federkraft ist aufwärts gerichtet und hat den Betrag

$$F_{ki} = k_{ki} \cdot w_{ki}. \tag{189}$$

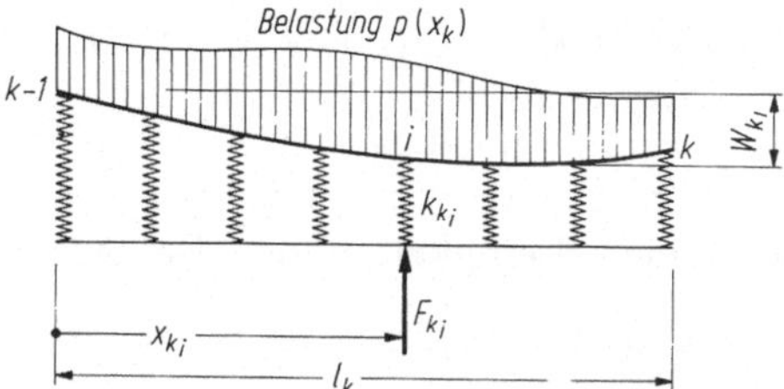

Abb. 153. Belasteter Balken auf Einzelfeldern in Gleichgewichtslage (verformter Zustand)

Führt man nun einen Grenzübergang mit unendlich vielen Federn zur elastischen Bettung durch, so erhält man (s. Abb. 154):

$$\frac{dF_k}{dx_k} = \frac{dk_k}{dx_k} \cdot w_k(x_k) = q_k(x_k)_{\text{Bettung}}. \tag{190}$$

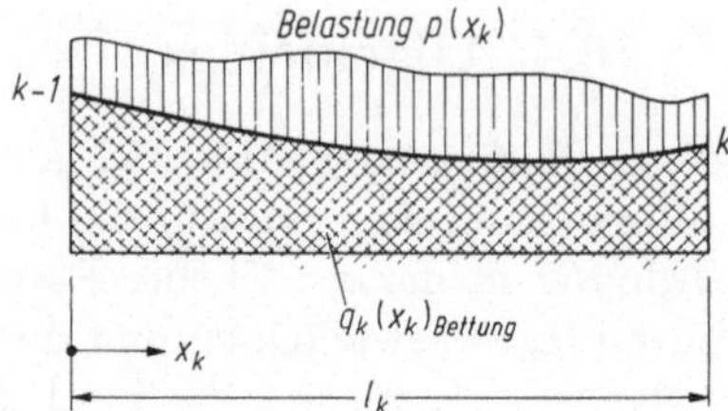

Abb. 154. Belasteter Balken auf elastischer Bettung in Gleichgewichtslage (verformter Zustand)

Das bedeutet, daß die Einzelfederkräfte F_k in eine Streckenlast $q_k(x_k)_{\text{Bettung}}$ übergehen, die der Bodenpressung unter dem Balken entspricht.

Mit der Abkürzung

$$\beta_k = \frac{dk_k}{dx_k} \tag{191}$$

wird (190) zu

$$q_k(x_k)_{\text{Bettung}} = \beta_k \cdot w_k(x_k). \tag{192}$$

Darin wird β_k mit Bettungsziffer bezeichnet. In ihr drückt sich die Federsteifigkeit des Bodens aus, die in der einschlägigen Literatur auf 1 m bzw. 1 cm Balkenbreite bezogen wird und die Dimension Mp/m² oder kg/cm² hat.

Da $q_k(x_k)_{\text{Bettung}}$ als negative Streckenlast gedeutet werden kann, läßt sich mit Gl. (1) folgende Differentialgleichung direkt angeben:

$$[EI_k w_k''(x_k)]'' = q_k(x_k) - q_k(x_k)_{\text{Bettung}} \tag{193}$$

und mit (192)

$$EI_k w_k''''(x_k) = q_k(x_k) - \beta_k w_k(x_k). \tag{194}$$

Nach Einführung der Abkürzung

$$\mu_k^4 = \frac{\beta_k}{EI_k} \tag{195}$$

und einigen Umformungen geht Gl. (194) über in die gesuchte Biegedifferentialgleichung der elastischen Bettung:

$$w_k''''(x_k) + \mu^4 \cdot w_k(x_k) = 0 + \frac{1}{EI_k} \cdot q_k(x_k). \tag{196}$$

Für diese Gleichung gibt es eine homogene und eine partikulare Lösung. Zur 0 auf der rechten Seite gehört die homogene Lösung $w_{hk}(x_k)$, die nur von den geometrischen Werten und den Steifigkeiten des Balkens abhängig ist, und zu $\frac{1}{EI_k} \cdot q_k(x_k)$ die partikulare Lösung $w_{pk}(x_k)$, die in Abhängigkeit von der äußeren Belastung ermittelt wird.

Die homogene Lösung $w_{hk}(x_k)$ setzt sich aus den mit vier Integrationskonstanten multiplizierten vier Schnitt- und Deformationsgrößen am linken Trägerende

$$\left.\begin{aligned} &w_k(0) \\ &w_k'(0) = -\varphi_k(0) \\ &w_k''(0) = \frac{M_k(0)}{EI_k} \\ &w_k'''(0) = \frac{Q_k(0)}{EI_k} \end{aligned}\right\} \tag{197}$$

zusammen und lautet (Ableitung siehe Falk: Technische Mechanik, Band III, Seiten 428 u.f. Springer 1969):

$$w_{hk}(x_k) = w_k(0)\,A_k(x_k) + w_k'(0)\,B_k(x_k) + w_k''(0)\,C_k(x_k) + w_k'''(0)\,D_k(x_k). \tag{198}$$

Darin sind die Abkürzungen:

$$\begin{aligned} A_k(x_k) &= \cos ux_k \cosh \cdot ux_k \\ B_k(x_k) &= \frac{1}{2}\cdot\frac{\sin ux_k}{u}\cdot\cosh\cdot ux_k + \frac{1}{2}\cdot\cos ux_k\cdot\frac{\sinh ux_k}{u} \\ C_k(x_k) &= \frac{1}{2}\cdot\frac{\sin ux_k}{u}\cdot\frac{\sinh ux_k}{u} \\ D_k(x_k) &= \frac{1}{2\mu^2}\cdot\left(\frac{\sin ux_k}{u}\cosh ux_k - \cos ux_k\cdot\frac{\sinh ux_k}{u}\right) \end{aligned} \tag{199}$$

$$u = \sqrt{\frac{1}{2}}\cdot\mu. \tag{200}$$

Mit Gl. (198) ist die 1. Zeile der Feldmatrix bis auf das Belastungsglied, das im nächsten Abschnitt aus der partikularen Lösung der Differentialgleichung hergeleitet wird, bekannt. Die weiteren Zeilen der Feldmatrix ergeben sich durch Ableiten und Einsetzen der bekannten Beziehungen (197) und man erhält schließlich die gesuchte Gleichung für die Feldmatrix mit den Abkürzungen nach (199) und (200):

$$\begin{Bmatrix} w_k(l_k) \\ \varphi_k(l_k) \\ M_k(l_k) \\ Q_k(l_k) \\ 1 \end{Bmatrix} = \left[\begin{array}{cccc|c} A_k(l_k) & -B_k(l_k) & C_k(l_k)\dfrac{1}{EI_k} & D_k(l_k)\dfrac{1}{EI_k} & w_{k0}(l_k) \\ \mu^4 D_k(l_k) & A_k(l_k) & -B_k(l_k)\dfrac{1}{EI_k} & -C_k(l_k)\dfrac{1}{EI_k} & \varphi_{k0}(l_k) \\ -\mu^4 C_k(l_k)\,EI_k & \mu^4 D_k(l_k)\,EI_k & A_k(l_k) & B_k(l_k) & M_{k0}(l_k) \\ -\mu^4 B_k(l_k)\,EI_k & \mu^4 C_k(l_k)\,EI_k & -\mu^4 D_k(l_k) & A_k(l_k) & Q_{k0}(l_k) \\ 0 & 0 & 0 & 0 & 1 \end{array}\right] \begin{Bmatrix} w_k(0) \\ \varphi_k(0) \\ M_k(0) \\ Q_k(0) \\ 1 \end{Bmatrix} \tag{201}$$

oder in Kurzform

$$\mathfrak{y}_k(l_k) = \mathfrak{F}_k(l_k)\,\mathfrak{y}_k(0) \tag{202}$$

Nach Einführung der dimensionslosen Vergleichsgrößen von Gl. (14) und der Größen

$$\mu = \frac{\mu^*}{l_c} \quad \text{sowie} \quad u = \frac{u^*}{l_c} \tag{203}$$

erhält man die Gleichung für die Feldmatrix in dimensionsloser Form:

$$\begin{Bmatrix} w_k^*\left(\frac{l_k}{l_c}\right) \\ \varphi_k^*\left(\frac{l_k}{l_c}\right) \\ M_k^*\left(\frac{l_k}{l_c}\right) \\ Q_k^*\left(\frac{l_k}{l_c}\right) \\ 1 \end{Bmatrix} = \begin{bmatrix} A_k^*\left(\frac{l_k}{l_c}\right) & -B_k^*\left(\frac{l_k}{l_c}\right) & \frac{I_c}{I_k}C_k^*\left(\frac{l_k}{l_c}\right) & \frac{I_c}{I_k}D_k^*\left(\frac{l_k}{l_c}\right) & w_{k0}^*\left(\frac{l_k}{l_c}\right) \\ \mu^{*4}D_k\left(\frac{l_k}{l_c}\right) & A_k^*\left(\frac{l_k}{l_c}\right) & -\frac{I_c}{I_k}B_k^*\left(\frac{l_k}{l_c}\right) & -\frac{I_c}{I_k}C_k^*\left(\frac{l_k}{l_c}\right) & \varphi_{k0}^*\left(\frac{l_k}{l_c}\right) \\ -\mu^{*4}C_k^*\left(\frac{l_k}{l_c}\right)\frac{I_k}{I_c} & \mu^{*4}D_k\left(\frac{l_k}{l_c}\right)\frac{I_k}{I_c} & A_k^*\left(\frac{l_k}{l_c}\right) & B_k^*\left(\frac{l_k}{l_c}\right) & M_{k0}^*\left(\frac{l_k}{l_c}\right) \\ -\mu^{*4}B_k\left(\frac{l_k}{l_c}\right) & \mu^{*4}C_k\left(\frac{l_k}{l_c}\right)\frac{I_k}{I_c} & -\mu^{*4}D_k^*\left(\frac{l_k}{l_c}\right) & A_k^*\left(\frac{l_k}{l_c}\right) & Q_{k0}^*\left(\frac{l_k}{l_c}\right) \\ 0 & 0 & 0 & 0 & 1 \end{bmatrix} \begin{Bmatrix} w_k^*(0) \\ \varphi_k^*(0) \\ M_k^*(0) \\ Q_k^*(0) \\ 1 \end{Bmatrix} \tag{204}$$

oder

$$\mathfrak{y}_k^*\left(\frac{l_k}{l_c}\right) = \mathfrak{F}_k^*\left(\frac{l_k}{l_c}\right)\mathfrak{y}_k^*(0) \tag{205}$$

mit den Abkürzungen:

$$\left.\begin{aligned} A_k^*\left(\frac{l_k}{l_c}\right) &= \cos u_k l_k \cosh u_k l_k \\ B_k^*\left(\frac{l_k}{l_c}\right) &= \frac{1}{2}\frac{\sin u_k l_k}{u_k^*}\cosh u_k l_k + \frac{1}{2}\cos u_k l_k \frac{\sinh u_k l_k}{u_k^*} \\ C_k^*\left(\frac{l_k}{l_c}\right) &= \frac{1}{2}\frac{\sin u_k l_k}{u_k^*}\frac{\sinh u_k l_k}{u_k^*} \\ D_k^*\left(\frac{l_k}{l_c}\right) &= \frac{1}{2\mu^{*2}}\left(\frac{\sin u_k l_k}{u_k^*}\cosh u_k l_k - \cos u_k l_k \frac{\sinh u_k l_k}{u_k^*}\right) \\ u^* &= l_c \mu \sqrt{\frac{1}{2}} \qquad \mu^* = l_c \sqrt[4]{\frac{\beta_k}{EI_k}} \end{aligned}\right\} \tag{206}$$

10.3 Ableitung der Belastungsglieder

10.3.1 Linear verteilte Streckenlast $q(x_k)$

Die linear verteilte Streckenlast läßt sich wie folgt definieren (s. Abb. 155):

$$q(x_k) = a_0 + a_1 x_k. \tag{207}$$

Für die Partikularlösung $w_{pk}(x_k)$ kann nur ein linearer Ansatz gewählt werden, da jedes weitere Potenzglied im Koeffizientenvergleich herausfällt.

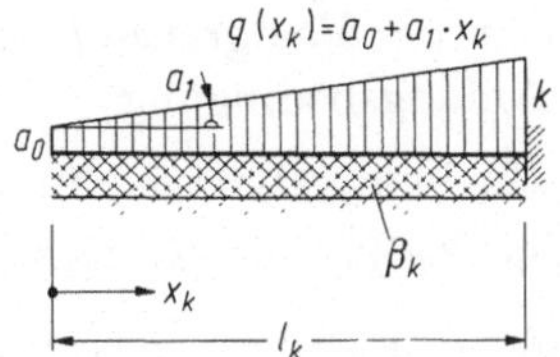

Abb. 155. Linear verteilte Streckenlast

Mit dem Ansatz

$$w_{pk}(x_k) = b_0 + b_1 x_k \tag{208}$$

und Gl. (207) folgt aus Gl. (196)

$$\mu^4 (b_0 + b_1 x_k) = \frac{1}{EI_k} (a_0 + a_1 x_k).$$

Aus einem Koeffizientenvergleich ergibt sich

$$b_0 = \frac{a_0}{\mu^4 EI_k} \qquad b_1 = \frac{a_1}{\mu^4 EI_k}$$

und damit nach Einsetzen in (208)

$$w_{pk}(x_k) = \frac{a_0}{\mu^4 EI_k} + \frac{a_1}{\mu^4 EI_k} x_k$$

$$-w'_{pk}(x_k) = \varphi_{pk}(x_k) = -\frac{a_1}{\mu^4 EI_k}$$

$$w''_{pk}(x_k) = w'''_{pk}(x_k) = 0.$$

Der Zustandsvektor der Partikularlösung ist somit

$$\mathfrak{y}_{pk}(x_k) = \begin{Bmatrix} \frac{a_0}{\mu^4 EI_k} + \frac{a_1}{\mu^4 EI_k} x_k = w_{pk}(x_k) \\ -\frac{a_1}{\mu^4 EI_k} \qquad = \varphi_{pk}(x_k) \\ 0 \qquad = M_{pk}(x_k) \\ 0 \qquad = Q_{pk}(x_k) \\ 1 \end{Bmatrix}. \tag{209}$$

Die Partikularlösung ist nicht mit dem Zustandsvektor der Lastspalte identisch, sondern sie ist zusammen mit der homogenen Lösung an die Anfangsbedingungen des Balkens gebunden.

Zum besseren Verständnis wird die Ableitung zunächst nur mit der Durchbiegung w durchgeführt. Die homogene Lösung der Durchbiegung $w_{hk}(l_k)$ lautet nach Gl. (201):

$$w_{hk}(l_k) = A_k(l_k)\, w_{hk}(0) - B_k(l_k)\, \varphi_{hk}(0) + \frac{C_k(l_k)}{EI_k} M_{hk}(0) + \frac{D_k(l_k)}{EI_k} Q_{hk}(0). \tag{210}$$

Führt man nun die Gesamtlösung der Differentialgleichung ein mit

$$w_k(l_k) = w_{hk}(l_k) + w_{pk}(l_k)$$

so folgt neugeordnet

$$w_k(l_k) - w_{pk}(l_k) = w_{hk}(l_k). \tag{211}$$

Diese Beziehung gilt nicht nur an der Feldgrenze l_k, sondern auch an jeder Stelle x_k. Somit folgt für $x_k = 0$ die Anfangsbedingung:

$$w_k(0) - w_{pk}(0) = w_{hk}(0). \tag{212}$$

Dieser Zusammenhang gilt auch für die übrigen Größen:

$$\left.\begin{aligned} \varphi_k(0) - \varphi_{pk}(0) &= \varphi_{hk}(0) \\ M_k(0) - M_{pk}(0) &= M_{hk}(0) \\ Q_k(0) - Q_{pk}(0) &= Q_{hk}(0) \end{aligned}\right\}. \tag{212}$$

Setzt man jetzt in (211) die Gl. (210) ein und in diese (212), so erhält man

$$\begin{aligned} w_k(l_k) - w_{pk}(l_k) = {} & A_k(l_k)\,[w_k(0) - w_{pk}(0)] \\ & - B_k(l_k)\,[\varphi_k(0) - \varphi_{pk}(0)] \\ & + \frac{C_k(l_k)}{EI_k}[M_k(0) - M_{pk}(0)] \\ & + \frac{D_k(l_k)}{EI_k}[Q_k(0) - Q_{pk}(0)] \end{aligned}$$

und nach Umformung

$$\begin{aligned} w_k(l_k) = {} & A_k(l_k)\,w_k(0) - B_k(l_k)\,\varphi_k(0) + \frac{C_k(l_k)}{EI_k}M_k(0) + \frac{D_k(l_k)}{EI_k}Q_k(0) \\ & - \left[A_k(l_k)\,w_{pk}(0) - B_k(l_k)\,\varphi_{pk}(0) + \frac{C_k(l_k)}{EI_k}M_{pk}(0) + \frac{D_k(l_k)}{EI_k} + Q_{pk}(0)\right] \\ & + w_{pk}(l_k). \end{aligned} \tag{213}$$

Darin ist

$$\begin{aligned} - \left[A_k(l_k)\,w_{pk}(0) - B_k(l_k)\,\varphi_{pk}(0) + \frac{C_k(l_k)}{EI_k}M_{pk}(0) + \frac{D_k(l_k)}{EI_k}Q_{pk}(0)\right] & \\ + w_{pk}(l_k) = w_{k0}(l_k) & \end{aligned} \tag{214}$$

die gesuchte Belastungsgröße der Durchbiegung.

Gl. (214) kann jetzt in allgemeiner Form als Vektorgleichung geschrieben werden:

$$\mathfrak{y}_{k0}(l_k) = \mathfrak{y}_{pk}(l_k) - \mathfrak{F}_k(l_k)\,\mathfrak{y}_{pk}(0). \tag{215}$$

Darin ist $\mathfrak{y}_{pk}(l_k)$ der Zustandsvektor der Partikularlösung an der Stelle $x_k = l_k$ nach Gl. (209), $\mathfrak{F}_k(l_k)$ die Feldmatrix in Gl. (201) und $\mathfrak{y}_{pk}(0)$ der Zustandsvektor der Partikularlösung an der Stelle $x_k = 0$.

Nach Einsetzen der entsprechenden Werte erhält man aus (215) den Vektor der Belastungsgrößen für die linear verteilte Streckenlast nach Abb. 155:

$$\mathfrak{y}_{k0}(l_k) = \begin{Bmatrix} w_{k0}(l_k) \\ \varphi_{k0}(l_k) \\ M_{k0}(l_k) \\ Q_{k0}(l_k) \\ 1 \end{Bmatrix} = \begin{Bmatrix} \dfrac{a_0}{\mu^4 EI_k} + \dfrac{a_1}{\mu^4 EI_k} a_k - A_k(a_k)\dfrac{a_0}{\mu^4 EI_k} - B_k(a_k)\dfrac{a_1}{\mu^4 EI_k} \\ -\dfrac{a_1}{\mu^4 EI_k} - \dfrac{D_k(a_k)\,a_0}{EI_k} + \dfrac{A_k(a_k)\,a_1}{\mu^4 EI_k} \\ 0 + C_k(a_k)\,a_0 + D_k(a_k)\,a_1 \\ 0 + B_k(a_k)\,a_0 + C_k(a_k)\,a_1 \\ 1 \end{Bmatrix}. \tag{216}$$

Zu beachten ist, daß die Abkürzungen A_k, B_k, C_k und D_k nach Gl. (199) auf die Länge der Streckenlast zu beziehen sind. Zum Beispiel bei Streckenlastlänge $a_k < l_k$ werden die Abkürzungen zu $A_k(a_k)$, $B_k(a_k)$, $C_k(a_k)$ und $D_k(a_k)$.

10.3.2 **Konstante Streckenlast** (nach Abb. 156)

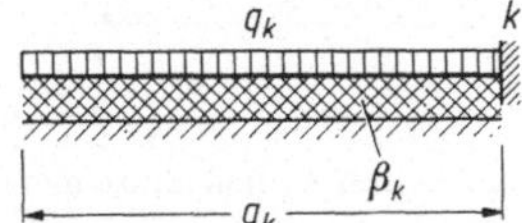

Abb. 156. Konstante Streckenlast

Mit $q_k = a_0$ und $a_1 = 0$ folgt aus (216) der Vektor für die Belastungsgrößen

$$\mathfrak{y}_{k0}(l_k) = \begin{Bmatrix} w_{k0}(l_k) \\ \varphi_{k0}(l_k) \\ M_{k0}(l_k) \\ Q_{k0}(l_k) \\ 1 \end{Bmatrix} = \begin{Bmatrix} \dfrac{q_k}{\mu^4 EI_k} - A_k(a_k)\dfrac{q_k}{\mu^4 EI_k} \\ -D_k(a_k)\dfrac{q_k}{EI_k} \\ C_k(a_k)\, q_k \\ B_k(a_k)\, q_k \\ 1 \end{Bmatrix}. \tag{217}$$

10.3.3 **Linear ansteigende Streckenlast** (nach Abb. 157)

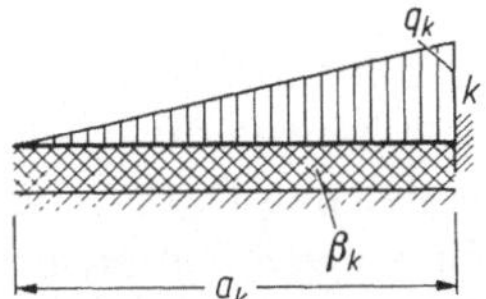

Abb. 157. Linear ansteigende Streckenlast

Mit $a_1 = \dfrac{q_k}{a_k}$ und $a_0 = 0$ folgt aus (216)

$$\mathfrak{y}_{k0}(l_k) = \begin{Bmatrix} w_{k0}(l_k) \\ \varphi_{k0}(l_k) \\ M_{k0}(l_k) \\ Q_{k0}(l_k) \\ 1 \end{Bmatrix} = \begin{Bmatrix} \dfrac{q_k}{\mu^4 EI_k}\left(1 - \dfrac{B_k(a_k)}{a_k}\right) \\ + \dfrac{q_k}{\mu^4 EI_k}\left(-\dfrac{1}{a_k} + \dfrac{A_k}{a_k}(a_k)\right) \\ D_k(a_k)\dfrac{q_k}{a_k} \\ C_k(a_k)\dfrac{q_k}{a_k} \\ 1 \end{Bmatrix}. \tag{218}$$

10.3.4 Einzellast P_k bzw. M_k (nach Abb. 158)

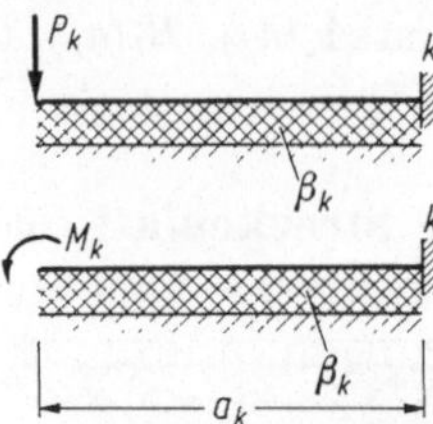

Abb. 158. Einzellast P_k und Einzelmoment M_k

Die Lastspalten für eine Einzellast P_k und ein Einzelmoment M_k lassen sich direkt aus der Feldmatrix in (202) ablesen. Hierzu müssen die zu $M_k(0)$ und $Q_k(0)$ gehörigen Spalten mit M_k bzw. Q_k unter Beachtung des Angriffspunktes a_k multipliziert werden. Zum Beispiel die Lastspalte für die Durchbiegung unter Last P_k im Abstand a_k von der Feldgrenze lautet

$$w_{k0}(l_k) = P_k D_k(a_k) \frac{1}{EI_k}.$$

10.3.5 Zusammenstellung der Lastgrößen

Die Lastgrößen der abgeleiteten Belastungen sind in Tab. 13a für dimensionsgebundene Werte und in Tab. 13b für dimensionslose Werte zusammengestellt.

10.4 Betrachtung am ganzen Tragwerk

Die Berechnung eines Balkens mit mehreren Feldern kann in bekannter Weise nach Rechenschema (12) oder (12a) ausgeführt werden. Für die Anfangsvektoren am linken Trägerende gelten die gleichen Beziehungen wie beim beliebig gestützten Durchlaufträger. Sofern keine Sprunggrößen nach den Abb. 13, 14 und 15 an den Feldgrenzen auftreten, ist die Feldmatrix mit der Leitmatrix identisch. Andernfalls müssen die Sprunggrößen in die Punkt- oder Leitmatrix gemäß Abschn. 3.1.3 aufgenommen werden.

10.5 Beispiel 17

Aufgabenstellung

Ein elastisch gebettetes Streifenfundament nach Abb. 159 (s. S. 259) wird durch eine Einzellast belastet. Gesucht werden die Gleichungen der Schnittkräfte $Q(x)$, $M(x)$ und der Bodenpressung $q(x)_{\text{Bettung}}$.

Die Rechnung wird mit dimensionslosen Vergleichsgrößen durchgeführt (was jedoch nur bei Trägern mit mehreren Feldern zweckmäßig ist).

$$l_c = 10\text{ m} \qquad P_c = 50\text{ Mp} \qquad EI_c = EI_1$$

Tabelle 13a. *Belastungsgrößen bei reiner Biegung in der x-z-Ebene mit elastischer Bettung für konstante Biegesteifigkeit und konstante elastische Bettungsziffer*

	$w_{k0}(l_k)$	$\varphi_{k0}(l_k)$	$M_{k0}(l_k)$	$Q_{k0}(l_k)$
P, k, β_k, a_k	$PD_k(a_k)\,\frac{1}{EI_k}$	$-PC_k(a_k)\,\frac{1}{EI_k}$	$PB_k(a_k)$	$PA_k(a_k)$
M, k, β_k, a_k	$MC_k(a_k)\,\frac{1}{EI_k}$	$-MB_k(a_k)\,\frac{1}{EI_k}$	$MA_k(a_k)$	$-M\mu_k^4D_k(a_k)$
q, k, β_k, a_k	$\frac{q}{\mu_k^4EI_k}\,[1-A_k(a_k)]$	$-\frac{q}{EI_k}\,D_k(a_k)$	$qC_k(a_k)$	$qB_k(a_k)$
q, k, β_k, a_k	$\frac{q}{\mu_k^4EI_k}\left[1-\frac{B_k(a_k)}{a_k}\right]$	$-\frac{q}{\mu_k^4EI_k\,a_k}\,[1-A_k(a_k)]$	$\frac{q}{a_k}\,D_k(a_k)$	$\frac{q}{a_k}\,C_k(a_k)$

Für $A_k(a_k)$, $B_k(a_k)$, $C_k(a_k)$ und $D_k(a_k)$ sind die Abkürzungen nach Gl. (199) mit $x_k = a_k$ zu verwenden.
μ_k: siehe Gl. (195)

Tabelle 13b. *Umgerechnete Belastungsgrößen bei reiner Biegung in der x-z-Ebene mit elastischer Bettung für konstante Biegesteifigkeit und konstante elastische Bettungsziffer*

	$w_{k0}\left(\frac{l_k}{l_c}\right)$	$\varphi_{k0}\left(\frac{l_k}{l_c}\right)$	$M_{k0}\left(\frac{l_k}{l_c}\right)$	$Q_{k0}\left(\frac{l_k}{l_c}\right)$
P/P_c, k, β_k, a_k/l_c	$\frac{P}{P_c}\frac{I_c}{I_k}D_k^*\left(\frac{a_k}{l_c}\right)$	$-\frac{P}{P_c}\frac{I_c}{I_k}C_k^*\left(\frac{a_k}{l_c}\right)$	$\frac{P}{P_c}B_k^*\left(\frac{a_k}{l_c}\right)$	$\frac{P}{P_c}A_k^*\left(\frac{a_k}{l_c}\right)$
$M/P_c l_c$, k, β_k, a_k/l_c	$\frac{M}{P_c l_c}\frac{I_c}{I_k}C_k^*\left(\frac{a_k}{l_c}\right)$	$-\frac{M}{P_c l_c}\frac{I_c}{I_k}B_k^*\left(\frac{a_k}{l_c}\right)$	$\frac{M}{P_c l_c}A_k^*\left(\frac{a_k}{l_c}\right)$	$-\frac{M}{P_c l_c}\mu_k^{*4}D_k^*\left(\frac{a_k}{l_c}\right)$
q^*, k, β_k, a_k/l_c	$\frac{I_c}{I_k}\frac{q^*}{\mu_k^{*4}}\left[1-A_k^*\left(\frac{a_k}{l_c}\right)\right]$	$-\frac{I_c}{I_k}q^*D_k^*\left(\frac{a_k}{l_c}\right)$	$q^*C_k^*\left(\frac{a_k}{l_c}\right)$	$q^*B_k^*\left(\frac{a_k}{l_c}\right)$
q^*, k, β_k, a_k/l_c	$\frac{I_c}{I_k}\frac{q^*}{\mu_k^{*4}}\left[1-\frac{B_k^*\left(\frac{a_k}{l_c}\right)}{a_k/l_c}\right]$	$-\frac{I_c}{I_k}\frac{q^*}{\mu_k^{*4}}\frac{l_c}{a_k}\left[1-A_k^*\left(\frac{a_k}{l_c}\right)\right]$	$\frac{q^* l_c}{a_k}D_k^*\left(\frac{a_k}{l_c}\right)$	$\frac{q^* l_c}{a_k}C_k^*\left(\frac{a_k}{l_c}\right)$

Für $A_k^*\left(\frac{a_k}{l_c}\right)$, $B_k^*\left(\frac{a_k}{l_c}\right)$, $C_k^*\left(\frac{a_k}{l_c}\right)$, $D_k^*\left(\frac{a_k}{l_c}\right)$ und μ_k^* sind die Abkürzungen nach Gl. (206) mit $l_k = a_k$ einzusetzen.

Daraus ergeben sich nach Gl. (206) die Abkürzungen

$$\mu = \sqrt[4]{\frac{\beta_1}{EI_1}} = \sqrt[4]{\frac{300}{8 \cdot 10^4}} = 0{,}2475 \qquad \mu^4 = 3{,}75 \cdot 10^{-3}$$

$$u = \mu \cdot \sqrt{\frac{1}{2}} = 0{,}1750$$

$$\mu^* = l_c \cdot \mu = 2{,}475 \qquad u^* = l_c \cdot u = 1{,}75$$

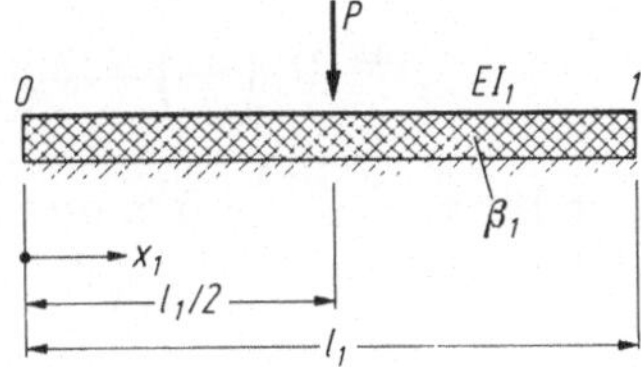

Abb. 159. Beispiel 17 — elastisch gebetteter Balken
$l_1 = 10$ m, $EI_1 = 8 \cdot 10^4$ Mpm², $P = 50$ Mp, Bettungsziffer $\beta_1 = \dfrac{300 \text{ Mpm}}{\text{m}}$

Ersatzträger (Abb. 160)

Die Berechnung der Ersatzträger erfolgt nach Rechenschema (12). Es gilt folgende Matrizengleichung:

$$\mathfrak{y}_2^*(0) = \mathfrak{F}_1^* \mathfrak{y}_1^*(0)$$

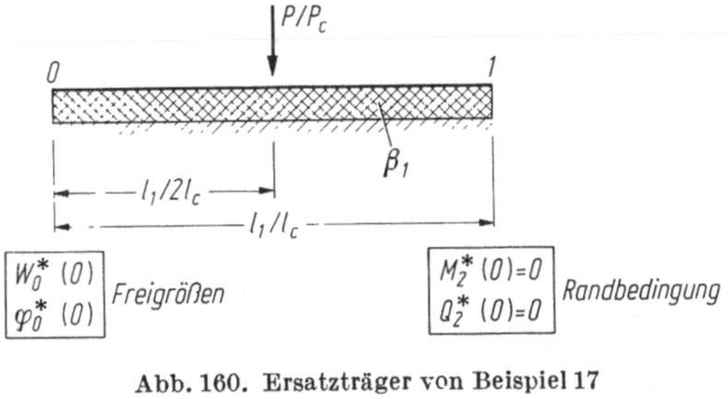

P/P_c — 0 — 1 — β_1 — $l_1/2l_c$ — l_1/l_c

$W_0^*(0)$, $\varphi_0^*(0)$ Freigrößen — $M_2^*(0)=0$, $Q_2^*(0)=0$ Randbedingung

Abb. 160. Ersatzträger von Beispiel 17

Anfangsvektor $\mathfrak{y}_1^*(0)$

Am linken Balkenende sind die Größen $M_1^*(0) = 0$ und $Q_1^*(0) = 0$ bekannt. Die unbekannten Freigrößen sind $w_1^*(0)$ und $\varphi_1^*(0)$ und der Anfangsvektor läßt sich hinschreiben:

$$\mathfrak{y}_1^*(0) = \begin{bmatrix} w_1^*(0) \\ \varphi_1^*(0) \\ M_1^*(0) = 0 \\ Q_1^*(0) = 0 \\ 1 \end{bmatrix} = \begin{array}{c} \begin{matrix} w_1^*(0) & \varphi_1^*(0) & 1 \end{matrix} \\ \begin{bmatrix} 1 & 0 & 0 \\ 0 & 1 & 0 \\ 0 & 0 & 0 \\ 0 & 0 & 0 \\ 0 & 0 & 1 \end{bmatrix} \end{array}.$$

Feldmatrix $\mathfrak{F}_1^*$ nach Gl. (204).

Die Abkürzungen der Koeffizienten in (204) lauten mit $u_1 \cdot l_1 = 1{,}75 \cdot 10 = 17{,}5$:

$$A_1^*\left(\frac{l_1}{l_c}\right) = \cos u_1 l_1 \cosh u_1 l_1 = -0{,}1782 \cdot 2{,}9642 = -0{,}5284$$

$$B_1^*\left(\frac{l_1}{l_c}\right) = 0{,}6912 \qquad \mu_1^{*4}\, B_1^*\left(\frac{l_1}{l_c}\right) = 25{,}9262$$

$$C_1^*\left(\frac{l_1}{l_c}\right) = 0{,}4483 \qquad \mu_1^{*4}\, C_1\left(\frac{l_1}{l_c}\right) = 16{,}8113$$

$$D_1^*\left(\frac{l_1}{l_c}\right) = 0{,}1592 \qquad \mu_1^{*4}\, D_1\left(\frac{l_1}{l_c}\right) = 5{,}9723$$

Die Lastgrößen ergeben sich für $a_1 = \frac{l_1}{2} = 5$ m und $u_1 \cdot a_1 = 5 \cdot 0{,}175 = 0{,}875$

$$A_1^*\left(\frac{a_1}{l_c}\right) = 0{,}90247946 \qquad w_{10}^*\left(\frac{a_1}{l_c}\right) = \frac{P}{P_c}\frac{I_c}{I_1} D_1^*\left(\frac{a_1}{l_c}\right) = 0{,}02077$$

$$B_1^*\left(\frac{a_1}{l_c}\right) = 0{,}49024 \qquad \varphi_{10}^*\left(\frac{a_1}{l_c}\right) = 0{,}12418$$

$$C_1^*\left(\frac{a_1}{l_c}\right) = 0{,}1241 \qquad M_{10}^*\left(\frac{a_1}{l_c}\right) = 0{,}49024$$

$$D_1^*\left(\frac{a_1}{l_c}\right) = 0{,}02077 \qquad Q_{10}^*\left(\frac{a_1}{l_c}\right) = 0{,}9024$$

Damit läßt sich das Rechenschema R 17 aufstellen und lösen. Am rechten Trägerende lauten die Randbedingungen

$$M_2^*(0) = 0 = -16{,}8114 \cdot w_1^*(0) + 5{,}97\, \varphi_1^*(0) + 0{,}4902$$
$$Q_2^*(0) = 0 = -25{,}92 \cdot w_1^*(0) + 16{,}8114\, \varphi_1^*(0) + 0{,}9024$$

mit der Lösung

$$w_1^*(0) = 0{,}0223$$
$$\varphi_1^*(0) = -0{,}0193.$$

Damit sind auch die Deformationsgrößen $w_2^*(0)$ und $\varphi_2^*(0)$ des Zustandsvektors $\mathfrak{y}_2^*(0)$ bekannt. Sämtliche Werte sind dimensionslos. Die dimensionsrichtigen Größen erhält man mit Gl. (14) zu

$$w_1(0) = w_2(0) = 0{,}0223\,\frac{P_c l_c^3}{EI_c} = 0{,}0139 \text{ m} = 1{,}39 \text{ cm},$$

$$\varphi_1(0) = -\varphi_2(0) = -0{,}0193\,\frac{P_c l_c^2}{EI_c} = -0{,}00121.$$

Die gesuchten Gleichungen für $Q_1(x_1)$, $M_1(x_1)$ und $q_1(x_1)_{\text{Bettung}}$ lassen sich nun mit Hilfe der Gln. (201), (199) und (192) direkt hinschreiben:

$$Q_1(x_1) = -0{,}0139 \cdot 3{,}75 \cdot 10^{-3} \cdot 8 \cdot 10^4 \cdot 0{,}5 \left(\frac{\sin 0{,}175 x_1}{0{,}175} \cdot \cosh 0{,}175 x_1 + \cos 0{,}175 x_1 \frac{\sinh 0{,}175 x_1}{0{,}175}\right)$$
$$-0{,}00121 \cdot 3{,}75 \cdot 10^{-3} \cdot 8 \cdot 10^4 \cdot 0{,}5\, \frac{\sin 0{,}175 x_1}{0{,}175^2} \sinh 0{,}175 x_1 \text{ [Mp]}$$

Rechenschema R 17

$$
\begin{array}{r}
\\
\\
\\
\mathfrak{y}_1^*(0)\\
\\
\\
\end{array}
\begin{array}{ccc}
w_1^*(0) & \varphi_1^*(0) & 1\\
\end{array}
$$

$$
\mathfrak{y}_1^*(0)\begin{bmatrix} 1 & 0 & 0\\ 0 & 1 & 0\\ 0 & 0 & 0\\ 0 & 0 & 0\\ 0 & 0 & 1 \end{bmatrix} = \begin{bmatrix} +0{,}0223 = w_1^*(0)\\ -0{,}0193 = \varphi_1^*(0)\\ 0 \quad = M_1^*(0)\\ 0 \quad = Q_1^*(0)\\ 1 \end{bmatrix} = \mathfrak{y}_1^*(0)
$$

$$
\mathfrak{F}_1^* = \left[\begin{array}{cccc|c} -0{,}5284 & -0{,}6912 & 0{,}4483 & 0{,}1592 & 0{,}0208\\ 5{,}97 & -0{,}5284 & -0{,}6912 & -0{,}4423 & -0{,}1242\\ -16{,}8114 & 5{,}97 & -0{,}5284 & 0{,}6912 & 0{,}4902\\ -25{,}92 & 16{,}8114 & -5{,}97 & -0{,}5284 & 0{,}9024\\ 0 & 0 & 0 & 0 & 1 \end{array}\right] \begin{bmatrix} -0{,}5284 & -0{,}6912 & 0{,}0208\\ 5{,}97 & -0{,}5284 & -0{,}1242\\ \boxed{-16{,}8114} & \boxed{5{,}97} & \boxed{0{,}4902}\\ \boxed{-25{,}92} & \boxed{16{,}8114} & \boxed{0{,}9024}\\ 0 & 0 & 1 \end{bmatrix} = \begin{bmatrix} +0{,}0223 = w_2^*(0)\\ +0{,}0193 = \varphi_2^*(0)\\ \boxed{= 0 \quad = M_2^*(0)}\\ \boxed{= 0 \quad = Q_2^*(0)}\\ \end{bmatrix} = \mathfrak{y}_2^*(0)
$$

$$M_1(x_1) = -0{,}0139 \cdot 3{,}75 \cdot 10^{-3} \cdot 8 \cdot 10^4 \cdot 0{,}5 \frac{\sin 0{,}175 x_1}{0{,}175^2} \cdot \sinh 0{,}175\, x_1$$

$$- 0{,}00121 \cdot 3{,}75 \cdot 10^{-3} \cdot 8 \cdot 10^4 \cdot \frac{1}{2 \cdot 0{,}2475^2} \left(\frac{\sin 0{,}175 x_1}{0{,}175} \cdot \cosh 0{,}175\, x_1 \right.$$

$$\left. - \cos 0{,}175\, x_1 \cdot \frac{\sinh 0{,}175 x_1}{0{,}175} \right) [\mathrm{Mpm}]$$

$$q_1(x_1) = \beta_1 w_1(x_1) = \left[0{,}0139 \left(\cos 0{,}175\, x_1 \cdot \frac{\cosh 0{,}175 x_1}{0{,}175} \right) \right.$$

$$\left. + \frac{0{,}00121}{2} \cdot \left(\frac{\sin 0{,}175 x_1}{0{,}175} \cdot \cosh 0{,}175\, x_1 + \cos 0{,}175\, x_1 \cdot \frac{\sinh 0{,}175 x_1}{0{,}175} \right) \right] 300. \quad [\mathrm{Mp/m}]$$

11 Schlußbetrachtungen

In diesem Buch wurde ein unter dem Namen Reduktionsverfahren bekannt gewordenes Matrizenverfahren zur statischen Berechnung von Tragwerken erläutert, das inzwischen in den elektronischen Rechenbüros einen fast gleichberechtigten Platz neben den bisher in der Baustatik verwendeten Deformations- und Kraftgrößenverfahren einnimmt. Die Anwendung des Verfahrens wurde für einige häufig vorkommende Tragwerke sowohl für Theorie I. wie auch II. Ordnung theoretisch und praktisch an Beispielen vorgeführt. Damit sind aber bei weitem noch nicht alle Anwendungsmöglichkeiten des Verfahrens erfaßt, sondern man kann mit ihm sämtliche Tragwerke des Bauwesens, also auch räumliche Rahmen, Fachwerke usw. statisch untersuchen. Auch die Berechnung von Tragwerken mit geknickten oder gekrümmten Stäben bereitet keine Schwierigkeiten. Außerdem kann das Verfahren für Stabilitäts- und Schwingungsuntersuchungen für die Berechnung von Scheiben, Platten, Schalen und vielen anderen baustatischen Problemen verwendet werden (s. Literaturverzeichnis).

Es bleibt nun noch zu untersuchen, wie das Reduktionsverfahren bei einem Vergleich mit dem Kraft- und Deformationsverfahren abschneidet. Das ist nicht ganz einfach, weil ein solcher Vergleich stets beeinflußt wird durch die subjektive Einstellung des Vergleichenden. Trotzdem wird aber versucht, ein objektives Bild über die Vor- und Nachteile des Reduktionsverfahrens zu entwerfen.

Das Verfahren hat verschiedene Vorzüge. An erster Stelle ist seine Matrizenstruktur zu nennen, die es möglich macht, die gesamte praktische Rechnung vollkommen zu schematisieren, so daß es vorzüglich geeignet ist zur Programmierung für große elektronische Rechenmaschinen. Aber auch die Durchführung der Rechnung mit dem kleinen elektronischen Tischrechner ist möglich, weil der Statiker nur noch die die technischen Daten des Tragwerkes enthaltenden Feld- und Punktmatrizen oder Leitmatrizen aufzustellen hat sowie die Randbedingungen festlegen muß, während die übrige Rechnung schematisch abläuft und auch von statisch ungebildeten Hilfskräften ausgeführt werden kann. In dieser Frage unterscheidet sich das Reduktionsverfahren wesentlich von den anderen Verfahren, die sich keinesfalls durchgehend schematisieren lassen.

Ein weiterer Vorzug des Reduktionsverfahrens ist, daß die statische oder geometrische Unbestimmtheit des Tragwerkes gar keine Rolle spielt, sondern die Zahl der in der Rechnung auftretenden Unbekannten lediglich von der Anzahl der Hauptstränge und der an ihnen mitgeführten Größen sowie der vorhandenen Zwischenbedingungen abhängig ist. Man hat es deshalb im Gegensatz zu den anderen Verfahren fast nur mit Gleichungssystemen niederer Ordnung zu tun. Auf Grund dieser Eigenart ist das Reduktionsverfahren sehr gut geeignet für die Untersuchung hochgradig statisch unbestimmter Tragwerke. Dagegen Tragwerke mit mehreren Zwischenbedingungen, wie z.B. die statisch bestimmten Gerberträger, die sich nach den üblichen statischen Verfahren verhältnismäßig einfach berechnen lassen, können nach dem Reduktionsverfahren mehr Rechenaufwand verursachen als hochgradig statisch unbestimmte Systeme.

An dieser Stelle verdient auch noch einmal besonders hervorgehoben zu werden, daß man beim Reduktionsverfahren am Schluß der Rechnung sämtliche mitgeführten Kraft- und Deformationsgrößen gleichzeitig erhält und dadurch sofort der gesamte Schnittkraftverlauf und Verformungszustand des Tragwerkes bekannt ist. Diese Tatsache macht das Verfahren besonders empfehlenswert für Studierende und unerfahrene Statiker, weil sie sofort ein anschauliches Bild von dem erhalten, was sie gerechnet haben und somit ihr statisches Denken und Vorstellungsvermögen schulen können.

Ein wunder Punkt des Reduktionsverfahrens ist seine Fehleranfälligkeit bei ungenügendem Genauigkeitsgrad der Rechnung. Mit zunehmender Felderzahl der Hauptstränge eines Tragwerkes schwellen die aus der Matrizenmultiplikation im Rechenschema hervorgegangenen Werte der homogenen und inhomogenen Spalten stark an, und man erhält die unerwünschten „kleinen Differenzen großer Zahlen". Besonders groß wird diese negative Eigenschaft durch die Federn beeinflußt, denn je steifer die Federn sind, um so mehr schwellen die Werte an. Man sollte daher, sofern der Rechenumfang dadurch nicht steigt, bei jedem Tragwerk die Stränge mit den kleinsten Steifigkeiten an die Stränge mit den größten Steifigkeiten anfedern. Mit dem Rechenschieber können in der Regel nur Tragwerke untersucht werden, deren Hauptstränge aus nicht mehr als zwei Feldern bestehen. Sofern eine größere Felderzahl vorhanden ist, bekommt man nur brauchbare Ergebnisse, wenn für die Rechnung eine Rechenmaschine zur Verfügung steht, die Produktsummen bilden kann. Über die Anzahl der Stellen, für die jede Zahl genau zu berechnen ist, lassen sich keine festen Angaben machen, weil bei jedem Tragwerksteil andere Steifigkeitsverhältnisse vorliegen.

Bei Tragwerken mit sehr vielen Feldern oder mit ungünstigen Steifigkeitsverhältnissen kann die Fehlerempfindlichkeit durch schrittweises Anfedern der Hauptträgerfelder herabgesetzt werden. Wenn die Anfederung nach jedem Feld erfolgt, kann das Anwachsen der Werte gänzlich verhindert werden. Im allgemeinen genügt es jedoch bei Rechnung mit der Tischrechenmaschine, wenn man jeweils drei bis vier Felder gemeinsam anfedert. Unangenehm ist bei dieser Methode, daß für jede Anfederung ein Gleichungssystem zusätzlich zu lösen und dazu die Kehrmatrix aufzustellen ist.

Bei Verwendung eines großen elektronisch gesteuerten Rechenautomaten spielt die Fehlerempfindlichkeit des Verfahrens keine große Rolle mehr. Außerdem ist das Verfahren der feldweisen Anfederung für die Maschinenrechnung sehr brauchbar, weil die Auflösung der Gleichungen nach jedem Feld mit anschließender Bildung der Kehrmatrix leicht in das Programm aufzunehmen ist. Dabei können gleichzeitig eventuell vorhandene Zwischenbedingungen ohne zusätzliche Mehrarbeit mit berücksichtigt werden.

Abschließend kann das Ergebnis des durchgeführten Vergleichs folgendermaßen zusammengefaßt werden: In bezug auf Programmierbarkeit für digitale Rechenautomaten ist das Reduktionsverfahren für viele Tragwerksformen dem Kraft- und Deformationsverfahren überlegen. Sofern jedoch für die Rechnung nur eine normale Tischrechenmaschine zur Verfügung steht, ist die Anwendung dieses Verfahrens nur wirtschaftlich bei hochgradig statisch oder geometrisch unbestimmten Tragwerken, wie z.B. Durchlaufträgern auf elastisch senk- und drehbaren Stützen, Vierendeelträgern, Trägerrosten und verschieblichen Stockwerkrahmen mit mehreren Stockwerken. Dabei ist besonders bemerkenswert, daß seine Überlegenheit gegenüber den anderen Verfahren mit dem Grad der statischen oder geometrischen Unbestimmtheit des zu untersuchenden Tragwerkes wächst.

Zur Programmierung des Reduktionsverfahrens

Von Dr.-Ing. Sigurd Falk

1. Allgemeines

Die eigentliche, ebenso zeitraubende wie eintönige Rechenarbeit beim Reduktionsverfahren besteht im Multiplizieren der Leitmatrizen mit den Zustandsvektoren. Man könnte daher, nachdem die Elemente der Leitmatrizen aus den gegebenen Größen EI, l, P, M usw. berechnet sind, diese Multiplikationen einem digitalen Rechenautomaten überlassen, um so mehr als die Matrizenmultiplikation zum Standardprogramm eines jeden Rechenbüros gehört und keinerlei Vorbereitung von seiten des Auftraggebers erfordert.

Doch wäre ein solches Vorgehen nicht mehr als ein Notbehelf. Denn einmal ist eine solche Arbeitsteilung zwischen Statiker und Rechenautomat grundsätzlich unbefriedigend, zum anderen zeigt ein Blick auf die gängigen Leitmatrizen der Baustatik, daß diese zum großen Teil aus vorwiegend Nullen und Einsen bestehen. Nun dauert aber die elektronische Multiplikation einer Zahl mit Null oder Eins eben so lange — und kostet daher dasselbe Geld! — wie die Multiplikation irgend zweier Dezimalzahlen, falls man nicht besondere Abfragen einbaut, die wiederum Zeit kosten und das Programm unnötig verlängern. Man tut daher gut, für die verschiedensten Tragwerke der Baustatik wie Durchlaufträger, Stockwerkrahmen, Trägerroste u. dgl. spezielle Programme zu entwickeln, die auf wirtschaftlichste und schnellste Weise zum Ziele führen. Der gerade Durchlaufträger z. B. ist auf Digitalmaschinen wie Z 22, IBM 650, Siemens 2002 und anderen [8], [94], [66] bereits mehrfach mit Erfolg berechnet worden, und auch für kompliziertere Tragwerke werden zur Zeit in den verschiedensten Instituten und Rechenbüros Programme entwickelt.

2. Das Verfahren im allgemeinsten Fall für Tragwerke ohne Zwischenbedingungen

Am leichtesten zu programmieren sind Tragwerke ohne Zwischenbedingungen wie z. B. der elastisch dreh- und senkbar gestützte Durchlaufträger oder der Stockwerkrahmen mit festen oder verschieblichen Knoten. An der Deformation des Tragwerkes seien ϱ konjugierte Paare beteiligt, d. h. der Zustandsvektor habe $2\varrho + 1$ Komponenten, und das Tragwerk bestehe aus n Feldern. Dann sieht das zugehörige Rechenschema folgendermaßen aus:

$$
\begin{array}{c|cccccc:ccc}
 & A & B & C & \ldots & Q & & 1 & & \\
\hline
 & \mathfrak{a}_{-1} & \mathfrak{b}_{-1} & \mathfrak{c}_{-1} & \ldots & \mathfrak{q}_{-1} & & \mathfrak{s}_{-1} & \Rightarrow & \mathfrak{y}_{-1} \\
\mathfrak{L}_0 & \mathfrak{a}_0 & \mathfrak{b}_0 & \mathfrak{c}_0 & \ldots & \mathfrak{q}_0 & & \mathfrak{s}_0 & \Rightarrow & \mathfrak{y}_0 \\
\mathfrak{L}_1 & \mathfrak{a}_1 & \mathfrak{b}_1 & \mathfrak{c}_1 & \ldots & \mathfrak{q}_1 & & \mathfrak{s}_1 & \Rightarrow & \mathfrak{y}_1 \\
\mathfrak{L}_2 & \mathfrak{a}_2 & \mathfrak{b}_2 & \mathfrak{c}_2 & \ldots & \mathfrak{q}_2 & & \mathfrak{s}_2 & \Rightarrow & \mathfrak{y}_2 \\
\cdots & \cdots & \cdots & \cdots & \cdots & \cdots & & \cdots & \cdots & \cdots \\
\mathfrak{L}_n & \mathfrak{a}_n & \mathfrak{b}_n & \mathfrak{c}_n & \ldots & \mathfrak{q}_n & & \mathfrak{s}_n & \Rightarrow & \mathfrak{y}_n
\end{array}
\qquad (2.1)
$$

Hier haben wir das Schema (3.5, 66) aus bald verständlichen Gründen um ein Feld der Nummer Null mit der Leitmatrix $\mathfrak{L}_0$ erweitert. Der Anfangsvektor heißt dann $\mathfrak{y}_{-1}$; er wird zerlegt in die $\varrho + 1$ Anteile

$$\mathfrak{y}_{-1} = A\,\mathfrak{a}_{-1} + B\,\mathfrak{b}_{-1} + \cdots + Q\,\mathfrak{q}_{-1} + 1 \cdot \mathfrak{s}_{-1} \tag{2.2}$$

mit ϱ Freiwerten A bis Q. Die Komponenten der Teilanfangsvektoren $\mathfrak{a}_{-1}$ bis $\mathfrak{q}_{-1}$ verschwinden sämtlich bis auf eine, die den Wert Eins hat; welche Komponenten das sind, entscheidet die Art der Auflagerung am „linken" Ende des Tragwerks. Der Vektor $\mathfrak{s}_{-1}$ dient zum Einfädeln der Lastspalten in die Rechnung; er enthält die Eins als letzte Komponente; alle übrigen sind gleich Null. Jeder der $\varrho + 1$ Teilvektoren (2.2) wird nun für sich und unabhängig von den übrigen der Reihe nach mit den links stehenden Leitmatrizen $\mathfrak{L}_0$ bis $\mathfrak{L}_n$ des Schemas (2.1) multipliziert bis schließlich der Zustandsvektor $\mathfrak{y}_n$ in der entsprechend (2.2) zerlegten Form

$$\mathfrak{y}_n = A\,\mathfrak{a}_n + B\,\mathfrak{b}_n + \cdots + Q\,\mathfrak{q}_n + 1 \cdot \mathfrak{s}_n \tag{2.3}$$

berechnet ist. Genau ϱ Komponenten dieses Vektors müssen nun infolge der ϱ Randbedingungen am „rechten" Ende des Tragwerks verschwinden; d. h. es ist das lineare Gleichungssystem

$$\mathfrak{T}\,\mathfrak{x} + \mathfrak{r} = 0 \qquad \text{mit} \qquad \mathfrak{x} = (A, B, C, \ldots, Q) \tag{2.4}$$

zu lösen, dessen Ordnung ϱ unabhängig von der Felderzahl n ist. Sind die ϱ Freigrößen A bis Q mit Hilfe eines geeigneten Unterprogrammes — etwa nach dem verketteten Gaussschen Algorithmus — berechnet, so liegt nach (2.2) auch der Anfangsvektor $\mathfrak{y}_{-1}$ zahlenmäßig vor und kann seinerseits an sämtlichen Leitmatrizen entlangmultipliziert werden, womit der numerische Teil der Aufgabe erschöpfend gelöst ist.

Um im folgenden ein konkretes Beispiel vor Augen zu haben, entwerfen wir nach diesem allgemeinen Schema ein Programm für den auf Biegung in der x—z-Ebene beanspruchten, elastisch gestützten geraden Durchlaufträger, an dessen Deformation nur $\varrho = 2$ Paare, nämlich (w, Q) und (φ, M) beteiligt sind. Das Gleichungssystem (2.4) ist daher nur von zweiter Ordnung; der gesuchte Vektor ist $\mathfrak{x} = (A, B)$. Leitmatrix und Zustandsvektor sind nach (14.56)

$$\mathfrak{L}_i = \left(\begin{array}{ccccc|cc} 1 & -l & g & h & \tilde{w} & 0 & 0 \\ 0 & 1 & -f & -g & \tilde{\varphi} & 0 & 0 \\ 0 & 0 & 1 & l & \tilde{M} & \gamma & -C \\ 0 & 0 & 0 & 1 & \tilde{Q} & -c & \gamma \\ 0 & 0 & 0 & 0 & 1 & 0 & 0 \end{array}\right)_i ; \qquad \mathfrak{y}_i = \begin{pmatrix} w \\ \varphi \\ M \\ Q \\ 1 \end{pmatrix}_i , \tag{2.5}$$

wo wir die Abkürzungen

$$f_i = \frac{l_i}{EI_i}, \qquad g_i = \frac{l_i^2}{2EI_i}, \qquad h_i = \frac{l_i^3}{6EI_i} \tag{2.6}$$

eingeführt haben.

3. Die Trennung von Tragwerk und Belastung

Wie für fast alle Verfahren der Baustatik ist auch für das Reduktionsverfahren typisch und wesentlich, daß die gesamte Rechnung in zwei voneinander unabhängigen Teilen verläuft: einem ersten Teil, in den nur die Baugrößen des Tragwerkes, wie Biegesteifigkeiten, Längen, Winkel usw. eingehen und einen zweiten Teil für den jeweiligen Lastfall. Für das Reduktionsverfahren sieht das in groben Zügen so aus:

a) Tragwerksteil

Man denke sich das Tragwerk unbelastet. Dann entfallen in allen Leitmatrizen die Lastspalten, und im Schema (2.1) setzt man die Vektoren $\mathfrak{s}_i$ vorübergehend gleich Null. Damit verschwindet auch der Vektor $\mathfrak{r}$ in (2.4), d. h. es wird lediglich die Koeffizientenmatrix $\mathfrak{T}$ des linearen Gleichungssystems berechnet.

b) Lastteil

Für jeden gegebenen Lastfall werden die Lastspalten ermittelt und in die Leitmatrizen eingesetzt. Nun berechnet man die Vektoren $\mathfrak{s}_0$ bis $\mathfrak{s}_n$ und damit den Vektor $\mathfrak{r}$ in (2.4). Jetzt wird das Gleichungssystem (2.4) gelöst, $\mathfrak{y}_{-1}$ aus (2.2) und weiter $\mathfrak{y}_0$ bis $\mathfrak{y}_n$ berechnet.

Für diese beiden Teile sollte man unbedingt auch zwei getrennte Programme entwerfen, was wir jetzt durchführen werden.

4. Strukturdiagramm für den Tragwerksteil

1 Eingabe der Tragwerksgrößen l_i, EI_i, C_i, c_i usw.
2 Verarbeiten dieser Größen zu den Elementen der Leitmatrizen.
3 Auswahl und Aufbau der Vektoren $\mathfrak{a}_{-1}$ bis $\mathfrak{q}_{-1}$.
4 Berechnen der Vektoren $\mathfrak{a}_n$ bis $\mathfrak{q}_n$.
5 Wegspeichern gewisser ϱ Komponenten dieser Vektoren.

Diese noch recht grobe Anleitung ist wohl ohne weiteres verständlich; wir geben nur noch einige allgemeine Erläuterungen dazu.

Zu *1*: Hier hat man die Wahl, ob man die Tragwerksgrößen in der Reihenfolge

$$l_1, EI_1, C_1, c_1, \ldots; \quad l_2, EI_2, C_2, c_2, \ldots; \quad l_n, EI_n, C_n, c_n, \ldots \tag{4.1}$$

oder aber so eingeben will:

$$l_1, l_2, \ldots, l_n; \quad EI_1, EI_2, \ldots, EI_n; \quad C_1, C_2, \ldots, C_n; \quad c_1, c_2, \ldots, c_n; \quad \ldots \tag{4.2}$$

Welche Art zweckmäßiger ist, wird der Programmierer an Hand der benutzten Maschine entscheiden. Für fehlende Federn C_i, c_i müssen natürlich Nullen eingegeben werden.

Zu *2*: Aus den gespeicherten Daten werden nun die Elemente der Leitmatrizen (außer denen der Lastspalten) berechnet, sofern sie nicht Null oder Eins oder gleich einem der Werte l_i, C_i, c_i usw. selbst sind. Für die Leitmatrix (2.5) z. B. brauchen wir für jedes Feld nur die drei Elemente f, g, h (2.6) berechnen, was auf folgende Weise geschieht:

$$f = \frac{l}{EI}, \quad g = f \cdot \frac{l}{2}, \quad h = g \cdot \frac{l}{3}. \tag{4.3}$$

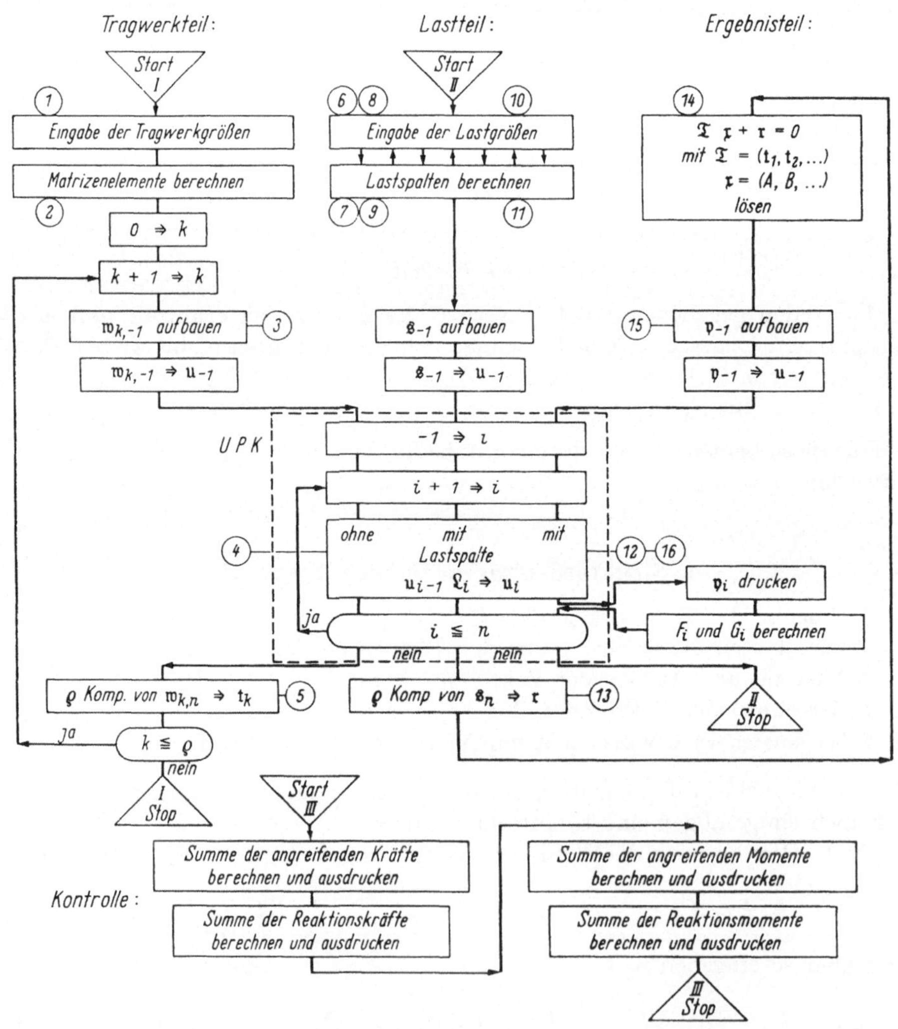

Die zugehörige Speicherliste, die man blockweise von links nach rechts oder von oben nach unten lesen kann, hat folgendes Aussehen:

n'	EI_1	EI_2	EI_3	...	EI_n	
0	l_1	l_2	l_3	...	l_n	
C_0	C_1	C_2	C_3	...	C_n	
c_0	c_1	c_2	c_3	...	c_n	Block a
γ_0	γ_1	γ_2	γ_3	...	γ_n	
A	f_1	f_2	f_3	...	f_n	
B	g_1	g_2	g_3	...	g_n	
	h_1	h_2	h_3	...	h_n	(4.4)
$\tilde{w}_0$	$\tilde{w}_1$	$\tilde{w}_2$	$\tilde{w}_3$	...	$\tilde{w}_n$	
$\tilde{\varphi}_0$	$\tilde{\varphi}_1$	$\tilde{\varphi}_2$	$\tilde{\varphi}_3$	...	$\tilde{\varphi}_n$	Block b
$\tilde{M}_0$	$\tilde{M}_1$	$\tilde{M}_2$	$\tilde{M}_3$	...	$\tilde{M}_n$	
$\tilde{Q}_0$	$\tilde{Q}_1$	$\tilde{Q}_2$	$\tilde{Q}_3$	...	$\tilde{Q}_n$	
F_0	F_1	F_2	F_3	...	F_n	Block c
G_0	G_1	G_2	G_3	...	G_n	

Zu *3*: Hier bewährt sich die schon erwähnte Einführung eines Feldes der Nummer Null mit der Feldlänge $l_0 = 0$. Die zugehörige Leitmatrix entsteht aus (2.5), (2.6) (und ähnlich bei anderen Tragwerken), wenn man dort $l_0 = 0$, somit $f_0 = g_0 = h_0 = 0$ setzt, was wir in der Speicherliste bereits berücksichtigt haben:

$$\mathfrak{L}_0 = \left(\begin{array}{ccccc|cc} 1 & 0 & 0 & 0 & 0 & 0 & 0 \\ 0 & 1 & 0 & 0 & 0 & 0 & 0 \\ 0 & 0 & 1 & 0 & \tilde{M}_0 & \gamma_0 & -C_0 \\ 0 & 0 & 0 & 1 & \tilde{Q}_0 & -c_0 & \gamma_0 \\ 0 & 0 & 0 & 0 & 1 & 0 & 0 \end{array}\right). \tag{4.5}$$

Die Matrix enthält also lediglich die am linken Trägerende angreifenden (Koppel)-federreaktionen sowie Einzelkraft $\tilde{Q}_0$ und Einzelmoment $\tilde{M}_0$ nach Abb. 161.

Nun sind die Teilanfangsvektoren $\mathfrak{a}_{-1}$ bis $\mathfrak{q}_{-1}$ mit Hilfe geeigneter Kennziffern k' leicht aufzubauen. Zum Beispiel gilt für den Durchlaufträger die folgende Tabelle:

Lagerung links	w_0	φ_0	M_0	Q_0	Kennziffern	
Fall a) Einspannung	0	0	A	B	3′	4′
Fall b) Festes Gelenk	0	A	0	B	2′	4′
Fall c) Schiebehülse	A	0	B	0	1′	3′
Fall d) freies Ende	A	B	0	0	1′	2′

(4.6)

Hiermit ist auf einfachste Weise die Art der Lagerung in Maschinensprache übersetzt, gleichgültig, ob linkes Federn angreifen oder nicht. Das Programm ist lediglich so zu gestalten, daß bei Aufruf der Ziffer k' eine Eins an die k-te Stelle des Teilanfangsvektors gesetzt wird; alle übrigen Komponenten sind gleich Null. Bei der Eingabe 2′ 4′ z. B. wird im ersten Durchgang mit dem Vektor $\mathfrak{a}_{-1} = (0\ 1\ 0\ 0)$, im zweiten mit $\mathfrak{b}_{-1} = (0\ 0\ 0\ 1)$ begonnen, was eben nichts anderes besagt, als daß die zweite und vierte Komponente des Anfangsvektors $\mathfrak{y}_{-1}$ vorhanden, also $\varphi_{-1} = A$ und $Q_{-1} = B$ die zugehörigen Freiwerte sind: gelenkige Lagerung, Fall b). Eine etwa vorhandene Federung wird durch die Leitmatrix $\mathfrak{L}_0$ (4.5) berücksichtigt; und gerade das war der Sinn der Einführung eines Feldes Null; denn andernfalls müßten wir infolge der Federn mehr als die vier Fälle (4.6) unterscheiden, was eine umständliche Organisation nach sich zieht.

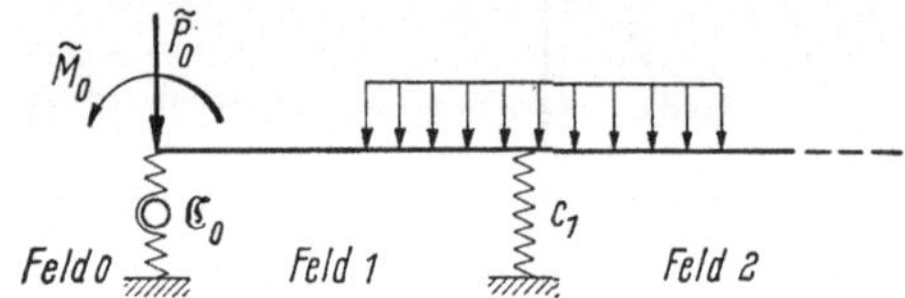

Abb. 161. Einführung eines Feldes der Nummer Null und Belastung am linken Feldende

Zu *4*: Nun kann die eigentliche Rechnung beginnen. Wesentlich für die Programmierung ist, daß wir die letzte Zeile der Leitmatrix ebenso wie die letzte Komponente des Zustandsvektors fortlassen können, da ja alle diese Nullen und Einsen lediglich formale Bedeutung im Hinblick auf die Gültigkeit des Matrizenkalküls haben, den wir aber explizit gar nicht benutzen. Mit anderen Worten: in der Maschine besteht der Zustandsvektor nicht aus $2\varrho + 1$, sondern nur aus 2ϱ Komponenten, für die wir die Schnellspeicher mit den Adressen

$$s + 1,\ s + 2,\ \ldots,\ s + 2\varrho \tag{4.7}$$

reservieren, so daß beim ersten (zweiten, dritten, ...) Durchgang in jedem Stadium der Rechnung der Teilzustandsvektor $\mathfrak{a}_i(\mathfrak{b}_i, \mathfrak{c}_i, \ldots)$ in eben diesen Schnellspeichern zu finden ist, was durch dauerndes Überschreiben geschieht, denn keineswegs werden die Vektoren $\mathfrak{a}_i, \mathfrak{b}_i, \ldots, \mathfrak{q}_i$ auf der Trommel gespeichert. Es ist zweckmäßig, 2ϱ getrennte Unterprogramme anzufertigen. Zum Beispiel wird für den geraden Durchlaufträger mit den $\varrho = 2$ Paaren (w, Q) und (φ, M) der Übergang von $\mathfrak{y}_{i-1}$ zu $\mathfrak{y}_i$ (bzw. von $\mathfrak{a}_{i-1}$ zu $\mathfrak{a}_i$, $\mathfrak{b}_{i-1}$ zu $\mathfrak{b}_i$ usw.) durch folgende vier Unterprogramme bewerkstelligt:

$$\left.\begin{array}{ll} \text{UP 1} & w_{i-1} \Rightarrow w_i \\ \text{UP 2} & \varphi_{i-1} \Rightarrow \varphi_i \\ \text{UP 3} & M_{i-1} \Rightarrow M_i \\ \text{UP 4} & Q_{i-1} \Rightarrow Q_i \end{array}\right\} \mathfrak{y}_{i-1} \Rightarrow \mathfrak{y}_i \quad (\text{UP K}). \tag{4.8}$$

Und ähnlich bei mehreren Paaren. Die vier Unterprogramme (4.8) führen nach (2.5) im einzelnen folgende Rechnungen durch:

$$\text{UP 1} \quad w_i = w_{i-1} - l_i \varphi_{i-1} + g_i M_{i-1} + h_i Q_{i-1} (+ \tilde{w}_i) \tag{4.9}$$

$$\text{UP 2} \quad \varphi_i = \varphi_{i-1} - f_i M_{i-1} - g_i Q_{i-1} (+ \tilde{\varphi}_i) \tag{4.10}$$

$$\text{UP 3} \quad M_i = \gamma_i w_i - C_i \varphi_i + M_{i-1} + l_i Q_{i-1} (+ \tilde{M}_i) \tag{4.11}$$

$$\text{UP 4} \quad Q_i = - c_i w_i + \gamma_i \varphi_i + Q_{i-1} (+ \tilde{Q}_i). \tag{4.12}$$

Auf die vertauschte Reihenfolge der Summanden in (4.11), (4.12) gegenüber (2.5) kommen wir in Abschn. 6 zu sprechen. Die eingeklammerten Lastgrößen bleiben zunächst unberücksichtigt.

Zu *5*: Nachdem im ersten Durchgang das aus UP 1, UP 2, ..., UP ϱ bestehende Unterprogramm UP K $n + 1$ mal durchlaufen wurde, stehen in den Schnellspeichern (4.7) die 2ϱ Komponenten des Vektors $\mathfrak{a}_n$, von denen auf Grund der Randbedingungen am „rechten" Trägerende ϱ Komponenten wegzuspeichern sind. Nach Beendigung des zweiten Durchganges steht der Vektor $\mathfrak{b}_n$ in den Schnellspeichern (4.7) und so fort bis $\mathfrak{q}_n$. Die Zuordnung der wegzuspeichernden Komponenten zu den gegebenen Randbedingungen geschieht ähnlich wie unter (4.6) mit Kennziffern p'. Für den geraden Durchlaufträger z. B. wird:

Lagerung rechts	w_n	φ_n	M_n	Q_n	Kennziffern		
Fall a) Einspannung	$=0$	$=0$	.	.	1′	2′	
Fall b) Festes Gelenk	$=0$	.	$=0$	.	1′	3′	(4.13)
Fall c) Schiebehülse	.	$=0$	.	$=0$	2′	4′	
Fall d) freies Ende	.	.	$=0$	$=0$	3′	4′	

Außer im Fall a) können auch noch Federn im Spiel sein, was aber in keiner Weise stört. Man beachte die Dualität der beiden Tabellen (4.6) und (4.13)!

Die ϱ^2 Elemente der Matrix $\mathfrak{A}$ (2.4) werden am besten zeilenweise auf die Trommel gespeichert.

5. Strukturdiagramm für den Lastteil

Wir beschränken uns von vornherein auf den geraden Durchlaufträger. Strukturdiagramme für kompliziertere Tragwerke sind nach gegebenem Muster ebenfalls leicht aufzustellen.

6 Eingabe der Einzelkräfte P_j und ihrer Abstände a_j vom rechten Feldende.
7 Zugehörige Lastgrößen berechnen und wegspeichern nach Block b.
8 Eingabe der Einzelmomente M_j und ihrer Abstände b_j vom rechten Feldende.
9 Zugehörige Lastgrößen berechnen und zu den bereits unter *7* berechneten Lastgrößen addieren. Die Summe zurückspeichern nach Block b.
10 Eingabe der konstanten und linearen Streckenlasten und ihrer beiden Abstände vom rechten Feldende.

11 Zugehörige Lastgrößen berechnen, zu den bereits vorhandenen Lastgrößen addieren und wieder zurückspeichern nach Block b.
12 Die Vektoren $\mathfrak{s}_1$ bis $\mathfrak{s}_n$ berechnen.
13 Aus dem Vektor $\mathfrak{s}_n$ die ϱ Komponenten gleicher Nummer wie unter *5* wegspeichern.
14 Das Gleichungssystem $\mathfrak{T}\,\mathfrak{x} + \mathfrak{r} = 0$ auflösen.
15 Den Anfangsvektor $\mathfrak{y}_{-1}$ nach (2.2) zusammensetzen.
16 Die Zustandsvektoren $\mathfrak{y}_0$ bis $\mathfrak{y}_n$ berechnen und ausdrucken.

Zu *6*: Eine gewisse Schwierigkeit der Eingabe liegt darin, daß im allgemeinen ja keineswegs alle, sondern nur einige Felder durch Einzelkräften belastet sind; auch können es in jedem Feld verschieden viele sein. Die einfachste, wenn auch nicht eleganteste Art der Eingabe bei insgesamt k Einzelkräften, die auf $m \leq k$ Felder verteilt sind, ist daher folgende: i sei die Nummer des Feldes, in welchem die Einzelkraft P_j im Abstand a_j vom rechten Feldende angreift (Abb. 162). Dann geben wir k mal das Tripel i', P_j, a_j, also den Streifen

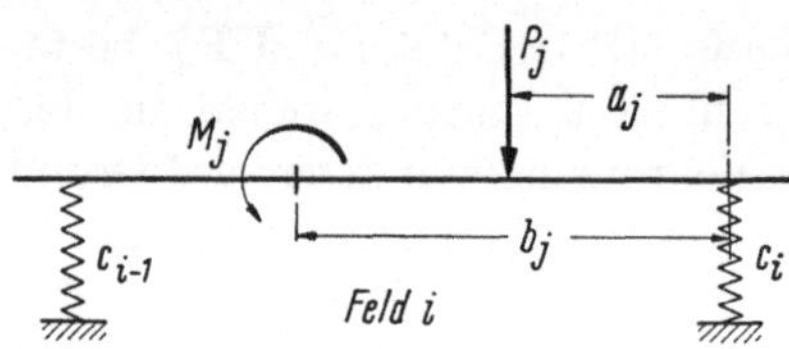

Abb. 162. Einzelkraft und Einzelmoment im Felde i

$$i'\ P_1\, a_1;\quad i'\ P_2\, a_2;\quad \ldots;\quad i'\ P_k\, a_k;\quad -1' \tag{5.1}$$

ein. Der Nachteil, daß die gleiche Feldnummer i' s mal eingegeben werden muß, wenn s Einzelkräfte im Felde i' angreifen, wird wettgemacht durch äußerste Kürze und Einfachheit des Programmes. Auch hat diese Art der Eingabe den Vorteil, daß man weder an die Reihenfolge der Felder noch an die der Kräfte im jeweiligen Feld gebunden ist; nachträgliche Änderungen und Ergänzungen sind daher leicht zu berücksichtigen. Will man z. B. eine bereits eingegebene und zu Lastgrößen verarbeitete Kraft P_h im Feld i' löschen, so gibt man nachträglich das Tripel

$$i'\quad -P_h\quad a_h \tag{5.2}$$

ein, womit wegen $P_h - P_h = 0$ die Kraft getilgt ist. Da die Größen a_j immer positiv oder gleich Null sind, kann die Ziffer $-1'$ (oder eine andere negative Zahl) als Schlußzeichen des Eingabestreifens (5.1) dienen, sofern die Null als positive Zahl behandelt wird wie in fast allen Maschinen üblich.

Als Beispiel geben wir die Eingabe für den Träger der Abb. 163 an:

$$0'\ \ 4{,}8\ \ 0{,}00;\ \ 2'\ \ 2{,}2\ \ 2{,}50;\ \ 2'\ -4{,}0\ \ 1{,}52;\ \ 3'\ \ 3{,}8\ \ 0{,}00;\ -1'. \tag{5.3}$$

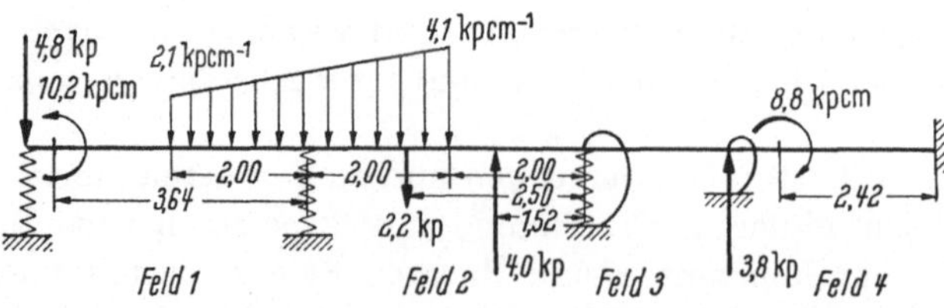

Abb. 163. Zahlenbeispiel für einen vierfeldrigen geraden Durchlaufträger ohne Zwischenbedingungen

Zu *7*: Es empfiehlt sich, die Größen P_j und a_j nicht erst zu speichern, sondern sofort nach der Eingabe in der Reihenfolge

$$\left.\begin{aligned} \tilde{Q} &= P \\ \tilde{M} &= \tilde{Q}\, a \qquad (= P\, a) \\ \tilde{\varphi} &= -\tilde{M} \cdot \frac{a}{2EI} \left(= -\frac{P\, a^2}{2EI}\right) \\ \tilde{w} &= -\varphi \cdot \frac{a}{3} \quad \left(= \frac{P\, a}{6EI}\right) \end{aligned}\right\} \tag{5.4}$$

zu verarbeiten und zu den im Block b (4.4) bereits vorhandenen Größen (die zu Anfang der Rechnung natürlich Null sein müssen) zu addieren. Dann erst erfolgt ein erneuter Sprung auf das Band (bzw. auf die nächste Lochkarte), und das nächste Tripel i' P_j a_j wird eingelesen bis zum Schlußzeichen $-1'$.

Zu *8*: Hier gilt sinngemäß das unter *6* Gesagte. Eingegeben werden die Tripel

$$i' \quad M_j \quad b_j \tag{5.5}$$

Für den Träger der Abb. 146 lautet somit der Streifen:

$$1' \quad 10{,}2 \quad 3{,}64; \quad 4' \quad -8{,}8 \quad 2{,}42; \quad -1'. \tag{5.6}$$

Zu *9*: Wie unter *7* rufen wir je ein Tripel (5.5) vom Band auf und verarbeiten es zu den Lastgrößen

$$\left.\begin{aligned} \tilde{Q} &= 0 \\ \tilde{M} &= M \\ \tilde{\varphi} &= -\tilde{M}\,\frac{b}{EI} \\ \tilde{w} &= -\tilde{\varphi}\,\frac{b}{2} \left(= \frac{M\, b^2}{2EI}\right) \end{aligned}\right\}. \tag{5.7}$$

Diese drei Größen addieren wir zu den bereits (von Einzelkräften oder auch vorher berechneten Einzelmomenten herrührenden) vorhandenen Lastgrößen im Block b und springen zurück aufs Band.

Zu *10* und *11*: Im Prinzip gehen wir wieder wie unter *6* bis *9* vor. Zunächst sei das Feld i nach Abb. 164 belastet, dann sind die Lastgrößen nach Tabelle (67, 3.4) mit etwas anderen Bezeichnungen:

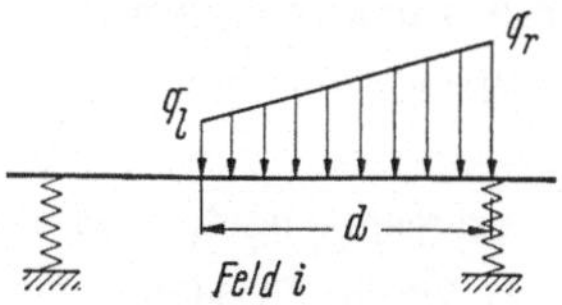

$$\left.\begin{aligned} \tilde{w} &= (4\, q_l + q_r)\,\frac{d^4}{120EI} \\ \tilde{\varphi} &= -(3\, q_l + q_r)\,\frac{d^3}{24EI} \\ \tilde{M} &= (2\, q_l + q_r)\,\frac{d^2}{6} \\ \tilde{Q} &= (q_l + q_r)\,\frac{d}{2} \end{aligned}\right\}. \tag{5.8}$$

Abb. 164. Trapezförmige Streckenlast im Felde i

Für den Sonderfall der konstanten Streckenlast $q_l = q_r = q$ wird daraus

$$\left.\begin{aligned} \tilde{Q} &= q\,d \\ \tilde{M} &= \tilde{Q}\,\frac{d}{2} \quad \left(= q\,\frac{d^2}{2}\right) \\ \tilde{\varphi} &= -\,\tilde{M}\cdot\frac{d}{3EI}\left(= -\,q\,\frac{d^3}{6EI}\right) \\ \tilde{w} &= -\,\tilde{\varphi}\cdot\frac{d}{4} \quad \left(= q\,\frac{d^4}{24EI}\right) \end{aligned}\right\}. \tag{5.9}$$

Es ist aber die Frage, ob sich ein eigenes Unterprogramm hierfür lohnt, oder ob man grundsätzlich nach (5.8) rechnen soll. Reicht nun die Streckenlast nicht bis ans rechte Feldende, so zerlegen wir sie nach Abb.165 in zwei Anteile, und berechnen beide getrennt. Die dazu benötigte Ordinate q_r berechnet sich aus den gegebenen Werten $q_l, q_m;\ d_l, d_m$ aus der Formel

$$q_r = \frac{d_l\,q_m - d_m\,q_l}{d_l - d_m}\,. \tag{5.10}$$

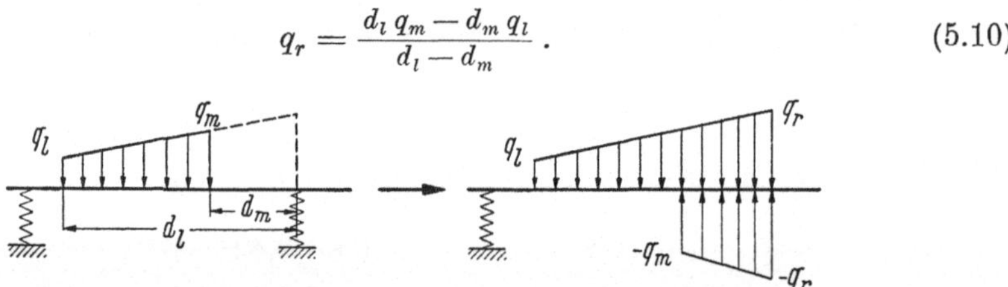

Abb. 165. Aufteilung einer trapezförmigen Streckenlast in zwei andere

Die Zerlegung für den Träger der Abb.163 z.B. zeigt die Abb.166. Für die Eingabefolge

$$i' \quad q_l \quad q_r \quad d_l \tag{5.11}$$

lautet somit der zugehörige Streifen

1′ 2,1 3,1 2,00; 2′ 3,1 5,1 4,00; 2′ −4,1 −5,1 2,00; −1′. (5.12)

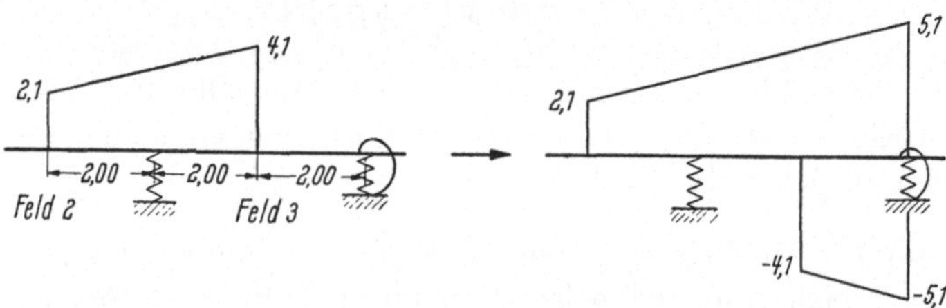

Abb. 166. Aufteilung der trapezförmigen Streckenlast des Trägers von Abb. 146

Nichtlineare Streckenlasten ersetzt man wie üblich durch stückweise konstante Streckenlasten oder noch einfacher (und daher gröber) durch Einzellasten nach Abb. 167.

Zu *12*: Nun sind sämtliche Lastgrößen im Block b eingespeichert, und die eigentliche Rechnung kann beginnen. Die Teilvektoren $\mathfrak{s}_0$ bis $\mathfrak{s}_n$ berechnen wir wieder mit Hilfe des Unterprogrammes UPK (4.8), allerdings mit dem wesentlichen Unterschied, daß die in Klammern stehenden Lastgrößen in (4.9) bis (4.12) jetzt mitgenommen werden, was eine Weiche bewirkt, die auf das Signal „Lastteil“ geöffnet, auf „Tragwerksteil“ geschlossen wird.

Zu *13*: Hier benutzt man dasselbe Unterprogramm wie unter 5.

Zu *14*: Für $\varrho = 2$ und $\varrho = 3$ programmiert man fertige Lösungsformeln nach der CRAMERschen Regel; für $\varrho \geq 4$ benutzt man den GAUSSschen Algorithmus, ein Programm, das ohnehin jedes Rechenbüro zur Verfügung hält. Der Lösungsvektor der Freigrößen $\mathfrak{x} = (A, B, \ldots, Q)$ wird weggespeichert.

Zu *15*: Jetzt wird nach (2.2) mit Hilfe der Kennziffern (4.6) der Zustandsvektor $\mathfrak{y}_{-1}$ in seiner Endform aufgebaut. Das heißt aber nichts anderes, als daß die nun errechneten Freigrößen an die durch die Kennziffern vorgeschriebenen Stellen gesetzt werden müssen. Für den Fall der gelenkigen Lagerung z. B. sieht das so aus:

$$\mathfrak{y}_{-1} = A \begin{pmatrix} 0 \\ 1 \\ 0 \\ 0 \end{pmatrix} + B \begin{pmatrix} 0 \\ 0 \\ 0 \\ 1 \end{pmatrix} + 1 \begin{pmatrix} 0 \\ 0 \\ 0 \\ 0 \end{pmatrix} = \begin{pmatrix} 0 \\ A \\ 0 \\ B \end{pmatrix}. \tag{5.13}$$

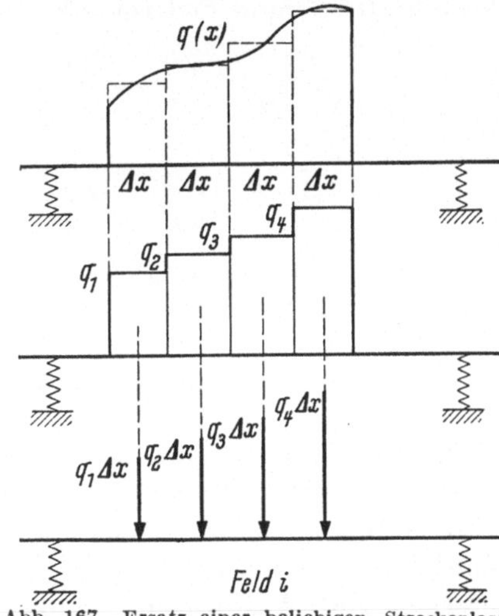

Abb. 167. Ersatz einer beliebigen Streckenlast durch konstante Streckenlasten oder Einzelkräfte

Zu *16*: Nun werden die gesuchten Zustandsvektoren $\mathfrak{y}_0$ bis $\mathfrak{y}_n$ der Reihe nach berechnet, und zwar wieder mit Hilfe des Unterprogrammes UP K, jetzt aber mit Weiche auf „Lastteil“ und „Drucken“. Diese Vektoren werden nicht etwa gespeichert, sondern direkt aus den Zellen (4.7) ausgedruckt, sowie eine ihrer Komponenten fertig berechnet ist.

6. Kontrollen

Außer den üblichen Zeilen- und Spaltensummenkontrollen der Matrizenmultiplikation stehen beim Reduktionsverfahren noch weitere Kontrollen zur Verfügung. Zunächst einmal müssen im ausgedruckten Zustandsvektor $\mathfrak{y}_n$ jene ϱ Komponenten im Rahmen der Rechengenauigkeit gleich Null sein, deren Verschwinden im Gleichungssystem (2.4) gefordert wurde; mit anderen Worten: die Randbedingungen am „rechten“ Ende müssen erfüllt sein. Eine weitere durchgreifende Kontrolle ist die des Gleichgewichts: die Summe aller Kräfte und die Summe aller Momente bezüglich eines beliebig wählbaren Bezugspunktes 0 müssen verschwinden. In Formeln:

$$\left.\begin{array}{l} \Sigma X = 0 \\ \Sigma Y = 0 \\ \Sigma Z = 0 \end{array}\right\}; \quad \left.\begin{array}{l} \Sigma M_x(0) = 0 \\ \Sigma M_y(0) = 0 \\ \Sigma M_z(0) = 0 \end{array}\right\}. \tag{6.1}$$

Bei ebenen Tragwerken braucht man nur die drei Gleichungen

$$\Sigma X = 0; \quad \Sigma Y = 0; \quad \Sigma M_z(0) = 0 \tag{6.2}$$

nachzuprüfen; die drei übrigen sind als Trivalität $0 = 0$ von selbst erfüllt. Für den senkrecht belasteten geraden Durchlaufträger entfällt auch noch die erste Gleichung (6.2), und es verbleibt

$$\Sigma Y = 0; \quad \Sigma M_z(0) = 0. \tag{6.3}$$

Abb. 168 zeigt einen federnd gestützten geraden Durchlaufträger im Gleichgewicht. Oberhalb des Trägers ist die an die Feldgrenzen reduzierte gegebene Belastung aufgetragen — das sind die Größen $\tilde{M}_i$ und $\tilde{Q}_i$ — und unterhalb die Federkräfte F_i und Federmomente G_i, die sich nach (2.5) berechnen zu

$$\left.\begin{aligned} F_i &= \gamma_i \varphi_i - c_i w_i \\ G_i &= -C_i \varphi_i + \gamma_i w_i \end{aligned}\right\}. \tag{6.4}$$

Abb. 168. Gerader Durchlaufträger im Gleichgewicht. Oben reduzierte Belastung, unten Federreaktionen

Bei gewöhnlichen Zugdruck- und Drehfedern sind die Koppelfederkonstanten γ_i gleich Null. Die Größen (6.4) werden zweckmäßig beim letzten Durchgang, wenn also die Weiche auf „Lastteil" und „Drucken" steht, im Block c (4.4) gespeichert, indem die Summation in (4.11), (4.12) nach dem zweiten Summanden unterbrochen wird. Aus diesem Grunde haben wir dort die Federeraktionen entgegen der durch die Leitmatrix (2.5) gegebenen Reihenfolge an den Anfang gestellt.

17 Nun bilden wir die beiden Summen

$$\Sigma \tilde{Q}_i \quad \text{und} \quad \Sigma F_i \tag{6.5}$$

und lassen sie getrennt ausdrucken. Sie sollen bis auf das Vorzeichen in möglichst vielen Stellen übereinstimmen.

18 Zur Kontrolle des Momentengleichgewichts wählen wir das linke Ende des Trägers als Bezugspunkt 0. Dann müssen die beiden Summen

$$\sum_{\nu=0}^{n} \tilde{M}_\nu + \sum_{\nu=1}^{n} (l_1 + l_2 + \cdots + l_\nu) \tilde{Q}_\nu \tag{6.6}$$

und

$$\sum_{\nu=0}^{n} G_\nu + \sum_{\nu=1}^{n} (l_1 + l_2 + \cdots + l_\nu) F_\nu \tag{6.7}$$

ebenso wie unter *17* bis auf das Vorzeichen einander gleich sein. Wir haben bis jetzt noch vorausgesetzt, daß beide Trägerenden elastisch gestützt oder frei seien. Ist das nicht der Fall, z. B. bei Einspannung oder festem Gelenk, so treten auch noch Reaktionen infolge starrer Bindungen auf, und auch diese müssen natürlich in die Summen (6.5) bis (6.7) einbezogen werden.

Das Strukturdiagramm auf Seite 230 ist damit vollständig beschrieben. Man achte besonders auf die Trennung von Tragwerk- und Lastteil, wobei aus organisatorischen Gründen vom Lastteil die Nummern *14* bis *16* als „Ergebnisteil" abgezweigt wurden. Um das ZUSEsche Ergibt-Zeichen $\Rightarrow$ anwenden zu können, haben wir außerdem die Vektoren $\mathfrak{a}_i$ bis $\mathfrak{q}_i$ mit $\mathfrak{w}_i$ benannt; dann ist $\mathfrak{u}_i$ eine Obermenge, die aus $\mathfrak{w}_i$, $\mathfrak{s}_i$ und $\mathfrak{y}_i$ besteht. Das Kernstück des ganzen Verfahrens ist das gestrichelt eingerahmte Unterprogramm UP K. Es enthält $n + 1$ Zyklen, deren Gesamtheit zunächst ϱ mal in der Weichenstellung „ohne“ (d. h. ohne Lastspalten), dann aber für jeden gegebenen Lastfall zweimal in der Stellung „mit“ durchlaufen wird; nämlich einmal im Lastteil und einmal im Ergebnisteil. Hier findet die eigentliche, den Tischrechner so ermüdende Rechnung statt, nämlich die Multiplikation aller Leitmatrizen mit den Teilzustandsvektoren; alles andere ist Vorbereitung und Organisation. Man wird daher das Unterprogramm UP K besonders sorgfältig programmieren und, da hier Zeit buchstäblich Geld ist, möglichst durchweg in Schnellspeichern rechnen.

7. Durchrechnen vom anderen Ende her

Die wirksamste Methode, um sich vor allen systematischen und zufälligen Rechenfehlern sowohl wie vor Fehlern bei der Eingabe zu schützen, ist die nochmalige Berechnung des Tragwerkes vom anderen Ende her. Man denke sich das Tragwerk samt Belastung auf Transparentpapier gezeichnet und von der Rückseite betrachtet. Dann sind offenbar die Abstände a_i durch $l_i - a_i$, b_i durch $l_i - b_i$ usw. zu ersetzen; und die Vorzeichen der Winkel und Momente umzukehren; auch verkehrt sich die Numerierung der Felder. Nach dem Ausdrucken vergleicht man die beiden Ergebnisse. Die Deformationsgrößen müssen übereinstimmen, die Kraftgrößen dagegen unterscheiden sich bei richtiger Rechnung gerade um die Federgrößen F_i und G_i (6.4), was wiederum als Kontrolle dient.

8. Starre Felder

Einige Felder des Tragwerkes können starr sein; für diese ist $EI = \infty$ zu setzen. Das geschieht entweder durch Eingabe eines so großen Wertes α für EI, daß die Größen f, g, h (2.6), sowie $\tilde{w}, \tilde{\varphi}$ nach der Division durch α im Rahmen der mitgeführten Stellenzahl gleich Null sind, oder aber, man gibt einen beliebigen Wert, etwa $EI = 1{,}0$ ein und ersetzt die nun falsch berechneten Größen f, g, h; $\tilde{w}, \tilde{\varphi}$ mit Hilfe eines kleinen Löschprogrammes nachträglich durch Nullen.

9. Tragwerke mit Zwischenbedingungen

Weit weniger angenehm als die bisher behandelten Tragwerke sind solche mit Zwischenbedingungen (Gerbergelenke, feste Stützen mit bleibender Senkung u. dgl.) zu programmieren. Während der Tischrechner durch eine solche Komplikation zwar durch zusätzliche Gedankenarbeit belästigt, aber nicht grundsätzlich gestört wird, wirft bereits eine einzige Zwischenbedingung unser gesamtes Programm von S. 232 über den Haufen. Zunächst muß ja an jeder Feldgrenze abgefragt werden, ob eine Zwischenbedingung vorliegt oder nicht, und wenn ja, welcher Art diese Bedingung ist, d. h. welche Sprunggrößen als neue Freiwerte in die Rechnung einzufädeln sind, wobei man eine oder auch mehrere der alten Freigrößen ablösen kann oder auch nicht, was alles in allem eine verhältnismäßig umfangreiche und zeitraubende Organisation erfordert.

Man zieht sich jedoch leicht aus der Affäre, wenn man sich entschließt, grundsätzlich an *jeder* Feldgrenze die bisherigen ϱ Freigrößen zu eliminieren, d. h. den links liegenden Trägerteil, den man sich abgeschnitten denkt, durch eine Koppelfeder zu ersetzen, gleichviel, ob das nun notwendig ist oder nicht. Durch diesen einfachen Trick nämlich wird jedes beliebige Feld zum *ersten* gemacht, und die Lagerung des ersten Feldes hatten wir keinerlei Einschränkungen unterworfen. Wir werden im Abschn. 10 sehen, daß diese Methode auch noch sonstige Vorteile hat.

Nun setzt das schrittweise Anfedern nach (45. 87) die Aufstellung einer Federmatrix der Form

$$\mathfrak{C} = \mathfrak{S}\,\mathfrak{R}^{-1} \tag{8.1}$$

voraus, eine etwas lästige Operation, die für $\varrho \geq 3$ eine vorherige Dreieckszerlegung der Matrix $\mathfrak{R}$ verlangt. Allerdings zeigt man leicht, daß der Rechenaufwand gegenüber der üblichen Art keineswegs anwächst, wie man zunächst vermuten mag.

10. Fehlerfortpflanzung und numerische Stabilität

Um die wichtige Frage nach der numerischen Stabilität beantworten zu können, zerlegen wir die rechteckige Leitmatrix $\mathfrak{L}$ wieder in das Produkt aus Feld- und Punktmatrix, aus denen wir sie früher einmal aufgebaut haben (2.55.4). Aus der Leitmatrix (2.5) wird dann z. B., wenn wir der Einfachheit halber die Koppelfedern $\gamma_i = 0$ setzen, was keine wesentliche Einschränkung bedeutet:

$$\mathfrak{P}_i = \begin{vmatrix} 1 & -l & g & h & \tilde{w} \\ 0 & 1 & -f & -g & \tilde{\varphi} \\ 0 & -C & 1+fC & l+gC & \tilde{M}-\tilde{\varphi}C \\ -c & lc & -gc & 1-hc & \tilde{Q}-\tilde{w}c \\ 0 & 0 & 0 & 0 & 1 \end{vmatrix}. \tag{10.1}$$

Zunächst nehmen wir an, die Leitmatrizen $\mathfrak{L}_1$ bis $\mathfrak{L}_n$ und damit auch die Produktmatrizen $\mathfrak{P}_1$ bis $\mathfrak{P}_n$ seien einander gleich („homogene Tragwerke"); dann gilt nach (2.1) die Beziehung

$$\mathfrak{a}_n = \underbrace{\mathfrak{L}_n \ldots \mathfrak{L}_2\,\mathfrak{L}_1}_{\mathfrak{L}^n}\;\underbrace{\mathfrak{L}_0\,\mathfrak{a}_{n-1}}_{\mathfrak{a}_0} = \mathfrak{L}^n\,\mathfrak{a}_0\,, \tag{10.2}$$

also auch

$$\left.\begin{aligned} \mathfrak{a}_n &= \mathfrak{P}^n\,\mathfrak{a}_0 \\ \mathfrak{b}_n &= \mathfrak{P}^n\,\mathfrak{b}_0 \\ &\cdots\cdots \\ \mathfrak{q}_n &= \mathfrak{P}^n\,\mathfrak{q}_0 \end{aligned}\right\}. \tag{10.3}$$

Die Endvektoren $\mathfrak{a}_n, \mathfrak{b}_n, \ldots, \mathfrak{q}_n$ entstehen somit aus $\mathfrak{a}_0, \mathfrak{b}_0, \ldots, \mathfrak{q}_0$ durch einen sog. Iterationsprozeß. Nun besitzt die quadratische Produktmatrix $\mathfrak{P}$ mit $2\varrho + 1$ Zeilen und Spalten auch genau $2\varrho + 1$ Eigenwerte λ_i, die reell oder komplex sein können und die wir uns nach der Größe ihrer Beträge geordnet denken:

$$|\lambda_1| > |\lambda_2| > |\lambda_3| > \cdots > |\lambda_{\varrho+1}|. \tag{10.4}$$

Bekanntlich konvergiert nun der zu einem beliebigen Ausgangsvektor $\mathfrak{z}_0$ berechnete „iterierte“ Vektor $\mathfrak{z}_n = \mathfrak{P}_n \mathfrak{z}_0$ gegen den zum Eigenwert λ_1 gehörigen Eigenvektor $\mathfrak{v}_1$, und dies um so rascher, je größer die reelle Zahl

$$\varepsilon = \frac{|\lambda_1|}{|\lambda_2|} \tag{10.5}$$

ist. Kommen auch betragsgleiche Eigenwerte vor, z. B. in der Form

$$|\lambda_1| = |\lambda_2| > |\lambda_3| > \cdots > |\lambda_{\varrho+1}|, \tag{10.6}$$

so liegen die Verhältnisse ähnlich. Die Konvergenz gegen $\mathfrak{v}_1$ tritt allerdings nur ein, wenn $\mathfrak{z}_0$ an $\mathfrak{v}_1$ „beteiligt“ ist, d. h. im Basissystem der Eigenvektoren eine Komponente in Richtung von $\mathfrak{v}_1$ besitzt, was praktisch immer der Fall sein wird. Wenn nicht, sorgen schon die unvermeidlichen Rundungsfehler für das Aufkommen einer solchen Komponente.

Wir sehen also, daß die Vektoren $\mathfrak{a}_n$ bis $\mathfrak{q}_n$ mit wachsendem Index n immer mehr linear abhängig werden; anders ausgedrückt: die Determinante $|\mathfrak{T}|$ des Gleichungssystems (2.4) wird immer kleiner, was die Berechnung des Vektors $\mathfrak{x}$ und damit auch des für die Endrechnung entscheidenden Vektors $\mathfrak{y}_{-1}$ sehr erschwert, wenn nicht praktisch unmöglich macht: sog. „bösartige“ oder „ill conditioned“ Systeme. Die numerische Stabilität sinkt also ab mit wachsender Felderzahl und dies um so mehr, je größer das Verhältnis ε (10.5) ist, das seinerseits von den Elementen der Produktmatrix (10.1) abhängt. Diese Abhängigkeit muß im Einzelfall untersucht werden, und zwar zeigt sich, daß ε um so größer ausfällt, je stärker die Federung des Trägers im Verhältnis zu seiner Biegesteifigkeit ist. Für $c_i \to \infty$ und $C_i \to \infty$ geht auch $\varepsilon \to \infty$, solange EI endlich bleibt.

Aber selbst wenn die Berechnung des Anfangsvektors $\mathfrak{y}_{-1}$ bzw. $\mathfrak{y}_0$ theoretisch exakt gelänge: die Vektorfolge $\mathfrak{y}_0$ bis $\mathfrak{y}_n$ der Zustandsvektoren würde infolge der unvermeidlichen Rundungsfehler mit wachsender Feldnummer i mehr und mehr von den wahren Werten abweichen. Ein gewisses Maß für die Glaubwürdigkeit der letzten Zustandsvektoren ist die Kleinheit jener Komponenten im Vektor $\mathfrak{y}_n$, die infolge der Randbedingung rechts exakt gleich Null sein müßten. Interessant ist in diesem Zusammenhang noch, daß auch die Vektorfolge $\mathfrak{y}_0$ bis $\mathfrak{y}_n$ wie jede beliebige andere gegen den zum dominierenden Eigenwert λ_1 gehörigen Eigenvektor $\mathfrak{v}_1$ konvergiert, und das unabhängig vom Anfangsvektor $\mathfrak{y}_{-1}$, den wir mit so großem Aufwand berechnet haben! Diese auf den ersten Blick etwas verblüffende Tatsache ist auch mechanisch verständlich: Verformungszustand und Kraftgrößenverlauf eines vielfeldrigen Tragwerkes hängen um so weniger von den Auflagerbedingungen links und rechts und damit vom Vektor $\mathfrak{y}_{-1}$ ab, je größer die Felderzahl ist (worauf gewisse Verfahren, wie die etwa von Cross und Kany ja gerade beruhen!) und, wie bereits erwähnt, je stärker die Federungen gegen die feste Umgebung sind. Für unendlich große Federzahlen c_i, C_i (und γ_i) zerfällt der Träger sogar in n voneinander unabhängige beiderseits fest eingespannte einzelne Balken, deren Berechnung dann trivial wird.

Bislang setzen wir noch voraus, daß die Kenngrößen aller Felder und damit auch alle Leit- und Produktmatrizen einander gleich seien; doch bleibt die hier skizzierte Fehlertheorie im großen und ganzen auch für beliebige Tragwerke gültig, was wir hier im einzelnen nicht ausführen können.

Wir fragen uns nun, wie man die der numerischen Stabilität so abträgliche lineare Abhängigkeit der Vektoren $\mathfrak{a}_i$ bis $\mathfrak{q}_i$ unterbinden kann. Das gelingt nun gerade durch das im vorigen Abschnitt geschilderte Verfahren des dauernden Ablösens, was nämlich im Grunde einem an jeder Feldgrenze vorgenommenen Orthogonalisierungsprozeß (in einem etwas erweitertem Sinne) der Basisvektoren $\mathfrak{a}_i$ bis $\mathfrak{q}_i$ gleichkommt. Ein überzeugendes Beispiel dafür gibt H. Rieche [91], der einen zehnstöckigen Rahmen nach beiden Methoden berechnet und die normierten Skalarprodukte $(\mathfrak{a}_i \cdot \mathfrak{b}_i)$ miteinander vergleicht.

Andererseits braucht man in Anbetracht der relativ hohen Stellenzahl der marktgängigen Rechenautomaten nicht übertrieben ängstlich zu sein; zahlreiche durchgerechnete Beispiele haben inzwischen gezeigt, daß man die üblichen Tragwerke der Baustatik im allgemeinen unbesorgt nach dem in diesem Buche geschilderten Verfahren auch elektronisch erledigen kann.

Literaturverzeichnis

1. Aass, A.: Matrix progression method. Bauingenieur 39 (1964) 306, 417
2. Ahrens, H.: Der räumlich gekrümmte Stab — lineare und nichtlineare Theorie. Diss. TU Braunschweig 1969
3. —: Geometrisch und physikalisch nichtlineare Stabelemente zur Berechnung von Tunnelauskleidungen. Ber. 76–14 a. d. Inst. f. Statik der TU Braunschweig 1976
4. Baldauf, H.: Beitrag zur Theorie ebener Fachwerke. Ing. Arch. 26 (1958) Heft 5
5. —: Die Berechnung der Eigenschwingungen elastisch gestützter Druckstäbe. Wiss. Zeitschr. d. Hochschule f. Bauwesen, Leipzig, 5 (1959) Heft 5
6. Becker, G.: Ein Beitrag zur statischen Berechnung beliebig gelagerter ebener gekrümmter Stäbe mit einfach symmetrischen dünnwandigen offenen Profilen von in Stabachse veränderlichem Querschnitt unter Berücksichtigung der Wölbkrafttorsion. Stahlbau 34 (1965) 334, 368
7. Biezeno-Grammel: Technische Dynamik I, 2. Aufl. 1953, S. 268
8. Borgwardt, F.: Die Knickbiegung des mehrfeldrigen geraden Balkens mit feldweise konstanten Kenngrößen. Abhandl. d. Braunschweig. Wiss. Ges., XII, 1960
9. Bufler, H.: Die Bestimmung des Spannungs- und Verschiebungszustandes eines geschichteten Körpers mit Hilfe von Übertragungsmatrizen. Ing. Arch. 31 (1962)
10. —: Die Druckstabilität rechteckiger Verbundplatten. Ing. Arch. 34 (1965) 109
11. —: Axialsymmetrisches Ausknicken kreisförmiger Verbundplatten. Ing. Arch. 34 (1965) 385
12. —: Berechnung von Drehschwingungsketten nach dem Übertragungsverfahren bei Zugrundelegung der Torsion zweiter Art. Forsch. Ingenieurwes. 31 (1967) 18
13. Chu, K. Y.: Dalbenberechnung mittels Übertragungsmatrizen bei nichtlinearem Kraft-Verformungsverhalten des Bodens. Stahlbau 33 (1964) 90
14. Dimitrov, N. S.: Das Reduktionsverfahren mit Hilfe der Operatorenrechnung. Beton-Stahlbetonbau 73 (1978) 268
15. —: Das Reduktionsverfahren als Anfangswertproblem. In Szilard, R.: Finite Berechnungsmethoden der Strukturmechanik, 1981
16. Ehrich, F. F.: A matrix solution for the vibration of nonuniform disks. J. Appl. Mech. 23 (1956)
17. Engel, E.: Eine Methode zur Berechnung von Seilscheiben mit Hilfe der Matrizenrechnung. Stahlbau 31 (1962) 97
18. Enneper, P.: Zur Anwendung von Übertragungsmatrizen. Bauingenieur 42 (1967) 175
19. —: Ein Beitrag zur Berechnung von Rippenplatten. Stahlbau 35 (1966) 373
20. Fahr, J.: Das Übertragungsmatrizenverfahren in Anwendung auf zylindrische Schalen. Diss. TH Hannover 1964
21. Falk, S.: Biegen, Knicken und Schwingen des mehrfeldrigen geraden Balkens. Abhandl. d. Braunschweig. Wiss. Ges. VII, 1955
22. —: Die Knickformeln für den Stab mit n Teilstücken konstanter Biegesteifigkeit. Ing. Arch. 24 (1956) Heft 2
23. —: Die Berechnung des beliebig gestützten Durchlaufträgers nach dem Reduktionsverfahren. Ing. Arch. 24 (1956) Heft 3
24. —: Die Biegeschwingungen ebener Rahmentragwerke mit unverschieblichen Knoten. Abhandl. d. Braunschweig. Wiss. Ges. IX, 1957
25. —: Die Berechnung von Rahmentragwerken mit Hilfe von Übertragungsmatrizen. ZAMM 37 (1957) Heft 7/8
26. —: Die Berechnung offener Rahmentragwerke nach dem Reduktionsverfahren. Ing. Arch. 26 (1958) Heft 1
27. —: Die Berechnung geschlossener Rahmentragwerke nach dem Reduktionsverfahren. Ing. Arch. 26 (1958) Heft 2
28. —: Die Berechnung von Kurbelwellen mit Hilfe digitaler Rechenautomaten. VDI-Berichte 30 (1959)
29. —: Eine Variante zum Reduktionsverfahren. ZAMM 62 (1982) Sonderheft GAMM-Tagung Würzburg 1981

30. Fuhrke, H.: Bestimmung von Balkenschwingungen mit Hilfe des Matrizenkalküls. Ing. Arch. 23 (1955) Heft 5
31. —: Bestimmung von Rahmenschwingungen mit Hilfe des Matrizenkalküls. Ing. Arch. 24 (1956) Heft 1
32. —: Eigenwertbestimmung mit Hilfe von abgeleiteten Übertragungsmatrizen. VDI-Ber. 30 (1958); 35 (1959)
33. Hasselgruber, H.: Die Berechnung von erzwungenen gedämpften Drehschwingungsketten mit Hilfe von Übertragungsmatrizen. Forsch. Ingenieurwes. 26 (1962) 69
34. Hees, G.: Anwendung des Übertragungsverfahrens bei stark abklingenden Lösungsfunktionen. Ing. Arch. 49 (1979) 1
35. Heinrich, Ch.: Hängebrückenberechnung für Montagezustände und Verkehrslast unter Berücksichtigung diskreter dehnbarer Hänger. Diss. TH Darmstadt 1969
36. Heinrich, G.; Desoyer, K.: Voutenfunktionen für das Reduktionsverfahren in der Baustatik. Fortschr. Ber. VDI Z Reihe 4 Nr. 2 (1965)
37. —; —: Berücksichtigung der Krümmung von Stäben mit Vouten im Rahmen des Reduktionsverfahrens. Stahlbau und Baustatik (1966)
38. Heinrichsbauer, F. J.: Beitrag zum Problem der Eigenschwingungen längsversteifter dünnwandiger Kreiszylinderschalen von regelmäßigem Aufbau. Diss. Aachen 1967
39. Hering, K.: Die Berechnung der harmonischen Schwingungen ebener Rahmentragwerke unter Berücksichtigung der inneren und äußeren Dämpfung. Diss. TU Braunschweig 1964
40. Hintzen, J.: Die elektronische Berechnung des Durchlaufträgers auf starren und elastischen Stützen. Elektron. Datenverarbeitung (1959) Folge 4 und 5
41. —: Die Elektronische Berechnung des auf Torsion belasteten Durchlaufträgers auf starren und elastischen Stützen. Bauingenieur 35 (1960) Heft 12
42. Irle, A.; Hasse, E.; Schäfer, H.: Die Berechnung stabförmiger Stahlbetonteile nach dem Reduktionsverfahren mit Berücksichtigung eines nichtlinearen Werkstoffverhaltens. Beton-Stahlbetonbau 67 (1972) 154
43. —: Zum Stabilitätsnachweis ebener Rahmen mit Berücksichtigung eines nichtlinearen Werkstoffverhaltens bei Anwendung herkömmlicher Rechenprogramme. Bauingenieur 50 (1975) 469
44. Irle, A.; Hasse, E.; Schäfer, H.: Das Knickproblem bei Druckstäben mit veränderlicher Normalkraft und veränderlicher Biegesteifigkeit. Beton-Stahlbetonbau 71 (1976) 279
45. Jäger, B.: Die Eigenfrequenzen verwundener Schaufeln. Ing. Arch. 29 (1960)
46. Keintzel, E.: Die Schwingungsberechnung unsymmetrischer Geschoßbauten durch Verallgemeinerung des Verfahrens von Holzer. Bauingenieur 49 (1974) 342
47. Klöppel, K.; Möll, R.: Das räumliche Stabilitätsproblem beliebig gelagerter, gebrochener Stabzüge mit doppelt- oder einfach-symmetrischem, offenem dünnwandigen Querschnitt unter feldweise konstanter Momenten- und Normalkraftbeanspruchung. Stahlbau 32 (1963) 289, 336
48. Klotter, K.: Technische Schwingungslehre II, 2. Aufl. (1960) S. 411
49. Koiter, W. T.: Berekening van veerend gesteunde balken. De Ingenieur 55 (1940)
50. Kollmeier, H.: Hängebrücken mit einem oder zwei Kabeln und beliebig geneigten Hängern unter zur Brückenachse symmetrischer und antimetrischer statischer und dynamischer Beanspruchung bei Berücksichtigung des Erschlaffens einzelner Hänger. Diss. Darmstadt 1968
51. Leckie, F., und E. Pestel: Transfer-matrix fundamentals. Int. J. Mechanic. Sci. 2 (1960) No. 3
52. —: The application of transfer matrices to plate vibrations. Ing. Arch. 33 (1963) 100
53. Link, H.: Beitrag zum Knickproblem des elastisch gebetteten Kreisbogenträgers. Stahlbau 32 (1963) 199
54. Marguerre, K.: Vibration and Stability Problems of Beams treated by Matrices. J. Math. Phys. XXXV (1956) No. 1
55. —: Abriß der Schwingungslehre. Stahlbau, Handbuch für Studium und Praxis, Bd. 1. Stahlbau Verlag 1960
56. —: Matrices of transmission in beam problems. Progr. Solid Mechanics I (1960)

57. —; Uhrig, R.: Die Berechnung vielgliedriger Schwingerketten. Das Übertragungsverfahren und seine Grenzen. ZAMM 44 (1964) 1, 349
58. —: Föppl-Analysis und Übertragungsmatrizen. Ing. Arch. 35 (1966) 39
59. Matzke, H.; Sieber, N.: Über die Anwendung programmgesteuerter Rechenautomaten im Bereich des Bauwesens. Wiss. Z. d. Hochschule f. Archit. u. Bauwes. Weimar, VIII (1961) Heft 2
60. Möll, R.: Kippen von querbelasteten und gedrückten Durchlaufträgern mit I-Profil als Stabilitätsproblem und als Spannungsproblem. II. Ordnung behandelt. Stahlbau 36 (1967) 69, 184
61. Myklestad, N. O.: A new method of calculating natural modes of encoupled bending vibration of airplane wings and other types of beams. J. Aeronautic. Sci. 1944
62. —: Vibration analysis. McGraw-Hill 1944
63. —: Fundamentals of vibration analysis. McGraw-Hill 1956
64. Nassar, G.: Das Ausbeulen dünnwandiger Querschnitte unter einachsig außermittiger Druckbeanspruchung. Stahlbau 34 (1965) 311
65. Niemann, H.: Übertragungsmatrizen zur Integration von partiellen Differentialsystemen am Beispiel der Flächentragwerke. Diss. TU Braunschweig 1977
66. N. N.: Berechnung von Durchlaufträgern mit der Siemens-Datenverarbeitungsanlage 2002. Siemens & Halske A.G., 1960
67. Olk, Th.: Beanspruchungen von Höhenflugzeug-Druckkammern im Bereich der Versteifungsringe. Diss. TH Braunschweig 1961
68. Pestel, E.: Ein allgemeines Verfahren zur Berechnung freier und erzwungener Schwingungen von Stabwerken. Abhandl. d. Braunschw. Wiss. Ges. VI, 1954
69. —; Schumpich, G.: Beitrag zur Schwingungsberechnung einfacher und gekoppelter Stabzüge. Schiffstechnik 4 (1957)
70. —: Berechnung des Schwingungsverhaltens gekoppelter paralleler Stabzüge mit Hilfe von Übertragungsmatrizen. VDI-Ber. 30 (1958)
71. —; Schumpich, G.; Spierig, S.: Berechnung rotierender Scheiben mit Hilfe von Übertragungsmatrizen. VDI-Ber. 30 (1958)
72. —: Anwendung von Übertragungsmatrizen auf die Torsion eines Kastenprofils. ZAMM 38 (1958) Heft 11/12
73. —: Anwendung der △-Matrizen auf inhomogene Probleme. Ing. Arch. 27 (1959)
74. Pestel, E.; Mahrenholtz, O.: Zum numerischen Problem der Eigenwertbestimmung mit Übertragungsmatrizen. Ing. Arch. 28 (1959)
75. —; Schumpich, G.; Spierig, S.: Katalog von Übertragungsmatrizen zur Berechnung technischer Schwingungsprobleme. VDI-Ber. 35 (1959)
76. —: Dynamics of structures by transfer matrices. Technical Report No. I Contract AF 61, 1959
77. —; Bergmann, H.: Die Anwendung von Übertragungsmatrizen auf die Untersuchung mehrzelliger Kastenträger. Z. Flugwiss. 9 (1961) 239
78. —; —: Die Anwendung von Übertragungsmatrizen auf die Untersuchung von Deltaflügeln. Z. Flugwiss. 10 (1962) 73
79. —: Anwendung von Übertragungsmatrizen auf Zylinderschalen. ZAMM 43 (1963) T 89
80. Petersen, Ch.: Das Verfahren der Übertragungsmatrizen (Reduktionsverfahren) für den kontinuierlich elastisch gebetteten Träger. Bautechnik 42 (1965) 87
81. —: Das Verfahren der Übertragungsmatrizen für gekrümmte Träger. Bauingenieur 41 (1966) 98
82. —: Die Übertragungsmatrix des kreisförmig gekrümmten Trägers auf elastischer Unterlage. Bautechnik 44 (1967) 289
83. —: Abgespannte Maste und Schornsteine — Statik und Dynamik. Bauing. Prax. (1970) Heft 76
84. Petri, R.: Die Berechnung von Rotationsschalen und prismatischen Schalen beliebiger Querschnittsform für allgemeine Belastung. Diss. TH Darmstadt 1968
85. Pongratz, G.: Lastverteilungsberechnung am mehrstegigen Plattenbalken nach dem Reduktionsverfahren. Bauingenieur 41 (1966) 484
86. Possner, L.: Berechnung der Stabbiegung mit Matrizen. Wiss. Z. d. Hochschule f. Elektrotechnik Ilmenau 3 (1957) Heft 1

87. Prohl, M. A.: A general method for calculating critical speeds of flexible rotors. Trans. Am. Soc. Mech. Eng. 67 (1945)
88. Quast, U.: Anwendung des Reduktionsverfahrens zur Bemessung von Stahlbeton-Stabwerken nach der Theorie II. Ordnung. Beton-Stahlbetonbau 71 (1976) 115
89. Raue, E.: Zur Berechnung von Platten mit unstetigen Belastungen und Randmomenten. Wiss. Z. d. Hochschule f. Archit. u. Bauwesen (1970) 509
90. Reuschling, D.: Beitrag zur Berechnung mehrfeldriger beliebig gelagerter dünnwandiger Stäbe mit einfach- oder unsymmetrischem offenem Querschnitt unter Normalkraft- und Querbelastung als Verzweigungsproblem oder Spannungsproblem II. Ordnung nach dem Übertragungsmatrizen-Verfahren. Diss. TH Darmstadt 1969
91. Rieche, H.; Ulke, H.: Eine Variante zum Reduktionsverfahren. TH Braunschweig, 1962 (unveröffentlicht)
92. Rieckmann, H.: Numerische Ermittlung von Übertragungsmatrizen. Bautechnik 48 (1971) 82
93. Schäfer, H.: Die numerische Ermittlung von Übertragungsmatrizen. Stahlbau 39 (1970) 54
94. Scheer, J.: Benutzung programmgesteuerter Rechenautomaten für statische Aufgaben, erläutert am Beispiel der Durchlaufträgerberechnung. Stahlbau 27 (1958) Heft 9 und 10
95. —: Zum Problem der Gesamtstabilität von einfachsymmetrischen I-Trägern. Stahlbau 28 (1959) Heft 5 und 6
96. Schiffner, K.: Numerische Ermittlung von Übergangsmatrizen mit Hilfe des Mehrstellenverfahrens. Stahlbau 41 (1972) 116
97. Schnell, W.: Krafteinleitung in versteifte Zylinderschalen. Z. Flugwiss. 1955
98. —: Berechnung der Stabilität mehrfeldriger Stäbe mit Hilfe von Matrizen. ZAMM 35 (1955) Heft 6/7
99. Schnell, W.: Zur Berechnung der Beulwerte von längs- und querversteiften rechteckigen Platten unter Drucklast. ZAMM 36 (1956) Heft 1/2
100. Schrader, K.: Übertragungsmatrizen bei Schwingungen dünnwandiger Stäbe mit offenen Profilen bei Kopplung von Biegung und Drillung. Ing. Arch. 34 (1965) 321
101. Schröter, H.: Anwendung einer Theorie räumlich stark gekrümmter Stäbe auf beliebig geformte, gestützte und belastete Wendelschalen. Stahlbau 42 (1973) 338
102. Schumpich, G.: Beitrag zur Kinetik und Statik ebener Stabwerke mit gekrümmten Stäben. Österr. Ing. Arch. XI, (1957) Heft 3
103. Sieber, N.; Groh, H.: Die Berechnung des elastisch gebetteten mehrfeldrigen Balkens nach dem Reduktionsverfahren. Wiss. Z. d. Hochsch. f. Archit. u. Bauwesen 10 (1963) 297
104. Stein, E.: Die Anwendung des Übertragungsverfahrens auf durchlaufende Rechteckplatten veränderlicher Dicke. ZAMM 45 (1967) T 136
105. —: Die Berechnung von Trägern mit in Stablängsrichtung um den Schwerpunkt verdrehtem Querschnitt. Stahlbau 36 (1967) 140
106. Stewart, R. W.; Kleinlogel, A.: Die Traversenmethode. Berlin: W. Ernst & Sohn, 1952
107. Thomson, W. T.: Matrix Solution for the Vibration of Nonuniform Beams. J. Applied Mechan. 17 (1950)
108. Strigl, F.: Die Methode der transformierten Randbedingungen zur Berechnung von Randwert- und Eigenwertproblemen. Stahlbau 41 (1972) 102
109. —: Kontrollgleichungen für Übertragungsmatrizen. Stahlbau 42 (1973) 58
110. Thomson, W. T.: Critical load of columns of varying Cross-section. J. Appl. Mech. 17 (1950)
111. —: Mechanical vibrations. New York 1953
112. Tolle, M.: Regelung der Kraftmaschinen. Berlin 1921
113. Tottenham, H.: The matrix progression method in structural analysis. In: A course on structural problems on nuclear reactor engineering. Oxford 1962, Chap. 7
114. Uhlmann, W.: Die Berechnung von im Grundriß kreisförmig gekrümmten biegesteifen Faltwerken mit offenem, in Längsrichtung unveränderlichem Querschnitt. Stahlbau 39 (1970) 193, 240, 279
115. Uhrig, R.; Schmidt, B.: Linearkombinationen bei den Übertragungsgleichungen. ZAMM 44 (1964) 475

116. —: Elastostatik und Elastokinetik in Matrizenschreibweise. Berlin, Heidelberg, New York: Springer 1973
117. —: Der Einfluß der Schubdeformation auf das elastokinetische Verhalten gerader Stäbe mit Kreisrohrquerschnitt unter konservativer und nichtkonservativer statischer Last. Karl Marguerre Gedächtnis Kolloquium, THD — Schriftenreihe Bd. 16 (1980)
118. Unger, H.; Schäfer, H.-W.: Berechnung kritischer Drehzahlen mehrfach gelagerter Wellen mit der elektronischen Remington Rand-Rechenanlage 409-2. Hausmitt. der Remington Rand GmbH. (1954) Heft 159
119. —: Matrizenverfahren bei linearen Differentialgleichungsproblemen. Internat. Kolloquium üb. Probl. d. Rechentechnik. Dresden 1955
120. —: Elastisches Kippen von beliebig gelagerten und aufgehängten Durchlaufträgern mit einfach-symmetrischem, in Trägerachse veränderlichem Querschnitt unter Verwendung einer Abwandlung des Reduktionsverfahrens als Lösungsmethode. Stahlbau 39 (1970) 135, 181
121. Usuki, T.: Übertragungsmatrizen des Balkens auf elastischer Bettung bei Wirkung der Quer- und Axialbelastung unter Berücksichtigung der Schubverformung. Bautechnik 56 (1979) 205
122. Vogt, H.: Anwendung des Übertragungsmatrizenverfahrens auf die statische Berechnung von Scheiben und Platten nach der Gitterrostmethode. Diplomarbeit Lehrstuhl A Mechanik TU Hannover 1968
123. Wagenknecht, G.: Berechnung von räumlichen Tragwerken aus geraden dünnwandigen Stäben nach Spannungstheorie II. Ordnung. Stahlbau 44 (1975) 217
124. Wagner, P.: Eine neuartige Betrachtungsweise für die Berechnung räumlich beanspruchter gerader Brückentragwerke mit veränderlichem, offenem Querschnitt. Stahlbau 40 (1971) 74, 118
125. Waller, H.; Krings, W.: Matrizenmethoden in der Maschinen- und Bauwerksdynamik. Mannheim, Wien, Zürich 1974
126. Wenzel, H.: Die Berechnung von Durchlaufträgern mittels der Falkschen Matrizenmethode. Wiss. Z. d. Techn. Univ. Dresden 10, (1961) Heft 6
127. Wiedemann, J.: Druckbeulwerte der orthotropen Platte mit zusätzlichen Einzelstreifen. Fortschr. Ber. VDI Z, Reihe 1 Nr. 6 (1966)
128. —: Druckbeulwerte von Stab- und Plattenprofilen mit quer zur Druckrichtung abgestufter Dicke bei gleich- und ungleichförmiger Spannungsverteilung. Fortschr. Ber. VDI Z, Reihe 1 Nr. 10 (1967)
129. Wiedemann, J.: Untersuchungen zum Randeinfluß und zur Anwendung von Übertragungsmatrizen bei der Beulwertberechnung an Sandwichplatten. Fortschr. Ber. DVI Z, Reihe 1 Nr. 13 (1968)
130. Withum, D.: Berechnung räumlicher Stabwerke. Bauingenieur 41 (1966) 476
131. Woernle, H.: Eine Matrizenmethode für mehrfeldrige Balken. Stahlbau 25 (1956)
132. —: Ein systematischer Weg zur Gewinnung der Schwingungsgleichungen. Ing. Arch. 31 (1962)
133. Worch, G.: Berechnung des Durchlaufträgers auf elastisch senkbaren Stützen. Bauingenieur 30 (1955)
134. Wunderlich, W.: Differentialsystem und Übertragungsmatrizen der Biegetheorie allgemeiner Rotationsschalen. Diss. TH Hannover 1966
135. —: Zur Berechnung von Rotationsschalen mit Übertragungsmatrizen. Ing. Arch. 36 (1967) 262
136. —; Beverungen, G.: Geometrisch nichtlineare Theorie und Berechnung eben gekrümmter Stäbe. Bauingenieur 52 (1977) 225
137. Wurmnest, W.: Zur Theorie schubelastischer Platten, Stabilität von Rechteckplatten. Diss. TH Darmstadt 1970
138. —: Untersuchung der Stabilität einseitig gedrückter, isotroper, schubelastischer Rechteckplatten mit Hilfe der Übertragungsmatrizen. Stahlbau 40 (1971) 178
139. Zumpe: Anwendung des Matrizenkalküls bei der Herleitung der Extremwerte von Durchlaufträgerschnittkräften. Wiss. Z. d. Techn. Univ. Dresden 10 (1961) Heft 6
140. Zurmühl, R.: Berechnung von Biegeschwingungen abgesetzter Wellen mit Zwischenbedingungen mittels Übertragungsmatrizen. Ing. Arch. 26 (1958) Heft 6

141. —: Praktische Mathematik, 3. Aufl. Berlin, Göttingen, Heidelberg: Springer 1961, S. 452. (5. Aufl. 1965)

142. —: Matrizen, 3. Aufl. Berlin, Göttingen, Heidelberg: Springer 1961, S. 379. (4. Aufl. 1964)